"创新设计思维"
数字媒体与艺术设计类新形态丛书

U0287833

**移动学习版**

# After Effects CC

## 视频后期特效制作 核心技能一本通

张书佳 王媛 主编 张潇洋 王佳 副主编

人民邮电出版社

北京

**图书在版编目（ＣＩＰ）数据**

After Effects CC视频后期特效制作核心技能一本通：移动学习版 / 张书佳，王媛主编. -- 北京 ：人民邮电出版社，2022.11
（"创新设计思维"数字媒体与艺术设计类新形态丛书）

ISBN 978-7-115-59799-1

Ⅰ．①A… Ⅱ．①张… ②王… Ⅲ．①图像处理软件
Ⅳ．①TP391.413

中国版本图书馆CIP数据核字(2022)第136879号

## 内　容　提　要

After Effects不仅是一款图形视频处理软件，还是一款专业的特效合成软件。本书以After Effects CC 2020为蓝本，讲解After Effects在视频后期特效制作中的核心应用。本书共16章，首先讲解After Effects 视频后期制作基础知识，包括视频制作的基础知识、After Effects的基础知识、文件的基本操作等；然后讲解After Effects在视频后期特效制作中的知识应用，包括图层、关键帧动画、蒙版和遮罩、抠像、过渡效果、调色效果、其他效果与动画预设、文字、三维合成效果、表达式与脚本的应用；接着对视频的渲染与输出进行了介绍；最后通过综合案例，结合视频特效、影视包装、广告动画和短视频制作4个领域对After Effects的操作进行了实践应用。

本书结合大量"实战""范例"对知识点进行讲解，并提供了"巩固练习""技能提升""小测"等特色栏目来辅助读者学习和提升应用技能。此外，在操作步骤和案例展示旁还附有对应的二维码，读者扫描二维码即可观看操作步骤的视频演示以及案例视频的播放效果。

本书可作为各类院校视频编辑、数字媒体艺术相关专业的教材，也可供After Effects初学者自学，还可作为视频后期特效制作人员的参考书。

◆ 主　　编　张书佳　王　媛
　　副 主 编　张潇洋　王　佳
　　责任编辑　韦雅雪
　　责任印制　王　郁　陈　犇

◆ 人民邮电出版社出版发行　　北京市丰台区成寿寺路 11 号
　　邮编　100164　电子邮件　315@ptpress.com.cn
　　网址　https://www.ptpress.com.cn
　　雅迪云印（天津）科技有限公司印刷

◆ 开本：880×1092　1/16
　　印张：20.5　　　　　　　　　2022 年 11 月第 1 版
　　字数：760 千字　　　　　　　2024 年 12 月天津第 5 次印刷

定价：109.00 元

读者服务热线：(010)81055256　印装质量热线：(010)81055316
反盗版热线：(010)81055315
广告经营许可证：京东市监广登字 20170147 号

# PREFACE 前言

　　当下，互联网和信息技术的快速发展，为我国加快建设质量强国、网络强国、数字中国提供了力量支撑。基于互联网和信息技术而迅速发展的视频，在人们日常生活中扮演着越来越重要的角色。与此同时，视频后期特效制作日益市场化，市场对视频后期特效制作人才的需求量也越来越大，这就要求视频后期特效制作人员不仅要掌握基本的视频后期特效制作技能，还要满足互联网环境下企业及个人对设计作品的要求。

　　党的二十大报告中提到："教育、科技、人才是全面建设社会主义现代化国家的基础性、战略性支撑。"在视频后期特效制作教学中，如何利用新的信息技术、新的传播媒体提高教学的时效性，进一步培养满足社会需要的视频后期特效制作人才，是众多院校相关专业面临的共同挑战。尤其是随着近年来教育改革的不断发展、计算机软硬件的不断升级，以及教学方式的不断更新，传统视频编辑与特效制作教材的讲解方式已不再适应当前的教学环境。鉴于此，编写团队深入学习党的二十大报告的精髓要义，立足"实施科教兴国战略，强化现代化建设人才支撑"，在最新教学研究成果的基础上编写了本书，以帮助各类院校快速培养优秀的视频后期特效制作人才。本书内容全面，知识讲解透彻，不同需求的读者都可以通过学习本书有所收获，读者可根据下表的建议进行学习。

| 学习阶段 | 章节 | 学习方式 | 技能目标 |
|---|---|---|---|
| 入门 | 第1章、第2章 | 基础知识学习、案例展示、实战操作、范例演示、课堂小测、综合实训、巩固练习、技能提升 | ① 了解视频制作基础知识<br>② 了解并熟悉 After Effects 的功能与作用<br>③ 掌握 After Effects 的安装与卸载、启动与退出、自定义工作区等操作<br>④ 熟悉 After Effects 的工作界面<br>⑤ 掌握项目文件和合成文件的新建等操作<br>⑥ 掌握素材文件的导入、替换、重新链接等操作<br>⑦ 了解图层并掌握图层的基本操作 |
| 提高 | 第3章~第12章 | 进阶知识学习、案例展示、实战操作、范例演示、课堂小测、综合实训、巩固练习、技能提升 | ① 能够为视频添加关键帧、蒙版和遮罩、过渡、特效、文字，以及对视频进行调色，打造高品质的视频作品<br>② 灵活应用不同抠图技术抠取视频并进行合成<br>③ 能够通过三维图层、灯光、摄像机、三维跟踪等知识制作高品质的三维视频<br>④ 能够利用表达式、脚本等提高视频后期特效制作的效率和质量<br>⑤ 能够渲染和输出完整的视频作品 |
| 精通 | 第13章~第16章 | 行业知识、案例分析、案例制作、巩固练习、技能提升 | ① 能够融会贯通本书所讲述的知识，掌握 After Effects 的核心功能、使用方法与操作技巧<br>② 能够通过设计案例了解并熟悉视频后期特效制作行业的工作，提升设计技能<br>③ 能够通过综合案例的实践操作，锻炼资源的整合能力与案例的整体设计能力 |

## 内容与特色

本书以实例带动知识点的方式来讲解After Effects在实际工作中的应用，其特色主要包括以下5点。

▶ **体系完整，内容全面。**本书条理清晰、内容丰富，从After Effects的基础知识入手，由浅入深、循序渐进地介绍After Effects的各项操作，并在讲解过程中尽量做到细致、深入，辅以理论、案例、测试、实训、练习等，加强读者对知识的理解与实际操作能力。

▶ **实例丰富，类型多样。**本书实例丰富，对涉及操作的部分，以"实战""范例"的形式，让读者在操作中理解知识，了解实际视频后期特效制作工作中After Effects的应用方法。

▶ **步骤讲解翔实，配图直观。**本书的讲解深入浅出，不管是理论知识讲解还是案例操作，都有对应的配图讲解，且配图中还添加了与操作一一对应的标注，便于读者理解、阅读，从而更好地学习和掌握After Effects的各项操作。

▶ **融入设计理念、设计素养。**本书每章的"综合实训"都是在结合本章重要知识点的基础上组织的行业案例，不仅有详细的行业背景，还结合了实际设计工作场景，充分融入设计理念、设计素养，紧密结合课堂讲解的内容给出实训要求、实训思路，培养读者的设计能力和独立完成任务的能力。

▶ **学与练相结合，实用性强。**本书通过大量的实例帮助读者理解和巩固所学知识，具有很强的可操作性和实用性。同时，还提供"小测"和"巩固练习"，强化训练读者的动手能力。

## 讲解体例

本书精心设计了"本章导读→目标→知识讲解→实战→范例→综合实训→巩固练习→技能提升→综合案例"的教学方法，以激发读者的学习兴趣。本书通过细致而巧妙的理论知识讲解，辅以实例与练习，帮助读者强化并巩固所学知识和技能，提高实际应用能力。

▶ **本章导读：**每章开头均以为什么学习、学习后能解决哪些问题切入，引导读者思考本章内容，引起读者的学习兴趣。

▶ **目标：**从知识、能力和情感3个方面，帮助读者明确学习目标，厘清学习思路。

▶ **知识讲解：**深入浅出地讲解理论知识，并通过图文结合的形式对知识进行解析和说明。

▶ **实战：**紧密结合知识讲解，以实战的形式进行演练，帮助读者更好地理解并掌握知识。

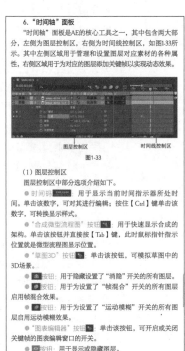

- ► 范例：精选范例，对范例要求进行定位，并给出操作步骤，帮助读者分析范例并根据相关要求完成操作。
- ► 综合实训：结合设计背景和设计理念，给出明确的操作要求和操作思路，使读者能够独立完成操作，提升读者的设计素养和实际动手能力。

- ► 巩固练习：给出相关操作要求和效果，着重锻炼读者的动手能力。
- ► 技能提升：为读者提供相关知识的补充讲解，便于读者进行拓展学习。
- ► 综合案例：本书最后4章结合了真实的行业知识与制作要求，对案例进行分析后再一步步进行具体实操，帮助读者模拟实际设计工作的完整流程，从而使读者能更快地适应视频后期特效制作工作。

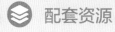 配套资源

本书提供立体化的配套资源，读者可登录人邮教育社区（www.ryjiaoyu.com），在本书页面中进行下载。
本书资源包括基本资源和拓展资源。

## 基本资源

演示视频 + 素材和效果文件 + PPT、大纲和教学教案

▶ **演示视频**：本书所有的实例操作均提供了教学视频，读者可扫描实例对应的二维码进行在线学习，也可以扫描下图二维码关注"人邮云课"公众号，输入校验码"rygjsmae"，将本书视频"加入"手机上的移动学习平台，利用碎片时间轻松学。

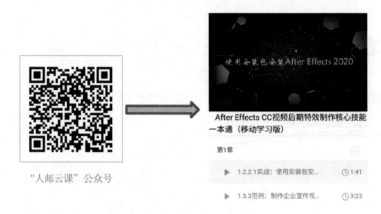

"人邮云课"公众号

▶ **素材和效果文件**：本书提供所有实例需要的素材和效果文件，素材和效果文件均以案例名称命名，便于读者查找。
▶ **PPT、大纲和教学教案**：本书提供PPT课件，Word文档格式的大纲和教学教案，以便教师顺利开展教学工作。

## 拓展资源

案例库 + 实训库 + 课堂互动资料 + 题库 + 拓展素材资源 + 高效技能精粹

▶ **案例库**：本书按知识点分类整理了大量After Effects软件操作拓展案例，包含案例操作要求、素材文件、效果文件和操作视频。
▶ **实训库**：本书提供大量After Effects软件操作实训资料，包含实训操作要求、素材文件和效果文件。
▶ **课堂互动资料**：本书提供大量可用于课堂互动的问题和答案。
▶ **题库**：本书提供丰富的与After Effects相关的试题，读者可自由组合出不同的试卷进行测试。
▶ **拓展素材资源**：本书提供可用于日常设计的大量拓展素材。
▶ **高效技能精粹**：本书提供实用的设计速查资料，包括快捷键汇总、设计常用网站汇总和设计理论基础知识，帮助读者提高设计的效率。

编者

2023年6月

# 目录 CONTENTS

# 第 6 章　过渡效果的应用 ................. 108

# 第 7 章　调色效果的应用 ................. 129

## 第 8 章　其他效果与动画预设的应用 ...157

## 第 9 章　文字的应用 ........................ 200

## 第 10 章　三维合成效果........................214

# 第14章　影视包装实战案例 .............. 276

# 第15章　广告动画实战案例 .............. 292

# 第16章　短视频制作实战案例 .......... 305

# 第 **1** 章

# After Effects 视频后期制作基础

## 1.1 视频制作的基础知识

视频通常是指借助互联网进行传播的音视频内容，视频制作就是使用软件对视频进行后期处理和加工的过程。在这一过程中，我们经常会用到帧和帧速率、像素与分辨率、像素长宽比、电视制式等专用术语，以及各种文件格式，这些都需要在视频后期制作前先行了解。此外，用户还需要了解视频制作的流程。

## 📖 本章导读

After Effects（简称"AE"）是Adobe公司推出的一款视频合成特效制作软件，它能够制作出具有创新性的视频特效，在视频后期特效制作中发挥着重要的作用。用户在使用After Effects进行视频后期制作前，首先需要了解视频制作的基础知识，熟悉After Effects的工作界面，掌握其基本操作，为后面的学习打下基础。

## 🖻 知识目标

- 了解视频制作的基础知识
- 熟悉After Effects的基础知识
- 掌握文件的基本操作

## 🏆 能力目标

- 能够安装After Effects软件
- 能够制作企业宣传视频封面

## 💗 情感目标

- 成为一名有敬业精神的视频创作者和传播者
- 激发对After Effects的学习兴趣

### 1.1.1 帧和帧速率

帧和帧速率都是视频后期制作中常见的专用术语，对视频画面的流畅度、清晰度、文件大小等都有影响。

**1. 帧**

帧相当于电影胶片上的每一格镜头，一帧就是一幅静止的画面，是视频中最小的时间单位，连续的多帧就能形成动态效果。

**2. 帧速率**

帧速率是指画面每秒传输的帧数，即动画或视频的画面数，以帧/秒为单位来表示，如24帧/秒是指在一秒内播放24张画面。一般来说，帧速率越大，视频画面越流畅、连贯、真实，但同时视频时长越长，相应的视频文件越大。

视频中常见的帧速率主要有23.976帧/秒、24帧/秒、25帧/秒、29.97帧/秒和30帧/秒。不同用途的视频可选择不同的帧速率，如胶片电影的帧速率一般为24帧/秒，而为了让电影能在电视上播放，也可以选择23.976帧/秒的帧速率。此外，不同的地区也可以选择不同的帧速率，如我国的电视或互联网常用的帧速率一般为25帧/秒；其他国家的电视使用的帧速率一般为29.97帧/秒、30帧/秒。

伴随着时代和电影技术的发展，为了给观众带来更极致的视觉体验，有些电影选择了更高的帧速率，如《霍比特人》《阿凡达2》采用48帧/秒进行拍摄，《比利·林恩的中场战事》首次采用120帧/秒进行拍摄。

### 1.1.2　像素与分辨率

像素与分辨率也是视频制作过程中的常见专用术语。

#### 1. 像素

像素通常以每英寸的像素数目（pixels per inch，PPI）来衡量，单位面积内的像素越多，分辨率就越高，所显示的影像也就越清晰。

#### 2. 分辨率

分辨率是指单位长度内包含的像素点的数量，主要用于控制屏幕图像的精密度，常见的1920、1080、1024、4K、8K等都属于分辨率。分辨率的计算方法是：横向的像素点数量×纵向的像素点数量。如1024像素×768像素就表示共有768条水平线，且每一条水平线上都包含了1024个像素点。

在数字技术领域，通常采用二进制进行运算，而且用构成数字图像的像素来描述数字图像的大小。当构成数字图像的像素数量过大时，可用K来表示，$1K=2^{10}$，则1K像素=1024像素，以此类推$2K=2^{11}$，则2K像素=2048像素，4K像素=4096像素。

### 1.1.3　像素长宽比

像素长宽比是指图像中的一个像素的长度与宽度之比，如方形像素的像素长宽比为"1.0"。像素在计算机和电视中的显示并不相同，通常在计算机中为正方形像素；而在电视中为矩形像素。图1-1所示为像素长宽比是"方形像素（1.0）"和"D1/DV PAL宽银幕（1.46）"的对比效果。

图1-1

### 1.1.4　常见的电视制式

视频最早是通过电视机播放的，而为了完成电视信号的发送和接收，需要采用某种特定的方式，这种方式就是电视制式。电视制式是指电视信号的标准，可以简单地理解为用来实现电视图像或声音信号所采用的一种技术标准。世界上主要使用的电视制式有NTSC、PAL和SECAM 3种。不同的制式有不同的帧速率、分辨率、信号带宽、载频（一种特定频率的无线电波），以及不同的色彩空间转换关系。

#### 1. NTSC制式

NTSC（national television system committee，国家电视制式委员会）是美国于1953年开发的一种兼容的彩色电视制式。它规定的视频标准为：每秒29.97帧（简化为30帧），每帧525行，水平分辨率为240～400个像素点，采用隔行扫描，场频为60Hz，行频为15.634kHz，标准分辨率为720像素×480像素。美国、加拿大、日本等均采用这种制式。

NTSC制式的特点是用两个色差信号（R-Y）和（B-Y）分别对频率相同而相位相差90°的两个副载波进行正交平衡调幅，再将已调制的色差信号叠加，穿插到亮度信号的高频端。

#### 2. PAL制式

PAL（phase alternate line，相位远行交换）是联邦德国于1962年制定的一种电视制式。它规定的视频标准为：每秒25帧，每帧625行，水平分辨率为240～400个像素点，隔行扫描，场频为50Hz，行频为15.625kHz，标准分辨率为720像素×576像素。PAL制式根据不同的参数细节，又可以进一步划分为G、I、D等制式。中国、新加坡、英国等均采用这种制式。

PAL制式的特点是同时传送两个色差信号（R-Y）与（B-Y）。不过（R-Y）是逐行倒相的，它和（B-Y）信号对副载波进行正交调制。采用逐行倒相的方法，若在传送过程中发生相位变化，则因相邻两行相位相反，可以起到相互补偿的作用，从而避免相位失真引起的色调改变。

#### 3. SECAM制式

SECAM（sequential color and memory system，按顺序传送彩色存储）是法国于1965年提出的一种电视制式。它规定的视频标准为：每秒25帧，每帧625行，隔行扫描，场频为50Hz，行频为15.625kHz，标准分辨率为720像素×576像素。上述指标均与PAL制式相同，不同点主要在于色度信号的处理。法国、苏联和东欧一些国家等均采用这种制式。

SECAM制式的特点是两个色差信号是逐行依次传送的，因而在同一时刻，传输通道内只存在一个信号，不会出现串色现象，即两个色差信号分别对两个不同频率的副载波进行调制，再以逐行轮换的方式叠加在亮度信号上，从而形成彩色图像视频信号。

## 1.1.5 时间码

时间码是摄像机在记录图像信号时，针对每一幅图像记录的时间编码。为视频中的每帧分配一个数字，用以表示小时、分钟、秒钟和帧数。其格式为：××H××M××S××F，其中的××代表数字，也就是以××小时××分钟××秒××帧的形式确定每一帧的具体位置。

## 1.1.6 常用的文件格式

进行视频后期制作时，可能会使用到各种不同的文件格式，因此有必要了解常用的文件格式，便于更好地操作。

### 1. 静态图像类格式

静态图像类格式分类较多，并且不同的静态图像类格式的适用场合也不同。

● JPEG：JPEG是最常用的图像文件格式之一，文件的后缀名为.jpg或.jpeg。

● TIFF：TIFF是一种灵活的位图格式，主要用来存储包括照片和艺术图在内的图像，文件的后缀名为.tif。

● PNG：PNG是一种采用无损压缩算法的位图格式，文件的后缀名为.png。PNG格式的显著优点包括文件小、无损压缩、支持透明效果等。

● PSD：PSD是Adobe公司的图像处理软件Photoshop的专用格式，文件的后缀名为.psd。PSD格式文件可以保留图层、通道、遮罩等多种信息，便于下次打开文件时可以修改上一次的设计，也便于其他软件使用文件的各种内容。

● AI：AI是Adobe公司的矢量制图软件Illustrator生成的格式，文件的后缀名为.ai。与PSD格式文件相同，AI格式文件中的每个对象都是独立的，它们具有各自的属性，如大小、形状、轮廓、颜色、位置等。

### 2. 视频和动画类格式

在视频后期制作中，不仅会使用到图像文件格式，还会使用到视频文件格式和动画文件格式。

● AVI：AVI是一种音频和视频交错的视频文件格式，文件的后缀名为.avi。

● WMV：WMV是Microsoft公司开发的一系列视频编解码及与其相关的视频编码格式的统称，文件的后缀名为.wmv。

● MOV：MOV是Apple公司开发的QuickTime播放器下的视频格式，文件的后缀名为.mov。

● MP4：MP4是一种标准的数字多媒体容器格式，文件的后缀名为.mp4。

● GIF：GIF是一种无损压缩的文件格式，文件的后缀名为.gif。

### 3. 音频类格式

常见的音频类格式如下。

● WAV：这是一种非压缩的音频格式，能保证声音不失真，但占用的磁盘空间较大，文件的后缀名为.wav。

● MP3：这是一种有损压缩的音频格式，可以满足绝大多数的应用场景，文件的后缀名为.mp3。

除了上面的这些文件格式外，Premiere Pro项目文件（后缀名为.prproj）、After Effects项目文件（后缀名为.aep）也是视频后期制作的常用文件格式。它们分别是Premiere Pro和After Effects软件的专用格式，用于存储各种视频剪辑与制作的中间文件。

## 1.1.7 视频后期制作流程

制作人员在进行视频后期制作前，应学习和掌握视频后期制作流程，这样才能在后续的制作过程中做到有条理、有目标、有规划，同时还能提高工作效率。一般来说，视频后期制作流程主要包括以下4个环节。

### 1. 前期策划

明确的用户需求是进行前期策划的前提。不同目标用户关注的视频内容不同，因此制作人员可以根据目标用户的需求来确定视频的内容定位，从而为视频提供用户基础，吸引更多的用户观看。

### 2. 收集和整理素材

素材是视频后期制作的重要内容，因此收集素材是视频后期制作流程中非常关键的一个环节。一般来说，视频后期制作的常见素材主要有文字素材、图像素材、音频素材、视频素材、项目模板素材、插件素材等，可以通过自行撰写、拍摄、网站下载等方式收集。完成素材的收集后，可以将这些素材保存到计算机中指定的位置，并根据素材的不同类别进行分组管理，便于查找使用，以提高工作效率。

图1-2所示为从网上下载的光效素材和拍摄的食物图像素材。

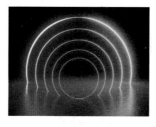

图1-2

### 3. 素材后期处理

素材收集完成后可对收集的视频素材进行剪辑，即删除不需要的视频片段，或重新组合视频片段等，使其符合实际的制作需求，然后为视频添加过渡、特效、关键帧动画，或对视频进行调色等操作，提升视频画面的美观度，再根据画面需求将收集的文字素材添加到视频中，丰富视频内容。

### 4. 打包和输出视频

完成以上环节后，可以打包整个视频作品，即将所有媒体资源优化并整合到一起。若想让其他用户也能轻松观看最终效果，则需要输出视频，使其能通过视频播放器进行播放。需要注意的是，在输出视频前需要先保存项目源文件，便于之后进行修改。

以上便是视频后期制作的常规流程。在具体应用中，用户还可根据自身需求添加或减少相应的流程环节。

## 1.2 After Effects的基础知识

> After Effects作为一款视频后期处理软件，适合视频特效机构或个人用户使用，如电影公司、电视台、动画制作公司、个人后期制作工作室、多媒体工作室和剪辑师、特效师等。

### 1.2.1 After Effects 的应用领域

After Effects的功能非常强大，它可以轻松实现视频、图像、图形、音频素材的编辑合成及特效处理，被广泛应用于多个领域。

● 影视特效：影视特效是指在影视中人工制造出来的假象和幻觉。影视特效可以实现在现实拍摄中不易或者不可能出现的画面，如爆破、超自然现象、人物在空中飞跃等。After Effects可以利用表达式、脚本、插件等快速制作烟雾、火灾、爆炸、雷电等特效，并通过绿屏抠像技术、场景跟踪和背景替换等操作，将很多真实场景素材与特效相结合，制作出效果精美的影视特效，如图1-3所示。

图1-3

● 网络游戏：网络游戏一般是指网络用户通过计算机网络进行互动娱乐的游戏，其类型及题材非常丰富。为了吸引用户，网络游戏中的视觉效果都非常精美，而这些精美的特效可以通过After Effects中的数百种预设效果和动画来制作，如图1-4所示。

图1-4

● 电视栏目包装：电视栏目包装是对电视栏目的整体形象进行一系列外在形式的强化和规范，如各类真人秀综艺节目中的动态文字、表情，各种栏目的动态Logo等。After Effects可以通过多种效果预设和转场效果创建出引人注目的栏目包装效果，如图1-5所示。

图1-5

● 互联网广告：After Effects还可以用来制作互联网中的各种广告，其制作出的广告可以导出为多种格式，不仅有利于网络传输，还能满足不同平台的播放需求，如图1-6所示。

图1-6

● UI动效：无论是PC端还是移动端，都需要UI（User Interface，用户界面）来实现人机交互。After Effects可以通过关键帧操作将静态的UI元素转变为动态元素，提高人机交互的体验感，如图1-7所示。

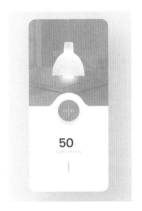

图1-7

● MG动画：MG（Motion Graphics，动态图形）动画主要通过对不同图形进行灵活变换和组合，从而得到新的动画效果。After Effects可以编辑图形的各种属性，并通过高效的关键帧编辑和强大的路径功能制作出MG动画，如图1-8所示。

图1-8

● 短视频：短视频是一种适合在移动网络状态和短时间内观看的、视频内容较短的视频形式。使用After Effects可以对短视频进行剪辑、调色、添加字幕等操作，然后发布在专业的短视频平台或者社交媒体平台上，供用户利用碎片化时间观看，如图1-9所示。

● 宣传片：宣传片以电视、电影的表现手法，将对象（企业、产品、服务等）有重点、有针对性地通过视频形式展示给大众。After Effects不仅具有视频剪辑功能，还有强大的特效控制、动画制作功能，可使宣传片更加形象、生动，如

图1-10所示。

图1-9

图1-10

宣传片的类型很多，并且不同的宣传片有不同的侧重点和目的，如企业宣传片侧重宣传企业形象、企业精神等，以达到树立品牌、提升企业形象等目的；产品宣传片侧重宣传产品，以达到促进产品销售的目的；城市形象宣传片是一个城市或地域宣传的视觉名片，侧重反映该城市的特点及文化内涵，以达到扩大城市影响力、吸引投资者的目光，从而促进本城市经济高速发展的目的；公益宣传片侧重以提倡社会公德、弘扬社会主义核心价值观、树立行为规范等正能量内容为主，以达到引起受众共鸣、规范社会秩序和促进社会发展的目的。

设计素养

5

## 1.2.2 安装与卸载After Effects

在使用After Effects之前，需要先将其正确安装到当前使用的计算机中。当不需要使用该软件后，可以进行卸载，以减少对计算机内存的占用。

### 1. 安装After Effects 2020

在Adobe官方网站购买并下载After Effects 2020安装程序后，按照提示操作将其安装到计算机中。

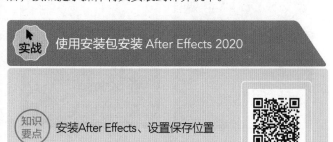

实战　使用安装包安装 After Effects 2020

知识要点　安装After Effects、设置保存位置

扫码看视频

📋 操作步骤

1　打开After Effects 2020安装包文件夹，双击其中的"Set-up.exe"应用程序，启动安装程序，如图1-11所示。

图1-11

2　打开"After Effects 2020 安装程序"窗口，在"语言"下拉列表中默认选择"简体中文"选项，这里还需单击"位置"栏右侧的 按钮，在打开的下拉列表中选择"更改位置"选项（一般不安装在系统磁盘，因为可能会影响计算机的运行速度），如图1-12所示。

3　打开"浏览文件夹"对话框，在其中选择安装位置，单击 确定 按钮，如图1-13所示。若需要新建安装位置，则单击 新建文件夹(M) 按钮，以新建的文件夹作为安装位置。

4　返回"After Effects 2020 安装程序"窗口，单击 继续 按钮。打开"正在安装"对话框，其中会显示软件的安装进度，如图1-14所示。

图1-12　　　　　　　　图1-13

5　安装完成后，打开"安装完成"对话框，显示After Effects 2020已经成功安装到计算机中。单击 关闭 按钮，关闭安装程序，如图1-15所示。

图1-14　　　　　　　　图1-15

### 2. 卸载After Effects 2020

在计算机桌面上单击"此电脑"图标 ，在打开的窗口中单击"卸载或更改程序"按钮，如图1-16所示。打开"应用和功能"对话框，选择"After Effects 2020"选项，单击 卸载 按钮，打开"卸载程序"对话框，在弹出的提示框中单击 是，确定删除 按钮，稍等片刻可完成卸载，如图1-17所示。

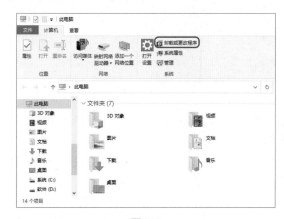

图1-16

图1-17

## 1.2.3 启动与退出After Effects

完成安装后，首先应该启动程序，以验证程序是否安装正确，同时也能熟悉软件的操作环境。当不再使用该软件时，可以退出程序。

### 1. 启动After Effects 2020

启动After Effects 2020的方法主要有以下3种。

● 单击桌面左下角的"开始"按钮 ⊞，在弹出的菜单中选择"Adobe After Effects 2020"命令。

● 双击在桌面中的Adobe After Effects 2020快捷方式图标 Ae。

● 在计算机中打开一个After Effects项目文件启动程序。

### 2. 退出After Effects 2020

退出After Effects 2020的方法主要有以下3种。

● 在After Effects 2020工作界面中选择【文件】/【退出】命令。

● 在After Effects 2020工作界面中按【Ctrl+Q】组合键。

● 单击After Effects 2020工作界面右上角的"关闭"按钮 × 。

## 1.2.4 After Effects的工作界面

启动After Effects 2020后，会自动出现欢迎界面，在其中单击 新建项目... 按钮，将进入After Effects 2020（以下简称AE）的默认工作界面。该界面主要由标题栏、菜单栏和多个功能面板组成（包括"工具"面板、"项目"面板、"合成"面板、"时间轴"面板等），如图1-18所示。

### 1. 标题栏

标题栏位于AE工作界面最上方，左侧主要显示AE的版本情况和当前编辑的文件名称（若名称右上角有"*"号，则表示该文件最新一次的修改尚未保存），右侧的控制按钮组用于最小化、最大化、还原和关闭工作界面等操作。

### 2. 菜单栏

菜单栏位于标题栏下方，其中集成了AE的所有菜单命令。图1-19所示为"合成"菜单。在AE中制作视频后期特效时，选择对应的菜单，并执行该菜单中相应的命令，即可实现特定的操作。

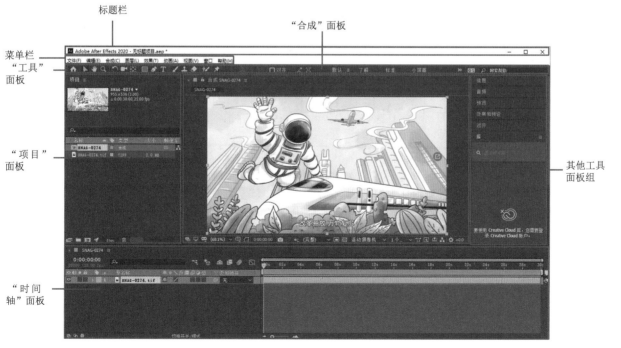

图1-18

图1-19

各菜单项的主要作用如下。

●"文件"菜单项：主要用于对AE文件进行新建、打开、保存、关闭、导入、导出等管理操作。

●"编辑"菜单项：主要用于对当前操作进行撤销或还原，对当前所选对象（如关键帧、图层）进行剪切、复制、粘贴等操作。

●"合成"菜单项：主要用于执行新建合成、设置合成等与合成相关的操作。

●"图层"菜单项：主要用于新建各种类型的图层，并对图层使用蒙版、遮罩、形状路径等与图层相关的操作。

●"效果"菜单项：主要用于对"时间轴"面板中所选图层应用各种AE预设的效果。

●"动画"菜单项：主要用于管理"时间轴"面板中的关键帧，如设置关键帧插值、调整关键帧速度、添加表达式等。

●"视图"菜单项：主要用于控制"合成"面板中显示的内容，如标尺、参考线等，也可以调整"合成"面板的大小和显示方式。

●"窗口"菜单项：主要用于开启和关闭各面板。单击该菜单项后，各面板选项左侧若出现✓标记，则表示该面板已经显示在工作界面中，再次选择该选项，✓标记将会消失，说明该面板没有显示在工作界面中。

●"帮助"菜单项：主要用于了解AE的具体情况和各种帮助信息。

### 3. "工具"面板

"工具"面板位于菜单栏下方，主要包括3个部分，最左侧为"主页"按钮 🏠，中间部分为工具属性栏，右侧为工作模式选项。

（1）"主页"按钮

单击"主页"按钮 🏠 可以打开AE的主页界面，在该界面中可进行新建项目、打开项目等操作。

（2）工具属性栏

工具属性栏集成了操作时最为常用的工具按钮，其中有的工具右下角有一个小三角图标，表示该工具位于一个工具组中。在该工具上按住鼠标左键不放，可显示该工具组中隐藏的工具，如图1-20所示。

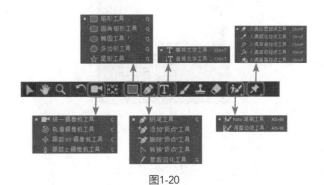

图1-20

●"选取工具" ▶：使用该工具可选择和移动对象，还可以调节对象的关键帧，为对象设置入点和出点。

●"手形工具" ✋：选择该工具后，在"合成"面板或"图层"面板中按住鼠标左键并拖曳，可移动对象的显示位置。

●"缩放工具" 🔍：主要用于放大和缩小"合成"面板或"图层"面板中显示的对象。按住【Alt】键可切换为缩小模式。

●"旋转工具" ↻：可对"合成"面板中的对象进行旋转操作。

●"统一摄像机工具" 📷：使用该工具可以激活并操作摄像机。在该工具上按住鼠标左键不放，可显示出隐藏的"轨道摄像机工具" 🎥、"跟踪XY摄像机工具" 🎥 和"跟踪Z摄像机工具" 🎥，这些工具可用于在三维空间内旋转、移动和缩放摄像机。

●"向后平移（锚点）工具" 🔲：用于调整对象的锚点位置。

●"矩形工具" ▢：可在画面中绘制矩形或创建矩形蒙版。在该工具上按住鼠标左键不放，可显示出隐藏的"圆角矩形工具" ▢、"椭圆工具" ⬭、"多边形工具" ⬡ 和"星形工具" ☆，这些隐藏工具的功能和操作与"矩形工具" ▢ 相同。

●"钢笔工具" ✒：可在画面中创建形状、路径和蒙版。在该工具上按住鼠标左键不放，可显示出隐藏的"添加'顶点'工具" ✒（可增加锚点）、"删除'顶点'工具" ✒（可删除锚点）、"转换'顶点'工具" ◣（可转换锚点）和"蒙版羽化工具" ✐（可在蒙版中进行羽化操作）。

●"横排文字工具" T：可在画面中输入横排文字。在该工具上按住鼠标左键不放，可显示出隐藏的"直排文字工具"IT，用于在素材中输入直排文字，其操作方法与"横排文字工具"T相同。

●"画笔工具"✏：可在画面中绘制图像，但需要双击"时间轴"面板中的素材图层名称，进入"图层"面板才能使用，然后在"画笔"面板中调整画笔形状、大小、硬度、不透明度等，如图1-21所示。

●"仿制图章工具"：可在画面中复制和取样图像，但只能在"图层"面板中使用。使用方法为：在"图层"面板中将鼠标指针移动到需要复制的位置，按住【Alt】键，单击可以吸取该位置的图像或者颜色，然后在需要复制的内容处单击鼠标左键或按住鼠标左键并拖曳，在"绘画"面板中调整仿制选项等，如图1-22所示。

图1-21　　　　　图1-22

●"橡皮擦工具"✏：可擦除画面中多余的像素，然后显示出背景色，但也只能在"图层"面板中使用。

●"Roto笔刷工具"：可将前景对象从背景中快速分离出来，类似于Photoshop中的快速蒙版和魔术棒功能。在该工具上按住鼠标左键不放，可显示出隐藏的"调整边缘工具"。

●"人偶位置控点工具"：用于设置控制点位置。在该工具上按住鼠标左键不放，可显示出隐藏的"人偶固化控点工具"（用于添加固化控制点，可让固化部分不易发生变形）、"人偶弯曲控点工具"（用于添加弯曲控制点，可让对象的某部分弯曲变形，但不改变位置）、"人偶高级控点工具"（用于添加高级控制点，可完全控制图像中的位置、弯曲程度）、"人偶重叠控点工具"（用于添加重叠控制点，可设置重叠时，对象中的哪一部分位于上方）。该组工具主要用于制作一些运动效果，如人物运动时关节之间的动画。

单击某个按钮，当其呈蓝色显示时，说明该按钮处于激活状态。此时在"合成"面板或"图层"面板中可使用该工具进行操作，然后在"工具"面板右侧激活的工具属性栏中设置工具的属性参数，如选择"矩形工具"，可在"合成"面板中绘制矩形形状，如图1-23所示。然后在"矩形工具"的工具属性栏中调整矩形的填充、描边颜色、描边宽度等，如图1-24所示。

图1-23

图1-24

（3）工作模式选项

在工作模式选项中，用户可根据自身需求选择不同模式的工作界面，主要包括默认、了解、标准、小屏幕和库5种工作模式。在工作模式选项右侧单击按钮，可在弹出的菜单中查看其他工作模式，如图1-25所示。或选择【窗口】/【工作区】命令，在弹出的子菜单中选择不同的工作模式命令，进入相应的工作模式，如图1-26所示。

图1-25　　　　　图1-26

不同的工作模式适用于不同的操作场景，如动画工作模式适用于动画制作；颜色工作模式适用于调色处理；绘画工作模式适用于绘画操作。

### 4．"项目"面板

在"项目"面板中不仅可以新建、合成文件夹，以及其他类型的文件，还可以导入素材，是管理素材的重要工具。所有导入AE中的素材都显示在该面板中，如图1-27所示。

图1-27

"项目"面板中部分选项介绍如下。

● 搜索栏 ：当"项目"面板中的素材过多时，可单击搜索栏，在其中搜索查找需要的素材。

● "解释素材"按钮 ：在"项目"面板中选择某素材，单击该按钮，将打开"解释素材"对话框，可在其中设置素材的Alpha、帧速率等参数，如图1-28所示。

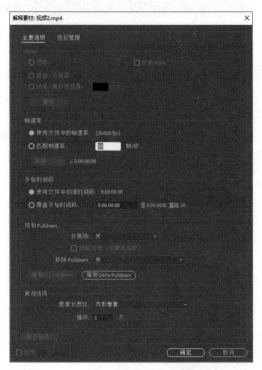

图1-28

● "新建文件夹"按钮 ：单击该按钮，可在"项目"面板中新建一个空白文件夹，将素材添加到其中进行管理。

● "新建合成"按钮 ：单击该按钮，可在"项目"面板中新建一个空白合成。

● "项目设置"按钮 ：单击该按钮，将打开"项目设置"对话框，可在其中调整项目渲染设置、时间显示样式等，如图1-29所示。

● 8 bpc 按钮：单击该按钮，同样将打开"项目设置"对话框，并默认选择"颜色"选项卡，可调整项目的颜色深度。按住【Alt】键单击该按钮，可循环查看项目的颜色深度。

图1-29

● "删除所选项目"按钮 ：选择不需要的素材文件，再单击该按钮，可将其删除。

**5. "合成"面板**

"合成"面板主要用于显示当前合成的画面效果，如图1-30所示。

图1-30

"合成"面板中部分选项介绍如下。

● "始终预览此视图"按钮 ：在多个视图的情况下，有时只需观看某个视图的画面效果，单击激活该按钮后，将始终预览选中的视图。

● "主查看器"按钮 ：单击该按钮，可使用主查看器预览音频和外部视频。

● "Adobe沉浸式环境"按钮 ：单击该按钮，可在Adobe沉浸式环境中预览"合成"面板中的画面效果，增强沉浸式视频体验感。

● (79.6%) ：可显示和控制文件当前在"合成"面板中预览的放大率。默认情况下，放大率会设置为适应当前面板大小。

● "选择网格和参考线选项"按钮 ：可以选择网格、

标尺、参考线等辅助工具，实现精确编辑对象的操作。

● "切换蒙版和形状路径可见性"按钮 ⬚：可在视图中显示或隐藏蒙版路径和形状路径。

●  按钮：单击该按钮，将打开"转到时间"对话框，可在其中设置时间指示器跳转的具体时间点，如图1-31所示。

图1-31

● "捕获界面快照"按钮 📷：主要用于前后对比，但保存的图片在AE缓存文件中，无法调出继续使用。

● "显示画面中的通道及色彩管理设置"按钮 🔲：单击该按钮，可在打开的下拉列表中选择需要在画面中显示的色彩通道选项。若选择"设置项目工作空间"选项，将打开"项目设置"对话框中的"颜色"选项卡，可进行色彩管理设置。

● (完整) ⌄ 按钮：可设置画面的分辨率。分辨率越低，画面预览越流畅，但同时画面越模糊。

● "目标区域"按钮 🔲：添加蒙版后，单击该按钮，可显示画面中的目标区域。

● "切换透明网格"按钮 ▦：把画面中的背景显示为透明网格形式。

● 活动摄像机 ⌄ 按钮：需要配合摄像机及3D功能来使用。

● 1个_ ⌄ 按钮：可设置视图的布局方式，默认为1个视图。

● "切换像素长宽比校正"按钮 ⬚：单击该按钮，可切换像素长宽比。

● "快速预览"按钮 ⬚：单击该按钮，可快速预览画面。

● "时间轴"按钮 ⬚：单击该按钮，将自动选中"时间轴"面板。

● "合成导航器"按钮 ⬚：单击该按钮，可打开"流程图"面板，查看合成流程的画面，如图1-32所示。

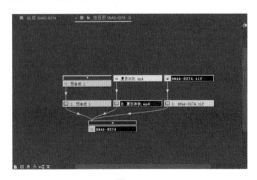

图1-32

● "重置曝光度"按钮 🔄：单击该按钮，可重置当前画面的曝光度。

● "调整曝光度"按钮 +0.0：可调整当前画面的曝光度。

### 6. "时间轴"面板

"时间轴"面板是AE的核心工具之一，其中包含两大部分，左侧为图层控制区，右侧为时间线控制区，如图1-33所示。其中左侧区域用于管理和设置图层对应素材的各种属性，右侧区域用于为对应的图层添加关键帧以实现动态效果。

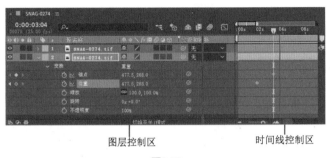

图层控制区         时间线控制区

图1-33

（1）图层控制区

图层控制区中部分选项介绍如下。

● 时间码 0:00:03:04：用于显示当前时间指示器所处时间。单击该数字，可对其进行编辑；按住【Ctrl】键单击该数字，可转换显示样式。

● "合成微型流程图"按钮 🔲：用于快速显示合成的架构。单击该按钮并直接按【Tab】键，此时鼠标指针指示位置就是微型流程图显示位置。

● "草图3D"按钮 ⬚：单击该按钮，可模拟草图中的3D场景。

● 🔲 按钮：用于隐藏设置了"消隐"开关的所有图层。

● 🔲 按钮：用于为设置了"帧混合"开关的所有图层启用帧混合效果。

● 🔲 按钮：用于为设置了"运动模糊"开关的所有图层启用运动模糊效果。

● "图表编辑器"按钮 🔲：单击该按钮，可开启或关闭关键帧的图表编辑窗口的开关。

● 👁 按钮：用于显示或隐藏图层。

**技巧**

选中图层，按【Ctrl+Alt+Shift+V】组合键可显示或隐藏选中的图层；按【Ctrl+Shift+V】组合键可隐藏除选中图层外的其他图层。

● 🔊 按钮：用于启用或关闭视频中的音频。

● 🔲 按钮：用于仅显示本图层。

● 🔒 按钮：用于锁定图层（快捷键为【Ctrl+L】）。图层被锁定后不能进行任何编辑操作，从而保护该图层不被破坏。按【Ctrl+Shift+L】组合键可解锁所有被锁定的图层。

● 🏷 按钮：用于设置图层标签，可使用不同的标签颜色来分类图层，还可以用于选择标签组。

● # 按钮：表示图层序号，可按数字小键盘上的数字键选择对应序号的图层。

● 父级和链接：用于指定父级图层。在父级图层所做的所有变换操作都将自动应用到子级图层的对应属性上，不透明度属性除外。

除上面介绍的部分选项外，图层控制区还包括了3个主

要窗格："图层开关"窗格、"转换控制"窗格和"入点/出点/持续时间/伸缩"窗格。在具体操作过程中可由"时间轴"面板左下角的3个按钮来控制显示或隐藏这3个窗格，如图1-34所示。

**技巧**

按【F4】键或单击图层控制区下方的"切换开关/模式"按钮可切换"图层开关"窗格和"转换控制"窗格；按【Shift+F4】组合键可显示或隐藏"父级和链接"列。

图1-34

① "图层开关"窗格

"图层开关"窗格部分选项介绍如下。

● "消隐"开关 ⬛：用于临时隐藏图层，以节省时间轴空间，但在"合成"面板中仍然存在。需要注意的是：在图层上开启"消隐"开关后，还需要开启图层控制区右上角的"消隐"总开关 ⬛。

● "折叠变换/连续栅格化"开关 ☀：也称为塌陷变换开关，对不同类型的图层产生的作用不同。如果图层是预合成，则为"折叠变换"开关，开启后，会将预合成中的原始图层提升到与当前合成一样的层次进行操作；如果图层是形状图层、文本图层或将矢量图形文件（如Adobe Illustrator文件）用作源素材的图层，则为"连续栅格化"开关，开启后，AE会重新栅格化图层中的每帧，将图像矢量化，从而提高图像品质，但也会增加预览和渲染的时间。

● "质量和采样"开关 ✦：在图层渲染品质的"最佳""草图""线框"选项之间切换，或选择图层，在菜单栏中选择【图层】/【品质】菜单命令，在打开的子菜单中也可选择图层渲染品质。

● "效果"开关 fx：用于启用或停用图层上的所有效果。

● "帧混合"开关 ▦：可在放慢或加快视频速度时创建更平滑的运动，可设置帧混合、像素运动两种状态，如图1-35所示。帧混合可混合视频中的前后帧画面，显示效果为运动重影；像素运动可自动计算画面中的运动像素，显示效果为局部像素偏移。

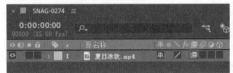

帧混合　　　　　像素运动

图1-35

● "运动模糊"开关 ⬭：用于启用或禁用图层上的运动模糊效果。开启"运动模糊"开关，可以使运动效果看起来更平滑且更自然。开启后可在"合成设置"对话框中选择"高级"选项卡，设置"运动模糊"栏的相关参数，如图1-36所示。其中快门角度越大，运动模糊的效果越明显；快门相位决定了运动模糊的方向。需要注意的是：在图层上开启"运动模糊"开关后，还需要开启图层控制区右上角的"运动模糊"总开关 ⬭，运动模糊才能生效。

● "调整图层"开关 ◐：可将图层设置为调整图层。图层内容将不可见，添加效果后会影响其下方图层的对应区域。

● "3D图层"开关 ⬛：可将图层设置为 3D 图层。

② "转换控制"窗格

"转换控制"窗格部分选项介绍如下。

● 模式：可设置图层的混合模式，与Photoshop的混合模式类似。

● "保持基础透明度"开关 T：可将该图层作为下方所有图层的剪贴蒙版图层，类似于Photoshop中的剪贴

蒙版。

●"轨道遮罩"开关 TrkMat ：可以以上一图层的Alpha通道或亮度通道来定义本图层的透明度信息。

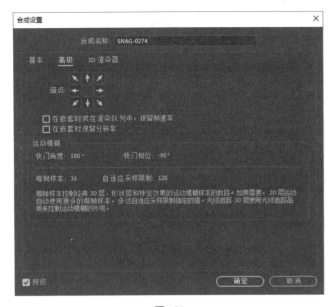

图1-36

③"入点/出点/持续时间/伸缩"窗格

"入点/出点/持续时间/伸缩"窗格部分选项介绍如下。

● 入：剪切图层入点到指定时间。

● 出：剪切图层出点到指定时间。

● 持续时间：用于指定图层播放时长，一般情况下与"伸缩"同步变化。

● 伸缩：通过数值加速或减速整个图层的播放速度，数值大于100%时为慢放；数值小于100%时为快进；数值等于100%时为正常播放；数值等于−100%时为倒放。

在图层控制区的列标题栏上单击鼠标右键，在弹出的快捷菜单中选择"列数"命令，可在打开的子菜单中选择隐藏或显示各列，如图1-37所示。

图1-37

（2）时间线控制区

时间线控制区可以控制时间轴的显示比例，便于后期更

好地进行动画制作，如图1-38所示。

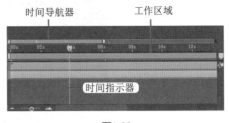

图1-38

时间线控制区中部分选项介绍如下。

● 时间导航器：时间标尺上方的灰色矩形条为时间导航器，左侧为导航器开始，右侧为导航器结束，拖曳导航器开始或结束可以调整时间线控制区的显示比例；拖曳时间线控制区底部左下角的圆形滑块可以随时缩小或放大显示比例。

● 工作区域：工作区域为影片的有效区域，是最终渲染输出的内容，不同于图层的入点与出点。拖曳工作区域中的蓝色滑块可确定工作区域内容或将时间指示器定位到某位置后，按【B】键可快速确定工作区域的开头位置，按【N】键可确定工作区域的结尾位置。

● 时间指示器：时间指示器可以定位关键帧的插入位置；可以快速指定图层的入点和出点；可以快速设置工作区域的开头和结尾；拖曳时间指示器，也可以在"合成"面板或"图层"面板中预览制作的动态效果。

**7. 其他工具面板**

在"默认"工作模式中，部分其他工具面板位于"合成"面板右侧，如"信息"面板、"音频"面板、"预览"面板、"效果和预设"面板、"对齐"面板、"库"面板等，还有些面板由于工作界面布局有限，因此已被隐藏。操作中可结合菜单栏中的"窗口"命令来调整需要在工作界面中显示的面板，以方便使用，如图1-39所示。

虽然这些面板没有全部显示在工作区域，但是操作时有些会使用到，因此也需要了解其中常用的面板。下面进行简单介绍。

（1）"效果和预设"面板

"效果和预设"面板用于存放AE自带的各种视频、音频、过渡、调色、抠像等特效。在"效果和预设"面板中单击类别左侧的三角形图标可展开指定的效果文件夹，如图1-40所示。

在"效果和预设"面板中选择要应用的特效，将其拖曳至"时间轴"面板或"合成"面板中的素材上，或在"时间轴"面板中选择需要添加特效的素材图层，在"效果和预设"面板中双击要应用的特效，可以为素材应用该特效。图1-41所示为应用"镜像"特效前后的图像效果。

图1-39

图1-40

图1-41

**技巧**

通过"效果和预设"面板上方的搜索栏可以快速查找需要的特效。

（2）"效果控件"面板

为素材应用特效后，可在"效果控件"面板中调整该特效的各个参数，使其符合需求，如图1-42所示。在"效果控件"面板中选择特效，按【Delete】键可将其删除。

（3）"音频"面板

"音频"面板主要用于调整视频中音频的音效，如图1-43所示。

图1-42

图1-43

（4）"图层"面板

"图层"面板与"合成"面板类似，但"合成"面板主要用于预览整个项目的最终效果，而"图层"面板主要用于预览当前图层的效果。在"时间轴"面板中双击图层，可以在"图层"面板中打开该图层，如图1-44所示。

图1-44

（5）"预览"面板

"预览"面板主要用于控制视频的预览效果，如播放、暂停、上一帧、下一帧等，如图1-45所示。

（6）"字符"面板

"字符"面板主要用于设置视频中文本的字体样式、大小、颜色、间距等，如图1-46所示。

图1-45

图1-46

## 1.2.5 自定义工作区

在操作AE的过程中，我们会发现工作界面中的有些面板并不常用，而有些面板比较常用但处于隐藏状态，或者界面颜色不符合自己的设计习惯，此时可以自定义适合自己的工作区。

### 1. 调整面板

用户如果对工作界面中面板的分布不满意，则可对其进行自定义设置。

（1）调整面板大小

AE中每个面板的大小并不是固定不变的，用户可根据需要自行调整。将鼠标指针移至面板与面板之间的分隔线上，当鼠标指针变为双向箭头标记时，拖曳鼠标可调整这两个面板的大小，如图1-47所示。

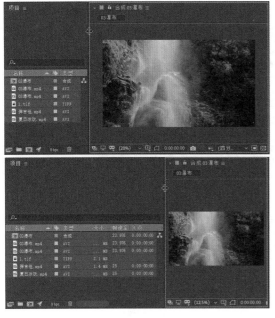

图1-47

（2）移动面板

若需要重新调整各面板的位置，打造符合自身操作习惯的工作界面，可以将面板移动到需要的位置。其操作方法为：在面板对应的名称上按住鼠标左键不放，将其拖曳到目标位置的上方、下方、左侧或右侧，出现暗色预览后释放鼠标左键就可以移动面板，如图1-48所示。

图1-48

（3）浮动面板

默认情况下，面板是嵌入工作界面中的，如果想使其成

为独立的窗口，浮动于软件界面上方，保持置顶效果，以方便随时调整面板的位置，则可将面板设置为浮动面板。其操作方法为：单击面板名称右侧的■按钮，在弹出的下拉列表中选择"浮动面板"命令，此时可拖曳浮动面板上方的白色区域任意调整该面板的位置，如图1-49所示。

技巧

移动面板时，AE 会以透视图的方式确定面板的位置关系。当透视图左侧呈蓝色显示时，表示将面板移至目标面板左侧；同理，当透视图右侧、上方或下方呈蓝色显示时，表示将面板移至目标面板的右侧、上方或下方；当透视图内部呈蓝色显示时，表示将面板移至目标面板之中，与目标面板共享一个区域，并通过切换选项卡的方式显示各自的面板内容。

图1-49

除此之外，在面板对应的名称上按住鼠标左键不放，将面板拖曳到工作界面外，也可以创建独立的浮动面板。

（4）关闭面板

如果用户不需要使用某个面板，则可将其关闭。其操作方法为：单击面板右上方的■按钮，在弹出的下拉列表中选择"关闭面板"命令，或选择【窗口】命令，在弹出的子菜单中选择需要关闭的面板。

**2. 保存新工作区**

自定义面板大小、位置后，可将其保存为一个新的工作区。其操作方法为：选择【窗口】/【工作区】/【另存为新工作区】命令，打开"新建工作区"对话框，设置新工作区名称后单击 确定 按钮，如图1-50所示。

图1-50

### 3. 重置工作区

对于调整后的面板，也可将其恢复至原始状态。其操作方法为：选择【窗口】/【工作区】/【将"默认"重置为已保存的布局】命令，或单击面板右上方的■按钮，在弹出的下拉菜单中选择"重置为已保存的布局"命令，可返回工作区的初始设置。

### 4. 自定义快捷键

AE为一些菜单命令、面板等提供了预设的快捷键，用户也可以将默认的键设置为自己常用的快捷键，提高制作效率。其操作方法为：选择【编辑】/【键盘快捷键】命令，打开"键盘快捷键"对话框。该对话框包含了应用程序和面板两个部分的快捷键，如图1-51所示。

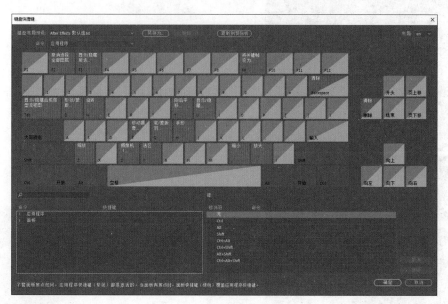

图1-51

"键盘快捷键"对话框中部分选项介绍如下。

● 应用程序：该选项包括了AE中的9个菜单命令，以及选区、手形、缩放等"工具"面板中各工具切换的快捷键。

● 面板：该选项包括了AE中所有面板操作的快捷键。

### 5. 设置界面外观颜色

AE的软件界面默认以黑底白字显示，如果用户不习惯该界面外观，则可更改其颜色。其操作方法为：选择【编辑】/【首选项】/【外观】命令，打开"首选项"对话框，在"外观"选项卡中拖曳不同的参数滑块，可自定义调整界面或控件的亮度，颜色达到用户满意的程度后单击 确定 按钮，如图1-52所示。

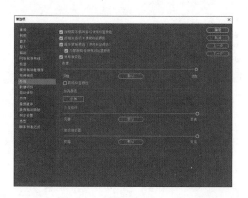

图1-52

## 1.3 文件的基本操作

> 启动AE后，并不能直接在其中进行操作，还需要执行新建项目文件和合成文件、导入素材等基本操作后才能开始制作。

### 1.3.1 新建项目文件和合成文件

项目文件包括了整个项目中所有引用的素材以及合成文件。其中，合成文件是一个组合素材、特效的容器，AE中的大部分工作都是在合成中完成的，一个项目文件可以包括一个或多个合成文件。新建项目文件和合成文件是AE中最基础的操作之一。

### 1. 新建项目文件

新建项目文件的方法主要有以下两种。

● 在主页新建：启动AE，在"主页"界面中单击 新建项目... 按钮，如图1-53所示。

● 通过菜单命令新建：若已经打开AE，则可在AE工作界面中选择【文件】/【新建】/【新建项目】命令，或按【Ctrl + Alt + N】组合键。

图1-53

### 2. 新建合成文件

新建合成文件的方法主要有以下两种。

（1）新建空白合成文件

空白合成文件中没有任何内容，需要用户自行添加素材。新建空白合成文件的方法主要有以下3种。

● 通过"合成"面板新建：新建项目文件后，可直接在"合成"面板中选择"新建合成"选项。

● 通过菜单命令新建序列：选择【合成】/【新建合成】命令，或按【Ctrl+N】组合键。

● 通过"项目"面板新建项目：在"项目"面板空白处单击鼠标右键，在弹出的快捷菜单中选择"新建合成"命令，或单击"项目"面板底部的"新建合成"按钮 ▣。

执行上述3种操作都将打开"合成设置"对话框，如图1-54所示。

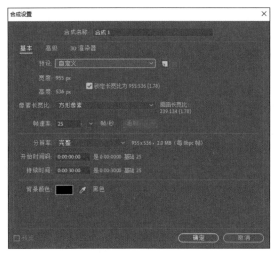

图1-54

"合成设置"对话框中部分选项介绍如下。

● 合成名称：主要用于命名合成，应尽量不使用默认的名称，不便于对文件的管理。

● 预设："预设"下拉列表中包含了AE预留的大量预设类型，选择其中某种预设后，将自动定义文件的宽度、高度、像素长宽比等，或选择"自定义"选项，自定义合成文件属性。

● 宽度、高度：可设置合成文件的宽度和高度，勾选

"锁定长宽比"复选框，宽度和高度会同时发生变化。

● 像素长宽比：根据素材需要自行选择，默认选择"方形像素"。

● 帧速率：帧速率越高，画面越精致，但所占内存也越大。

● 开始时间码：用于设置合成文件播放时的开始时间，默认为0帧。

● 持续时间：设置合成文件播放的具体时长。

● 背景颜色：设置合成文件的背景颜色（默认为黑色）。

在"合成设置"对话框的"高级"选项卡中可以设置合成图像的轴心点，嵌套时合成图像的帧速率，以及运用运动模糊效果后模糊量的强度和方向；在"3D渲染器"选项卡中可以选择AE进行三维渲染时使用的渲染器，如图1-55所示。

图1-55

（2）基于素材新建合成文件

每个素材都有自身的属性，如高度、宽度、像素长宽比等，用户也可以根据素材已有的这些属性建立对应的合成文件。

基于素材新建合成文件的方法主要有以下3种。

● 通过按钮新建：新建项目文件后，可直接在"合成"面板中单击"从素材新建合成"按钮 ▣，打开"导入文件"对话框，选择需要的素材文件后，单击 导入 按钮，AE将根据素材属性自动创建相同属性的合成文件，素材将以图层形式出现在"合成"面板中，合成名称为素材名称。

● 通过菜单命令新建：在"项目"面板中选择需要的素材，单击鼠标右键，在弹出的快捷菜单中选择"基于所选项新建合成"命令。

● 通过拖曳操作新建：在"项目"面板中选择需要的素材，将其拖曳至"项目"面板底部的"新建合成"按钮

上释放鼠标左键，或将选择的素材直接拖曳到"时间轴"面板或"合成"面板中。

需要注意的是：选择两个及以上的素材新建合成文件时，将打开"基于所选项新建合成"对话框，如图1-56所示。合成文件新建完成后，"时间轴"面板中显示的素材图层堆叠顺序取决于选择素材时的顺序。

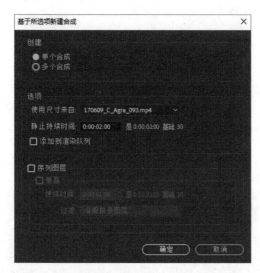

图1-56

"基于所选项新建合成"对话框中部分选项介绍如下。

● "单个合成"单选项：选中该单选项，可将选中的所有素材合并在一个合成文件中，然后在"使用尺寸来自"下拉列表中选择合成文件需要遵循的素材文件属性。

● "多个合成"单选项：选中该单选项，可为选中的每一个素材单独创建一个合成文件，此时"使用尺寸来自"下拉列表被禁用。

要修改新建后的合成文件属性，可在菜单栏中选择【合成】/【合成设置】命令或按【Ctrl+K】组合键，打开"合成设置"对话框，在其中重新设置合成属性。

### 1.3.2 导入和替换素材文件

AE支持多种素材文件的导入，包括静态图像、视频、音频等，若导入素材后对该素材不满意，并且该素材已经被应用于项目制作中，则还可以进行素材替换操作。

#### 1. 导入素材文件

导入素材文件的方法主要有以下3种。

● 基本操作：选择【文件】/【导入】/【文件】命令，或在"项目"面板中的空白区域双击鼠标左键，或在空白区域单击鼠标右键，在弹出的快捷菜单中选择【导入】/【文件】命令，或直接按【Ctrl+I】组合键，都将打开"导入文件"对话框，从中可选择需要导入的一个或多个素材文件，

单击 导入 按钮完成导入操作。

● 导入序列：序列是指一组名称连续且后缀名相同的素材文件，如"01.jpg""02.jpg""03.jpg"等。打开"导入文件"对话框后，选择"01.jpg"文件，可勾选对话框中的"Importer JPEG序列"复选框，然后单击 导入 按钮，AE将自动导入所有连续编号的素材序列，如图1-57所示。如果是其他素材序列，则复选框的名称会有所变动，但位置不变。

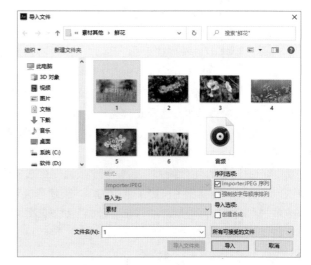

图1-57

● 导入分层素材：当导入含有图层信息的素材时，可以通过设置保留素材中的图层信息。例如，导入Photoshop生成的PSD文件，在"导入文件"对话框中选择PSD文件并单击 导入 按钮后，将打开对应素材名称的对话框。在"导入文件"对话框中的"导入种类"下拉列表中选择"素材"选项，并选中"合并的图层"单选项，则导入的素材仅为一个合并的图层；选中"选择图层"单选项，则可分图层导入，如图1-58所示。若在"导入种类"下拉列表中选择"合成"选项，再选中"可编辑的图层样式"单选项，则导入的素材将完整保留PSD文件的所有图层信息，并支持编辑图层样式；选中"合并图层样式到素材"单选项，则图层样式不可编辑，但素材渲染速度更快，如图1-59所示。

图1-58

图1-59

### 2. 替换素材

如果项目文件中已有的素材不符合制作需要，或丢失了素材，则可以进行素材替换操作。其操作方法为：在"项目"面板中选择需要替换的素材，单击鼠标右键，在弹出的快捷菜单中选择【替换素材】/【文件】命令，打开"替换素材文件"对话框，双击新素材进行替换。

## 1.3.3 重新链接素材文件

在AE中无论导入了哪种素材，"项目"面板中显示的素材都只是相应源文件的链接，而不是导入的素材本身。因此，修改源文件后，AE项目文件中的素材也会相应地修改。同时，若源文件被删除、移走，或其他情况导致AE无法访问源文件，则AE将会发出警告，如图1-60所示。

图1-60

此时，可先将缺失的素材重新移动到源位置，然后在"项目"面板中选择缺少链接的素材，单击鼠标右键，在弹出的快捷菜单中选择"重新链接素材"命令，或在菜单栏中选择【文件】/【重新链接素材】命令，或关闭缺少链接的AE项目文件后重新打开，AE将会重新访问源文件。

### 技巧

若 AE 项目文件中缺失文件过多，不便于查找，则可选择【文件】/【整理工程】/【查找缺失的素材】命令，或在"项目"面板的搜索框中输入"缺失素材"文字快速定位缺失的素材。

---

 **范例** 制作企业宣传视频封面

 **知识要点** 素材的导入、替换操作

 **配套资源** 素材文件\第1章\企业.psd、背景.psd
效果文件\第1章\企业宣传视频封面.aep

扫码看视频

**范例说明**

好的视频封面能给用户留下深刻的印象，吸引用户观看视频。某企业的企业宣传视频需要制作一个封面，目前提供了该视频封面的PSD文件，需要在AE中修改其中的背景图片和部分文字，要求不改变PSD文件中的图层样式效果。因此在导入PSD素材时，需要保留PSD文件的所有图层，然后替换其中的图片。

扫码看效果

**操作步骤**

*1* 启动AE并新建项目，选择【文件】/【导入】/【文件】命令，打开"导入文件"对话框，双击导入"企业.psd"素材。

*2* 打开"企业.psd"对话框，在"导入种类"下拉列表中选择"合成"选项，为了加快素材渲染速度，这里还需要选中"合并图层样式到素材"单选项，单击 确定 按钮，如图1-61所示。

图1-61

**3** 此时PSD素材被导入"项目"面板中，双击"企业"合成，将该合成中的素材以图层形式在"时间轴"面板中打开，如图1-62所示。

图1-62

**4** 在"项目"面板中展开"企业 个图层"文件夹，选择"背景/企业.psd"素材，单击鼠标右键，在弹出的快捷菜单中选择【替换素材】/【文件】命令，在打开的对话框中选择"背景.jpg"素材，由于该图片不是序列文件，因此这里需取消勾选"Importer JPEG序列"复选框，最后单击 导入 按钮。

**5** 此时"时间轴"面板和"项目"面板中的"背景/企业.psd"已经被替换为"背景.jpg"素材，"合成"面板中的效果也已更换，如图1-63所示。

图1-63

**6** 此时发现画面中矩形的不透明度过高，导致新背景与整个画面不和谐，因此可降低矩形的不透明度。在"时间轴"面板中展开"矩形1"图层，再展开"变换"栏，设置不透明度为"15%"，如图1-64所示。

图1-64

**7** 在"时间轴"面板中选择"2021"素材文件图层，单击鼠标右键，选择【创建】/【转换为可编辑文字】命令，此时该素材图层被转换为文本图层，在"合成"面板中双击"2021"文本，使其变为可编辑状态，然后修改该文本为"2022"，如图1-65所示。

图1-65

**8** 按【Ctrl+S】组合键打开"另存为"对话框，设置文件名为"企业宣传视频封面"，单击 保存(S) 按钮保存文件。

### 1.3.4 保存和另存项目文件

创建或编辑项目文件后，必须将其保存，便于以后再次进行操作。保存项目主要通过保存和另存文件两种命令进行操作。

● "保存"命令：选择【文件】/【保存】命令，或直接按【Ctrl+S】组合键，可直接保存当前项目。需要注意的是：若没有保存过该项目，则在使用该命令时会打开"另存为"对话框，需设置文件名后才能保存；若已经保存过该项目，则在使用该命令时会自动覆盖已经保存过的项目。

● "另存为"命令：选择【文件】/【另存为】命令，或直接按【Ctrl+Shift+S】组合键，打开"另存为"对话框，输入文件名，设置保存类型和位置，单击 保存(S) 按钮保存文件。

> **技巧**
>
> 为了防止在 AE 工作过程中断电、计算机死机、AE 程序崩溃等问题导致 AE 项目文件丢失，可以在 AE 中设置自动保存文件。其操作方法为：选择【编辑】/【首选项】/【自动保存】命令，在打开的"首选项"对话框中设置自动保存文件的间隔时间和位置。

# 1.4 综合实训：导入和保存"旅行日记"短视频

本章讲解了AE的基础知识和文件的基本操作，在综合实训中将通过导入和保存风景短视频的方式让用户进一步熟悉AE项目文件和合成文件的新建、合成文件的设置、素材导入、保存文件、关闭软件等操作，从而掌握AE的相关操作，了解相关面板的作用。

## 1.4.1 实训要求

本实训提供一个短视频和一个PSD文件，需要将这两个素材结合在一起，制作一个有文字说明的风景短视频。要求合成文件尺寸大小与视频尺寸大小一致，并使视频静音，视频总时长为10秒，PSD文件中的文字大小需要符合画面要求，但图层样式不能发生改变。

## 1.4.2 实训思路

通过对提供的素材进行分析，需要先基于提供的短视频素材新建合成，并重新设置合成的持续时间，然后将文字素材导入AE中，并调整素材大小和位置，以提高画面的美观度，最后保存项目文件，关闭AE。

扫码看效果

本实训完成后的参考效果如图1-66所示。

图1-66

## 1.4.3 制作要点

 **知识要点** 项目文件和合成文件的新建，合成文件的设置、导入、保存、关闭

**配套资源** 素材文件\第1章\风景短视频.mp4、文字.psd
效果文件\第1章\"旅行日记"短视频.aep

扫码看视频

完成本实训的主要操作步骤如下。

**1** 启动AE并新建项目，然后基于"风景短视频.mp4"素材新建合成。按【Ctrl+K】组合键打开"合成设置"对话框，设置持续时间为"0:00:10:00"。

**2** 开启"时间轴"面板中"风景短视频.mp4"素材图层中的静音图标，关闭视频中的音频，如图1-67所示。

图1-67

**3** 在"项目"面板中导入"文字.psd"素材文件，导入时设置导入种类为"素材"，图层选项为"合并的图层"，然后将"项目"面板中的"文字.psd"素材拖曳到"时间轴"面板中。

**4** 在"时间轴"面板中展开"文字.psd"素材图层的"变换"栏，设置缩放为"50%"。

**5** 将项目文件保存为"'旅行日记'短视频"，然后退出After Effects 2020。

**学习笔记**

------------

------------

------------

------------

------------

------------

------------

------------

### 巩固练习

**1. 新建项目并导入序列素材**

本练习将在AE中新建项目，并导入序列素材，然后基于该素材新建合成，调整合成宽度为"2000px"、高度为"2000px"，并保存为"鲜花.aep"，效果如图1-68所示。

> **配套资源**
> 素材文件\第1章\"鲜花"序列\
> 效果文件\第1章\鲜花.aep

图1-68

**2. 新建合成并导入素材**

本练习将先新建宽度为"1920px"、高度为"1080px"、持续时间为"0:00:08:00"的空白合成，然后导入视频素材和PSD格式的素材，要求导入PSD格式素材时，素材的图层样式可编辑，然后调整"企鹅介绍"合成中文字颜色为白色，背景图层不可见，最后调整该合成在画面中的大小和位置，并保存为"企鹅介绍视频.aep"，效果如图1-69所示。

> **配套资源**
> 素材文件\第1章\企鹅.mov、企鹅介绍.psd
> 效果文件\第1章\企鹅介绍视频.aep

图1-69

### 技能提升

AE是一款功能强大的后期特效制作软件，它可以与Adobe公司推出的其他设计软件紧密配合使用，充分发挥各种软件的特长，从而制作出更具创意的二维和三维合成效果。

**1. AE与Photoshop配合使用**

Photoshop是Adobe公司推出的一款专业图像处理软件，被广泛应用于平面视觉设计、插画设计、界面设计、数码照片后期处理以及淘宝美工等领域。利用Photoshop可以将一些质量较差的图片加工处理成效果精美的图片，也可以将多张图片合成为一张图片，还可以绘制出各种复杂的图形。

在AE中结合使用Photoshop的方式有多种，这里主要介绍3种。

● 第1种：在AE中导入PSD格式的素材，在Photoshop中处理同一素材后，按【Ctrl+S】组合键保存文件。回到AE界面，可发现该素材文件已经被同步修改。

● 第2种：在Photoshop中使用"路径选择工具" ▶ 选择需要的路径，按【Ctrl+C】组合键复制路径，在AE

界面中选择"钢笔工具"，按【Ctrl+V】组合键可将该路径粘贴到AE中。

● 第3种：在AE菜单栏中选择【文件】/【新建】/【Adobe Photoshop文件】命令，自动打开Photoshop，并在其中新建一个空白文件，在该文件中进行相应操作后，按【Ctrl+S】组合键保存文件。回到After Effects界面，可发现该空白文件以素材的形式存在于"项目"面板中。

### 2．AE与Illustrator配合使用

Illustrator是Adobe公司的一款矢量图形绘制软件，被广泛应用于印刷出版、海报设计、书籍装帧排版、专业插画等领域，其生成的文件格式为AI。AI格式的文件不仅可以导入AE中，还能够保留其中的图层等各种信息，以方便在AE中进行进一步设置。

在Illustrator中修改并保存AI格式的文件后，在AE中导入的相同文件也会被相应修改，同时在AE中也能够复制Illustrator中的路径。也就是说，在AE中结合使用Photoshop的前两种方式同样适用于Illustrator。

需要注意的是：由于在Illustrator中绘制的图形都是矢量图形，而AE是位图软件，将导入的AI格式文件转化为位图，可能会导致图形变模糊，此时需要在AE的"时间轴"面板中打开AI格式文件图层的"折叠变换/连续栅格化"开关。

### 3．AE与Premiere配合使用

Premiere是Adobe公司开发的一款易学、高效和精确的视频编辑软件，提供了包括采集、剪辑、调色、美化音频、字幕添加、输出、DVD刻录在内的一整套流程，是视频编辑爱好者和专业人士必不可少的视频编辑工具。

Premiere与AE配合使用的方式主要有以下3种。

● 第1种：将在Premiere中剪辑完成的Premiere文件（后缀名为".prproj"导入AE中，然后从项目面板中拖曳到"时间轴"面板中进一步剪辑，最后组合成一个完整的视频作品。注意在导入Premiere文件时，是以序列的形式导入的，如图1-70所示。

图1-70

● 第2种：在Premiere的"时间轴"面板中选择需要添加AE特效的素材文件，单击鼠标右键，在弹出的快捷菜单中选择"使用Adobe Effects中合成替换"命令，可直接在AE软件中对该素材应用特效，完成后按【Ctrl+S】组合键保存文件。回到Premiere界面，可发现素材文件已经同步应用了特效。

● 第3种：在Premiere的"时间轴"面板中选择需要的素材图层，按【Ctrl+C】组合键复制，在AE中选择"时间轴"面板，按【Ctrl+V】组合键粘贴图层，同时该图层中的位置、缩放、旋转、锚点等属性的关键帧也被复制粘贴过来。同理，也可以将AE"时间轴"面板中的图层直接复制粘贴到Premiere中，其操作方法一样。

# 第 2 章

# 了解与应用图层

## 本章导读

利用AE中的图层功能，可以在视频文件中有序组织各个素材元素，从而便于进行视频后期特效制作。因此，用户要认识图层的作用、了解图层的类型和基本属性，还要掌握图层的新建、选择和移动、复制与粘贴、拆分与组合等基本操作，这样才能在编辑视频素材时更加得心应手。

## 知识目标

- 了解图层的概念
- 熟悉图层的类型和基本属性
- 掌握图层的基本操作

## 能力目标

- 能够制作Vlog封面
- 掌握拆分图层剪辑视频的方法
- 能够使用入点和出点编辑视频
- 能够制作多重曝光视频特效
- 能够制作立体按钮特效

## 情感目标

- 培养对图层属性的理解和运用能力
- 提高对视频特效的审美能力

## 2.1 认识图层

AE中的绝大部分操作都是基于图层进行的，所有的素材在编辑时都是以图层的形式显示在"时间轴"面板中的，因此需要了解图层，包括图层的概念、类型和基本属性等基础知识，从而更好地理解如何在AE中编辑对象。

### 2.1.1 什么是图层

当一个AE文件包括多个图层时，上面图层的内容会覆盖下面图层，因此可以把图层看作许多张大小相同的透明画纸按照顺序叠放在一起，每个画纸中包含不同的对象，所有画纸中的对象叠加显示就形成了最终的画面效果。图2-1所示为图层不同叠加顺序的对比效果。

图2-1

## 2.1.2　图层的类型

不同类型的图层可以创建出不同的效果，也有着不同的作用。如创建文本图层可以在"合成"面板中输入文本；创建形状图层可以在"合成"面板中绘制形状。通过AE，可以创建多种不同类型的图层。其操作方法为：在"时间轴"面板中的空白区域单击鼠标右键，在弹出的快捷菜单中选择"新建"命令，在弹出的子菜单中选择需要创建的图层类型，如图2-2所示。

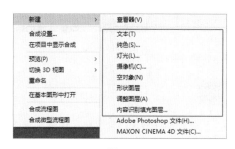

图2-2

也可以在菜单栏中选择【图层】/【新建】命令，在弹出的子菜单中选择需要创建的图层类型，如图2-3所示。

图2-3

### 1. 文本图层

文本图层主要用于创建文本对象，该图层的名称默认为"<空文本图层>"（若在"合成"面板中输入了文字，则该图层名称将变为输入的文字内容），图层名称前的图标为 ，如图2-4所示。

图2-4

### 2. 纯色图层

AE"合成"面板中默认的背景是透明的，如果没有背景素材，则可以创建纯色图层作为背景效果。除此之外，还可以在纯色图层上添加特效，或使纯色图层作为其他图层的遮罩等。

纯色图层的默认名称为该纯色图层的颜色名称加上"纯色"文字，图层名称前的图标为该纯色图层的颜色色块，如图2-5所示。

图2-5

### 3. 灯光图层

灯光图层主要是作为三维图层（也称为3D图层，是立体空间上的图层，可让二维图层的坐标轴从XY轴变为XYZ轴，然后在3个坐标轴上进行编辑，从而实现真实的空间效果）的光源。也就是说，如果需要为某个图层添加灯光，则需要先在"时间轴"面板中单击普通二维图层（平面空间上的图层，坐标轴只有XY轴）中的3D图层标记 下方的 图标，或者在"时间轴"面板中选择普通二维图层后，选择菜单栏中的【图层】/【3D图层】命令，将其转换为三维图层，然后才能设置灯光效果。

灯光图层的默认名称为该图层的灯光类型，图层名称前的图标为 ，如图2-6所示。

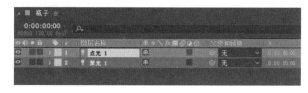

图2-6

需要注意的是：灯光图层会影响其下方的所有三维图层，而不仅仅是其下相邻的一个三维图层。

### 4. 摄像机图层

摄像机图层可以模仿真实的摄像机视角，通过平移、推拉、摇动等各种操作，来控制动态图形的运动效果，但也只能作用于三维图层。

摄像机图层的默认名称为"摄像机"，图层名称前的图标为 ，如图2-7所示。

图2-7

### 5. 空对象图层

空对象图层不会被AE渲染出来，但它具有很强的实用性。例如，当文件中有大量的图层需要进行相同的设置时，可以建立空对象图层，将需要进行相同设置的图层通过父子关系链接到空对象图层，再调整空对象图层，就能同时调整这些图层。另外，也可以将摄像机图层通过父子关系链接到空对象图层，通过移动空对象来实时控制摄像机。

空对象图层的默认名称为"空"，图层名称前的图标为白色色块，如图2-8所示。

图2-8

### 6. 形状图层

形状图层主要是建立各种简单或复杂的形状或路径，结合"工具"面板中形状工具组和钢笔工具组中的各种工具可以绘制出各种形状。

形状图层的默认名称为"形状图层"，图层名称前的图标为★，如图2-9所示。

图2-9

### 7. 调整图层

调整图层类似于一个空白的图像，但应用于调整图层的效果会全部应用于该调整图层之下的所有图层，所以调整图层一般适用于统一调整画面色彩、特效等。

调整图层的默认名称为"调整图层"，图层名称前的图标为白色色块，如图2-10所示。

图2-10

## 2.1.3 图层的基本属性

AE中的图层主要具有锚点、位置、缩放、旋转和不透明度5种基本属性，大多数动态效果都是基于这些属性进行设计和制作的。

在"时间轴"面板左侧的图层区域依次展开某个图层的"变换"栏，可以看到该图层的所有属性，如图2-11所示。调整这些属性后的参数可以更改属性值，选择"重置"选项可将调整后的属性值恢复到原始状态。

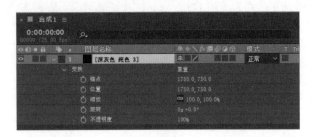

图2-11

### 技巧

实际操作时，使用快捷键可以快速显示所需图层属性，以提高操作效率。其中，按【A】键可以显示锚点属性，按【P】键可以显示位置属性，按【S】键可以显示缩放属性，按【R】键可以显示旋转属性，按【T】键可以显示不透明度属性。

### 1. 锚点

锚点即图层的轴心点坐标，是图层移动、缩放、旋转的参考点。锚点所在的位置不同，移动、缩放和旋转的效果就可能不同。也就是说，图层的变化效果将严格按照锚点位置来实现。默认情况下，锚点位于画面中心位置，调整锚点位置可使用"工具"面板中的"向后平移（锚点）工具"，或者在"时间轴"面板中调整锚点属性后的参数。图2-12所示为改变锚点位置的过程。

图2-12

### 2. 位置

设置图层的位置属性可以使图层产生位移的运动效果。二维图层的位置属性可以设置X轴和Y轴两个方向的位置参数；若为图层开启3D图层标记，则该图层将转换为三维图层，可以设置X轴、Y轴和Z轴3个方向的位置参数。例如，调整X轴方向的参数，汽车可以在水平方向上移动，如图2-13所示。

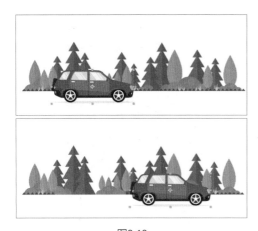

图2-13

### 3. 缩放

设置图层的缩放属性可以使图层产生放大缩小的运动效果。缩放时，图层会以锚点位置为中心进行放大或缩小。例如，调整缩放属性参数实现文字等比例缩小的效果，如图2-14所示。

图2-14

**技巧**

在"时间轴"面板中调整缩放属性时，默认情况下是打开约束比例设置的，也就是调整一个数值时，另一个数值会自动更新。若需要自定义调整缩放数值，则可单击缩放属性数值前的"约束比例"按钮📎。

### 4. 旋转

设置图层的旋转属性可以使图层产生以锚点位置为中心旋转的运动效果。在"时间轴"面板中显示图层的旋转属性后，"0x"中的"0"代表旋转的圈数，"3x"表示旋转3圈，后面的参数为旋转的度数，"3x+305.0°"表示旋转3圈加305度的效果。图2-15所示为火箭沿锚点位置旋转的动态效果。

图2-15

### 5. 不透明度

设置图层的不透明度属性可以使图层产生逐渐淡入或逐渐淡出的运动效果，其设置范围为"0%~100%"。图层的不透明度从100%变化至30%的效果如图2-16所示。

图2-16

## 2.2 图层的基本操作

使用AE制作视频后期特效时，直接操作的对象就是图层，因此掌握图层的基本操作是制作视频后期特效的必要前提。

### 2.2.1 新建图层

了解不同类型的图层后，可以使用不同的方法新建这些图层。

#### 1. 新建文本图层

新建文本图层的方法为：选择【图层】/【新建】/【文本】命令，或在"时间轴"面板的空白区域单击鼠标右键，在弹出的快捷菜单中选择【新建】/【文本】命令，或直接按【Ctrl+Shift+Alt+T】组合键，或选择文字工具后，在"合成"面板中单击鼠标左键，定位文本插入点，此时"时间轴"面板中也会自动新建一个文本图层，如图2-17所示。

图2-17

新建文本图层后,可直接在"合成"面板中输入文本内容,并在"字符"面板和"段落"面板中设置文本的字体、字号、对齐等属性。

### 2. 新建纯色图层

新建纯色图层的方法为:选择【图层】/【新建】/【纯色】命令,或在"时间轴"面板的空白区域单击鼠标右键,在弹出的快捷菜单中选择【新建】/【纯色】命令,或直接按【Ctrl+Y】组合键,打开"纯色设置"对话框,在其中可设置纯色图层的名称、大小、像素长宽比和颜色,如图2-18所示。

图2-18

设置完成后单击 确定 按钮,在"时间轴"面板中新建一个纯色图层,如图2-19所示。

图2-19

### 3. 新建灯光图层

新建灯光图层的方法为:选择【图层】/【新建】/【灯光】命令,或在"时间轴"面板的空白区域单击鼠标右键,在弹出的快捷菜单中选择【新建】/【灯光】命令,或直接按【Ctrl+Shift+Alt+L】组合键,打开"灯光设置"对话框,在其中可设置灯光图层的名称,以及灯光的类型、颜色、强度、锥形角度、锥形羽化、衰减等参数,如图2-20所示。

图2-20

设置完成后单击 确定 按钮,在"时间轴"面板中新建一个灯光图层,如图2-21所示。

图2-21

### 4. 新建摄像机图层

新建摄像机图层的方法为:选择【图层】/【新建】/【摄像机】命令,或在"时间轴"面板的空白区域单击鼠标右键,在弹出的快捷菜单中选择【新建】/【摄像机】命令,或直接按【Ctrl+Shift+Alt+C】组合键,打开"摄像机设置"对话框,在其中可设置摄像机图层的名称、焦距、类型等参数,如图2-22所示。

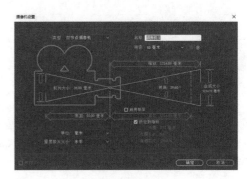

图2-22

设置完成后单击 确定 按钮,在"时间轴"面板中新建一个摄像机图层,如图2-23所示。

图2-23

#### 5. 新建空对象图层

新建空对象图层的方法为：选择【图层】/【新建】/【空对象】命令，或在"时间轴"面板的空白区域单击鼠标右键，在弹出的快捷菜单中选择【新建】/【空对象】命令，或直接按【Ctrl+Shift+Alt+Y】组合键，在"时间轴"面板中新建一个空对象图层，如图2-24所示。

图2-24

#### 6. 新建形状图层

新建形状图层的方法为：选择【图层】/【新建】/【形状图层】命令，或在"时间轴"面板的空白区域单击鼠标右键，在弹出的快捷菜单中选择【新建】/【形状图层】命令，此时"时间轴"面板中自动新建一个没有任何对象的形状图层，如图2-25所示。同时，AE默认选择矩形工具▣，然后可直接在"合成"面板中绘制需要的形状对象。

图2-25

形状绘制完成后，可在其工具属性栏或"时间轴"面板中设置形状的各种参数属性，如图2-26所示。

图2-26

#### 7. 新建调整图层

新建调整图层的方法为：选择【图层】/【新建】/【调整图层】命令，或在"时间轴"面板的空白区域单击鼠标右键，在弹出的快捷菜单中选择【新建】/【调整图层】命令，或直接按【Ctrl+Alt+Y】组合键，此时"时间轴"面板中自动新建一个调整图层，如图2-27所示。

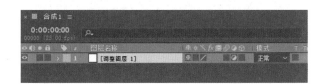

图2-27

---

**范例** 制作 Vlog 视频封面

**知识要点** 新建和设置文本图层、形状图层、调整图层和纯色图层

**配套资源** 素材文件\第2章\风景视频.mp4、飞机.png
效果文件\第2章\Vlog视频封面.aep

扫码看视频

**范例说明**

Vlog（Video Log 或 Video Blog，微录）是博客的一类，主要通过视频形式记录日常生活。本例将利用提供的素材制作Vlog视频封面，要求效果美观、主题明确，可充分运用不同类型的图层完成。

*1* 启动AE，在主页界面单击 新建项目 按钮，进入AE操作界面。双击"项目"面板，打开"导入文件"对话框，选择"风景视频.mp4""飞机.png"素材，单击 导入 按钮。

*2* 在"合成"面板中选择"新建合成"选项，打开"合成设置"对话框，设置宽度为"1920px"，高度为"1080px"，帧速率为"25"，持续时间为"0:00:19:00"，单击 确定 按钮，如图2-28所示。

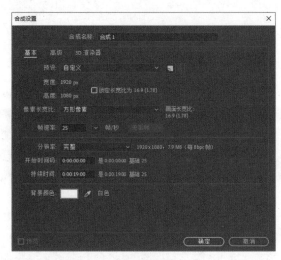

图2-28

*3* 在"时间轴"面板的空白区域单击鼠标右键，在弹出的快捷菜单中选择【新建】/【纯色】命令，新建一个与合成大小相同的白色纯色图层。

*4* 将"项目"面板中的"风景视频.mp4"素材拖曳到"时间轴"面板中的纯色图层上方，然后在"时间轴"面板中展开该图层的"变换"栏，设置其中的位置和缩放属性参数，如图2-29所示。

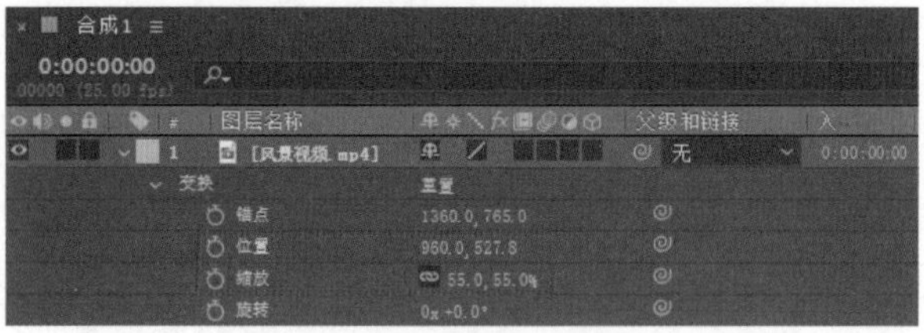

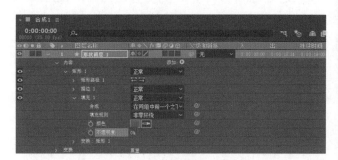

图2-29

*5* 在"时间轴"面板的空白区域单击鼠标右键，在弹出的快捷菜单中选择【新建】/【调整图层】命令，新建一个调整图层。

*6* 单击展开"效果和预设"面板，在搜索框中输入"照片"文字，在搜索结果中选择"照片滤镜"效果，将其拖曳到"合成"面板的视频素材上，在"效果控件"面板的"滤镜"下拉列表中选择"冷色滤镜（80）"选项，此时视频素材的颜色饱和度更高，效果更加美观，如图2-30所示。

图2-30

*7* 在"时间轴"面板的空白区域单击鼠标右键，在弹出的快捷菜单中选择【新建】/【形状图层】命令，在激活的工具属性栏中单击"描边"后的色块，打开"形状描边颜色"对话框，设置颜色为"#FFFFFF"，单击 确定 按钮，在"合成"面板中绘制一个矩形。

*8* 在"时间轴"面板中依次展开形状图层的"内容""矩形1""填充1"栏，设置不透明度为"0%"，取消矩形的填充颜色，如图2-31所示。

图2-31

*9* 单击"内容"栏右侧的"添加"按钮 ⊙，在打开的下拉列表中选择"修剪路径"选项，再展开"修剪路径"栏，在其中设置开始为"4%"，结束为"93%"，偏移为"0x+211°"，使视频素材中的矩形框出现缺口，效果如图2-32所示。

图2-32

*10* 在"时间轴"面板的空白区域单击鼠标右键,在弹出的快捷菜单中选择【新建】/【文本】命令,在"合成"面板中输入"蓝色浪漫"文字,在"字符"面板中设置字体为"方正兰亭中粗黑简体",填充颜色为"白色",字体大小为"135像素",行距为"150像素",字符间距为"150",如图2-33所示。然后在"合成"面板中调整文字位置,效果如图2-34所示。

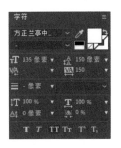

图2-33　　　　　　　　　　图2-34

*11* 使用相同的方法再次新建两个文本图层,并输入不同的文本内容,然后在"合成"面板中调整文字位置,效果如图2-35所示。

图2-35

*12* 将"飞机.png"素材拖曳到"时间轴"面板中,设置缩放为"40%",旋转为"0x-13°",然后在"合成"面板中调整其位置,效果如图2-36所示。

图2-36

*13* 完成整个画面制作后,按【Ctrl+S】组合键打开"另存为"对话框,设置文件名为"Vlog视频封面",选择好保存路径后,单击 保存(S) 按钮,保存项目文件。

## 2.2.2　选择和移动图层

一个完整的AE文件一般由多个图层构成,编辑图层或图层中的内容时,在无遮罩、蒙版等其他因素影响的情况下,上层图层会遮挡下层图层的内容。因此,在制作视频后期特效时,也会根据需要移动图层。要进行这些操作,首先需要选择图层,然后需要移动图层。

### 1. 选择图层

在AE中选择图层的方法主要有以下3种。

● 选择单个图层:直接单击选择需要的图层。

● 选择不连续图层:在按住【Ctrl】键的同时,依次单击图层,可选择多个不连续的图层,如图2-37所示。

图2-37

● 选择连续图层:先选择一个图层,然后在按住【Shift】键的同时单击另一个图层,可以选择这两个图层之间的所有图层,如图2-38所示。

图2-38

### 2. 移动图层

在AE中移动图层的方法主要有以下3种。

● 通过拖曳图层移动:在"时间轴"面板中选择并拖曳图层,当蓝色水平线出现在目标位置时释放鼠标左键,如图2-39所示。

● 使用快捷键移动:按【Ctrl+]】组合键可以将图层上移一层;按【Ctrl+[】组合键可以将图层下移一层;按【Ctrl+Shift+]】组合键可以将图层移至最上方;按【Ctrl+Shift+[】组合键可以将图层移至最下方。

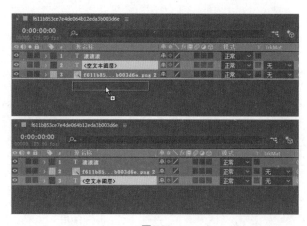

图2-39

● 使用菜单命令移动：选择【图层】/【排列】命令，在弹出的子菜单中选择相应的命令可移动图层，如图2-40所示。

图2-40

### 2.2.3 重命名图层

新建图层后，可以重命名图层，便于后续操作时查找图层，从而清楚了解每个图层包含的内容。其操作方法为：在"时间轴"面板中选择需要重命名的图层，按【Enter】键或单击鼠标右键，在弹出的快捷菜单中选择"重命名"命令，进入编辑状态，然后输入图层的新名称，输入完成后按【Enter】键确认，如图2-41所示。

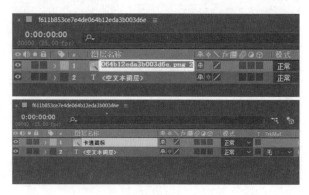

图2-41

### 2.2.4 复制与粘贴图层

如果需要复制一个图层中的所有内容，则可以直接复制

与粘贴图层，并一同复制与粘贴图层包含的内容。其操作方法如下。

● 在"时间轴"面板中选择需要复制的图层，按【Ctrl+C】组合键复制，然后选择目标图层后按【Ctrl+V】组合键粘贴，所选图层将被复制到目标图层的上方。

● 在"时间轴"面板中选择需要复制的图层，在菜单栏中选择【编辑】/【重复】命令，或按【Ctrl+D】组合键，直接把该图层复制到"时间轴"面板中，而不用再执行粘贴操作。

### 2.2.5 拆分与组合图层

在AE中，还可以对图层进行拆分，便于为各段视频添加不同的后期特效。拆分后还可以对不同的视频片段进行组合，最终形成一个完整的作品。

#### 1. 拆分图层

拆分图层的方法为：选择需拆分的图层，将时间指示器移至目标位置，选择【编辑】/【拆分图层】命令，或按【Ctrl+Shift+D】组合键，所选图层将以时间指示器为参考位置，拆分为上下两层，如图2-42所示。

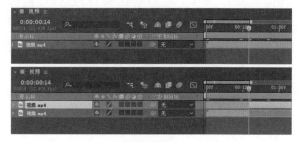

图2-42

#### 2. 组合图层

要将拆分后的不同图层组合在一起，可拖曳该段图层的开端至前一段图层的末尾（拖曳时按住【Shift】键可自动吸附，以保证两段图层间不会出现重叠情况），或在"时间轴"面板中选择需要组合的图层，单击鼠标右键，在弹出的快捷菜单中选择【关键帧辅助】/【序列图层】命令，打开"序列图层"对话框，设置持续时间为0:00:00:00，单击 确定 按钮，使图层之间无缝连接，如图2-43所示。

图2-43

"序列图层"对话框中各选项介绍如下。

● "重叠"复选框：用于设置图层组合处是否重叠，对

于持续时间较短的多个图层，一般不勾选该复选框。

●持续时间：用于设置整个图层的持续时间（计算公式为：持续时间=图层长度−每个图层错开时长）。

●过渡：用于设置上下图层重叠部分的过渡方式。

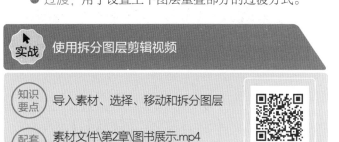

实战　使用拆分图层剪辑视频

知识要点　导入素材、选择、移动和拆分图层

配套资源　素材文件\第2章\图书展示.mp4
　　　　　效果文件\第2章\视频剪辑.aep

扫码看视频

## 操作步骤

*1* 启动AE并新建项目，进入AE操作界面。在"合成"面板中选择"从素材新建合成"选项，打开"导入文件"对话框，选择"图书展示.mp4"素材文件，单击 导入 按钮。

*2* 在"时间轴"面板中选择"图书展示.mp4"图层，单击鼠标右键，在弹出的快捷菜单中选择"重命名"命令，修改该图层的名称为"图书.mp4"，如图2-44所示。

图2-44

*3* 在"时间轴"面板中将时间指示器移动到0:00:07:38位置，按【Ctrl+Shift+D】组合键拆分图层，如图2-45所示。

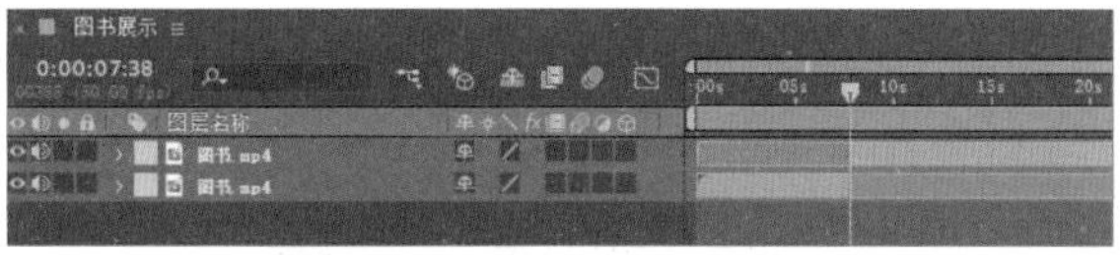

图2-45

*4* 使用相同的方法在0:00:10:09位置处拆分图层，如图2-46所示。

图2-46

*5* 选择第2段视频（"图书.mp5"图层），按【Delete】键删除，如图2-47所示。

图2-47

*6* 选择后一段视频（"图书.mp6"图层），按住【Shift】键，将其拖曳到第1段视频（"图书.mp4"图层）后面，如图2-48所示。

图2-48

*7* 在0:00:27:35位置处拆分图层，然后删除拆分后的中间段图层，选择后一段视频，按住【Shift】键，将其拖曳到第1段视频（"图书.mp4"图层）后面，如图2-49所示。

图2-49

*8* 完成后按【Ctrl+S】组合键打开"另存为"对话框，设置文件名为"视频剪辑"，选择好保存路径后，单击 保存(S) 按钮，保存项目文件。

## 2.2.6　设置图层的对齐与分布

在制作视频后期特效时，经常会涉及多个图层的排列，此时可使用"对齐"面板沿水平或垂直轴对齐所选对象，快速、精确地完成图层的对齐与分布。

### 1.图层的对齐

选择需要对齐的图层，打开"对齐"面板，可看到图层的对齐方式主要包括"左对齐""水平对齐""右对齐""顶对齐""垂直对齐""底对齐"6种，如图2-50所示。

图2-50

在"对齐"面板中，还可设置对齐的不同选项，从而改变图层的对齐点。

● 将图层对齐到选区：表示对齐图层时以选区范围为基准，这个选区是指所选图层共同形成的区域，如图2-51所示。当选中两个以上图层时，AE默认选择"将图层对齐到选区"选项。

 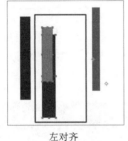

原图 左对齐

图2-51

● 将图层对齐到合成：表示对齐图层时以整个合成范围为基准，如图2-52所示。当选中一个图层时，AE默认选择"将图层对齐到合成"选项。

 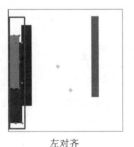

原图 左对齐

图2-52

### 2. 图层的分布

在"对齐"面板中不仅可以对齐图层，还可以使选择的图层在水平或垂直方向上分布。其操作方法为：选择3个及以上的对象，打开"对齐"面板，在"分布图层"栏下方单击相应的分布按钮，可设置"按顶分布""垂直均匀分布""按底分布""按左分布""水平均匀分布""按右分布"6种分布方式，如图2-53所示。

图2-53

## 2.2.7 设置图层的入点与出点

图层的入点即图层有效区域的开始点，出点为图层有效区域的结束点。设置图层的入点与出点有以下3种方法。

● 精确设置：单击"时间轴"面板左下角的 图标，在显示的"入"栏和"出"栏中精确设置图层的入点与出点，如图2-54所示。

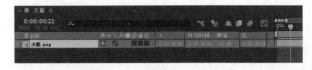

图2-54

● 快捷键设置：拖曳时间指示器至入点位置，按【[】键设置入点；拖曳时间指示器至出点位置，按【]】设置出点。

● 鼠标拖曳设置：选择目标图层，将鼠标指针移动到图层上，按住鼠标左键向左或向右拖曳图层，可快速调整图层的入点与出点，如图2-55所示。

图2-55

**技巧**

在"时间轴"面板中设置入点和出点时，可以将鼠标指针移动到图层左侧（入点位置）或图层右侧（出点位置），当鼠标指针变为 形状后进行拖曳，可以快速调整图层入点和出点之间的范围，并且图层的持续时间也将发生变化。

● 通过按钮设置：在"时间轴"面板中双击需要设置的图层名称，打开"图层"面板，同时下方出现时间标尺，标尺上有一个蓝色滑块，该滑块与"时间轴"面板中的时间指示器同步显示。将滑块拖曳到添加入点的位置，在下面的"工具"面板中单击"将入点设置为当前时间"按钮 ，然后将时间指示器定位到添加出点的位置，在下面的"工具"面板中单击"将出点设置为当前时间"按钮 ，可以设置入点与出点，如图2-56所示。在"合成"面板中设置入点与出点后，在"时间轴"面板中可同步查看完成后的效果。

入点 出点

图2-56

**范例** 使用入点和出点编辑视频

**知识要点** 导入素材、设置入点和出点、对齐图层

**配套资源** 素材文件\第2章\海底.mp4
效果文件\第2章\海底视频.aep

扫码看视频

**范例说明**

　　制作视频后期特效时，往往会运用到未经过任何处理的原始视频素材，这些素材可能会出现视频时间过长等问题，这就需要对其进行简单处理。本例将使用入点和出点操作编辑一段视频素材，然后添加文字内容，以展现视频信息。

**操作步骤**

*1* 启动AE并新建项目，进入AE操作界面。在"合成"面板中选择"从素材新建合成"选项，打开"导入文件"对话框，选择"海底.mp4"素材，单击 导入 按钮。

*2* 在"时间轴"面板中双击"海底.mp4"图层名称，打开"图层"面板，此时可看到素材的持续时间为00:00:12:15，如图2-57所示。

图2-57

*3* 单击"时间轴"面板左下角的 图标，也将显示持续时间，单击"伸缩"栏下方的数值，打开"时间伸缩"对话框，设置"拉伸因数"为"50"，使视频加速显示，单击 确定 按钮，如图2-58所示。

图2-58

**技巧**

在"时间轴"面板中选择图层，单击鼠标右键，在弹出的快捷菜单中选择【时间】/【时间伸缩】命令，也可以打开"时间伸缩"对话框。

*4* 调整视频播放速度后，视频的持续时间也将发生变化。将时间指示器移动到0:00:02:00位置，在"合成"面板下面的"工具"面板中单击"将入点设置为当前时间"按钮 ，如图2-59所示。

图2-59

*5* 将时间指示器移动到0:00:10:06位置，单击"将出点设置为当前时间"按钮 ，如图2-60所示。

*6* 在"时间轴"面板的空白区域单击鼠标右键，在弹出的快捷菜单中选择【新建】/【文本】命令，新建一个文本图层。

图2-60

图2-63

图2-64

*7* 此时"合成"面板中已经被插入文本光标，直接输入"海底世界"文字。由于默认添加的文本图层与原始视频图层的持续时间一致，而视频图层的入点和出点已经更改，为防止只有文字，而无视频背景的情况出现，接下来需要设置文本图层的出点与视频图层一致。

*8* 选择"时间轴"面板中的文本图层，单击"出"栏下方的数值，打开"图层出点时间"对话框，在其中的数值框中输入视频图层的出点为00:00:05:07，单击 确定 按钮，如图2-61所示。

图2-61

*9* 使用相同的方法设置文本图层的入点为"0:00:00:00"，持续时间为"0:00:05:08"，如图2-62所示。

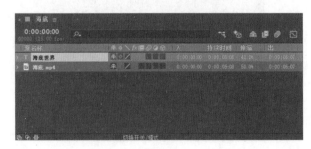

图2-62

*10* 选择文本图层，打开"字符"面板，设置字体为"方正字迹-心海凤体 简"，字体大小为"170像素"，如图2-63所示。

*11* 打开"对齐"面板，单击"水平对齐"按钮，使文字居中于整个画面，如图2-64所示。

*12* 完成整个画面制作后，按【Ctrl+S】组合键打开"另存为"对话框，设置文件名为"海底视频"，选择好保存路径后，单击 保存(S) 按钮，保存项目文件。

## 2.2.8 预合成图层

预合成图层不仅方便统一管理图层，还可以直接在合成中单独处理图层。将图层预合成后，这些图层会组成一个新合成，并且该新合成嵌套于原始合成中。

预合成图层的操作方法为：在"时间轴"面板中选择需要预合成的图层，选择【图层】/【预合成】命令（快捷键为【Ctrl+Shift+C】），或在"时间轴"面板中单击鼠标右键，在弹出的快捷菜单中选择"预合成"命令，打开"预合成"对话框，在"新合成名称"文本框中自定义合成名称，单击 确定 按钮，如图2-65所示。

图2-65

此时，"时间轴"面板中被选中的图层转换为一个单独的合成文件，合成前后的对比效果如图2-66所示。

图2-66

要单独调整预合成中的某个图层，可在"时间轴"面板中双击预合成图层，显现该合成内的所有图层，如图2-67所示。

图2-67

## 2.2.9 链接图层至父级对象

将图层通过父级对象方式链接到目标图层后，对目标图层的操作会影响链接的所有图层。例如，设置父级图层的位移动态效果后，链接的所有子级图层都将产生相应的动态效果。

链接图层至父级对象的方法为：在子级图层"父级和链接"栏对应的下拉列表中直接选择父级图层，或直接拖曳"父级和链接"栏下方的"父级关联器"按钮 至父级图层上，如图2-68所示。

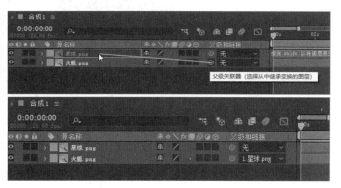

图2-68

建立"父子关系"后，子级图层（本例是指"火箭"图层）将跟随父级图层（本例是指"星球"图层）变化，如图2-69所示。

图2-69

要解除"父子关系"，可在子级图层"父级和链接"栏对应的下拉列表中选择"无"选项，或按住【Ctrl】键，单击

子级图层的"父级关联器"按钮 。

**技巧**

除了图层可通过父级对象链接外，图层中的属性也可以通过这种方式链接。其操作方法为：在"时间轴"面板中展开图层属性栏，直接拖曳图层属性右侧的"属性关联器"按钮 至目标图层属性上。

## 2.2.10 设置图层混合模式

图层混合模式是指混合上一层图层与下一层图层的像素，从而得到一种新的视觉效果，其在视频后期特效制作中应用十分广泛。AE提供了多种图层混合模式，用户可根据需求合理选择，如图2-70所示。

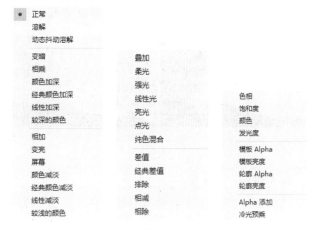

图2-70

设置图层混合模式的方法为：在"时间轴"面板中单击选择目标图层，单击鼠标右键，在弹出的快捷菜单中选择"混合模式"命令，或在菜单栏中选择【图层】/【混合模式】命令，在打开的子菜单中选择合适的混合模式，也可以直接在"时间轴"面板的"模式"下拉列表中选择所需效果（若没有显示"模式"下拉列表，则单击"时间轴"面板左下角的 图标，显示出"模式"栏），如图2-71所示。

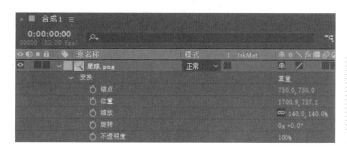

图2-71

**范例** 制作多重曝光视频特效

**知识要点** 导入素材、调整图层顺序、调整图层属性、设置图层混合模式

**配套资源** 素材文件\第2章\星空.mov、鲸鱼.png、星空.jpg

效果文件\第2章\多重曝光视频特效.aep

扫码看视频

### 范例说明

　　多重曝光是一种常用的拍摄技巧，是指拍摄时采用两次或多次独立曝光，然后将它们重叠起来，产生独特的视觉效果。本例提供了多个素材，要求将这些素材重叠起来，制作多重曝光特效。在制作时，可通过不同的图层混合模式完成。

### 操作步骤

*1* 启动AE并新建项目，进入AE操作界面。在"合成"面板中选择"从素材新建合成"选项，打开"导入文件"对话框，选择"星空.mov"素材，单击 导入 按钮，在"合成"面板中打开素材。

*2* 双击"项目"面板，打开"导入文件"对话框，选择需要导入的"鲸鱼.png""星空.jpg"素材，单击 导入 按钮。

*3* 将"项目"面板中的"鲸鱼.png""星空.jpg"素材依次拖曳到"时间轴"面板中，并调整图层顺序，如图2-72所示。

图2-72

*4* 在"时间轴"面板中隐藏"星空.jpg"图层，便于调整鲸鱼素材的位置和大小。在"时间轴"面板左侧的

图层区域展开"鲸鱼.png"图层的"变换"栏，调整缩放为"54%"，旋转为"0x-13°"，如图2-73所示。

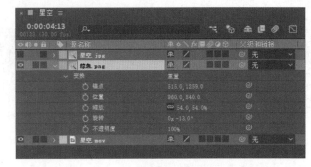

图2-73

*5* 在"时间轴"面板中选择"鲸鱼.png"图层，单击鼠标右键，在弹出的快捷菜单中选择【混合模式】/【相乘】命令，去除鲸鱼素材中的白色部分，效果如图2-74所示。

图2-74

*6* 在"时间轴"面板中显示"星空.jpg"图层，然后展开"星空.png"图层的"变换"栏，调整其中的锚点为"951,300"，缩放为"185%"，如图2-75所示。

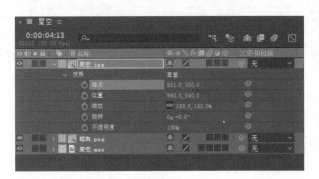

图2-75

*7* 在"时间轴"面板中选择"星空.jpg"图层，单击鼠标右键，在弹出的快捷菜单中选择【混合模式】/【叠加】命令，将该图层融合到下面两个图层中，效果如图2-76所示。

*8* 此时看到鲸鱼颜色太深，过于突出，可调整鲸鱼图层的不透明度，使其更好地融合到其他图层中。展开"鲸鱼.png"图层的"变换"栏，调整其中的不透明度为"70%"，效果如图2-77所示。

图2-76

图2-77

9 完成整个画面制作后，按【Ctrl+S】组合键打开"另存为"对话框，设置文件名为"多重曝光视频特效"，选择好保存路径后，单击 保存(S) 按钮，保存项目文件。

原图

效果图

图2-78

## 2.2.11 设置图层样式

AE预设有许多图层样式，旨在为图层添加丰富的效果，如投影、内阴影、外发光、内发光、斜面和浮雕、光泽、颜色叠加、渐变叠加、描边等。

设置图层样式的方法为：在图层上单击鼠标右键，或在菜单栏中选择【图层】/【图层样式】命令，在弹出的快捷菜单中选择"图层样式"命令，在弹出的子菜单中对图层应用某种样式，如图2-79所示。

图2-79

对图层应用某种样式后，还可在"时间轴"面板中展开该图层的"图层样式"栏，进一步设置该样式，并为具体的样式属性设置关键帧，使样式产生动画效果，如图2-80所示（以"投影"图层样式为例）。

图2-80

**范例说明**

在游戏界面或电商产品设计中，常常会运用按钮进行交互，通过单击按钮进入新的页面。本例将制作一个立体按钮，制作时主要通过设置斜面和浮雕、调整等高线曲线得到按钮的立体效果，再设置渐变叠加和投影等增加立体感。

**操作步骤**

*1* 启动AE并新建项目，进入AE操作界面。在"合成"面板中选择"从素材新建合成"选项，打开"导入文件"对话框，选择"背景.jpg"素材，单击 导入 按钮，在"合成"面板中打开素材。

*2* 在"时间轴"面板的空白区域单击鼠标右键，在弹出的快捷菜单中选择【新建】/【形状图层】命令，新建一个"形状图层1"图层。

*3* 选择"圆角矩形工具" ，在"合成"面板中绘制一个圆角矩形，在"合成"面板上方的"工具"面板中单击"填充"选项后的色块，打开"形状填充颜色"对话框，在其中设置颜色为"#29D4FE"，然后单击 确定 按钮，如图2-81所示。

图2-81

*4* 在"工具"面板中设置描边宽度为"0像素"，效果如图2-82所示。

*5* 在形状图层上单击鼠标右键，在弹出的快捷菜单中选择【图层样式】/【渐变叠加】命令。

图2-82

*6* 在"时间轴"面板中展开"渐变叠加"栏。单击"颜色"选项后的"编辑渐变"超链接，打开"渐变编辑器"对话框，单击颜色条左下角的色标，设置颜色为"#29D4FE"，使用相同的方法设置右下角色标的颜色为"#02566A"，如图2-83所示。

图2-83

*7* 单击 确定 按钮，返回"时间轴"面板。继续在"渐变叠加"栏中单击"反向"选项后的"关"超链接，使其变为"开"超链接，如图2-84所示。

图2-84

*8* 在形状图层上单击鼠标右键，在弹出的快捷菜单中选择【图层样式】/【斜面和浮雕】命令。

*9* 在"时间轴"面板中展开"斜面和浮雕"栏，设置大小为"10"，柔化为"5"，单击"阴影颜色"选项后的色块，打开"阴影颜色"对话框，在其中设置阴影颜色为"#05B8E2"，单击 确定 按钮，返回"时间轴"面板，如图2-85所示。

*10* 在形状图层上单击鼠标右键，在弹出的快捷菜单中选择"图层样式"命令，在弹出的子菜单中选择"投影"图层样式。

图2-85

*11* 在"时间轴"面板中展开"投影"栏，设置不透明度为"40%"，距离为"6"，扩展为"20%"，大小为"10"，如图2-86所示。

图2-86

*12* 选择"形状图层1"图层，按【Ctrl+D】组合键，复制一个"形状图层2"图层，展开复制图层的"渐变叠加"栏，设置该按钮的渐变颜色分别为"#B0DA46""#1F430D"；展开"斜面和浮雕"栏，设置阴影颜色为"#48C809"。

*13* 使用相同的方法制作第3个按钮，按钮的渐变颜色分别为"#FDCDA0""#D17B01"，阴影颜色为"#B0562E"，效果如图2-87所示。

*14* 选择这3个按钮，打开"对齐"面板，单击"水平对齐"按钮 ▇ 和"垂直均匀分布"按钮 ▇ ，将这3个按钮均匀分布。

*15* 在"时间轴"面板中拖曳"形状图层3"图层和"形状图层2"图层中的父级关联器图标 ◎ 至"形状图层1"图层上，便于后续操作。

*16* 选择"形状图层1"图层，在"合成"面板中向左拖曳按钮，此时另外两个按钮也会相继移动。

图2-87

*17* 双击"项目"面板，打开"导入文件"对话框，选择需要导入的"大象.png""狮子.png""小鸟.png"素材，单击 导入 按钮。

*18* 将导入的素材依次拖曳到"时间轴"面板中，并调整图层顺序，如图2-88所示。

图2-88

*19* 在"合成"面板中调整"大象.png""狮子.png""小鸟.png"素材的大小和位置，效果如图2-89所示。

图2-89

*20* 在"时间轴"面板的空白区域单击鼠标右键，在弹出的快捷菜单中选择【新建】/【文本】命令，新建一个文本图层。

*21* 在"合成"面板中输入"天空掠影"文本，在"字符"面板中设置字体为"Adobe 黑体 Std"，字体大小为"35像素"，字符间距为"50"，如图2-90所示。

*22* 选择文本图层，按两次【Ctrl+D】组合键复制图层，修改复制图层的文本内容分别为"森林寻踪""草原追逐"。选择这3个文本，打开"对齐"面板，单击"水平对齐"按钮 ▇ ，如图2-91所示。

*23* 在"合成"面板中调整这3个文本的位置。再次新建一个文本图层，并输入"玩转动物园"文本，设置字体为"方正汉真广标简体"，字体大小为"65像素"，并调整文字位置。

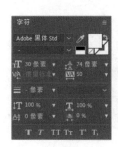

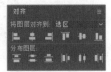

图2-90　　　　　　图2-91

*24* 选择"玩转动物园"文本图层，在菜单栏中选择【图层】/【图层样式】/【描边】命令，在"时间轴"面板中展开"描边"栏，设置描边颜色为"#9B16B1"，大小为"8"，效果如图2-92所示。

图2-92

*25* 完成整个画面制作后，按【Ctrl+S】组合键打开"另存为"对话框，设置文件名为"立体按钮特效"，单击 保存(S) 按钮，保存项目文件。

---

**小测　制作发光文字特效**

配套资源＼素材文件＼第2章＼背景.png
配套资源＼效果文件＼第2章＼发光文字特效.aep

本例提供了一张背景图片素材，要求在该素材中添加发光文字。制作时，可先为文字添加不同颜色的描边，然后根据文字的描边颜色制作不同的发光颜色。为丰富文字内容，还可在发光文字后方添加线框文字效果，也可以添加一些其他的发光样式，参考效果如图2-93所示。

图2-93

---

## 2.3 综合实训：制作星空露营视频广告

视频广告是以视频为载体的广告形式，主要利用互联网、宽带局域网、无线通信网等渠道，以及计算机、手机、数字电视机等终端，展现广告信息与服务，具有传播媒体多元、内容丰富等特点。

### 2.3.1 实训要求

近期某旅行社将开展一个"星空露营"活动，让更多喜欢露营的人们能够静下心来享受自然，并在舒适、放松的状态下，体验户外生活，保持健康的生活状态。本实训提供了一个露营的视频素材和星空图片素材，要求将星空素材融合到视频素材中，营造出浪漫、温馨的氛围，并添加文字，简单、明了地展现出活动内容，引起人们对该活动的兴趣和关注，最终制作成一个用于线上传播的视频广告。

广告，顾名思义，就是广而告之，向社会广大公众告知某件事物。广告出现在我们工作和生活中的每个角落，普遍提高了现代文明水平。同时，广告行业也是国民经济的重要组成部分，在促进国民经济的健康发展中发挥着重要作用。广告经过漫长的发展，产生了多种多样、各具特色的广告类型，视频广告便是其中的一种。它能够完整地表述广告内容，是当下比较流行的广告类型之一。

**设计素养**

### 2.3.2 实训思路

（1）通过对提供的素材进行分析，发现视频素材画面较为单一，视觉效果不够丰富，较难引起人们的兴趣，因此可通过图层混合模式将星空素材融合到视频中，提升画面美观度。注意在选择图层混合模式时，可以尝试多种不同的混合模式，最终选择一种最为合适的效果。

（2）通过对实训要求进行分析可知，要展现出活动内容，文字是必不可少的。这里可考虑将活动标题"星空露营"放大显示，然后添加"绘梦星河""户外体验"等露营的特点，以及一些其他的装饰性文案。

（3）在最终效果的完善上，结合本章所学形状图层、调整图层属性、设置图层样式等知识，可以在文字四周添加一些发光的星星元

扫码看效果

素，既能丰富画面效果，营造出浪漫、温馨的氛围，也能迎合"星空"露营的活动内容。

本实训完成后的参考效果如图2-94所示。

图2-94

## 2.3.3 制作要点

 知识要点：图层属性、图层混合模式、图层样式、文本图层、形状图层

 配套资源：素材文件\第2章\背景.mp4、夜空.jpg
效果文件\第2章\星空露营视频广告.aep

扫码看视频

完成本实训的主要操作步骤如下。

**1** 启动AE并新建项目，基于"背景.mp4"素材新建合成文件，并导入"夜空.jpg"素材。

**2** 将"夜空.jpg"素材拖曳到"时间轴"面板中视频素材上方，适当调整缩放属性和位置属性，并设置图层混合模式为"变亮"。

**3** 新建4个文本内容分别为"露、营、星、空"的文本图层，然后设置"星""空"文本图层的图层样式均为"渐变叠加"，调整其渐变颜色和角度。

**4** 新建形状图层，修改该图层名称为"圆圈"。在"合成"面板中绘制一个描边为"白色"的圆形框。

**5** 在"对齐"面板中设置"圆圈"形状图层和"露"文本图层水平对齐和垂直对齐。

**6** 再次新建形状图层，绘制1个白色圆形，再复制两个相同的形状图层，设置这3个形状图层垂直均匀分布。

**7** 新建两个文本图层，设置字体为"方正黑体简体"，分别输入不同的文本内容，并调整文本的大小、位置和间距。

**8** 新建一个内容为"绘梦星河"的文本图层，设置字体大小为"40"。复制"圆圈"形状图层，在"时间轴"面板中展开复制图层的"描边"栏，单击"虚线"选项后的加号按钮，将圆圈的边框变为虚线，然后调整圆圈的大小和位置。

**9** 将"绘梦星河"文本图层和虚线圈形状图层预合成，再复制两个相同的预合成，修改其中的文本并调整其位置。

**10** 新建形状图层，使用星形工具绘制一个填充颜色为"#FFEE9E"的星形形状，设置该图层的图层样式为"外发光"，"外发光"大小为"40"。

**11** 复制多个星形形状的图层，并设置这些星星为不同的大小和位置。选择所有的星星图层，然后将其预合成，设置预合成名称为"星星"。

> **技巧**
>
> 在"时间轴"面板中复制预合成后，修改复制合成时，原合成也会随之发生变化。此时，需要先在"项目"面板中复制预合成，然后将复制的合成拖曳到"时间轴"面板中，再进行相应修改。

**12** 在"时间轴"面板中双击"星星"预合成，然后为其中的形状图层调整不同的入点，制作出星星不定时出现的视觉效果。

**13** 完成整个画面制作后，保存文件，并设置文件名为"星空露营视频广告"。

> **学习笔记**
>
> ------------------------------
> ------------------------------
> ------------------------------
> ------------------------------
> ------------------------------
> ------------------------------

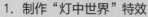
## 巩固练习

### 1. 制作"灯中世界"特效

本练习提供了"灯泡""文字""锦鲤"素材，需对其进行创意合成。制作时，可先为素材添加合适的图层混合模式，让素材的结合自然、美观，然后为"文字"素材添加"发光"图层样式，使最终效果更加美观。制作前后的效果如图2-95所示。

> **配套资源**
> 素材文件\第2章\灯泡.jpg、文字.jpg、锦鲤.jpg、梦想.png
> 效果文件\第2章\灯中世界.aep

图2-95

### 2. 制作梦幻光影创意视频

本练习将综合运用本章和前面所学知识，将提供的视频和图像素材合成为一个梦幻光影创意视频。在制作时，可以结合图层混合模式合成素材文件，得到特殊图像效果，再新建文本图层，添加文本内容，并设置文本的图层样式，制作出梦幻般的文字效果。制作前后的效果如图2-96所示。

> **配套资源**
> 素材文件\第2章\夜景.mp4、光点.jpg
> 效果文件\第2章\梦幻光影创意视频.aep

图2-96

## 技能提升

AE中的图层混合模式可细分为8组，共40种，各组混合模式主要通过菜单中的分隔线分隔，同一组中的混合模式产生的效果和用途相似或相近。为了熟练使用它们制作视频后期特效，用户需要了解这些混合模式的效果。下面讲解各组图层混合模式产生的效果。

### 1. 正常

使用正常组的混合模式时，只有降低源图层的不透明度才能产生效果。其中主要包括正常、溶解、动态抖动溶解3种混合模式，如图2-97所示。正常组中的正常混合模式是默认的图层混合模式，表示不和其他图层发生任何混合，较为常用。

### 2. 加深

使用加深组的混合模式可使画面颜色变暗，在混合时当前图层的白色将被较深的颜色代替。其中主要包括变暗、相乘、颜色加深、经典颜色加深、线性加深、较深的颜色6种，如图2-98所示。

### 3. 减淡

使用减淡组的混合模式可使图像变亮，在混合时当前图层的黑色将被较浅的颜色代替。其中主要包括相加、变亮、屏幕、颜色减淡、经典颜色减淡、线性减淡、较浅的颜色7种，如图2-99所示。

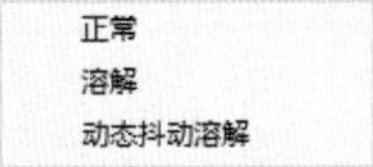

| 正常 |
| --- |
| 溶解 |
| 动态抖动溶解 |

图2-97

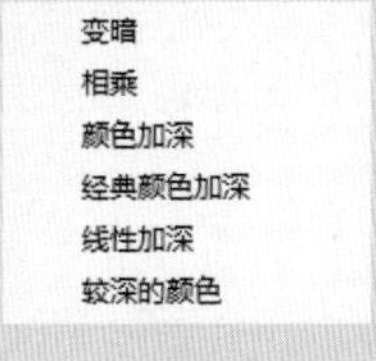

| 变暗 |
| --- |
| 相乘 |
| 颜色加深 |
| 经典颜色加深 |
| 线性加深 |
| 较深的颜色 |

图2-98

| 相加 |
| --- |
| 变亮 |
| 屏幕 |
| 颜色减淡 |
| 经典颜色减淡 |
| 线性减淡 |
| 较浅的颜色 |

图2-99

### 4. 对比

使用对比组的混合模式可增强图像的反差。混合时，图像中亮度为50%的灰色像素将消失，亮度高于50%灰色的像素可加亮图层颜色，亮度低于50%灰色的像素可减暗图层颜色。其中主要包括叠加、柔光、强光、线性光、亮光、点光、纯色混合7种，如图2-100所示。

### 5. 差异

使用差异组的混合模式可比较当前图层和下方图层的颜色，利用源颜色和基础颜色的差异创建颜色。其中主要包括差值、经典差值、排除、相减、相除5种，如图2-101所示。

### 6. 色彩

使用色彩组的混合模式可将图层中的色彩划分为色相、饱和度和亮度3种成分，然后将其中的一种或两种成分互相混合。其中主要包括色相、饱和度、颜色、发光度4种，如图2-102所示。

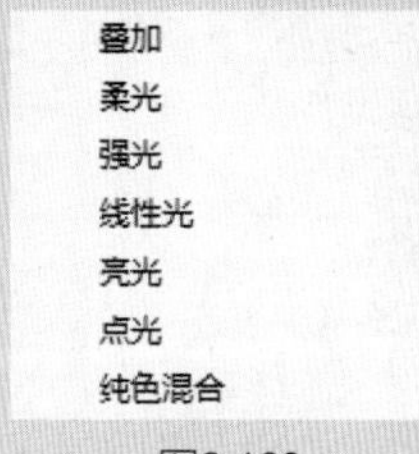

| 叠加 |
| --- |
| 柔光 |
| 强光 |
| 线性光 |
| 亮光 |
| 点光 |
| 纯色混合 |

图2-100

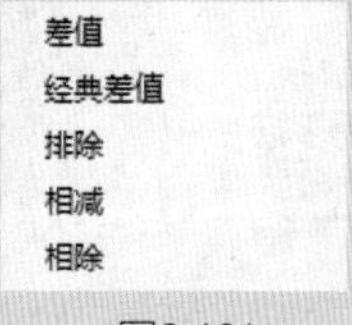

| 差值 |
| --- |
| 经典差值 |
| 排除 |
| 相减 |
| 相除 |

图2-101

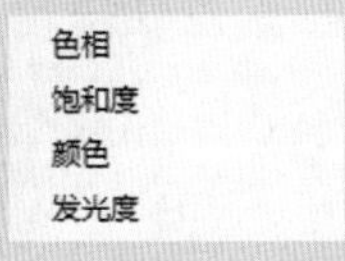

| 色相 |
| --- |
| 饱和度 |
| 颜色 |
| 发光度 |

图2-102

### 7. 遮罩

使用遮罩组的混合模式可将源图层转换为所有基础图层的遮罩。其中主要包括模板Alpha、模板亮度、轮廓Alpha、轮廓亮度4种，如图2-103所示。

### 8. 实用工具

实用工具组是用于专门的实用工具函数，其中主要包括Alpha添加和冷光预乘两种，如图2-104所示。使用Alpha添加可为下方图层与当前图层的Alpha通道创建无缝的透明区域，使用冷光预乘可以对当前图层的透明区域像素和下方图层产生作用，赋予Alpha通道边缘透镜和光亮的效果。

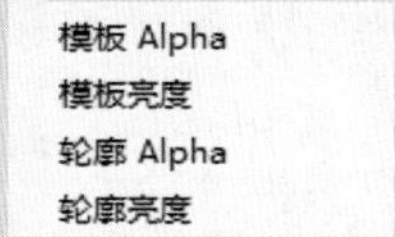

| 模板 Alpha |
| --- |
| 模板亮度 |
| 轮廓 Alpha |
| 轮廓亮度 |

图2-103

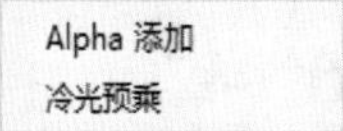

| Alpha 添加 |
| --- |
| 冷光预乘 |

图2-104

# 制作关键帧动画

## 3.1 认识关键帧动画

关键帧动画是一种常见的动画形式。要在AE中创建关键帧动画，首先需要了解关键帧和关键帧动画的基本原理。

### 本章导读

动画是由一幅幅静止画面按照时间顺序串起来的，帧就是某一时刻的一幅画面，而关键帧则是动画中的关键画面。通过编辑关键帧，可以改变画面中物体的运动状态和效果，形成动态的变化画面，从而制作出关键帧动画。

### 知识目标

< 了解关键帧及关键帧动画的原理
< 掌握关键帧的基本操作
< 掌握创建并调整关键帧动画的方法

### 能力目标

< 能够制作蛋糕店宣传动画
< 能够制作流星划过夜空视频效果
< 能够制作动态影视标题效果
< 能够制作跳动的音符效果

### 情感目标

< 深入探索关键帧动画制作技法
< 提高自己的媒介素养和视频鉴赏能力

### 3.1.1 什么是关键帧

帧是动画中最小单位的单幅影像画面，相当于电影胶片上的每一格镜头，而关键帧是指角色或者物体在运动或变化时关键动作所处的那一帧。因此，动画要表现出运动或变化的效果，至少需要在动画的开始和结束位置添加两个不同的关键帧。

### 3.1.2 什么是关键帧动画

关键帧动画是利用关键帧制作的动画。只要在需要制作动画的开始位置和结束位置添加关键帧，然后对关键帧的属性（如位置、缩放等）进行编辑，就可以通过动画软件的编译，得到关键帧之间的动态画面，从而获得比较流畅的动画效果。

在AE中，关键帧可以用于设置动作、效果、音频以及其他属性的参数，不同属性的关键帧可以制作出不同的动画效果。图3-1所示为给矩形的位置和旋转属性添加关键帧后，制作的矩形关键帧动画的运动过程。

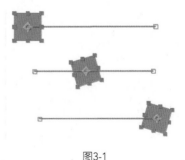

图3-1

# 3.2 关键帧的基本操作

了解关键帧和关键帧动画的基本原理后，就可以开始尝试创建和编辑关键帧，并通过一些基础的操作制作简单的关键帧动画。

## 3.2.1 开启和关闭关键帧

在编辑关键帧之前，需要先掌握开启和关闭关键帧的方法。

### 1. 开启关键帧

在"时间轴"面板中展开图层，再展开"变换"栏，将显示锚点、位置、缩放、旋转和不透明度5个属性。在属性名称的左侧均有"时间变化秒表"按钮 ⏱，单击后，该按钮变为蓝色，呈激活状态，表示开启相应属性的关键帧，在最左侧显示 ◀ ◆ ▶ 图标，且自动在时间指示器所在时间点生成一个关键帧，记录当前属性值，如图3-2所示。

图3-2

### 2. 关闭关键帧

当"时间变化秒表"按钮 ⏱ 呈激活状态时，再次单击该按钮可以关闭关键帧。需要注意的是：关闭关键帧后，将直接移除该属性的所有关键帧，且该属性的值变为当前时间指示器所在时间点的属性值。

## 3.2.2 创建关键帧

在AE中开启某个属性的关键帧后，可以通过以下3种方式创建新的关键帧。

● 通过按钮：将时间指示器移动至需要添加关键帧的时间处，单击该属性左侧的 ◆ 按钮，可以创建该属性的关键帧，同时该按钮变为 ◆ 形状，如图3-3所示。

图3-3

● 通过改变属性：将时间指示器移动至需要添加关键帧的时间处，直接修改该属性的参数，可以自动创建该属性的关键帧。

● 通过菜单命令：选择相应属性所在图层，将时间指示器移动至需要创建关键帧的时间处，然后选择【动画】/【添加关键帧】命令，可以创建该属性的关键帧。

> **技巧**
>
> 为了便于区分，动画起点的关键帧样式为 ◀ 形状，动画终点的关键帧样式为 ▶ 形状，动画起点和动画终点之间的关键帧样式为 ◆ 形状。

## 3.2.3 选择和移动关键帧

创建关键帧后，可以选择关键帧并进行移动等操作，还可以在不影响其他未选中关键帧的同时改变动画效果。

### 1. 选择关键帧

根据需求，可以使用不同的方式选择单个或多个关键帧（选中的关键帧将变为蓝色）。

● 选择单个关键帧：使用"选取工具" ▶ 直接在关键帧上方单击可以选择该关键帧。

● 选择多个关键帧：使用"选取工具" ▶，按住鼠标左键拖曳，可以框选需要选择的关键帧，如图3-4所示。也可以在按住【Shift】键的同时，使用"选取工具" ▶ 依次单击需要选择的多个关键帧。

图3-4

● 选择相同属性的关键帧：在关键帧上方单击鼠标右键，在弹出的快捷菜单中选择"选择相同的关键帧"命令，可选择与该关键帧有相同属性的所有关键帧，或在"时间轴"面板中双击属性名称，将该属性对应的关键帧全部选中。

● 选择前面的关键帧：在关键帧上方单击鼠标右键，在弹出的快捷菜单中选择"选择前面的关键帧"命令，可选择该关键帧及其所在时间点之前有相同属性的所有关键帧。

● 选择跟随关键帧：在关键帧上方单击鼠标右键，在弹出的快捷菜单中选择"选择跟随关键帧"命令，可选择该关键帧及其所在时间点之后有相同属性的所有关键帧。

选择多个关键帧后，可在按住【Shift】键的同时，使用"选取工具" ▶ 单击关键帧取消选择其中的单个关键帧；也可按住鼠标左键拖曳框选需要取消选择的多个关键帧。

### 2. 移动关键帧

要改变某个关键帧的位置，可选择"选取工具" ，将鼠标指针移动至关键帧上方，然后按住鼠标左键拖曳，如图3-5所示。

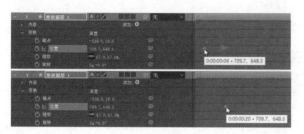

图3-5

**技巧**

移动关键帧时，先将时间指示器移动至正确的时间点，然后在按住【Shift】键的同时移动关键帧，可在移动至时间指示器周围时自动吸附到时间指示器所在时间点。

### 3.2.4 查看关键帧

掌握查看关键帧的不同方法，可以在制作动画时快速编辑相应的属性，从而得到需要的效果。

● 通过时间指示器查看关键帧：在"时间轴"面板中将时间指示器移至关键帧所在时间点，面板左上角的时间码中将显示当前时间点，在属性名称右侧将显示相关属性参数，如图3-6所示。

图3-6

**技巧**

在按住【Shift】键的同时移动时间指示器，可在移动至关键帧周围时自动吸附到该关键帧所在时间点。

● 通过鼠标指针查看关键帧：将鼠标指针移动至关键帧上方，在鼠标指针下方将显示该关键帧的时间点以及相关属性参数，如图3-7所示。

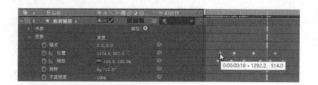

图3-7

● 通过快捷菜单查看关键帧：在关键帧上方单击鼠标右键，在弹出的快捷菜单最上方将显示相关属性参数，如图3-8所示。或选择该菜单中的"编辑值"命令，打开图3-9所示对话框（双击关键帧也可打开该对话框），显示更多信息。

图3-8　　　　　　　　图3-9

● 通过"信息"面板查看关键帧：选择【窗口】/【信息】命令或按【Ctrl+2】组合键打开"信息"面板，使用"选取工具" 单击关键帧，将显示该关键帧的时间点以及属性，如图3-10所示。

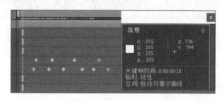

图3-10

**技巧**

在按住【Alt】键的同时单击任意两个关键帧，信息面板中将显示它们的间隔时间。

### 3.2.5 复制、粘贴与删除关键帧

在制作关键帧动画时，通过复制、粘贴关键帧，可以减少重新创建并编辑关键帧的次数，从而缩短制作动画的时间。除此之外，对于多余的关键帧可以将其删除，以减小文件大小。

### 1. 复制、粘贴关键帧

选择需要复制的关键帧，选择【编辑】/【复制】命令或按【Ctrl+C】组合键，复制关键帧。将时间指示器移至需

要粘贴关键帧的时间点，选择【编辑】/【粘贴】命令或按【Ctrl+V】组合键，粘贴关键帧。粘贴后的关键帧将显示在目标图层的相应属性中，最左侧的关键帧将显示在当前时间指示器所在时间点，其他关键帧将按照相对顺序依次排序，且粘贴后的关键帧保持选中状态，如图3-11所示。需要注意的是：复制、粘贴关键帧时，只能在同一个图层中进行操作。

图3-11

除了可以在图层的相同属性之间复制、粘贴关键帧外，还可以在相同类型数据的不同属性（如位置属性和锚点属性）之间复制、粘贴关键帧。如图3-12所示，复制位置属性的关键帧后，选择锚点属性，再执行粘贴关键帧操作。

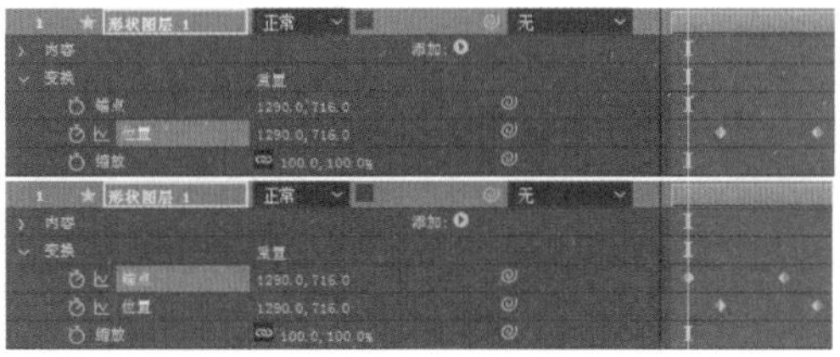

图3-12

**技巧**

在相同的多个属性之间复制、粘贴关键帧时，可以一次性从多个属性复制、粘贴到多个属性；在不同属性之间复制、粘贴关键帧时，只能从一个属性复制、粘贴到一个属性。

**2. 删除关键帧**

在AE中删除关键帧有以下两种方法。

● 通过按钮删除：将时间指示器移至需要删除的关键帧所在时间点后，单击属性左侧的 按钮，可删除该关键帧，且该按钮变为 形状，如图3-13所示。

图3-13

● 通过菜单命令删除：选择需要删除的关键帧后，选择【编辑】/【移除】命令，或直接按【Delete】键，可以删除该关键帧。

### 3.2.6 编辑关键帧

掌握对关键帧的简单操作后，可以对关键帧进行相应的编辑操作。

#### 1. 编辑关键帧参数

将时间指示器移至需要编辑的关键帧所在时间点，将鼠标指针移至属性名称右侧的参数上方，当鼠标指针变为 形状时按住鼠标左键（鼠标指针变为 形状）并向左或向右拖曳可改变参数，如图3-14所示。也可在数值上单击，激活数值框，直接在其中输入相应数值。

图3-14

若需要统一修改同一属性中多个关键帧的参数，则选择关键帧后，在属性名称右侧的参数上方按住鼠标左键并向左或向右拖曳，此时所有关键帧变化同样的量，如位置属性增加相同的数值；若在数值框中输入数值，则所有关键帧的属性值都将变为该数值。

当"时间轴"面板中的图层过多，需要编辑关键帧时，若展开所有图层将不便于操作，此时选择需要编辑关键帧的图层，按【U】键，将只显示所选图层中的所有关键帧属性，如图3-15所示。若不选择图层，按【U】键，则显示所有图层中的关键帧属性。

图3-15

**技巧**

在"时间轴"面板中快速按两次【U】键，将显示所有更改过的数值的属性，包括关键帧属性以及改动过的其他数值的属性。

#### 2. 使用菜单命令编辑关键帧

在需要编辑的关键帧上方单击鼠标右键，在弹出的快捷

第3章 制作关键帧动画

菜单中可通过部分命令来编辑关键帧的其他属性。

- "编辑值"命令：选择该命令，将打开相应的属性参数设置对话框，可在其中修改参数。
- "切换定格关键帧"命令：选择该命令，将该关键帧切换为定格关键帧，此时关键帧变为 ◀ 形状。在动画播放至该关键帧时，其对应的属性将停止变化，再次选择该命令可将该关键帧恢复为普通关键帧。
- "关键帧速度"命令：选择该命令，将打开"关键帧速度"对话框，修改关键帧的进入和输出速度。
- "关键帧辅助"命令：选择该命令，在弹出的子菜单中选择"时间反向关键帧"命令，将选择的多个关键帧反向排序；选择"缓入"命令或按【Shift+F9】组合键，关键帧变为 ▶ 形状，将使动画入点变得平滑；选择"缓出"命令或按【Ctrl+Shift+F9】组合键，关键帧变为 ◣ 形状，将使动画出点变得平滑；选择"缓动"命令或按【F9】键，关键帧变为 ◀ 形状，将使动画整体变得平滑。

### 3. 扩展或收缩一组关键帧

选择"选取工具" ▶ ，选择3个或3个以上关键帧，按住【Alt】键，将鼠标指针移至最左或最右侧的关键帧上方，按住鼠标左键并向左或向右拖曳，可扩展或收缩该组关键帧，如图3-16所示。

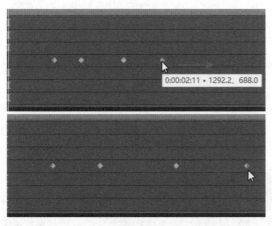

图3-16

制作蛋糕店宣传动画

 知识要点　开启关键帧、创建关键帧、复制和粘贴关键帧、编辑关键帧

 配套资源　素材文件\第3章\蛋糕.png
效果文件\第3章\蛋糕店动态宣传海报.aep

 扫码看视频

### 范例说明

宣传动画是宣传企业、产品等的一种营销动画，能够快速、准确地进行推广，加深消费者对宣传对象的印象。本例将制作蛋糕店宣传动画，利用关键帧制作出蛋糕及文字的动态效果，并通过鲜艳的颜色来吸引消费者的视线。

 扫码看效果

### 操作步骤

1. 新建项目文件，按【Ctrl+N】组合键打开"合成设置"对话框，设置宽度为"600px"，高度为"800px"，持续时间为"0:00:06:00"，然后单击 确定 按钮。

2. 使用"矩形工具" ▢ 绘制一个矩形作为背景，设置填充为"#FEEED5"。

3. 选择"椭圆工具" ◯ ，在按住【Shift】键的同时按住鼠标左键并拖曳绘制3个正圆，分别放置在矩形的周围，设置填充为"#FFA480"，效果如图3-17所示。

4. 在"项目"面板下方空白处单击鼠标右键，在弹出的快捷菜单中选择【导入】/【文件】命令，打开"导入文件"对话框，选择"蛋糕.png"素材，单击 导入 按钮。

5. 将导入的"蛋糕"素材拖曳至"时间轴"面板中，然后在"合成"面板中将其放置在画面的下方。

6. 选择"横排文字工具" T ，在上方输入"享甜蛋糕店"文本，在该文本下方输入"新鲜出炉 畅享甜蜜"文本，设置字体为"方正少儿简体"，填充颜色为"#FA5050"，并适当调整文字大小。

7. 继续使用"横排文字工具" T 在蛋糕下方输入"地址：商业街126号 电话：1688888"文本，设置字体为"黑体"，填充颜色为"黑色"，效果如图3-18所示。

8. 选择"形状图层2"图层，按【T】键显示不透明度属性，单击属性名称左侧的"时间变化秒表"按钮 ◔ ，开启关键帧，然后设置不透明度为"0%"。

图3-17

图3-18

*9* 将时间指示器移动至0:00:00:13处，设置不透明度为"100%"，将自动在该时间点创建关键帧，如图3-19所示。

图3-19

*10* 选择"蛋糕.png"图层，使用相同的方法在0:00:01:00和0:00:02:00处分别创建不透明度为"0%"和"100%"的关键帧。

*11* 按【S】键显示缩放属性，将时间指示器移动至0:00:01:00处，单击属性名称左侧的"时间变化秒表"按钮，开启关键帧，然后设置缩放为"18%"；将时间指示器移动至0:00:02:00处，设置缩放为"120%"。

*12* 按【R】键显示旋转属性，将时间指示器移动至0:00:01:13处，单击属性名称左侧的"时间变化秒表"按钮，开启关键帧。将时间指示器移动至0:00:02:13处，单击属性左侧的按钮，创建新的关键帧。

*13* 将时间指示器移动至0:00:02:00处，设置旋转为"0x+15°"；将时间指示器移动至0:00:03:00处，设置旋转为"0x-15°"。

*14* 使用"选取工具"选择旋转属性中的前3个关键帧，按【Ctrl+C】组合键复制，将时间指示器移动至0:00:03:13处，按【Ctrl+V】组合键粘贴，如图3-20所示。

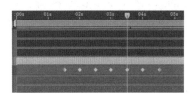
图3-20

*15* 选择"蛋糕.png"所在图层，按【U】键显示该图层中的所有关键帧属性，如图3-21所示。

图3-21

*16* 选择"享甜蛋糕店"文本图层，使用相同的方法在0:00:02:00和0:00:03:00处分别创建不透明度为"0%"和"100%"的关键帧。

*17* 按【P】键显示位置属性，将时间指示器移动至0:00:03:00处，单击属性名称左侧的"时间变化秒表"按钮，开启关键帧。

*18* 将时间指示器移动至0:00:02:00处，选择"选取工具"，在按住【Shift】键的同时将文本向上拖曳至画面外，自动在该时间点创建关键帧，制作出文本从上至下移动的效果。

*19* 选择"新鲜出炉 畅享甜蜜"文本图层，使用相同的方法在0:00:03:00和0:00:03:13处分别创建不透明度为"0%"和"100%"的关键帧。

*20* 按【R】键显示旋转属性，在0:00:03:00、0:00:03:13和0:00:04:00处分别创建缩放为"100%""150%""100%"的关键帧，制作出文本由大至小的动画，如图3-22所示。

图3-22

*21* 选择地址和电话信息文本图层，使用相同的方法在0:00:03:00和0:00:04:00处分别创建不透明度为"0%"和"100%"的关键帧。所有关键帧的位置如图3-23所示。

图3-23

*22* 按【Ctrl+S】组合键保存，设置名称为"蛋糕店宣传动画"，完成本例的制作。最终效果如图3-24所示。

图3-24

## 3.3 编辑关键帧动画

创建关键帧动画后，可以对其进行编辑，如利用关键帧运动路径、图表编辑器等进一步对关键帧进行调整，使动画的效果更为流畅自然。

### 3.3.1 了解关键帧运动路径

当为对象的空间属性（可以改变时间和位置的属性，如位置、锚点）制作关键帧动画后，将自动生成一个运动路径，选择该对象时，关键帧的运动路径也会显示。在图3-25所示画面中，右侧为对象的运动路径，显示为一连串的点，每个点都代表一帧画面，其中方框代表所有关键帧所在位置，单击某个方框，可选中该关键帧；点与点之间的密度代表关键帧之间的相对速度；圆框表示当前时间对象的锚点所在位置。

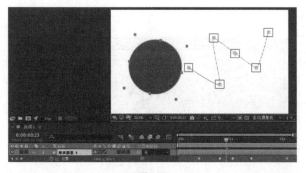

图3-25

### 3.3.2 关键帧运动路径的基本操作

要通过关键帧运动路径来编辑关键帧动画，首先需要掌握关键帧运动路径的基本操作。

#### 1. 显示或隐藏关键帧运动路径

默认情况下，关键帧运动路径在"合成"面板中呈显示状态，选择【视图】/【视图选项】命令或按【Ctrl+Alt+U】组合键，打开图3-26所示对话框，在其中可设置运动路径以及手柄、运动路径切线等其他相关控件在"合成"面板中的显示或隐藏。图3-27所示为取消勾选"运动路径"复选框的效果。

图3-26

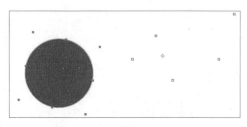

图3-27

关键帧运动路径中的关键帧过多时，为避免计算机卡顿，可选择【编辑】/【首选项】/【显示】命令，打开"首选项"对话框，在"显示"选项卡中通过限制运动路径的时长或关键帧数量，减少显示关键帧控件，如图3-28所示。

图3-28

#### 2. 移动关键帧运动路径中的关键帧

移动关键帧路径中的方框可改变对应关键帧的位置。其操作方法为：选择"选取工具"，将鼠标指针移动至方框上方，按住鼠标左键并拖曳，可直接改变该关键帧的位置，如图3-29所示。

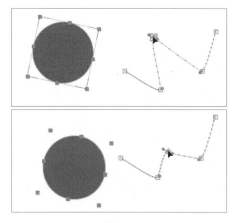

图3-29

### 3. 关键帧运动路径自动定向

在制作一些对象需要跟随路径改变方向的关键帧动画时，如汽车行驶动画和飞机飞行动画等，动画效果会较为僵硬，不太真实。为了解决该问题，除了单独为运动的对象创建旋转属性的关键帧外，还可直接使用自动定向功能调整对象的转向。其操作方法为：选择对象所在图层，选择【图层】/【变换】/【自动定向】命令或按【Ctrl+Alt+O】组合键，打开"自动定向"对话框，如图3-30所示。选中"沿路径定向"单选项，单击 确定 按钮，对象能够根据路径曲线改变方向，如图3-31所示。

图3-30

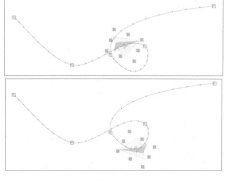

图3-31

### 范例说明

流星划过夜空是使用较多的视频效果。本例将制作流星划过夜空视频效果，制作时可利用位置属性的关键帧制作出流星的运动效果，再使用自动定向功能调整流星的方向，然后复制多个流星，最后编辑关键帧运动路径以调整其他流星的运动轨迹。

扫码看效果

### 操作步骤

*1* 新建项目文件，按【Ctrl+N】组合键打开"合成设置"对话框，设置宽度为"800px"，高度为"600px"，持续时间为"0:00:04:00"，然后单击 确定 按钮。

*2* 在"项目"面板下方空白处单击鼠标右键，在弹出的快捷菜单中选择【导入】/【文件】命令，打开"导入文件"对话框，选择"夜空.jpg""流星.png"素材，单击 导入 按钮。

*3* 将导入的"夜空"素材拖曳至"时间轴"面板中，适当调整其大小和位置，如图3-32所示。然后将该图层锁定，避免影响其他图层的编辑。

*4* 将导入的"流星"素材拖曳至"时间轴"面板中，适当调整其大小，并在"合成"面板中将其拖曳至画面外的右上角。

*5* 选择"流星.png"图层，按【P】键显示位置属性，单击属性名称左侧的"时间变化秒表"按钮 ⏱，开启关键帧。

图3-32

6 将时间指示器移动至0:00:01:00处，然后使用"选取工具"▶将流星图像拖曳至画面外的左下角，画面中将出现关键帧运动路径，且自动在该时间点创建关键帧，如图3-33所示。

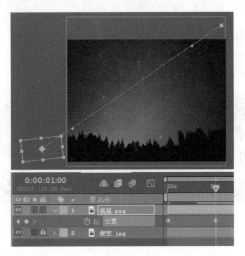

图3-33

7 拖曳时间指示器查看动画效果，发现流星移动方向与运动路径不一致，如图3-34所示。此时需要使用自动定向功能改变流星的运动路径。

8 选择【图层】/【变换】/【自动定向】命令或按【Ctrl+Alt+O】组合键，打开"自动方向"对话框，选中"沿路径定向"单选项，单击 确定 按钮。

9 按【R】键显示旋转属性，适当旋转流星图像，使其与运动路径方向重合，再查看动画效果，如图3-35所示。

图3-34

图3-35

10 选择"流星.png"图层，按【Ctrl+C】组合键复制，按【Ctrl+V】组合键粘贴，使用"选取工具"▶拖曳运动路径两端方框，改变流星划过的位置，如图3-36所示。

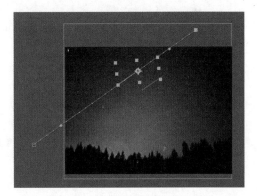

图3-36

11 按【P】键显示位置属性，使用"选取工具"▶适当改变关键帧的位置参数，从而调整流星划过的时间以及速度，如图3-37所示。

图3-37

12 使用相同的方法复制并调整多个流星图像，最终效果如图3-38所示。按【Ctrl+S】组合键保存，设置名称为"流星划过夜空视频效果"，完成本例的制作。

图3-38

### 3.3.3 关键帧图表编辑器

在图表编辑器中调整关键帧，可以让对象的属性变化更加自然、流畅，模拟出真实的物理运动效果。

#### 1. 认识关键帧图表编辑器

单击"时间轴"面板中的"图表编辑器"按钮图或按【Shift+F3】组合键可将图层模式切换为图表编辑器模式，如图3-39所示。图表编辑器使用二维图表示对象的属性变化，其中水平方向的数值表示时间，垂直方向的数值表示属性值。

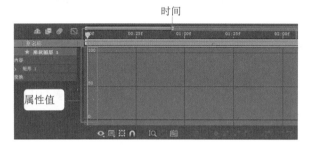

图3-39

在"时间轴"面板中选择对象的某个属性，将会在"时间轴"面板右侧的时间线控制区显示该属性的关键帧图表。其中实心方框代表选中的关键帧，空心方框代表未选中的关键帧，将鼠标指针移动至线条上方可显示在该时间点上的具体属性参数，如图3-40所示。

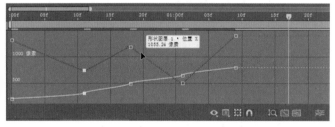

图3-40

#### 2. 关键帧图表编辑器的基本操作

在使用关键帧图表编辑器时，可以根据需要进行一些基本操作。

（1）选择显示在图表编辑器中的属性

单击图表编辑器下方的◉按钮，弹出图3-41所示快捷菜单，可选择显示在图表编辑器中的属性。

图3-41

● 显示选择的属性：显示所选择的属性。

● 显示动画属性：显示选定图层中所有存在关键帧的属性。

● 显示图表编辑器集：显示所有在图表编辑器集中的属性。当某个属性的"时间变化秒表"按钮◌呈激活状态时，单击右侧的◗按钮可将该属性包含进图表编辑器集中。

（2）选择图表类型和选项

单击图表编辑器下方的回按钮，弹出图3-42所示快捷菜单，可选择图表类型和选项。

图3-42

● 自动选择图表类型：自动为属性选择适当的图表类型。对于时间属性（不能改变位置，只能改变时间的属性，如不透明度）默认显示值图表，如图3-43所示；对于空间属性默认显示速度图表，如图3-44所示。

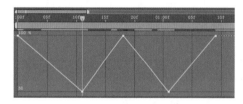

图3-43

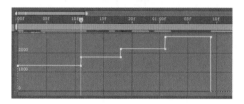

图3-44

● 编辑值图表：可进入值图表模式。

● 编辑速度图表：可进入速度图表模式。

● 显示参考图表：选择该命令，将在后方显示未选择的图表类型作为参考，且不可编辑，右侧的数字表示参考图表的值，如图3-45所示。

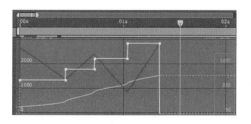

图3-45

● 显示音频波形：显示至少具有一个属性的任意图层的音频波形。

● 显示图层的入点/出点：显示具有属性的所有图层的入点和出点。

● 显示图层标记：显示至少具有一个属性的图层的图层标记。

● 显示图表工具技巧：显示图表工具提示。

● 显示表达式编辑器：显示表达式编辑器中的表达式。

● 允许帧之间的关键帧：允许在两帧之间放置关键帧以调整动画。

（3）使用变换框调整多个关键帧

单击图表编辑器下方的 ▦ 按钮，可使用变换框同时调整多个关键帧，如图3-46所示。

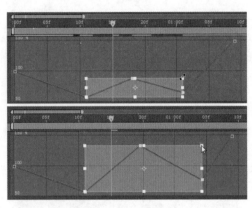

图3-46

（4）开启"对齐"功能

单击图表编辑器下方的 ⬠ 按钮，在拖曳关键帧时，该关键帧自动与关键帧值、关键帧时间、当前时间、入点和出点、标记等位置对齐，并且显示一条橙色的线条以指示对齐到的对象，如图3-47所示。除此之外，在按住【Ctrl】键的同时拖曳关键帧也能达到同样的效果。

图3-47

（5）调整图表的高度和刻度

单击图表编辑器下方的 ⬚ 按钮，可自动缩放图表的高度，以适合查看和编辑关键帧；单击图表编辑器下方的 ⬚ 按钮，可调整图表的值和水平刻度，以适合查看和编辑所选择的关键帧，如图3-48所示；单击图表编辑器下方的 ⬚ 按钮，可调整图表的值和水平刻度，以适合查看和编辑所有关键帧。

（6）分解位置属性

选择位置属性，单击图表编辑器下方的 ⬚ 按钮，可将该属性分解为"X位置"和"Y位置"两个属性，并对其单独进行调整，更加灵活地制作动画，如图3-49所示。需要注意的是：当图层为三维图层时，单击 ⬚ 按钮可将位置属性分解为"X位置""Y位置""Z位置"3个属性。

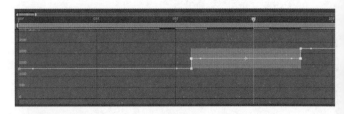

图3-48

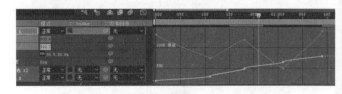

图3-49

（7）在图表编辑器中拖曳关键帧

在值图表模式下，使用"选取工具" ▶ 向左或向右拖曳关键帧，可改变时间点位置；向上或向下拖曳关键帧，可改变该属性值的大小，如图3-50所示。

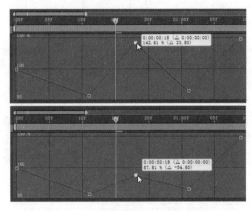

图3-50

在速度图表模式下，向上拖曳关键帧上方的黄色手柄，可加快动画播放速度；向下拖曳则减慢动画播放速度。如图3-51所示，动画播放的速度将由快变慢。

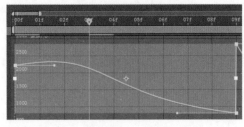

图3-51

### 3.3.4 关键帧插值

关键帧插值可以为视觉元素和音频元素添加动画。

#### 1. 认识关键帧插值

插值（也称补间）是指在两个已知的属性值之间填充未知数据的过程。创建两个以上变化的关键帧后，AE会自动在关键帧之间插入中间过渡值，这个值就是插值，用来形成连续的动画。关键帧插值主要有临时插值和空间插值两种类型。

● 临时插值：临时插值是指时间值的插值，影响属性随着时间变化的方式（在"时间轴"面板中）。在图表编辑器中使用值图表，值图表提供合成中任何时间点的关键帧值的完整信息，可以精确调整创建的时间属性关键帧，从而改变临时插值的计算方法。

● 空间插值：空间插值是指空间值的插值，影响运动路径的形状（在"合成"或"时间轴"面板中）。在位置等属性中应用或更改空间插值时，可以在"合成"面板中调整运动路径，运动路径上的不同关键帧可提供有关任何时间点的插值类型的信息。

#### 2. 关键帧插值方法

创建关键帧动画后，若需要对动画效果进行更精确的调整，则可以使用AE提供的关键帧插值方法。

临时插值提供线性插值、贝塞尔曲线插值、自动贝塞尔曲线插值、连续贝塞尔曲线插值和定格插值5种计算方法；空间插值只有前4种计算方法。并且，所有插值方法都以贝塞尔曲线插值方法为基础，该方法提供方向手柄，便于控制关键帧之间的过渡。

● 线性插值：线性插值是指在关键帧之间创建统一的变化率，尽可能直接在两个相邻的关键帧之间插入值，而不考虑其他关键帧的值。如果将线性插值应用于时间属性中的所有关键帧，则变化将从第一个关键帧开始并以恒定的速度传递到下一个关键帧；在第二个关键帧处，变化速率将切换为它与第三个关键帧之间的速率；当播放到最后一个关键帧时，变化会立刻停止。在值图表中，连接采用线性插值方法的两个关键帧的线段显示为一条直线，如图3-52所示。

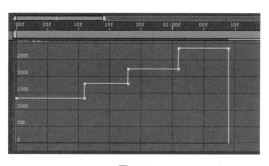

图3-52

● 贝塞尔曲线插值：贝塞尔曲线插值提供更为精确的控制，单独操控贝塞尔曲线关键帧上的两个方向手柄，可以手动调整关键帧任一侧的值图表或运动路径段的形状。如果将贝塞尔曲线插值应用于某个属性中的所有关键帧，则AE将在关键帧之间创建平滑的过渡。当移动运动路径关键帧时，现有方向手柄的位置保持不变，每个关键帧处应用的时间插值将控制沿路径的运动速度。

> **技巧**
>
> 与其他插值方法不同，贝塞尔曲线插值方法允许沿着运动路径创建曲线和直线的任意组合。如果需要绘制具有复杂形状的运动路径，则使用贝塞尔曲线空间插值是较为方便的方法。

● 自动贝塞尔曲线插值：自动贝塞尔曲线插值可以自动创建平滑的变化速率。当更改自动贝塞尔曲线关键帧的值时，该曲线上的方向手柄位置将自动调整关键帧任一侧的值图表或运动路径段的形状，以实现关键帧之间的平滑过渡。如果对上一个和下一个关键帧也使用自动贝塞尔曲线插值，则上一个或下一个关键帧另一端线段的形状也将发生更改。

● 连续贝塞尔曲线插值：与自动贝塞尔曲线插值相同，连续贝塞尔曲线插值也可通过关键帧创建平滑的变化速率。但是连续贝塞尔曲线方向手柄的位置可以手动设置，做出的调整可以更改关键帧任一侧的值图表或运动路径段的形状。如果将连续贝塞尔曲线插值应用于某个属性中的所有关键帧，则AE将调整每个关键帧的值以创建平滑的过渡。当在值图表或运动路径上移动连续贝塞尔曲线关键帧时，AE将继续保持这些平滑的过渡。

> **技巧**
>
> 当手动调整自动贝塞尔曲线关键帧的方向手柄时，可将自动贝塞尔曲线关键帧转换为连续贝塞尔曲线关键帧。

● 定格插值：定格插值仅在作为时间插值方法时才可用，可以随时间更改图层属性的值，但动画的过渡不是渐变，而是突变。如果需要对象突然出现或消失或应用闪光灯效果，则可使用该插值方法。如果将定格插值应用于某个属性中的所有关键帧，则第一个关键帧的值在到达下一关键帧之前将保持不变，但到达下一关键帧后，值将立即发生更改。在值图表中，定格关键帧之后的图表段显示为水平直线，如图3-53所示。

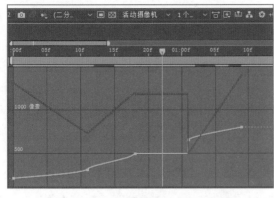

图3-53

各类插值的路径示意如图3-54所示。

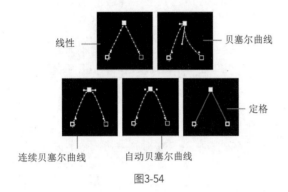

图3-54

应用不同的关键帧插值方法，关键帧图标的外观也不同。如图3-55所示，从左至右依次为线性，线性传入、定格传出，自动贝塞尔曲线，连续贝塞尔曲线或贝塞尔曲线，线性传入、贝塞尔曲线传出。

图3-55

**技巧**

需要查看当前关键帧的插值方法时，按【Ctrl+2】组合键打开"信息"面板，其中显示了临时插值方法和空间插值方法。

### 3. 应用和更改关键帧插值方法

在AE中，可以通过以下4种方法应用和更改关键帧的插值方法。

● 使用图表编辑器中的按钮：选择单个或多个关键帧后，单击图表编辑器下方的 ◆ 按钮，可在弹出的快捷菜单中选择相应的命令编辑选定的关键帧；单击 ╬ 按钮，可将选

定的关键帧转换为定格插值；单击 ╱ 按钮，可将选定的关键帧转换为线性插值；单击 ╱ 按钮，可将选定的关键帧转换为自动贝塞尔曲线插值。

● 使用对话框：在图层模式或图表编辑器模式下，选择需要更改的关键帧，然后选择【动画】/【关键帧插值】命令或按【Ctrl+Alt+K】组合键，打开"关键帧插值"对话框，可保留已应用于选定关键帧的插值方法或选择新的插值方法，如图3-56所示。如果选择了空间属性的关键帧，则在"漂浮"下拉列表中选择所选关键帧的时间位置，选择"漂浮穿梭时间"选项可根据离选定关键帧前后最近的关键帧的位置，自动变化选定关键帧在时间上的位置，从而平滑选定关键帧之间的变化速率；选择"锁定到时间"选项可将选定关键帧保持在其当前的时间位置。

图3-56

● 使用"选取工具"：在图层模式下，选择"选取工具" ▶，如果关键帧使用的是线性插值，则按住【Ctrl】键单击该关键帧，可将其更改为自动贝塞尔曲线插值。如果关键帧使用的是贝塞尔曲线插值、连续贝塞尔曲线插值或自动贝塞尔曲线插值，则按住【Ctrl】键单击该关键帧，可将其更改为线性插值。

● 使用"转换'顶点'工具"：在图表编辑器模式下选择"转换'顶点'工具" ▶，在关键帧上方单击鼠标或按住鼠标左键并拖曳，可将线性插值更改为贝塞尔曲线插值，如图3-57所示。

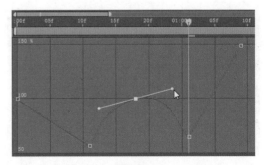

图3-57

知识要点
导入素材、开启关键帧、创建关键帧、通过图表编辑器改变关键帧插值方法

 配套资源
素材文件\第3章\影视.mp4
效果文件\第3章\动态影视标题效果.aep

扫码看视频

**范例说明**

影视作品的标题通常会在片头出现，以吸引观众注意，使其留下对该影视的记忆点。本例将制作动态影视标题效果，制作时可先为标题的每个字单独制作动画，再调整部分文字的动画速度，使其效果更加自然。

扫码看效果

**操作步骤**

1. 新建项目文件，按【Ctrl+N】组合键打开"合成设置"对话框，设置宽度为"1280px"，高度为"720px"，持续时间为"0:00:08:00"，然后单击 确定 按钮。

2. 在"项目"面板下方空白处单击鼠标右键，在弹出的快捷菜单中选择【导入】/【文件】命令，打开"导入文件"对话框，选择"影视.mp4"素材，单击 导入 按钮。

3. 将导入的素材拖拽至"时间轴"面板中，适当调整其大小和位置，如图3-58所示。然后将该图层锁定，避免影响其他图层的编辑。

图3-58

4. 选择"横排文字工具" T，在"字符"面板中设置填充颜色为白色，设置字体为"汉仪柏青体简"，在画面下方分别输入"被""偷""走""的""时光"文本，然后设置不同的字体和大小，效果如图3-59所示。

图3-59

5. 将时间指示器移动至0:00:02:00处，选择"被"文本图层，按【T】键显示不透明度属性，单击属性名称左侧的"时间变化秒表"按钮，开启关键帧。

6. 将时间指示器移动至0:00:01:15处，设置不透明度为"0%"，自动在该时间点创建关键帧，制作出文字逐渐出现的效果。

7. 选择"偷"文本图层，使用相同的方法在0:00:02:13和0:00:02:00处分别创建不透明度为"100%"和"0%"的关键帧。

8. 将时间指示器移动至0:00:02:13处，按【P】键显示位置属性，单击属性名称左侧的"时间变化秒表"按钮，开启关键帧。

9. 将时间指示器移动至0:00:02:00处，使用"选取工具"向上拖曳"偷"字，画面中出现关键帧运动路径，并自动在该时间点创建关键帧，如图3-60所示。

图3-60

10. 选择"走"文本图层，在0:00:03:00和0:00:02:13处分别创建不透明度为"100%"和"0%"的关键帧；选择"的"文本图层，在0:00:03:12和0:00:03:00处分别创建不透明度为"100%"和"0%"的关键帧。

11. 继续选择"的"文本图层，将时间指示器移动至0:00:03:12处，按【R】键显示旋转属性，单击属性名称左侧的"时间变化秒表"按钮，开启关键帧。

*12* 将时间指示器移动至0:00:02:00处，设置旋转为"0x+200°"，如图3-61所示。自动在该时间点创建关键帧，制作出文本旋转出现的效果，如图3-62所示。

图3-61

图3-62

*13* 选择"时光"文本图层，在0:00:05:00和0:00:03:12处分别创建不透明度为"100%"和"0%"的关键帧。

*14* 将时间指示器移动至0:00:03:12处，按【P】键显示位置属性，单击属性名称左侧的"时间变化秒表"按钮 ，开启关键帧。分别在0:00:04:09、0:00:04:23和0:00:05:12处单击最左侧的 按钮创建关键帧。

*15* 将时间指示器移动至0:00:03:12处，使用"选取工具" 向上拖曳"时光"文本；将时间指示器移动至0:00:04:23处，再次向上小幅度地拖曳该文本，两次的位置如图3-63所示。

图3-63

*16* 按【Shift+F3】组合键将图层模式切换为图表编辑器模式，选择"时光"文本图层的位置属性，选择"转换'顶点'工具"，单击0:00:04:09处的关键帧，使动画变化的速度更加自然，如图3-64所示。5个文本图层的关键帧如图3-65所示。

*17* 选择所有文本图层，在其上单击鼠标右键，在弹出的快捷菜单中选择"预合成"命令，打开"预

合成"对话框，设置名称为"文字"，单击 确定 按钮，便于统一变换所有文本图层。

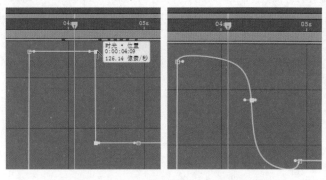

图3-64

图3-65

*18* 选择"文字"预合成图层，将时间指示器移动至0:00:05:00处，按【P】键显示位置属性，单击属性名称左侧的"时间变化秒表"按钮 ，开启关键帧。

*19* 将时间指示器移动至0:00:06:16处，使用"选取工具" 将"文字"预合成图层拖曳至画面左上角位置，画面中出现关键帧运动路径，并自动在该时间点创建关键帧，如图3-66所示。

图3-66

*20* 在该预合成图层的0:00:06:16和0:00:07:18处分别创建不透明度为"100%"和"0%"的关键帧。

*21* 按【Ctrl+S】组合键保存，设置名称为"动态影视标题效果"，完成本例的制作。最终效果如图3-67所示。

图3-67

## 3.3.5 调整和绘制关键帧运动路径

在制作动画时，可以通过编辑关键帧对关键帧运动路径进行调整，还可以将自定义绘制的运动路径转换为关键帧路径。

### 1. 调整关键帧运动路径

在关键帧之间生成的运动路径默认为平滑的贝塞尔曲线，若曲线不符合预期的运动效果，则可适当进行调整。其操作方法为：选择"选取工具" ▶，将鼠标指针移动至方框两侧的手柄，按住鼠标左键并拖曳可调整曲线的形状，如图3-68所示。

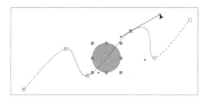

图3-68

根据动画的制作需要，还可以将贝塞尔曲线的关键帧运动路径转换为直线。其操作方法为：选择"转换'顶点'工具" ▶，将鼠标指针移动至方框上方，然后单击鼠标左键，效果如图3-69所示。

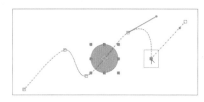

图3-69

技巧

选择【编辑】/【首选项】/【常规】命令，打开"首选项"对话框，在"常规"选项卡中勾选"默认的空间插值为线性"复选框，可使默认生成的关键帧运动路径为线性路径。

### 2. 绘制关键帧运动路径

开放或封闭的路径都能够转换为关键帧运动路径，且锚点转换为对应的关键帧。利用该方法，可以在绘制复杂的路径动画时提高效率。操作时选择"钢笔工具" ✒，先绘制出需要的运动路径，如图3-70所示。

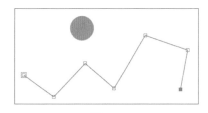

图3-70

在"时间轴"面板中展开刚刚绘制的运动路径所在图层，再依次展开"内容""形状1""路径1"栏，选择"路径"选项，然后按【Ctrl+C】组合键复制，如图3-71所示。

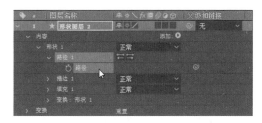

图3-71

选择需要制作关键帧运动路径的图层，按【P】键显示位置属性，选择位置属性，然后按【Ctrl+V】组合键粘贴，如图3-72所示。

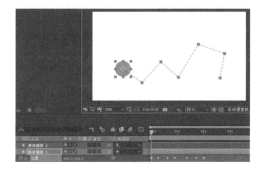

图3-72

另外，还可以使用"添加'顶点'工具" ✒和"删除'顶点'工具" ✒在关键帧运动路径上单击以添加或删除关键帧，如图3-73所示。

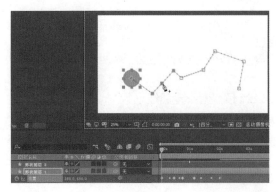

图3-73

**范例** 制作跳动的音符效果

 知识
要点

导入素材、开启关键帧、创建关键帧、绘制和调整关键帧运动路径、人偶位置控点工具

 配套
资源

素材文件\第3章\音符\
效果文件\第3章\跳动的音符效果.aep

扫码看视频

 范例说明

　　跳动的音符可以体现画面的韵律感。本例将制作跳动的音符效果，随着五线谱的出现，音符从其他地方跳动到五线谱上方，使画面产生节奏感和韵律感。

扫码看效果

 操作步骤

*1* 新建项目文件，按【Ctrl+N】组合键打开"合成设置"对话框，设置宽度为"1280px"，高度为"720px"，持续时间为"0:00:08:00"，然后单击 **确定** 按钮。

*2* 在"项目"面板下方空白处单击鼠标右键，在弹出的快捷菜单中选择【导入】/【文件】命令，打开"导入文件"对话框，选择"音符"文件夹中的所有素材，单击 **导入** 按钮。

*3* 将导入的视频素材拖曳到"时间轴"面板中，适当调整其大小，然后将该图层锁定。

*4* 选择"钢笔工具" ，取消填充，设置描边颜色为"白色"，描边宽度为"2像素"，在画面中绘制图3-74所示波浪线。

图3-74

*5* 展开形状图层，单击"内容"栏右侧的"添加"按钮 ，如图3-75所示。

图3-75

*6* 在弹出的快捷菜单中选择"修剪路径"命令，展开"修剪路径"栏，如图3-76所示。

图3-76

*7* 将时间指示器移动至0:00:05:00处，单击"结束"左侧的"时间变化秒表"按钮 ，开启关键帧。再将时间指示器移动至0:00:00:00处，将结束属性设置为"0%"，制作出线条的动画效果。

*8* 选择形状图层，按4次【Ctrl+D】组合键复制该图层，然后将复制的波浪线向上移动，制作出五线谱的样式，效果如图3-77所示。

图3-77

*9* 选择所有形状图层，在其上单击鼠标右键，在弹出的快捷菜单中选择"预合成"命令，打开"预合成"对话框，设置名称为"五线谱"，单击 **确定** 按钮，便于统一管理。

*10* 使用"钢笔工具" 绘制线条作为音符跳动的路径，绘制时可先将"背景.mp4"视频和"五线谱"预合成图层隐藏，然后使用"添加'顶点'工具" 在路径上添加多个锚点，以便为之后的路径动画创建更多关键帧，效果如图3-78所示。

图3-78

*11* 将导入的音符素材拖曳至"时间轴"面板中，并适当调整其大小。

*12* 在"时间轴"面板中展开第一个形状图层，再依次展开"内容""形状1""路径1"栏，选择"路径"选项，然后按【Ctrl+C】组合键复制。

*13* 选择"音符1.png"图层，按【P】键显示位置属性，选择位置属性，将时间指示器移动至0:00:00:00处，然后按【Ctrl+V】组合键粘贴，将自动生成相应的关键帧，如图3-79所示。最后删除步骤10中绘制的路径。

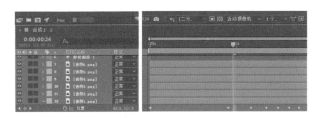

图3-79

*14* 选择右侧5个关键帧，按【Ctrl+C】组合键复制，将时间指示器向后拖曳，再按【Ctrl+V】组合键粘贴。重复多次操作，使得音符可以不断跳动。

*15* 按【T】键显示不透明度属性，在0:00:01:00和0:00:00:00处分别创建不透明度为"100%"和"0%"的关键帧。

*16* 为音符添加变形效果，使其跳动更加真实。选择"人偶位置控点工具" ，将时间指示器移动至0:00:01:00处，在音符上单击创建控制点，控制点显示为黄色，如图3-80所示。然后将时间指示器移动至0:00:01:09处，拖曳控制点变形音符，将自动在该时间点生成关键帧，如图3-81所示。

*17* 在"音符1.png"图层上方按【U】键显示所有关键帧，选择控制点的两个关键帧，按【Ctrl+C】

组合键复制，将时间指示器移动到0:00:01:17处，按【Ctrl+V】组合键粘贴。然后重复进行移动时间指示器和粘贴关键帧操作，直至制作出图3-82所示音符随着跳动不断变形的效果。

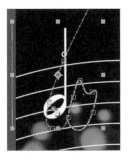

图3-80　　　　　图3-81

图3-82

*18* 使用相同的方法为其他音符添加运动路径。注意，粘贴路径时需要将时间指示器依次向后移动，制作出单个音符逐渐出现的效果，并分别创建不透明度的关键帧和位置控制点，最后删除所有绘制的形状路径。

*19* 按【Ctrl+S】组合键保存，设置名称为"跳动的音符效果"，完成本例的制作。最终效果如图3-83所示。

图3-83

第3章

制作关键帧动画

63

## 3.4 综合实训：制作插画风格MG动画

随着信息技术的不断发展，MG动画以独特的表现形式成为展示互联网产品的重要方式之一。成本可控、传播范围大等优点使MG动画在各个领域被广泛应用，如广告、短视频、宣传片等。

MG动画是一种基于时间流动而改变形态的视觉表现形式。MG动画融合了平面设计、动画设计和电影语言，具有形式丰富多样、包容性强等特点，能与各种表现形式及艺术风格混搭。

**设计素养**

### 3.4.1 实训要求

某设计公司绘制了一幅海上日出插画，需要将其作为宣传产品时的背景使用。由于其中的海浪、小船等元素略显单调，缺少吸引力，因此可以将其制作成插画风格的MG动画，使插画更具表现力。实训要求画面美观，整体动画效果自然流畅。

### 3.4.2 实训思路

（1）通过对插画的分析可知，画面中有太阳、波浪、小船、海鸥等静态元素。可以将这些元素制作为动态效果，如太阳逐渐升起、波浪左右移动、小船向远方行驶和海鸥飞行。

（2）在制作时，结合本章所学知识，可通过创建缩放属性关键帧为太阳制作缩放动画；通过创建位置关键帧为波浪制作位移动画；通过绘制关键帧路径为小船和海鸥制作动画，再使用人偶位置控点工具为海鸥的飞翔添加细节。

（3）为了完善动画效果，还可使用图表编辑器改变关键帧插值方法，从而调整小船和海鸥的移动速度，使动画效果更加真实。

本实训完成后的参考效果如图3-84所示。

扫码看效果

图3-84

### 3.4.3 制作要点

**知识要点**　开启关键帧、创建关键帧、复制粘贴关键帧、编辑关键帧、通过关键帧图表编辑器改变插值方法、绘制和调整关键帧运动路径

**配套资源**　素材文件\第3章\插画.ai
效果文件\第3章\插画风格MG动画.aep

扫码看视频

完成本实训的主要操作步骤如下。

**1** 新建宽度为"1000px"、高度为"1000px"、持续时间为"0:00:05:00"的合成。

**2** 导入素材文件时，在"引导文件"对话框下方的"导入为"下拉列表中选择"合成-保持图层大小"选项，以便为单独的图层添加动画。将素材文件中的所有图层拖曳至"时间轴"面板中，适当调整其位置。

**3** 使用"向后平移（锚点）工具" ▦ 将太阳中心（锚点）移至下方，将太阳倒影的中心（锚点）移至上方。然后为太阳和太阳倒影添加缩放属性关键帧，制作太阳升起效果。

**4** 为海面上的波浪添加位置属性关键帧，制作波浪移动效果。制作时，可通过复制粘贴关键帧来提高效率。

**5** 为小船行驶和海鸥飞行绘制单独的路径，适当调整关键帧时间点位置。添加缩放属性关键帧，制作小船随画面逐渐变小的效果。

**6** 使用"人偶位置控点工具" ★ 变形海鸥，使其飞行更加真实。

**7** 转换到图表编辑器模式，适当调整小船和海鸥的移动速度，使动画更加自然。

**8** 完成后，将其保存为"MG动画"项目文件。

**学习笔记**

-------------------------------------------
-------------------------------------------
-------------------------------------------
-------------------------------------------
-------------------------------------------
-------------------------------------------
-------------------------------------------
-------------------------------------------

### 1. 制作动态生日贺卡

本练习将制作动态生日贺卡。制作时，可通过创建相关属性的关键帧为文字和装饰物品制作出缩放、旋转等效果，参考效果如图3-85所示。

配套资源 素材文件\第3章\文字.png、气球.png、背景.jpg
效果文件\第3章\动态生日贺卡.aep

图3-85

### 2. 制作走迷宫效果

本练习将制作走迷宫效果。制作时，先使用钢笔工具按迷宫的地图绘制正确的路线，再将其作为关键帧运动路径粘贴到对象上。参考效果如图3-86所示。

配套资源 素材文件\第3章\迷宫.jpg、笑脸.png
效果文件\第3章\走迷宫.aep

图3-86

除了可以直接拖曳关键帧调整动画的播放速度外，如果需要更精确地指定动画播放速度，则可以在"关键帧速度"对话框中以具体的数字来指定。需要注意的是："关键帧速度"对话框中的选项和单位会根据正在编辑的图层属性而有所不同。以下面以位置属性的"关键帧速度"对话框为例进行介绍。

首先显示位置属性的速度图表，选择要编辑的关键帧，然后选择【动画】/【关键帧速度】命令，打开"关键帧速度"对话框，如图3-87所示。输入速率值可指定动画进入和输出的速度；输入影响值可指定对前一个关键帧（输入插值）或下一个关键帧（输出插值）的影响量；勾选"连续"复选框，可保持相等的传入和传出速度来创建平滑过渡。

图3-87

# 第 4 章

# 蒙版和遮罩的应用

## 本章导读

在AE中制作视频特效时，使用蒙版和遮罩功能可以将多个图层中的元素同时显示在一个画面中，而不需要单独裁剪图层中的对象。熟练掌握蒙版和遮罩的应用方法，可以在实践操作中提高视频后期特效制作的能力。

## 知识目标

◆ 了解蒙版和遮罩的概念
◆ 熟悉创建蒙版的常用工具
◆ 掌握蒙版和遮罩的应用方法

## 能力目标

◆ 能够制作动态企业Logo
◆ 能够制作动感时尚栏目片头动画
◆ 能够绘制卡通剪纸动画
◆ 能够制作手绘涂鸦动画效果
◆ 能够制作创意片头
◆ 能够制作电影片头字幕

## 情感目标

◆ 按照法律法规创作、不断推出大众喜闻乐见的视频作品
◆ 进一步探索蒙版与遮罩的区别及它们在不同情况下的应用

## 4.1 认识蒙版

蒙版，俗称"MASK"，译为面具、遮挡板等。在AE中制作视频后期特效时，可以通过蒙版将图层的某一部分隐藏起来，显示另一部分，从而实现不同图层之间的混合，达到合成效果。

### 4.1.1 蒙版的含义和作用

蒙版可以简单地理解为一个特殊的区域——路径。路径是指由两个或多个锚点（线段两头的端点）连接起来的直线或曲线，其中闭合路径的起点和终点为同一个锚点，如矩形等封闭图形；而开放路径的起点和终点不是同一个锚点，如直线就是一条开放路径。

蒙版这个特殊区域依附于图层，作为图层的属性存在。蒙版可以是闭合路径，也可以是开放路径。闭合路径的蒙版用于调整图层的属性，设置图层的透明关系，图4-1所示为画面逐渐隐藏的效果；而开放路径的蒙版通常用作图层的效果参数，包括描边、路径文本、音频波形等，图4-2所示为路径文本的应用。

图4-1

图4-2

## 4.1.2 新建蒙版

使用菜单命令可以为图层快速创建一个与该图层大小一致的矩形蒙版。其操作方法为：选择图层后，选择【图层】/【蒙版】/【新建蒙版】命令或按【Ctrl+Shift+N】组合键，在"合成"面板中出现一个带有颜色的封闭路径，该路径即为蒙版，如图4-3所示。为图层新建蒙版后，可以通过设置图层的蒙版属性来修改图层效果。

图4-3

## 4.1.3 蒙版的属性

展开创建了蒙版的图层，在其中可看到新增的"蒙版"选项，该选项有4种属性，如图4-4所示。

图4-4

● 蒙版路径：用于调整蒙版的位置和形状参数。选择图层后，按【M】键可只显示蒙版路径属性。将蒙版路径粘

贴到图层的位置属性上，可通过路径上的锚点自动创建对应的关键帧，然后作为特定对象（如文字、图形、灯光等）的运动路径。

● 蒙版羽化：用于调整蒙版水平或垂直方向的羽化程度，为蒙版周围添加模糊效果，使其边缘的过渡更加自然。选择图层后，按【F】键可只显示蒙版羽化属性。

● 蒙版不透明度：用于调整蒙版的不透明度，而不修改原始图层的不透明度。当该属性为100%时为完全不透明；为0%时为完全透明。选择图层后，按两次【T】键可只显示蒙版不透明度属性。

● 蒙版扩展：用于控制蒙版扩展或者收缩。与等比例缩放不同，调整该属性参数会使蒙版的形状发生改变。当该参数设置为正数时，蒙版将向外扩展；设置为负数时，蒙版将向内收缩。

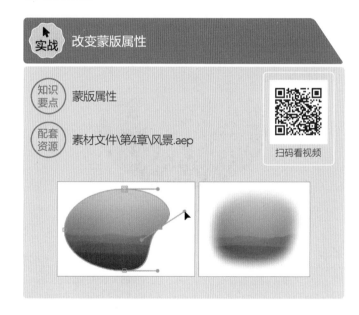

**实战** 改变蒙版属性

知识要点：蒙版属性

配套资源：素材文件\第4章\风景.aep

扫码看视频

### 操作步骤

**1** 打开"风景.aep"项目文件，选择"风景"图层，然后按【Ctrl+Shift+N】组合键创建一个矩形蒙版，如图4-5所示。

图4-5

**2** 展开"风景"图层下新增的"蒙版"栏，单击"蒙版路径"右侧的 形状 按钮，或按【Ctrl+Shift+M】组合

键，打开"蒙版形状"对话框，如图4-6所示。

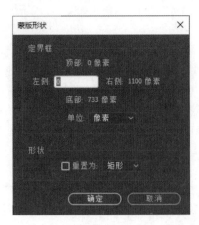

图4-6

*3* 在"定界框"栏中修改参数调整蒙版大小，在"形状"栏的下拉列表中选择"椭圆"选项，将蒙版形状修改为椭圆，效果如图4-7所示。

图4-7

*4* 选择"选取工具" ，选中蒙版形状上的锚点，按住鼠标左键并拖曳可直接修改蒙版形状，如图4-8所示。拖曳锚点两侧的方向手柄，调整曲线的弯曲程度，如图4-9所示。

图4-8

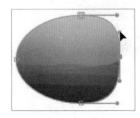 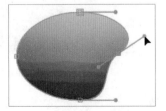

图4-9

*5* 将鼠标指针移至"蒙版"栏中蒙版羽化属性右侧的参数上方，按住鼠标左键并向右拖曳，增强蒙版的羽化程度，前后效果对比如图4-10所示。

图4-10

*6* 将鼠标指针移至"蒙版"栏中蒙版不透明度属性右侧的参数上方，按住鼠标左键并向左拖曳，降低蒙版的不透明度。

*7* 将鼠标指针移至"蒙版"栏中蒙版扩展属性右侧的参数上方，按住鼠标左键并向左拖曳，将蒙版向内收缩，如图4-11所示；按住鼠标左键向右拖曳，将蒙版向外扩展，如图4-12所示。

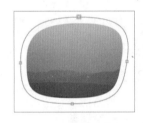 

图4-11　　　　　　　图4-12

### 4.1.4　蒙版的布尔运算

布尔运算在图形处理中是一种常见的运算方法，可以使基本图形组合产生新的形状。当图层中存在多个蒙版时，可利用布尔运算功能对多个蒙版进行计算，使其产生不同的叠加效果。

在蒙版名称右侧的下拉列表中可看到AE提供的7种运算方法，如图4-13所示。

图4-13

● 无：选择该选项，该蒙版仅作为路径形式存在，而不会被作为蒙版使用。

● 相加：选择该选项，所有蒙版将全部显示，蒙版之外的图层区域将全部隐藏，如图4-14所示。新创建的蒙版默认选择该选项。

图4-14

● 相减：选择该选项，所有蒙版将被减去，蒙版之外的图层区域将全部显示，如图4-15所示。

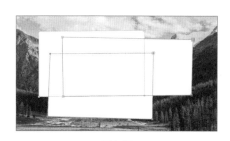

图4-15

● 交集：选择该选项，将显示选择该选项的所有蒙版交集的图层区域，如图4-16所示。

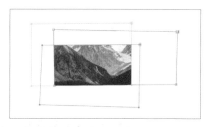

图4-16

● 变亮：与"相加"选项效果类似。当图层中多个蒙版的不透明度存在差异时，蒙版重叠处将显示不透明度较高的蒙版，如图4-17所示。

图4-17

● 变暗：与"交集"选项效果类似。当图层中多个蒙版的不透明度存在差异时，蒙版重叠处将显示不透明度较低的蒙版，如图4-18所示。

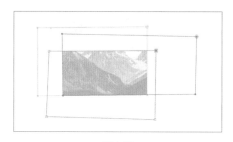

图4-18

● 差值：选择该选项，先对选择该选项的蒙版进行相加运算，然后将蒙版相交的部分减去，如图4-19所示。

图4-19

★范例　制作动态企业 Logo

知识要点　改变蒙版属性、改变蒙版布尔运算方式、创建关键帧、编辑关键帧

配套资源　效果文件\第4章\动态企业Logo.aep

扫码看视频

范例说明

　　Logo通常由图形和文字组成，为Logo添加动效可以制作为动态Logo，从而增强视觉表现力。本例将制作动态企业Logo，利用蒙版的相减运算制作出图形裁剪形成Logo的动态效果，使其更具创意性。

扫码看效果

第4章
蒙版和遮罩的应用

*1* 新建项目文件，按【Ctrl+N】组合键打开"合成设置"对话框，设置宽度为"1280px"，高度为"720px"，持续时间为"0:00:05:00"，然后单击 确定 按钮。

*2* 使用"椭圆工具" ◯ 绘制一个较大的正圆，设置填充为"#78CCFC"。

*3* 先为圆形制作放大效果的动画。选择圆形所在图层，按【S】键显示缩放属性，单击属性名称左侧的"时间变化秒表"按钮 ⏱，开启关键帧，设置0:00:00:00处的缩放为"0%"。

*4* 将时间指示器分别移至0:00:00:16、0:00:00:20和0:00:00:24处，设置缩放分别为"100%、90%和100%"，使圆形在放大时看起来具有弹性，如图4-20所示。

图4-20

*5* 选择圆形所在图层，选择【图层】/【蒙版】/【新建蒙版】命令，快速创建一个完全覆盖圆形的矩形蒙版。设置蒙版的布尔运算为相减模式，使用"选取工具" ▶ 拖曳蒙版四周的锚点，将其调整为图4-21所示形状。

*6* 将时间指示器移至0:00:01:00处，按【M】键显示蒙版路径属性，单击属性名称左侧的"时间变化秒表"按钮 ⏱，开启关键帧。

*7* 将时间指示器移至0:00:01:16处，然后将蒙版调整为图4-22所示形状。

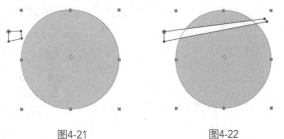

图4-21　　　　　　　图4-22

*8* 使用相同的方法创建蒙版并创建蒙版路径关键帧，分别在0:00:01:08和0:00:02:00处调整第2个蒙版形状；分别在0:00:01:16和0:00:02:09处调整第3个蒙版形状，完成裁剪动画的制作。前后对比效果如图4-23所示。

*9* 为了增强企业Logo的动态效果，给观众留下深刻印象，可设置图形的缩放动画。选择圆形所在图层，按

【S】键显示缩放属性，在0:00:02:15和0:00:03:00处分别设置缩放为"100%"和"33%"。

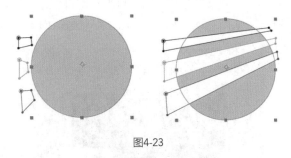

图4-23

*10* 将时间指示器移至0:00:03:00处，按【P】键显示位置属性，单击属性名称左侧的"时间变化秒表"按钮 ⏱，开启关键帧。

*11* 将时间指示器移至0:00:03:14处，使用"选取工具" ▶ 将圆形向左拖曳适当距离，制作出向左移动的效果。

*12* 按【R】键显示旋转属性，使用相同的方法在0:00:03:00和0:00:03:14处创建关键帧，分别设置旋转为"0x+0°"和"0x-70°"，效果如图4-24所示。

图4-24

*13* 添加企业Logo的文字，并设置动态效果。选择"横排文字工具" Ⓣ，设置填充颜色为"黑色"，字体为"方正粗倩简体"，在Logo右侧输入"蓝川娱乐"文本，适当调整大小，如图4-25所示。

图4-25

*14* 将时间指示器移至0:00:04:07处，选择文本图层，按【S】键显示缩放属性，单击属性名称左侧的"时间变化秒表"按钮 ⏱，开启关键帧。

*15* 使用"向后平移（锚点）工具" ▦ 将文本的锚点移至边界左侧的中间位置，使其以该点进行缩放，如图4-26所示。然后将时间指示器移至0:00:03:09处，设置缩放为"50%"。

蓝川娱乐

图4-26

16 按【T】键显示不透明度属性，使用相同的方法在0:00:03:09和0:00:04:07处创建关键帧，分别设置不透明度为"0%"和"100%"。

17 按【Ctrl+S】组合键保存，设置名称为"动态企业Logo"，完成本例的制作。最终效果如图4-27所示。

图4-27

## 4.2 创建蒙版的常用工具

除了可以使用菜单命令为图层创建蒙版外，还可以直接使用形状工具组、钢笔工具组中的各种工具，以及画笔工具、橡皮擦工具创建蒙版形状。

### 4.2.1 形状工具组

形状工具组包含"矩形工具"▭、"圆角矩形工具"▢、"椭圆工具"⬭、"多边形工具"⬠和"星形工具"✦，按

【Q】键可在这5种形状工具间切换。

使用形状工具组创建蒙版的方法为：选择需要创建蒙版的图层，再选择需要的形状工具，按住鼠标左键拖曳在图层上绘制蒙版，结束后释放鼠标左键。图4-28所示为绘制蒙版的前后对比效果。

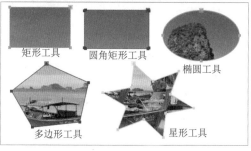

矩形工具　　圆角矩形工具

椭圆工具

多边形工具　　星形工具

图4-28

需要注意的是：在未选择图层时，使用形状工具组绘制图形将默认创建形状图层，若要为形状图层绘制蒙版，则在选择工具后，单击"工具"面板中的"工具创建蒙版"按钮▦，然后绘制蒙版。

**技巧**

使用"多边形工具"⬠和"星形工具"✦绘制形状或蒙版时，在按住鼠标左键的同时按【↓】或【↑】键可改变多边形和星形的边数；按【←】或【→】键可改变多边形和星形的外部圆滑度。

**范例** 制作动感时尚栏目片头动画

知识要点　导入素材、使用形状工具组创建蒙版、创建关键帧、编辑关键帧

配套资源　素材文件\第4章\动感时尚\效果文件\第4章\动感时尚栏目片头动画.aep

扫码看视频

### 范例说明

栏目片头是一个节目开始播放时的片头，通常需要体现出该节目的定位和风格等。本例将制作动感时尚栏目片头动画，使用形状工具组创建蒙版裁剪图像，并为文字制作逐渐出现的效果。

扫码看效果

### 操作步骤

*1* 新建项目文件，按【Ctrl+N】组合键打开"合成设置"对话框，设置宽度为"1280px"，高度为"720px"，持续时间为"0:00:06:00"，然后单击 确定 按钮。

*2* 在"项目"面板下方空白处单击鼠标右键，在弹出的快捷菜单中选择【导入】/【文件】命令，打开"导入文件"对话框，选择动感时尚文件夹中的所有素材文件，单击 导入 按钮。

*3* 使用"矩形工具" ▣ 绘制一个矩形作为背景，设置填充为"#E34548"。

*4* 选择矩形所在图层，选择"矩形工具" ▣，单击"工具"面板中的"工具创建蒙版"按钮 ▨，然后绘制一个更大的矩形（完全覆盖上一个矩形）作为蒙版。

*5* 按【M】键显示蒙版路径属性，单击属性名称左侧的"时间变化秒表"按钮 ⏱，开启关键帧。

*6* 将时间指示器移至0:00:01:00处，使用"选取工具" ▶ 将蒙版左侧的两个锚点向右拖曳，使矩形只显示右边部分，制作出矩形向右移动的效果，如图4-29所示。

*7* 将"图片1.jpg"拖曳至"时间轴"面板中，适当调整大小，然后使用"矩形工具" ▣ 绘制一个正方形作为蒙版。

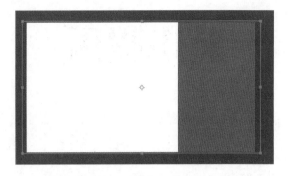

图4-29

*8* 使用"选取工具" ▶ 选择蒙版，按【Ctrl+T】组合键，当蒙版四周出现定界框后，将鼠标指针移动到蒙版外，当鼠标指针变为 ↻ 形状时，按住鼠标左键拖曳，将蒙版旋转适当角度，如图4-30所示。

图4-30

*9* 将时间指示器移至0:00:01:05处，按【M】键显示蒙版路径属性，单击属性名称左侧的"时间变化秒表"按钮 ⏱，开启关键帧。

*10* 将时间指示器移至0:00:00:17处，选择蒙版，按【Ctrl+T】组合键，将鼠标指针移动至蒙版的边角点，当鼠标指针变为 ↖ 形状时，按住【Ctrl】键将蒙版向中心点缩小至最小，制作出蒙版逐渐变大的效果。

*11* 按两次【T】键，显示蒙版不透明度属性，分别在0:00:00:17和0:00:01:05处创建不透明度为"0%"和"100%"的关键帧，效果如图4-31所示。

图4-31

*12* 使用相同的方法为另外3张图像创建蒙版并制作动画，3张图像对应关键帧时间分别为0:00:01:05

和0:00:01:17、0:00:01:17和0:00:02:06、0:00:02:06和0:00:02:20，如图4-32所示。

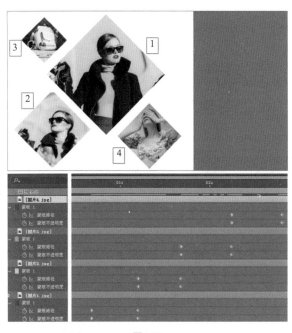

图4-32

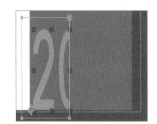

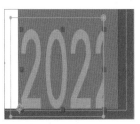

图4-34

*13* 选择"横排文字工具" 📝，在"字符"面板中设置填充颜色为"#EB7D7F"，字体为"方正美黑简体"，在画面右下方输入"2022"文本，适当调整大小，如图4-33所示。

图4-33

*14* 选择文本图层，使用"矩形工具" ▢绘制一个相对文本较大的矩形作为蒙版。将时间指示器移至0:00:03:13处，按【M】键显示蒙版路径属性，单击属性名称左侧的"时间变化秒表"按钮 ⏱，开启关键帧。

*15* 将时间指示器移至0:00:02:23处，使用"选取工具" ▶将蒙版右侧的两个锚点向左拖曳，制作出文本从左至右依次显示的效果，如图4-34所示。

*16* 单击"时间轴"面板的空白处，再使用"矩形工具" ▢在画面下方空白处绘制一个正方形，设置填充为"#E34548"，如图4-35所示。

图4-35

*17* 将时间指示器移至0:00:03:13处，分别创建缩放、旋转和不透明度的关键帧，并设置缩放为"100%"，旋转为"0x+45°"，不透明度为"80%"。

*18* 按【U】键显示关键帧，将时间指示器移至0:00:02:23处，将缩放、旋转和不透明度分别设置为"50%"、"1x+0°"、"0%"；再将0:00:04:04处的缩放设置为"55%"。

*19* 选择红色正方形所在图层，按【Ctrl+C】组合键复制，按【Ctrl+V】组合键粘贴3次，并在"合成"面板中适当移动位置，使单调的画面看起来更加丰富，如图4-36所示。

图4-36

*20* 选择"横排文字工具" 📝，在"字符"面板中设置填充颜色为"白色"，设置字体为"方正大雅宋_GBK"，在"2022"文本上方输入"动感时尚"文本，适当调整大小和文字间距。

*21* 选择"矩形工具"为"动感时尚"文本添加一个矩形蒙版，按【M】键显示蒙版路径属性，并激活蒙

版的蒙版路径属性，在0:00:03:18和0:00:04:04处改变矩形蒙版的形状，制作出文本从上至下逐渐显示的动画效果，如图4-37所示。

图4-37

22 按【Ctrl+S】组合键保存，设置名称为"动感时尚栏目片头"，完成本例的制作。最终效果如图4-38所示。

图4-38

## 4.2.2 钢笔工具组

对于一些复杂的蒙版形状，可以使用钢笔工具组中的工具进行绘制和调整。其操作方法为：选择需要创建蒙版的图层，使用"钢笔工具" 在画面中的不同位置依次单击鼠标左键产生锚点，并绘制路径，当绘制的路径闭合后，便可创建相应的蒙版，如图4-39所示。

图4-39

若绘制的蒙版形状不符合要求，则可以使用钢笔工具组中的其他工具对蒙版进行调整。

● 添加"顶点"工具 ：选择该工具，在路径上单击鼠标左键，可以添加新的锚点，便于调整蒙版形状，如图4-40所示。

图4-40

● 删除"顶点"工具 ：选择该工具，在路径上的锚点处单击鼠标左键，可删除当前锚点。

● 转换"顶点"工具 ：选择该工具，在路径上的锚点处单击鼠标左键，可将直线转换为贝塞尔曲线，如图4-41所示。再次单击锚点，可转换为直线。若使用该工具在路径上单击鼠标左键，则该工具将转换为"添加'顶点'工具" 。

图4-41

● 蒙版羽化工具 ：选择该工具，在路径上按住鼠标左键并向外或向内拖曳，可在当前位置添加一个新锚点，并羽化蒙版，如图4-42所示。若使用该工具在路径锚点处单击鼠标左键并拖曳，则从该锚点处开始羽化。

| 向外拖曳 | 向内拖曳 |

图4-42

### 范例 绘制卡通剪纸动画

 **知识要点** 导入素材、使用钢笔工具组创建蒙版、创建关键帧、编辑关键帧

 **配套资源** 素材文件\第4章\卡通画.png、背景.png、山.png
效果文件\第4章\卡通剪纸动画.aep

扫码看视频

#### 范例说明

　　卡通动画通常由简单的图形组成，没有复杂的元素或者剧情，因此更适合儿童观看。本例将制作卡通剪纸动画，先使用钢笔工具将图像中的对象简单勾画出来，制作出剪纸的效果，然后分别创建关键帧，制作出关键帧动画。

扫码看效果

#### 操作步骤

*1* 新建项目文件，按【Ctrl+N】组合键打开"合成设置"对话框，设置宽度为"1280px"，高度为"720px"，持续时间为"0:00:06:00"，然后单击 确定 按钮。

*2* 在"项目"面板下方空白处单击鼠标右键，在弹出的快捷菜单中选择【导入】/【文件】命令，打开"导入文件"对话框，选择"卡通画.png、背景.png、山.png"素材，

*3* 将导入的"背景.png"素材拖曳至"时间轴"面板中，按【Ctrl+Alt+F】组合键使图像适合合成大小。

*4* 将导入的"山.png"素材拖曳到"时间轴"面板中，适当调整大小。在选中该图层的情况下，使用"钢笔工具"  在山的周围单击，并形成闭合路径的蒙版，裁剪出山的形状，如图4-43所示。

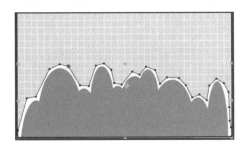

图4-43

*5* 使用"选取工具" ▶ 将山横向拉伸放大，并将其向右拖曳，如图4-44所示。

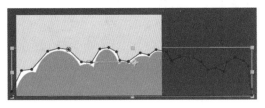

图4-44

*6* 将时间指示器移至0:00:00:00处，按【P】键显示位置属性，单击属性名称左侧的"时间变化秒表"按钮 ⏱，开启关键帧。

*7* 将时间指示器移至0:00:05:24处，然后将山拖曳到左侧，制作出山向左移动的动画效果。

*8* 将导入的"卡通画.png"素材拖曳到"时间轴"面板中，使用"钢笔工具"  在灰色图形周围单击，形成闭合路径的蒙版。

*9* 使用"向后平移（锚点）工具" ▦ 将图形的锚点移至图形中间，使其以该点为中心进行旋转，如图4-45所示。

*10* 将裁剪的灰色图形所在图层重命名为"地面"，使用"选取工具" ▶ 将灰色图形向下拖曳，并将其放大，制作出地面的效果，如图4-46所示。

*11* 将时间指示器移至0:00:00:00处，按【R】键显示旋转属性，单击属性名称左侧的"时间变化秒表"按钮 ⏱，开启关键帧。

*12* 将时间指示器移至0:00:05:24处，设置旋转为"1x+0°"，制作出地面旋转的动画效果。

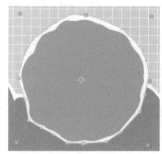 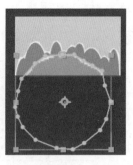

图4-45　　　　　　　　　　图4-46

**13** 将导入的"卡通画.png"素材拖曳到"时间轴"面板中，使用"钢笔工具" 在太阳周围单击，并形成闭合路径的蒙版，裁剪出太阳的形状，如图4-47所示。将该图层重命名为"太阳"。

图4-47

**14** 按【R】键显示旋转属性，使用相同的方法在0:00:00:00和0:00:05:24处创建关键帧，设置0:00:05:24处的旋转为"0x+120°"，制作出太阳旋转动画。

**15** 将导入的"卡通画.png"素材拖曳到"时间轴"面板中，使用"钢笔工具" 在云朵周围单击，形成闭合路径的蒙版，裁剪出云朵的形状，如图4-48所示。将该图层重命名为"云朵1"。

图4-48

**16** 按【P】键显示位置属性，使用相同的方法在0:00:00:00和0:00:01:00处创建关键帧，在0:00:01:00处将云朵向右下方拖曳一定距离，制作出云朵移动动画。

**17** 选择创建的两个关键帧，按【Ctrl+C】组合键复制，分别在0:00:02:00、0:00:04:00和0:00:06:00处按【Ctrl+V】组合键粘贴，使其重复移动。

**18** 使用相同的方法裁剪另外两个云朵的形状，分别命名为"云朵2""云朵3"，然后制作出位移动画，如图4-49所示。

图4-49

**19** 将导入的"卡通画.png"素材拖曳到"时间轴"面板中，使用"钢笔工具" 在汽车周围单击，形成闭合路径的蒙版，裁剪出汽车的形状。将该图层重命名为"汽车"。

**20** 按【P】键显示位置属性，使用相同的方法在0:00:00:00和0:00:01:00处创建关键帧，在0:00:01:00处将汽车向左拖曳一定距离，制作出汽车向前移动动画。

**21** 选择创建的两个关键帧，按【Ctrl+C】组合键复制，分别在0:00:02:00、0:00:04:00和0:00:06:00处按【Ctrl+V】组合键粘贴，使其重复移动。按【Ctrl+S】组合键保存，设置名称为"卡通剪纸动画"，完成本例的制作。最终效果如图4-50所示。

图4-50

## 4.2.3 画笔工具与橡皮擦工具

使用画笔工具与橡皮擦工具可以绘制自由度更高的蒙版效果，其中画笔工具可以修改图层部分区域的颜色，橡皮擦工具可以修改图层部分区域的透明度。

其操作方法为：双击图层名称进入"图层"面板，选择"画笔工具" ✐ 或"橡皮擦工具" ◈，在"画笔"面板和"绘画"面板中可对相关参数进行设置，如图4-51所示。

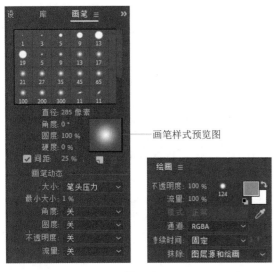

图4-51

在"画笔"面板中，可以设置画笔的样式、大小等参数。画下面分别进行介绍。

● 画笔预设：最上方显示了预设的画笔样式，可直接使用。要添加新的画笔样式，可单击画笔样式预览图下方的"将当前设置保存为新画笔"按钮 ▣；要删除当前选择的画笔样式，可单击画笔样式预览图下方的"删除当前画笔"按钮 ▣。

● 直径：用于设置画笔的笔尖大小。

● 角度：用于设置椭圆画笔的长轴在水平方向旋转的角度。

● 圆度：用于设置画笔的长轴和短轴之间的比例。设置为"100%"时表示圆形画笔，设置为"0%"时表示线性画笔，设置为两者之间的值时表示椭圆画笔。图4-52所示为使用圆度为"100%""50%""0%"的画笔绘制线条的区别。

图4-52

● 硬度：用于设置画笔从中心到边缘不透明度的过渡。图4-53所示为使用硬度为"100%"和"40%"的画笔效果对比。

图4-53

● 间距：用于设置绘制出的线条之间的距离，以画笔直径的百分比确定。如果取消勾选"间距"复选框，则间距将由拖曳画笔的速度确定。

● 画笔动态：用于设置数位板的功能如何控制并影响画笔。可在该选项下方对"大小""最小大小""角度"等参数进行设置。

> **技巧**
>
> 在"图层"面板中使用"画笔工具" ✐ 或"橡皮擦工具" ◈ 时，在按住【Ctrl】键的同时按住鼠标左键并拖曳可调整画笔直径；释放【Ctrl】键并继续按住鼠标左键拖曳可调整画笔硬度。

在"绘图"面板中，可以根据不透明度、流量等对绘制的效果进行调整。下面分别进行介绍。

● 不透明度：用于设置应用最大数量的颜料或移除最大数量的颜料和图层颜色。

● 流量：用于设置涂上颜料或移除颜料和图层颜色的速度。

● 模式：用于设置底层图像的像素与"画笔工具" ✐ 所绘制的像素的混合方式。

● 通道：用于设置使用"画笔工具" ✐ 影响的图层通道。在其下拉列表中选择"Alpha"选项时，仅影响不透明度，使用纯黑色的颜色绘制Alpha通道与使用"橡皮擦工具" ◈ 的结果相同。

● 持续时间：用于设置绘制的持续时间。在其下拉列表中选择"固定"选项将从当前帧应用到图层持续时间结束；选择"单帧"选项将仅应用于当前帧；选择"自定义"选项将应用于从当前帧开始的指定帧数；选择"写入"选项将从当前帧应用到图层持续时间结束。

● 抹除：用于设置"橡皮擦工具" ◈ 去除的范围。在其下拉列表中选择"图层源和绘画"选项时，可同时去除颜料和图层颜色；选择"仅绘画"选项时，仅能去除颜料；选择"仅最后描边"选项时，仅能去除最后一次绘制的颜料。

设置好相关参数后，可以在图层上方进行绘制。图4-54所示为使用"画笔工具" ✎ 在周围绘制出朦胧的效果。

**技巧**

使用"画笔工具" ✎ 或"橡皮擦工具" ◈ 时，可以按【1】或【2】键将当前时间指示器向前或向后移动在"绘画"面板的"持续时间"中设置的帧数。

图4-54

在"图层"面板中使用"橡皮擦工具" ◈ 涂抹后的效果如图4-55所示。

图4-55

需要注意的是：在"图层"面板中操作后，需要切换回"合成"面板才可查看最终效果。图4-56所示为使用"橡皮擦工具" ◈ 涂抹后的效果。

图4-56

 **范例** 制作手绘涂鸦动画效果

 **知识要点**　使用橡皮擦工具创建蒙版、使用形状工具组创建蒙版

 **配套资源**　素材文件\第4章\海边风景.jpg
效果文件\第4章\手绘涂鸦动画效果.aep

扫码看视频

**范例说明**

涂鸦是指在画面中随意地涂抹颜色，能够体现出自然、洒脱的风格。本例将制作手绘涂鸦动画效果，先使用橡皮擦工具对纯色图层进行擦除，慢慢展现出背景图像，并将擦除的过程制作成动画，为背景图像的出现增强吸引力。

扫码看效果

**操作步骤**

*1* 新建项目文件，按【Ctrl+N】组合键打开"合成设置"对话框，设置宽度为"1280px"，高度为"720px"，持续时间为"0:00:08:00"，然后单击 确定 按钮。

*2* 在"项目"面板下方空白处单击鼠标右键，在弹出的快捷菜单中选择【导入】/【文件】命令，打开"导入文件"对话框，选择"海边风景.jpg"素材，单击 导入 按钮。

*3* 将导入的素材拖曳至"时间轴"面板中，调整其缩放为"32.3%"，效果如图4-57所示。

图4-57

*4* 在"时间轴"面板的空白处单击鼠标右键，在弹出的快捷菜单中选择【新建】/【纯色】命令，打开"纯色设置"对话框，在其中设置颜色为"#B3E4FD"，单击 确定 按钮。双击纯色图层的图层名称，打开"图层"面板。

*5* 选择"橡皮擦工具" ◆ ，在"画笔"面板中设置直径、角度、圆度、硬度分别为"200像素、0°、100%、0%"；打开"绘画"面板，在"时长"下拉列表中选择"写入"选项，将擦除过程制作为动画效果。

*6* 将时间指示器移至0:00:00:00处，然后在"图层"面板中进行绘制，绘制效果如图4-58所示。按【U】键显示关键帧，将"橡皮擦1"选项中的结束关键帧移至0:00:02:00处。

图4-58

*7* 打开"合成"面板，查看手绘涂鸦后显示画面的动画效果，如图4-59所示。然后再次打开"图层"面板。

图4-59

*8* 将时间指示器移至0:00:02:00处，在"画笔"面板中设置直径、角度、圆度、硬度分别为"800像素、0°、100%、50%"。

*9* 使用相同的方法制作从右下角开始以逆时针方向将剩余蓝色部分擦除的效果。将"橡皮擦2"选项中的结束关键帧移至0:00:04:00处，如图4-60所示。

图4-60

*10* 选择"横排文字工具" T ，在"字符"面板中设置填充颜色为"白色"，字体为"方正美黑简体"，字体大小为"72像素"，在画面上方输入"三亚旅游度假村 尽享悠闲时光"文本。

*11* 选择文本图层，使用"矩形工具" ■绘制一个相对文本较大的矩形作为蒙版。将时间指示器移至0:00:03:00处，按【M】键显示蒙版路径属性，单击属性名称左侧的"时间变化秒表"按钮 ⑤ ，开启关键帧。

*12* 将时间指示器移至0:00:04:00处，使用"选取工具" ▶将矩形蒙版右侧的两个锚点向左拖曳，制作出文本从左至右依次显示的效果，如图4-61所示。

图4-61

*13* 选择"横排文字工具" T ，在"字符"面板中设置填充颜色为"白色"，字体为"等线"，字体大小为"30像素"，在"时光"文字下方输入"预约电话：1234567"文本。

*14* 将时间指示器移至0:00:04:19处，按【T】键显示不透明度属性，单击属性名称左侧的"时间变化秒表"按钮 ⑤ ，开启关键帧。

*15* 将时间指示器移至0:00:04:00处，设置不透明度为"0%"。然后按【S】键显示缩放属性，单击属性名称左侧的"时间变化秒表"按钮 ⑤ ，开启关键帧。

*16* 将时间指示器移至0:00:04:19处，设置缩放为"130%"，制作出文本逐渐显示并放大的效果，如图4-62所示。

图4-62

*17* 选择缩放属性的两个关键帧，按【Ctrl+C】组合键复制，将时间指示器分别移至0:00:05:11和0:00:06:23处，按【Ctrl+V】组合键粘贴，制作出不断变化的效果，如图4-63所示。

*18* 选择"横排文字工具" T ，在"字符"面板中设置填充颜色为"白色"，字体为"方正美黑简

体"，字体大小为"50像素"，在画面左下方输入"私密安静"文本。

图4-63

**19** 将时间指示器移至0:00:06:09处，按【P】键显示位置属性，单击属性名称左侧的"时间变化秒表"按钮 ⏱，开启关键帧。

**20** 将时间指示器移至0:00:05:10处，使用"选取工具" ▶ 将"私密安静"文本向左拖曳至画面外，制作出文本从左至右移动的效果。

**21** 使用相同的方法输入"海鲜盛宴""极致体验"文本，并分别创建位置属性的关键帧，对应时间点分别为0:00:05:21、0:00:06:18和0:00:06:06、0:00:07:02，效果如图4-64所示。

图4-64

**22** 按【Ctrl+S】组合键保存，设置名称为"手绘涂鸦动画效果"，完成本例的制作。最终效果如图4-65所示。

图4-65

## 4.3 了解与应用遮罩

遮罩可以遮挡图像的部分内容，只显示特定区域的内容，其作用与蒙版类似。灵活运用遮罩能够创建出独特的动画效果。

### 4.3.1 遮罩的概念

在AE中，遮罩功能是利用两个相邻的图层，将上层图层设置为下层图层的遮罩，从而决定下层图层的显示范围。图4-66所示为应用遮罩前后的对比效果。如果为遮罩图层的属性设置动画效果，则该遮罩图层称为移动遮罩。

应用遮罩前

应用遮罩后

图4-66

### 4.3.2 遮罩与蒙版的区别

应用遮罩和蒙版有时虽然能做出类似的效果，但也存在不同之处。

● 定义不同：蒙版相当于图层的一个属性；而遮罩作为一个单独的图层存在。

● 显示效果不同：蒙版可以将图层中的内容显示在使用工具绘制的图形蒙版中，如矩形、椭圆等；而遮罩还能将图层中的内容显示在文字和所有选中的特定图形中。

### 4.3.3 遮罩的类型与应用

AE提供了Alpha遮罩、Alpha反转遮罩、亮度遮罩和亮度反转遮罩4种遮罩类型。单击"时间轴"面板下方的 切换开关/模式按钮切换模式，然后在下方图层"轨道遮罩"栏的"无"下拉列表中选择并应用不同的遮罩类型，如图4-67所示。

图4-67

应用遮罩后，上方图层（遮罩图层）将被隐藏，且上方图层名称左侧显示▣图标，下方图层（被遮罩图层）名称左侧显示▣图标，如图4-68所示。

图4-68

● Alpha遮罩：Alpha遮罩能够读取遮罩图层的不透明度信息。应用该遮罩后，下方图层中的内容将只受不透明度影响，Alpha通道中的像素值为100%时显示为不透明。图4-69所示为应用Alpha遮罩前后的对比效果。

图4-69

● Alpha反转遮罩：Alpha反转遮罩与Alpha遮罩的原理相反，Alpha通道中的像素值为0%时显示为不透明。图4-70所示为应用Alpha反转遮罩前后的对比效果。

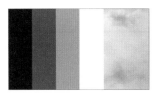

图4-70

● 亮度遮罩：亮度遮罩能够读取遮罩图层的不透明度信息和亮度信息。应用该遮罩后，图层除了受不透明度影响外，还同时受到亮度影响，像素的亮度值为100%时显示为不透明。图4-71所示为应用亮度遮罩前后的对比效果。

● 亮度反转遮罩：亮度反转遮罩与亮度遮罩的原理相反，像素的亮度值为0%时显示为不透明。图4-72所示为应用亮度反转遮罩前后的对比效果。

图4-71

图4-72

 技巧

若需要将遮罩应用于多个图层，则先预合成多个图层，然后将遮罩应用于预合成图层。

 范例　制作创意片头

 知识要点　导入素材、应用遮罩、使用形状工具组创建蒙版、创建关键帧、编辑关键帧

扫码看视频

配套资源　素材文件\第4章\美食\
效果文件\第4章\创意片头.aep

范例说明

极具质感的创意片头可以渲染整个视频的氛围基调，让观众眼前一亮，加深观众对视频的印象。本例将为"深夜美食"栏目制作创意片头，将美食图片与文字结合起来，两者互相衬托，使画面更具吸引力。

扫码看效果

After Effects CC视频后期特效制作核心技能一本通（移动学习版）

*1* 新建项目文件，按【Ctrl+N】组合键打开"合成设置"对话框，设置宽度为"1280px"，高度为"720px"，持续时间为"0:00:06:00"，然后单击 确定 按钮。

*2* 在"项目"面板下方空白处单击鼠标右键，在弹出的快捷菜单中选择【导入】/【文件】命令，打开"导入文件"对话框，选择"美食"文件夹中的所有素材，单击 导入 按钮。

*3* 将导入的"美食1.jpg"素材拖曳至"时间轴"面板中。

*4* 选择"横排文字工具" T，在"字符"面板中设置填充颜色为"白色"，字体为"方正超粗黑简体"，字体大小为"150像素"，在画面下方输入"口感丰富"文本，效果如图4-73所示。

图4-73

*5* 单击"时间轴"面板下方的 切换开关/模式 按钮切换模式，然后在"美食1.jpg"图层"轨道遮罩"栏的"无"下拉列表中选择"Alpha遮罩'口感丰富'"选项，如图4-74所示，效果如图4-75所示。

图4-74

图4-75

*6* 将时间指示器移至0:00:01:21处，选择文本图层，按【P】键显示位置属性，单击属性名称左侧的"时间变

化秒表"按钮 ，开启关键帧。

*7* 将时间指示器移至0:00:00:00处，使用"选取工具" 向右上方拖曳文本至画面外，制作出遮罩文本移动的效果，如图4-76所示。

图4-76

*8* 将时间指示器移至0:00:01:21处，选择"美食1.jpg"图层，按【T】键显示不透明度属性，单击属性名称左侧的"时间变化秒表"按钮 ，开启关键帧。

*9* 将时间指示器移至0:00:02:12处，设置不透明度为"0%"，制作出图像逐渐透明的效果。

*10* 选择所有图层，按【Ctrl+C】组合键复制，按【Ctrl+V】组合键粘贴，然后在按住【Alt】键的同时，使用"选取工具" 拖曳"项目"面板中的"美食2.jpg"图层至"时间轴"面板中的"美食1.jpg"图层上方，然后释放鼠标左键，替换图像，如图4-77所示。

图4-77

*11* 双击"口感丰富 2"文本图层，在"合成"面板中修改文本为"肉质鲜美"。

*12* 选择所有图层，按【U】键显示关键帧，使用"选取工具" 将"美食2.jpg"图层的关键帧位置分别调至0:00:03:18和0:00:04:09处。

*13* 将"肉质鲜美"文本图层的关键帧位置分别调整至0:00:01:21和0:00:03:18处，并适当调整位置，制作出遮罩文本从右下角移动至画面中的效果，如图4-78所示。

*14* 使用相同的方法再次复制一个图像图层和文本图层，然后替换图像图层中的素材为"美食3.jpg"，并修改文本图层中的文本为"鲜香顺滑"。

图4-78

$15$ 使用"选取工具" ▶将"美食3.jpg"图层的关键帧位置分别调整至0:00:05:15和0:00:06:06处。

$16$ 将"鲜香顺滑"文本图层的关键帧位置分别调整至0:00:03:18和0:00:05:15处，并分别放置在画面外的左下角和画面中，制作出遮罩文本移动至画面中的效果，如图4-79所示。

图4-79

$17$ 将导入的"美食4.jpg"图像拖曳至"时间轴"面板中，按【T】键显示不透明度属性，将时间指示器移至0:00:06:21处，单击属性名称左侧的"时间变化秒表"按钮 ⏱，开启关键帧。

$18$ 将时间指示器移至0:00:06:05处，设置不透明度属性为"0%"，制作出图像逐渐出现的效果。

$19$ 选择"横排文字工具" T，设置填充颜色为"白色"，字体为"方正剪纸简体"，字体大小为"150像素"，在画面右上方输入"深夜美食"文本。

$20$ 将时间指示器移至0:00:06:21处，按【P】键显示位置属性，单击属性名称左侧的"时间变化秒表"按钮 ⏱，开启关键帧。

$21$ 将时间指示器移至0:00:06:05处，使用"选取工具" ▶向上拖曳文本至画面外，制作出文本从上方移动至画面中的效果，如图4-80所示。

图4-80

$22$ 选择"横排文字工具" T，设置填充颜色为"白色"，字体为"方正粗楷简体"，字体大小为"72像素"，在"深夜美食"文本右下方输入"酸甜苦辣 人生百味"文本。

$23$ 使用"矩形工具" ▢绘制一个相对文本较大的矩形作为蒙版。将时间指示器移至0:00:07:13处，按【M】键显示蒙版路径属性，单击属性名称左侧的"时间变化秒表"按钮 ⏱，开启关键帧。

$24$ 将时间指示器移至0:00:07:00处，使用"选取工具" ▶将矩形蒙版右侧的两个锚点向左拖曳，制作出文本从左至右依次显示的效果，如图4-81所示。

图4-81

$25$ 按【Ctrl+S】组合键保存，设置名称为"创意片头"，完成本例的制作。最终效果如图4-82所示。

图4-82

### 4.3.4 常用遮罩效果详解

在AE中，可以将图层设置为遮罩层来实现遮罩功能。除此之外，AE还提供了4种遮罩效果来改善遮罩的样式。

● "调整实边遮罩"效果：该效果可以改善遮罩边缘，使模糊的边缘变得清晰。"效果控件"面板中的参数设置如图4-83所示。

● "调整柔和遮罩"效果：该效果可以沿遮罩的边缘改善复杂边缘的细节，如人物的头发等。"效果控件"面板中的参数设置如图4-84所示。

图4-83 　　　　　图4-84

● "遮罩阻塞工具"效果：该效果可以重复一连串阻塞和扩展遮罩操作，完成指定次数的来回调整后，将在不透明区域填充不需要的缺口。"效果控件"面板中的参数设置如图4-85所示。其中，"几何柔和度"用于指定最大扩展或阻塞量；"阻塞负值"用于扩展遮罩，"阻塞正值"用于阻塞遮罩；"灰色阶柔和度"用于指定使遮罩边缘柔和的程度；"迭代"用于指定重复扩展和阻塞的次数。

●"简单阻塞工具"效果：该效果可以小范围增量缩小或扩展遮罩边缘，以便创建更整洁的遮罩。"效果控件"面板中的参数设置如图4-86所示。其中，"视图"下拉列表中有两个选项，"最终输出"视图用于显示应用此效果的图像；"遮罩"视图用于为包含黑色区域和白色区域的图像提供黑白视图；"阻塞遮罩负值"用于扩展遮罩，"阻塞遮罩正值"用于阻塞遮罩。

图4-85　　　　　　　图4-86

**技巧**

在使用遮罩效果时，用作遮罩的调整图层可以置于图层堆积顺序的任何位置，且可以作为多个图层的遮罩。

## 4.3.5　遮罩效果的基本操作

可以随时对遮罩效果进行添加、修改等操作，而不会影响图层本身。

### 1. 添加遮罩效果

选择图层后，选择【效果】/【遮罩】命令，在子菜单中选择相应的遮罩效果可为图层添加该效果，且自动打开"效果控件"面板。在"时间轴"面板中展开图层可查看到该效果以及对应的参数，如图4-87所示。

图4-87

也可以按【Ctrl+5】组合键打开"效果和预设"面板，

展开"遮罩"效果组，双击相应的遮罩效果，或将遮罩效果拖曳至"时间轴"面板或"合成"面板中的图层上。

### 2. 修改遮罩效果

要修改遮罩效果，可直接在"效果控件"面板或"时间轴"面板中修改对应的参数。单击属性名称左侧的"时间变化秒表"按钮，开启关键帧，制作出该属性的关键帧动画。

### 3. 复制和重命名遮罩效果

在"效果控件"面板或"时间轴"面板中选择遮罩效果，按【Ctrl+D】组合键可在其下方复制并粘贴该效果；按【Enter】键可重命名该效果。

### 4. 隐藏和删除遮罩效果

单击"效果控件"面板中效果名称左侧的 fx 按钮，可隐藏该效果。在"效果控件"面板或"时间轴"面板中直接选择该效果，然后按【Delete】键或【Backspace】键可将其删除。

**技巧**

遮罩效果的基本操作同样适用于"效果与预设"面板中的所有效果。

**范例**　制作电影片头字幕

| 知识要点 | 导入素材、添加"简单阻塞工具"效果、应用遮罩、创建关键帧、编辑关键帧 |

扫码看视频

| 配套资源 | 素材文件\第4章\海浪.mp4<br>效果文件\第4章\电影片头字幕.aep |

**范例说明**

电影片头通常会展示主创人员等电影相关信息，让观众对该电影有一定的了解。本例将制作电影片头字幕，通过为字幕添加"简单阻塞工具"效果制作出动画效果。

扫码看效果

*1* 新建项目文件，按【Ctrl+N】组合键打开"合成设置"对话框，设置宽度为"1280px"，高度为"720px"，持续时间为"0:00:08:00"，然后单击 确定 按钮。

*2* 在"项目"面板下方空白处单击鼠标右键，在弹出的快捷菜单中选择【导入】/【文件】命令，打开"导入文件"对话框，选择"海浪.mp4"素材，单击 导入 按钮。

*3* 将导入的素材拖曳至"时间轴"面板中，适当调整其大小。

*4* 选择"横排文字工具" **T**，在"字符"面板中设置填充颜色为"#B5A072"，字体为"方正特雅宋_GBK"，字体大小为"150像素"，在画面右侧输入"导演"文本。

*5* 将时间指示器移至0:00:00:00处，选择文本图层，选择【效果】/【遮罩】/【简单阻塞工具】命令，打开"效果控件"面板，单击"阻塞遮罩"左侧的"时间变化秒表"按钮 ○，开启关键帧，并设置该参数为"20"，使文本隐藏。

*6* 将时间指示器移至0:00:01:00处，设置阻塞遮罩为"0"，效果如图4-88所示。

 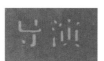 

图4-88

*7* 将时间指示器移至0:00:02:12处，设置阻塞遮罩为"20"；将时间指示器移至0:00:01:12处，设置阻塞遮罩为"0"，使文本显示之后再次消失。

*8* 选择文本图层，按【Ctrl+D】组合键复制并粘贴图层，修改文本为"严之颜"，设置字体大小为"80像素"，再将其移至"导演"文本下方，效果如图4-89所示。

图4-89

*9* 复制两次"导演"和"严之颜"文本图层，分别修改文本为"监制""主演""简鹏至""言真真"。

*10* 选择所有文本图层，按【U】键显示所有关键帧，然后选择复制文本图层的所有关键帧，将

它们分别向后拖曳至0:00:02:12和0:00:05:00处，使字幕依次展示和隐藏，如图4-90所示。

图4-90

*11* 按【Ctrl+S】组合键保存，设置名称为"电影片头字幕"，完成本例的制作。最终效果如图4-91所示。

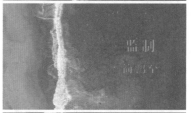

图4-91

## 4.4 综合实训：制作美妆创意地铁广告

地铁是城市中高密度、高运量的轨道交通系统，而地铁广告作为交通类广告的一种，其特点是覆盖人流量大、关注度高，以及多样化的展现方式。

地铁广告中常见的灯箱广告有4封灯箱、6封灯箱、12封灯箱等，不同类型灯箱广告的尺寸大小和位置都不同。通常4封灯箱广告尺寸为1米×1.5米，6封灯箱广告尺寸为1.2米×1.8米，12封灯箱广告尺寸为3米×1.5米，24封灯箱广告尺寸为6米×1.5米，48封灯箱广告尺寸多为5.9米×2.8米或6米×3米（参考尺寸，不同站点略有不同）。

**设计素养**

## 4.4.1 实训要求

近期某化妆品公司将上新彩妆产品，并准备对所有产品进行促销活动。为了使活动能顺利开展，需要制作美妆广告并投放到地铁中，要求广告符合主题，整体风格简约大方，活动信息一目了然，能够吸引人群的目光。

## 4.4.2 实训思路

（1）色彩在广告设计中能起到增强视觉冲击力的作用，合理运用色彩能够增添感染力，提升广告的宣传效果。彩妆类广告的受众主要为女性，因此风格可倾向于简洁清新。

（2）地铁广告的受众是行人，他们在广告前停留的时间有限，因此地铁广告的设计要尽量减少不必要的装饰，避免画面杂乱，坚持少而精的设计原则。本例在展现活动信息时，信息需简明扼要，同时重点信息可以选取与背景有较高对比度的颜色进行突出显示。

（3）在制作时，结合本章所学知识，可应用Alpha遮罩制作文本遮罩效果，再使用形状工具组创建蒙版制作转场效果和文字逐渐显示的效果。

本实训完成后的参考效果如图4-92所示。

扫码看效果

图4-92

## 4.4.3 制作要点

 知识要点：开启关键帧、创建关键帧、编辑关键帧、应用遮罩、使用形状工具组创建蒙版

 配套资源：
素材文件\第4章\美妆\
效果文件\第4章\美妆创意地铁广告.aep

扫码看视频

完成本实训的主要操作步骤如下。

**1** 新建宽度为"1500px"、高度为"1000px"、持续时间为"0:00:06:00"的合成，然后导入相关素材。

**2** 将"美妆1"素材拖曳至"时间轴"面板中，适当调整其大小。输入"BEAUTY"文本，将其放大并拉伸高度，作为"美妆1"素材的文本遮罩。

**3** 展开文本图层的"文本"栏，为文本的"源文本"属性创建关键帧，制作出字母逐字出现的效果。

**4** 将"美妆2.jpg""美妆3.jpg"素材拖曳至"时间轴"面板中，分别创建矩形蒙版，为"美妆2.jpg"图层制作从上至下逐渐显示的效果，为"美妆3.jpg"图层制作从下至上逐渐显示的效果。

**5** 将"背景"素材拖曳至"时间轴"面板中，创建不透明度和缩放属性的关键帧，制作出逐渐显示并放大的效果。

**6** 在画面上方输入文本信息，将所有文本图层预合成，再为预合成图层创建矩形蒙版，并利用关键帧制作出文本从上至下逐渐显示的效果。

**7** 完成后，将其保存为"美妆创意地铁广告"项目文件。

**学习笔记**

## 1. 替换电视机中的画面

本练习将替换电视机中的画面。制作时，可使用钢笔工具沿屏幕边缘绘制蒙版，并设置蒙版的运算方式为相减，然后将替换的视频放置于下层。前后对比效果如图4-93所示。

 配套资源　素材文件\第4章\电视机.jpg、替换视频.mp4
效果文件\第4章\替换画面.aep

图4-93

## 2. 制作水墨转场效果

本练习将制作水墨转场效果。制作时，可将水墨素材视频放置于图片上方，然后为图片设置亮度反转遮罩。参考效果如图4-94所示。

 配套资源　素材文件\第4章\水墨素材.mp4、亭子.jpg
效果文件\第4章\水墨转场效果.aep

图4-94

Alpha通道、蒙版与遮罩虽然都能改变图层的不透明度，但也有不同之处，主要区别如下。

● Alpha通道：Alpha通道能够使用256级灰度来记录图层中的不透明度信息，从而定义透明、不透明和半透明区域（其中黑色代表透明区域，白色代表不透明区域，灰色代表半透明区域）。

● 蒙版：蒙版可以附加在图层中作为属性存在，用于改变图层中部分区域的不透明度。

● 遮罩：遮罩可以让图层根据其他图层中的图像改变自身的不透明度，遮挡图层中的部分区域。

# 第**5**章

# 抠像的应用

## 本章导读

抠像可以将实景拍摄的素材与其他素材合成，能够制作出在现实生活中无法实现的画面，也是视频后期特效制作中的常用功能。

## 知识目标

< 了解抠像的概念与注意事项
< 掌握常用抠像类效果的应用方法
< 掌握使用Roto笔刷工具抠像的方法

## 能力目标

< 能够制作趣味视频
< 能够制作"绿植"产品广告
< 能够应用"提取"效果抠取剪影
< 能够更换手机界面
< 能够更换花海中的天空

## 情感目标

< 探索不同抠像技术的应用方向
< 培养视频抠像的学习兴趣

## 5.1 了解抠像

抠像是指将需要的某个人或物体单独抠取出来，然后将其放置在其他背景中，两层画面叠加合成，形成一些神奇的艺术效果。

### 5.1.1 抠像的概念

"抠像"一词源于早期的电视制作中。在电视拍摄阶段，会让演员在蓝色或绿色的幕布前表演，通过摄像机将表演片段拍摄下来并采集到计算机中，然后使用抠像技术吸取画面中的蓝色或绿色作为透明色，将其从画面中抠去，使背景变得透明，从而能够与其他图像进行叠加合成。图5-1所示为拍摄时的绿幕场景和抠像后的效果。

图5-1

使用抠像技术能够在一定程度上节省前期拍摄的时间和成本，还能处理一些高难度的动作拍摄以及制作特效场景等，从而有效缩短视频的拍摄周期。

在拍摄需抠像的图像和视频时，通常采用蓝色和绿色的幕布，因为人体皮肤的颜色不包含这两种色彩信息，不会与背景融合到一起，便于后期进行抠像。因此，在拍摄时要求前景与背景的色调尽量不同，且尽量选择颜色均衡、平整的背景。

## 5.1.2 抠像的注意事项

为了得到更好的合成效果，在抠像时需要注意以下4点。

● 选用合适的抠像方法：AE中的每种抠像方法都有其各自的特点与优势，在实际应用中需要根据素材的情况选择适当的抠像方法。对于复杂的素材，可能还需要结合两种或两种以上的方法进行抠像。

● 调整素材：在抠像时，为了有效提取画面中的主体部分，可以先对素材进行调整，对干扰抠像的部分进行涂抹剪切等操作，尽可能保证画面中的元素信息完整。

● 注意细节：当很难抠取细节部分时，可以复制多个图层，利用蒙版对部分区域设置不同的抠像参数。

● 校色处理：对在绿幕或蓝幕背景中的拍摄素材进行抠像后，合成时还需要注意整体的色彩与新的背景是否相配，必要时还需要进行校色处理。

# 5.2 常用抠像类效果

AE提供了Keylight、内部/外部键 、差值遮罩等多种抠像类效果，针对不同的抠像需求，可选择相应的效果进行抠像操作。

## 5.2.1 Keylight

Keylight是一个高效、便捷、功能强大的抠像效果，能通过所选颜色对画面进行识别，然后抠除画面中的对应颜色。其操作方法为：选择需要抠像的图层，然后选择【效果】/【Keying】/【Keylight（1.2）】命令，在"效果控件"面板中可以设置Keylight效果的参数，如图5-2所示。

Keylight效果在"效果控件"面板中的各选项作用如下。

图5-2

● View（视图）：用于设置在"合成"面板中的预览方式。默认为Final Result（最后结果）视图，如图5-3所示。另外，Screen Matte（屏幕遮罩）也是比较常用的视图，可查看抠像结果的黑白剪影图，如图5-4所示。

图5-3　　　　　　　　图5-4

● Screen Colour（屏幕颜色）：用于设置需要抠除的背景颜色。可以单击颜色色块，在打开的对话框中设置颜色值；也可以单击右侧的 ➡ 按钮，直接吸取画面中的颜色。

● Screen Gain（屏幕增益）：用于设置扩大或缩小抠像的范围。

● Screen Balance（屏幕平衡）：用于调整Alpha通道的对比度。绿幕抠像时默认值为50，当数值大于50时，画面整体颜色会受Screen Color影响偏绿；小于50时，会受Screen Color以外的颜色（红色和蓝色）影响偏紫。蓝幕抠像时默认值为95。

● Despill/Alpha Bias（色彩/Alpha偏移）：用于设置色彩和Alpha通道的偏移色彩，可对抠取出来的图像边缘进行细化处理。

● Screen Pre-blur（屏幕模糊）：用于设置边缘的模糊程度，适合有明显噪点的图像。图5-5所示为分别设置该值为"20"和"100"时的效果。

图5-5

● Screen Matte（屏幕遮罩）：用于设置屏幕遮罩的具体参数。

● Inside Mask（内侧蒙版）：用于防止抠取图像中的颜色与Screen Color相近而被抠除掉。绘制蒙版后，可使蒙版区域在抠像时保持不变，如图5-6所示。

● Outside Mask（外侧蒙版）：功能与Inside Mask相反。用于将蒙版区域整体抠除，如图5-7所示。

● Foreground Colour Correction（前景颜色校正）：用于校正抠取图像内部颜色。

● Edge Colour Correction（边缘颜色校正）：用于校正抠取图像边缘颜色。

● Source Crops（源裁剪）：用于快速使用垂直和水平的方式来裁剪不需要的元素。

图5-6　　　　　　　图5-7

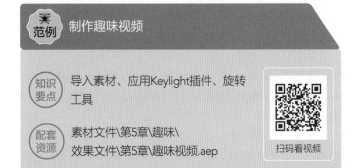

**范例　制作趣味视频**

知识要点　导入素材、应用Keylight插件、旋转工具

配套资源　素材文件\第5章\趣味\
效果文件\第5章\趣味视频.aep

扫码看视频

---

**范例说明**

　　一段有趣的视频可以在一瞬间抓住观众的视线，从而获得更高的关注度。本例将制作趣味视频，提供了3段表情动画的绿幕素材，需要将其中的绿幕背景去除，再为其更换新的背景，制作出具有趣味效果的视频。

扫码看效果

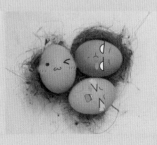

**操作步骤**

1 新建项目文件，按【Ctrl+N】组合键打开"合成设置"对话框，设置宽度为"1000px"，高度为"800px"，持续时间为"0:00:04:22"，然后单击 确定 按钮。

2 在"项目"面板下方空白处单击鼠标右键，在弹出的快捷菜单中选择【导入】/【文件】命令，打开"导入文件"对话框，选择"趣味"文件夹中的所有文件，单击 导入 按钮。

3 将"背景.tif"素材拖曳至"时间轴"面板中，适当调整其大小。

4 将"绿幕视频1.mp4"视频拖曳至"时间轴"面板中，选择【效果】/【Keying】/【Keylight（1.2）】命令，打开"效果控件"面板，单击"Screen Colour"栏右侧的■按钮，此时鼠标指针变为 ☑ 形状，如图5-8所示。

图5-8

5 将鼠标指针移至视频画面中，单击吸取画面中的绿色将其去除，只显示出表情动画，前后对比如图5-9所示。

图5-9

6 适当调整表情大小，将其移动至左侧鸡蛋上方，并使用"旋转工具"旋转一定角度，效果如图5-10所示。

图5-10

7 使用相同的方法将"绿幕视频2.mp4""绿幕视频3.mp4"拖曳至"时间轴"面板中，应用"Keylight"效果去除画面中的绿色，然后适当调整表情动画的大小、位置以及旋转角度，效果如图5-11所示。

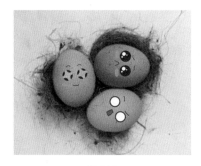

图5-11

8 按【Ctrl+S】组合键保存，设置名称为"趣味视频"，完成本例的制作。最终效果如图5-12所示。

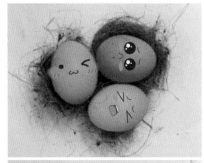

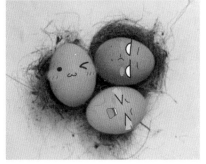

图5-12

## 5.2.2 内部/外部键

"内部/外部键"效果是通过为图层创建蒙版来定义对象的边缘内部和外部，从而进行抠像时。注意，绘制蒙版时不需要完全贴合对象的边缘。图5-13所示为应用"内部/外部键"效果的前后对比。

图5-13

应用"内部/外部键"效果的操作方法为：选择需要抠像的图层并绘制蒙版，在"时间轴"面板中将蒙版的轨道遮罩设置为"无"，然后选择【效果】/【抠像】/【内部/外部键】命令，在"效果控件"面板中设置"内部/外部键"效果的参数，如图5-14所示。

图5-14

"内部/外部键"效果在"效果控件"面板中的各选项作用如下。

● 前景（内部）：选择图层中的蒙版作为合成中的前景层。

● 其他前景：与前景（内部）功能相同，可再添加10个蒙版作为前景层。

● 背景（外部）：选择图层中的蒙版作为合成中的背景层。

● 其他背景：与背景（外部）功能相同，可再添加10个蒙版作为背景层。

● 清理前景/背景：清理前景用于沿蒙版提高不透明度；清理背景用于沿蒙版降低不透明度。

**技巧**

选择"背景"（外部）蒙版作为"清理背景"的蒙版，可以清理图像背景部分的杂色。

● 薄化边缘：用于设置受抠像影响的遮罩的边界数量。正值使边缘朝透明区域的相反方向移动，可增大透明区域；负值使边缘朝透明区域移动，可增大前景区域。

● 羽化边缘：用于设置抠像区域边缘的柔化程度。需要注意的是：该值越高，渲染时间就越长。

● 边缘阈值：用于移除使图像背景产生不需要的杂色的低不透明度像素。

● 反转提取：勾选该复选框，可反转前景与背景的区域。

● 与原始图像混合：用于设置生成的提取图像与原始图像混合的程度。

**范例** 制作"绿植"产品广告

| 知识要点 | 导入素材、应用"内部/外部键"效果、创建关键帧、编辑关键帧、创建蒙版 |
| 配套资源 | 素材文件\第5章\绿植\<br>效果文件\第5章\"绿植"产品广告.aep |

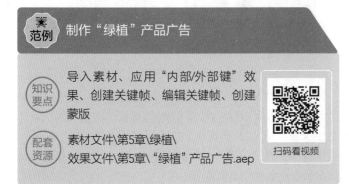

扫码看视频

**范例说明**

产品广告是为了引导目标消费者购买产品或服务而进行宣传的广告。本例将制作"绿植"产品广告，需要先将绿植从复杂背景中抠取出来，然后放置在其他背景中，再添加动画效果，使广告更具吸引力。

扫码看效果

**操作步骤**

*1* 新建项目文件，按【Ctrl+N】组合键打开"合成设置"对话框，设置名称为"广告"，宽度为"1280px"，高度为"720px"，持续时间为"0:00:09:00"，然后单击 **确定** 按钮。

*2* 在"项目"面板下方空白处单击鼠标右键，在弹出的快捷菜单中选择【导入】/【文件】命令，打开"导入文件"对话框，选择"绿植"文件夹中的所有素材，单击 **导入** 按钮。

*3* 将"绿植1.jpg"素材拖曳至"时间轴"面板中，适当调整其大小。选择"钢笔工具" ，绘制图5-15所示两个蒙版，其中内部的蒙版为蒙版1，外部的蒙版为蒙版2。

图5-15

4 展开"绿植1.jpg"图层下的"蒙版"栏,将绘制的两个蒙版的轨道遮罩设置为"无",如图5-16所示。

图5-16

5 选择"绿植1.jpg"图层,然后选择【效果】/【抠像】/【内部/外部键】命令,打开"效果控件"面板,将前景(内部)设置为"蒙版1",将背景(外部)设置为"蒙版2",如图5-17所示,效果如图5-18所示。

图5-17

图5-18

6 使用相同的方法抠取出"绿植2.jpg"图像中的绿植,如图5-19所示。

图5-19

7 放大可发现边缘存在许多杂点,此时可在"效果控件"面板中依次展开"清理背景""清理1"栏,设置路径为"蒙版2",画笔半径为"15",如图5-20所示。清除杂点前后对比如图5-21所示。

图5-20

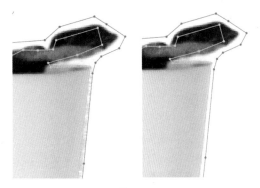

图5-21

8 将"背景1.jpg"图像拖曳至"时间轴"面板中的最底层,适当调整其大小,隐藏"绿植2.jpg"图层,再将"绿植1.jpg"移至画面左侧,如图5-22所示。

9 将时间指示器移至0:00:00:12处,选择"绿植1.jpg"图层,按【P】键显示位置属性,单击属性名称左侧的"时间变化秒表"按钮,开启关键帧。

图5-22

10 将时间指示器移至0:00:00:00处,将"绿植1"向左拖曳至画面外,制作出从左至右移动的效果。

11 选择"横排文字工具",在"字符"面板中设置填充颜色为"#0A742D",字体为"方正少儿简体",字体大小为"100像素",字符间距为"100",在画面右上方输入"芦荟"文本。

12 选择"横排文字工具",在"字符"面板中修改字体大小为"30像素",然后在"芦荟"文本的下方按住鼠标左键拖曳绘制一个文本框,输入图5-23所示文本。

图5-23

*13* 将时间指示器移至0:00:01:00处，选择两个文本图层，按【P】键显示位置属性，单击属性名称左侧的"时间变化秒表"按钮，开启关键帧。

*14* 将时间指示器移至0:00:00:12处，将两个文本图层向右拖曳至画面外，制作出从右至左移动的效果。

*15* 选择两个文本图层和"绿植1.jpg"图层，单击鼠标右键，在弹出的快捷菜单中选择"预合成"命令，打开"预合成"对话框，在其中设置新合成名称为"绿植介绍1"，然后单击 确定 按钮。

*16* 选择"绿植介绍1"预合成图层，将时间指示器移至0:00:02:00处，按【T】键显示不透明度属性，单击属性名称左侧的"时间变化秒表"按钮，开启关键帧。

*17* 将时间指示器移至0:00:02:12处，设置不透明度为"0%"，制作出逐渐消失的效果。

*18* 将时间指示器移至0:00:03:00处，显示"绿植2.jpg"图层，将其移至画面右侧，然后按【P】键显示位置属性，单击属性名称左侧的"时间变化秒表"按钮，开启关键帧。

*19* 将时间指示器移至0:00:02:12处，将"绿植2.jpg"向右拖曳至画面外，制作从右至左移动的效果。

*20* 使用相同的设置参数输入图5-24所示文本，并分别在0:00:03:00和0:00:03:12处创建位置属性的关键帧，制作出从左至右移动的效果。

图5-24

*21* 使用相同的方法将两个文本图层和"绿植2.jpg"图层合并为"绿植介绍2"预合成。

*22* 将"背景2.jpg"图像拖曳至"时间轴"面板中的最顶层，适当调整其大小。将时间指示器移至0:00:05:00处，按【T】键显示不透明度，单击属性名称左侧的"时间变化秒表"按钮，开启关键帧。

*23* 将时间指示器移至0:00:04:12处，设置不透明度为"0%"，制作出图像逐渐显示的效果，如图5-25所示。

*24* 选择"横排文字工具"T，在"字符"面板中设置填充颜色为"#0A742D"，字体为"方正兰亭圆_GBK"，字体大小为"100像素"，在画面上方输入"恋上绿植 享生活之美"文本。

图5-25

*25* 将时间指示器移至0:00:05:12处，使用"矩形工具"绘制一个相对文本较大的矩形作为蒙版。按【M】键显示蒙版路径属性，单击属性名称左侧的"时间变化秒表"按钮，开启关键帧。

*26* 将时间指示器移至0:00:05:00处，使用"选取工具"将矩形蒙版右侧的两个锚点向左拖曳，制作出文本从左至右依次显示的效果，如图5-26所示。

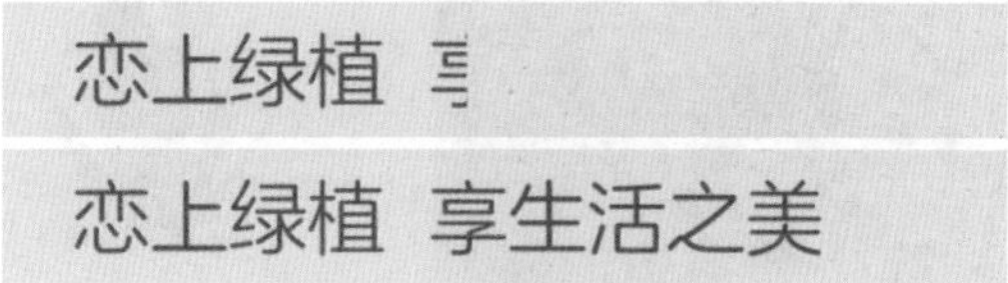

图5-26

*27* 选择"横排文字工具"T，在"字符"面板中设置填充颜色为"#3D6D44"，字体大小为"30像素"，在"恋上绿植"文本下方输入"绿意盎然 匠心独具 装点您的家"文本，并分别在0:00:05:12和0:00:06:00处为其创建不透明度为"0%"和"100%"的关键帧。

*28* 选择"圆角矩形工具"，设置填充为"#0A742D"，在画面左侧绘制3个圆角矩形，然后在其上输入图5-27所示文本，并设置颜色为"白色"，字体大小为"32像素"。

图5-27

*29* 选择圆角矩形及上方的文字图层，分别在0:00:06:00和0:00:06:12处创建不透明度为"0%"和"100%"的关键帧。

*30* 再次选择"横排文字工具"T，在"字符"面板中设置填充颜色为"#93958A"，字体大小为"30像素"，在左下方输入"地址：物贤区自然街16号"文本，分别在0:00:06:12和0:00:07:00处创建不透明度为"0%"和"100%"的关键帧。

$31$ 按【Ctrl+S】组合键保存，设置名称为"'绿植'产品广告"，完成本例的制作。最终效果如图5-28所示。

图5-28

## 5.2.3　差值遮罩

"差值遮罩"效果可比较源图层和差值图层，然后抠出源图层与差值图层中的位置和颜色匹配的像素，如图5-30所示。

源图层

差值图层

最终输出

图5-30

应用"差值遮罩"的操作方法为：选择需要抠像的图层，然后选择【效果】/【抠像】/【差值遮罩】命令，在"效果控件"面板中设置"差值遮罩"效果的参数，如图5-31所示。

图5-31

"差值遮罩"效果在"效果控件"面板中的各选项作用如下。

● 视图：用于设置在"合成"面板中的预览方式，在其下拉列表中可选择"最终输出""仅限源""仅限遮罩"3种方式。

● 差值图层：用于设置差值图层，在其下拉列表中可选择该图层的"源""蒙版""效果和蒙版"。

● 如果图层大小不同：当差值图层的大小与源图层不

同时，可选择"居中"选项，将差值图层放置于源图层的中间位置；或选择"伸缩以适合"选项，将差值图层伸展或收缩至源图层大小。

● 匹配容差：用于设置源图层与差值图层之间进行颜色匹配的严格程度，从而决定抠取对象中的透明度。该数值越低，透明度越低；该数值越高，透明度越高。

● 匹配柔和度：用于柔化抠取对象的边缘。该数值越高，边缘的像素越透明。

● 差值前模糊：用于为图层添加模糊效果。当抠取图像中依然包含外部像素时，可调整该参数来抑制杂色。

## 5.2.4 提取

当图像的亮度通道或RGB通道中的某个通道存在明显差异时，可使用"提取"效果抠像。图5-32所示为应用"提取"效果的前后对比。

图5-32

应用"提取"效果的操作方法为：选择需要抠像的图层，然后选择【效果】/【抠像】/【差值遮罩】命令，在"效果控件"面板中设置"提取"效果的参数，如图5-33所示。

图5-33

"提取"效果在"效果控件"面板中的各选项作用如下。

● 直方图：显示在"通道"中指定通道的直方图。从左到右表示从最暗到最亮的亮度级别，显示图像中每个级别的相对像素数量。

● 透明度控制条：调整直方图下方的透明度控制条，可以修改抠取图像的范围。与直方图有关的控制条的位置和形状可确定透明度，与控制条相对应区域的像素保持不透明；与控制条未对应区域的像素变为透明。

● 通道：用于选择图像中相应的通道，可针对不同图像的特点选择"明亮度""红色""绿色""蓝色""Alpha"选项。

● 黑场/白场：可以设置黑场和白场的参数来调整透明度控制条的长度，缩小或增大透明度范围。也可以拖曳透明度控制条右上角或左上角的控制点，调整控制条的长度。

● 黑色/白色柔和度：可以设置黑色柔和度和白色柔和度的参数来调整抠取图像边缘的柔和程度，左侧控制条变细会影响图像较暗区域的柔和度；右侧控制条变细会影响较亮区域的柔和度。也可以拖曳透明度控制条右下角或左下角的控制点，调整控制条粗细，如图5-34所示。

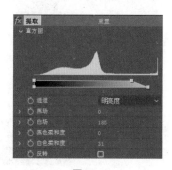

图5-34

● 反转：勾选该复选框，可抠取出与所选范围相反的区域。

1 新建项目文件,按【Ctrl+N】组合键打开"合成设置"对话框,设置宽度为"1280px",高度为"720px",持续时间为"0:00:04:00",然后单击 确定 按钮。

2 在"项目"面板下方空白处单击鼠标右键,在弹出的快捷菜单中选择【导入】/【文件】命令,打开"导入文件"对话框,选择"剪影.tif、背景.jpg"素材,单击 导入 按钮。

3 将"剪影.tif"素材拖曳至"时间轴"面板中,适当调整其大小,如图5-35所示。

图5-35

4 选择该图层,选择【效果】/【抠像】/【提取】命令,打开"效果控件"面板,在"通道"下拉列表中选择"明亮度"选项,设置白场为"80",如图5-36所示。将图像中明亮度较高的区域变为透明,效果如图5-37所示。

图5-36

图5-37

5 将"背景.jpg"素材拖曳至"时间轴"面板最底层,适当调整其大小,然后将"剪影"移动至画面右下角,如图5-38所示。

图5-38

6 选择"横排文字工具" T,在"字符"面板中设置填充颜色为"白色",字体为"方正粗圆_GBK",字体大小为"40像素",行距为"80像素",字符间距为"60",在画面左侧输入"在太阳落山前 一起去海边吹吹风吧"文本。

7 将时间指示器移至0:00:03:00处,使用"矩形工具" □绘制一个相对文本较大的矩形作为蒙版。按【M】键显示蒙版路径属性,单击属性名称左侧的"时间变化秒表"按钮 ,开启关键帧。

8 将时间指示器移至0:00:00:14处,使用"选取工具" ▶将矩形蒙版下方的两个锚点向上拖曳,制作出文本从上至下依次显示的效果,如图5-39所示。

图5-39

9 按【Ctrl+S】组合键保存,设置名称为"抠取剪影",完成本例的制作。最终效果如图5-40所示。

图5-40

## 5.2.5 线性颜色键

"线性颜色键"效果可将图像中的每个像素与指定的主色相比较,如果像素的颜色与主色相似,则此像素将变为完全透明;不太相似的像素将变为半透明;完全不相似的像素则保持不透明。图5-41所示为选取天空中的蓝色为主色的前后对比效果。

图5-41

应用"线性颜色键"效果的操作方法为：选择需要抠像的图层，然后选择【效果】/【抠像】/【线性颜色键】命令，在"效果控件"面板中设置"线性颜色键"效果的参数，如图5-42所示。

图5-42

"线性颜色键"效果在"效果控件"面板中的各选项作用如下。

● 预览：显示两个缩览图图像。左侧的缩览图图像为源图像；右侧的缩览图图像为在"视图"下拉列表中选择的视图图像。两个缩览图中间还提供了3个工具，其中  用于吸取画面中的颜色作为主色； 用于将其他颜色添加到主色范围中，增加透明度的匹配容差，图5-43所示为吸取其他蓝色前后的抠取效果； 用于从主色范围中减去其他颜色，减少透明度的匹配容差。

● 视图：用于设置在"合成"面板中的预览方式。

● 主色：用于设置抠取的主色。

● 匹配颜色：用于选择匹配主色的色彩空间。可选择"RGB""色相""色度"选项。

图5-43

● 匹配容差：用于设置图像中的像素与主色的匹配程度。该数值为0时，使整个图像变为不透明；该数值为100时，使整个图像变为透明。

● 匹配柔和度：用于设置图像中的像素与主色匹配时的柔化程度，通常设置在20%以内。

● 主要操作：用于在保持应用该效果的抠像结果的同时恢复某些颜色。其操作方法为：再次应用该效果，并在"效果控件"面板中将其移至第一次应用效果的下方，然后在"主要操作"下拉列表中选择"保持颜色"选项，如图5-44所示。

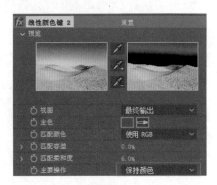

图5-44

操作步骤

1 新建项目文件，按【Ctrl+N】组合键打开"合成设置"对话框，设置宽度为"1000px"，高度为"800px"，持续时间为"0:00:09:00"，然后单击 确定 按钮。

2 在"项目"面板下方空白处单击鼠标右键，在弹出的快捷菜单中选择【导入】/【文件】命令，打开"导入文件"对话框，选择"更换视频.mp4""手机模型.png"素材，单击 导入 按钮。

3 将"手机模型.png"素材拖曳至"时间轴"面板中，适当调整其大小，按【R】键显示旋转属性，设置旋转为"0x-90°"，效果如图5-45所示。

4 选择"手机模型.png"图层，选择【效果】/【抠像】/【线性颜色键】命令，打开"效果控件"面板，单击缩览图图像中间的 按钮，此时鼠标指针变为 形状。

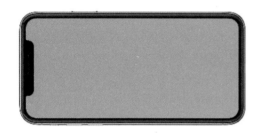

图5-45

5 将鼠标指针移至图像画面中，单击吸取画面中的绿色将其去除，只显示手机轮廓，效果如图5-46所示。

图5-46

6 放大可发现抠取边缘仍然存在部分绿色，在"效果控件"面板中设置匹配容差为"30%"，如图5-47所示，前后对比如图5-48所示。

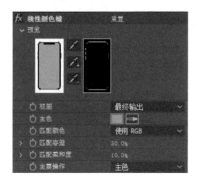

图5-47

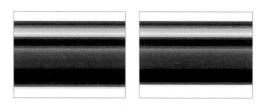

图5-48

7 将"更换视频.mp4"视频拖曳至"时间轴"面板最底层，适当调整其大小，使其与手机模型大小相似，如图5-49所示。

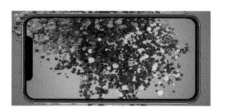

图5-49

8 选择"更换视频.mp4"图层，再选择"圆角矩形工具" ，在其上绘制一个与手机屏幕大小基本一致的圆角矩形作为蒙版，使其只显示部分画面，制作出手机播放视频的效果，如图5-50所示。

图5-50

9 按【Ctrl+S】组合键保存，设置名称为"更换手机界面"，完成本例的制作。最终效果如图5-51所示。

图5-51

**小测** 制作计算机预览视频

配套资源\素材文件\第5章\大海.mp4、计算机屏幕.jpg
配套资源\效果文件\第5章\计算机预览视频.aep

本练习提供了一个大海视频和一张计算机屏幕的素材图片，需要应用"颜色范围"效果制作使用计算机播放视频的效果。制作前后的参考效果如图5-52所示。

图5-52

## 5.2.6 颜色范围

"颜色范围"效果可在Lab、YUV或RGB颜色空间中抠取出指定颜色范围的图像。其操作方法为：选择需要抠像的图层，然后选择【效果】/【抠像】/【颜色范围】命令，在"效果控件"面板中设置"颜色范围"效果的参数，如图5-53所示。

图5-53

"颜色范围"效果在"效果控件"面板中的各选项作用如下。

● 预览：显示抠像结果的黑白剪影图像。右侧提供了3个工具，其中 用于吸取画面中的颜色作为主色；用于将其他颜色或阴影添加到抠取的颜色范围中；用于从抠取的颜色范围中去除其他颜色或阴影。

● 色彩空间：用于选择指定颜色的色彩空间。可选择"Lab""YUV""RGB"选项。

● 最小值：用于微调颜色范围的起始颜色。

● 最大值：用于微调颜色范围的结束颜色。

## 5.2.7 颜色差值键

"颜色差值键"效果可创建明确定义的透明度值，将图像分为"A""B"两个遮罩，然后在相对的起始点创建透明度。其中"B遮罩"使透明度基于指定的主色，"A遮罩"使透明度基于主色之外的图像区域，将这两个遮罩合并后生成第三个遮罩（称为"Alpha遮罩"）。

应用"颜色差值键"效果的操作方法为：选择需要抠像的图层，然后选择【效果】/【抠像】/【颜色范围】命令，在"效果控件"面板中设置"颜色差值键"效果的参数，如图5-54所示。

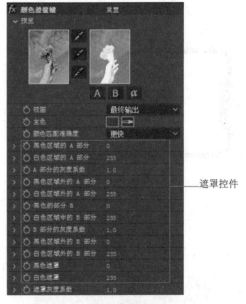

遮罩控件

图5-54

"颜色差值键"效果在"效果控件"面板中的各选项作用如下。

● 预览：显示两个缩览图图像。左侧的缩览图图像为源图像；右侧的缩览图图像可通过单击下方相应的按钮选择显示"A""B"或"α（Alpha）"中的一种遮罩。两个缩览图中间还提供了3个工具，其中 用于吸取画面中的颜色作为主色；用于在遮罩视图内黑色区域中最亮的位置单击指定透明区域，调整最终输出的透明度值；用于在遮罩视图内白色区域中最暗的位置单击指定不透明区域，调整最终输出的不透明度值。

● 视图：用于设置在"合成"面板中的预览方式。选择"未校正"选项可查看不含调整的遮罩；选择"已校正"选项可查看包含所有调整的遮罩；选择"已校正[A，B，遮罩]，最终"选项，可同时显示多个视图，便于查看区别，如图5-55所示；选择"最终输出"选项可查看最终的抠取效果。

已校正A遮罩

已校正B遮罩

已校正α遮罩

最终输出

图5-55

● 主色：用于设置抠取的主色。

● 颜色匹配准确度：用于选择颜色匹配的精度。选择"更快"选项会使渲染速度更快，选择"更准确"选项会增加渲染时间，但可以输出更好的抠像结果。

● 遮罩控件：下方的各类参数中，"黑色"相关的参数用于调整每个遮罩的透明度；"白色"相关的参数用于调整每个遮罩的不透明度。

● 遮罩灰度系数：用于控制透明度遵循线性增长的严密程度。该数值为1（默认值）时，呈线性增长；为其他数值时，则呈非线性增长，以供特殊调整或视觉效果使用。

**技巧**

如果抠取出的图像仍有其他颜色存在，则再次应用"简单阻塞工具"或"遮罩阻塞工具"效果进行精细调整。

---

**范例 更换花海中的天空**

知识要点 导入素材、应用"颜色差值键"效果

扫码看视频

配套资源 素材文件\第5章\花海.mp4、天空.mov
效果文件\第5章\更换天空.aep

**范例说明**

在视频后期处理中，若素材视频效果达不到要求，则可将部分元素替换，以提高美观度。本例将应用"颜色差值键"效果抠取视频中的天空，替换成其他天空，通过调整相关参数使抠取效果更加完整。

扫码看效果

**操作步骤**

1 新建项目文件，按【Ctrl+N】组合键打开"合成设置"对话框，设置宽度为"1000px"，高度为"800px"，持续时间为"0:00:09:00"，然后单击 确定 按钮。

2 在"项目"面板下方空白处单击鼠标右键，在弹出的快捷菜单中选择【导入】/【文件】命令，打开"导入文件"对话框，选择"花海.mp4""天空.mov"素材，单击 导入 按钮。

3 将"花海"视频拖曳至"时间轴"面板中，按【Ctrl+Alt+F】组合键使视频适应合成大小。

4 选择"花海"图层，选择【效果】/【抠像】/【颜色差值键】命令，打开"效果控件"面板，单击缩览图图像中间的 按钮，此时鼠标指针变为 形状。

5 将鼠标指针移至视频画面中，单击吸取画面中的蓝色作为主色，如图5-56所示。

图5-56

**6** 此时发现画面中的蓝色并未抠取干净，需要调整。在"效果控件"面板的"视图"下拉列表中选择"已校正遮罩"选项，如图5-57所示。

**7** 单击缩览图图像中间的 ![按钮] 按钮，鼠标指针变为 ![形] 形状，将鼠标指针移至画面中的天空位置并单击，发现画面上方的黑色范围增多即透明区域增加，再重复该操作两次，效果如图5-58所示。

图5-57

图5-58

**8** 由于画面下方的花海受到影响，部分区域也变为黑色，所以再次单击缩览图图像中间的 ![按钮] 按钮，鼠标指针变为 ![形] 形状，将鼠标指针移至画面下方的黑色区域并单击，效果如图5-59所示。

图5-59

**9** 在"效果控件"面板的"视图"下拉列表中选择"最终输出"选项，查看抠取效果，如图5-60所示。

图5-60

**10** 将"天空"视频拖曳至"时间轴"面板最底层作为背景，按【Ctrl+Alt+F】组合键使视频适应合成大小。

**11** 按【Ctrl+S】组合键保存，设置名称为"更换天空"，完成本例的制作。最终效果如图5-61所示。

图5-61

# 5.3 Roto笔刷工具抠像

除了常用的抠像类效果，AE还提供了Roto笔刷工具用于动态抠像，它相比于逐帧绘制遮罩的方法能够节省大量时间，从而有效提高抠像效率。

## 5.3.1 了解Roto笔刷工具

Roto笔刷工具中的"Roto"一词是指将视频中不需要的

画面去除，然后替换为其他画面，即动态抠像。动态抠像是影视后期创作的重要组成部分。

使用AE中的Roto笔刷工具进行动态抠像的原理很简单，Roto笔刷工具可以对视频中的对象进行绘制，然后AE根据绘制的选区在前景（对象）和背景之间创建分离边界，从而将前景抠取出来，并跟踪前景的运动轨迹，在后面的帧中自动调整前景范围。

## 5.3.2 创建分离边界

使用Roto笔刷工具进行动态抠像的第一步是绘制前景部分的选区，创建分离边界。其操作方法为：在"时间轴"面板中双击视频图层，打开"图层"面板，选择"Roto笔刷工具" 或按【Alt+W】组合键，鼠标指针变为 形状，将鼠标指针移至需要抠取的前景上方，按住鼠标左键拖曳进行绘制，画笔颜色为绿色，绘制出的前景轮廓为洋红色，如图5-62所示。

图5-62

当绘制的前景中有多余对象时，按住【Alt】键，鼠标指针变为 形状，在多余的对象上单击或按住鼠标左键拖曳，此时画笔颜色为红色，可将该区域从选区中移除，如图5-63所示。

创建分离边界时，切换不同的视图可以方便查看遮罩效果，防止受到复杂背景的干扰。

● "Alpha"视图：单击"图层"面板下方的 按钮或按【Alt+4】组合键可切换为"Alpha"视图，显示图层的Alpha通道，如图5-64所示。

图5-63

图5-64

● "Alpha叠加"视图：单击 按钮或按【Alt+6】组合键可切换为"Alpha叠加"视图，图层中的前景不发生改变，而背景将与一种纯色叠加，如图5-65所示。单击 按钮右侧的色块，可在打开的"颜色"对话框中改变背景的颜色，其右侧的数值框可设置该颜色的不透明度。

图5-65

●"Alpha边界"视图：单击█按钮或按【Alt+5】组合键可切换为原始的"Alpha边界"视图。

在"图层"面板中创建好前景和背景的分离边界后，可返回"合成"面板中查看抠取效果，如图5-66所示。

图5-66

## 5.3.3　精确调整抠像边界

使用Roto笔刷工具创建分离边界后，将自动在"图层"面板下方的时间标尺中创建一个基础帧，其左右两侧为该基础帧中前景的作用范围，如图5-67所示。将鼠标指针移至作用范围的边缘，可改变作用范围，如图5-68所示。拖曳时间标尺中的时间指示器，AE将从基础帧开始缓存其他帧中的分离边界，缓存完成的帧将显示为绿色的线段，如图5-69所示。

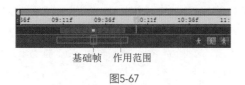

基础帧　作用范围

图5-67

图5-68

图5-69

AE在跟踪前景的运动轨迹时，由于前景和背景的复杂程度不同，因此视频中其他帧的抠像可能会存在问题。精确调整视频中所有抠像边界的方法有以下4种。

**1. 调整基础帧作用范围内的前景**

当在画面中发现问题时，可使用Roto笔刷工具对前景进行调整。需要注意的是：在基础帧的作用范围内调整时，每次调整结果都将影响到它后面的作用范围内的所有帧。

**2. 添加基础帧**

基础帧的作用范围默认为40帧（前后各20帧），当视频时长较长或背景变化较大时，AE会花费过多时间为每帧计算分离边界，此时可添加多个基础帧。其操作方法为：将时间指示器移至基础帧的作用范围之外，然后使用Roto笔刷工具对前景进行绘制。需要注意的是：多个基础帧的作用范围必须连在一起，如图5-70所示；否则将出现空隙，导致某些帧不会计算分离边界。

图5-70

**3. 调整"Roto笔刷和调整边缘"效果**

使用Roto笔刷工具创建分离边界后，该图层将自动应用"Roto笔刷和调整边缘"效果，在"效果控件"面板中可修改相关参数，如图5-71所示。

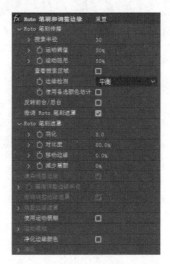

图5-71

"Roto笔刷和调整边缘"效果在"效果控件"面板中的各选项作用如下。

● 搜索半径：用于设置在寻找匹配像素时的搜索区域半径。

● 运动阈值：用于设置运动水平。该水平以下的运动视为无运动，搜索区域收缩为无。

● 运动阻尼：该参数将影响被视为有运动的区域。该值增加时，搜索区域减小，并且慢速运动区域比快速运动区域变得更小。

● 查看搜索区域：勾选该复选框，可在前景周围显示搜索区域，如图5-72所示。

图5-72

● 边缘检测：可选择"预测边缘优先""平衡""当前边缘优先"选项，来确定当前帧前景和背景之间的边缘。

● 使用备选颜色估计：勾选该复选框，可改变Roto笔刷用于判断前景和背景的过程。

● 反转前台/后台：勾选该复选框，可反转前景区域和背景区域。

● 微调Roto笔刷遮罩：勾选该复选框，可对Roto笔刷遮罩、边缘遮罩等参数进行微调。

● 羽化：用于设置前景边缘的羽化程度。图5-73所示为羽化分别为5%和20%的效果。

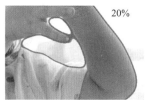

图5-73

● 对比度：用于设置在寻找匹配像素时，前景边缘与背景的对比度。

● 移动边缘：用于设置将前景边缘向内收缩或向外扩散。正值向外扩散；负值向内收缩。

● 减少震颤：增大该值可减少逐帧移动时，前景边缘的不规则更改。

● 使用运动模糊：勾选该复选框，可用运动模糊渲染遮罩，通过调整每帧样本、快门角度等参数，产生更干净的边缘。

● 净化边缘颜色：勾选该复选框，可激活"净化"栏，通过调整净化数量、增加净化半径等参数，净化前景边缘像素的颜色。

#### 4. 使用边缘调整工具

对于视频中的一些毛发等细节部分，可使用"边缘调整工具" ![icon] 进行调整。使用该工具绘制时需要与前景边缘重合，画笔颜色为深蓝色，释放鼠标左键后，绘制的细节部分显示为黑色。使用该工具抠取细节部分的前后对比效果如图5-74所示。

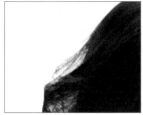

图5-74

### 5.3.4　冻结调整结果

冻结调整结果可以缓存和锁定图层中所有Roto笔刷绘制的前景，并将其与项目文件一起保存，防止更改或再次打开项目文件时需要重新进行计算，以降低系统负担。其操作方法为：单击"图层"面板右下角的"冻结"按钮 ![icon] 冻结，打开"Roto笔刷和调整边缘"提示框，如图5-75所示。待进度条完成后，将自动冻结，冻结后的帧将显示为深蓝色的线段，如图5-76所示。要解冻调整结果，再次单击"冻结"按钮 ![icon] 冻结 即可。

图5-75

图5-76

## 5.4　综合实训：制作产品宣传广告

产品宣传广告的重点是体现出产品的优势，且具有一定的视觉效果。相较于文字和图像，视频的展现方式更加简单、明了，形式新颖，能够使消费者更清晰地了解产品的具体信息。

随着移动电商的快速发展，视频成了各大电商平台吸引流量的一个重要途径。因此，要想吸引消费者注意，制作视频形式的产品宣传广告是很好的选择。但在制作时，需要注意以下3个方面。

● **创意**：视频广告的创意仍然占据着相当重要的位置，而动画元素的表现形式更为多样，能够在丰富广告画面的同时，为广告效果增添趣味性。

● **产品**：在视频形式的产品宣传广告中，产品的出现方式以及出现时间也尤为重要，在吸引消费者视线之后再以动态形式展现，能够有效加深消费者对该产品的印象。

● **文字**：文字在广告中通常起着辅助的作用，文字信息必须通俗易懂，突出产品的重点信息。在视频形式的产品宣传广告中，可以为文字添加一定的动态效果，使其吸引消费者注意。

**设计素养**

## 5.4.1 实训要求

某果蔬公司即将开业，需要对公司的主营产品——果蔬进行宣传，为此需要制作产品宣传广告，要求画面明亮、色彩鲜艳，体现出产品的优势，从而吸引消费者订购。

## 5.4.2 实训思路

（1）通过对相关产品的分析，可总结出"优质新鲜""品种丰富"等特点，以突出产品优势。

（2）该产品为绿色食品，在色彩上可以绿色为主色，比较符合广告主题；产品特点文案可采用对比度较大的黑色，使信息一目了然。

（3）在制作时，结合本章所学知识，可应用"内部/外部键"和"颜色范围"效果将果蔬从背景中抠取出来，然后与其他背景相结合，使广告画面更为丰富。

本实训完成后的参考效果如图5-77所示。

扫码看效果

**学习笔记**

--------------------------------------------

--------------------------------------------

--------------------------------------------

--------------------------------------------

图5-77

## 5.4.3 制作要点

 知识要点

开启关键帧、创建关键帧、编辑关键帧、应用"内部/外部"效果、应用"颜色范围"效果、使用形状工具组创建蒙版

扫码看视频

 配套资源

素材文件\第5章\果蔬\
效果文件\第5章\产品宣传广告.aep

完成本实训的主要操作步骤如下。

**1** 新建宽度为"1280px"、高度为"720px"、持续时间为"0:00:06:00"的合成，然后导入相关素材。

**2** 将"背景.jpg"图像拖曳至"时间轴"面板中，适当调整其大小。绘制一个白色的矩形，设置不透明度为"85%"，然后添加缩放属性和不透明度属性的关键帧，制作出逐渐放大并显示的效果。

**3** 将"果蔬1.jpg"图像拖曳至"时间轴"面板中，适当调整其大小，应用"内部/外部键"效果将背景去除。

**4** 为"果蔬1.jpg"图层制作从右至左移动至画面右侧的效果。

**5** 输入"FRESH"和"新鲜果蔬"文本，并为"新鲜果蔬"文本图层添加"投影"图层样式，然后将两个图层预合成，再为预合成图层绘制矩形蒙版，制作出从上至下显示的效果。

**6** 输入产品特点文本，并创建缩放和不透明度属性的关键帧，制作出先放大后缩小的动态效果。

**7** 将"果蔬2.jpg"图像拖曳至"时间轴"面板中，适当调整大小并旋转一定角度，应用"颜色范围"效果去除背景。

8　输入订购热线和公司信息文本，并与"果蔬2.jpg"图层预合成，再为预合成图层绘制矩形蒙版，制作出从左至右显示的效果。

9　完成后，将其保存为"产品宣传广告"项目文件。

 **巩固练习**

## 1. 抠取动物视频

本练习将应用"Keylight"效果抠取视频中的动物作为素材，然后将其放置于其他背景中。抠取前后的对比效果如图5-78所示。

 配套资源　素材文件\第5章\动物视频.mp4、动物视频背景.jpg
效果文件\第5章\抠取动物视频.aep

图5-78

## 2. 抠取动物

本练习将应用"内部/外部键"效果抠取动物，注意在绘制外部蒙版时需要包含动物毛发，使抠取效果更加精细。抠取前后的对比效果如图5-79所示。

配套资源　素材文件\第5章\小猫.jpg
效果文件\第5章\抠取小猫.aep

## 3. 抠取人物并添加背景

本练习将应用"线性颜色键"效果抠取出人物，然后添加背景，最后制作简单的文字动画。抠取前后的对比效果如图5-80所示。

配套资源　素材文件\第5章\人物.jpg、人物背景.jpg
效果文件\第5章\抠取人物并添加背景.aep

图5-79

图5-80

**技能提升**

针对不同特征的图像，可应用不同的抠像效果进行操作，以有效提高抠像的效率和质量。

● "内部/外部键"效果：在抠取图像时可以很好地保留边缘效果，常用于抠取动物毛发等。

● "差值遮罩"效果：常用于抠取使用固定摄像机和静止背景拍摄的图像。

● "提取"效果：常用于抠取在黑色或白色背景中，或在黑暗或明亮的背景中拍摄的图像。

● "线性颜色键"效果：常用于抠取背景颜色相似的图像。

● "颜色范围"效果：常用于抠取在亮度不均匀且包含同一颜色的不同阴影的背景中拍摄的图像。

● "颜色差值键"效果：常用于抠取包含透明或半透明区域的图像，如烟雾、阴影、玻璃等。

第5章　抠像的应用

107

# 第 6 章

# 过渡效果的应用

### 📖 本章导读

视频通常是由多个场景或片段拼接而成的，而场景与场景之间的切换或转换，就叫作过渡。应用不同的过渡效果可以使场景之间的转场更具逻辑性、艺术性和视觉性。

### 🖥 知识目标

< 了解不同过渡效果的区别
< 掌握过渡效果的应用方法

### 🏆 能力目标

< 能够制作音乐节活动海报
< 能够制作川菜宣传广告
< 能够制作海岛风景记录视频
< 能够制作企业宣传视频
< 能够制作护肤品展示视频

### 💟 情感目标

< 提高制作转场特效的能力
< 探索利用转场特效让视频连接更自然的方法

## 6.1 了解和应用过渡效果

AE可以为图层应用过渡效果，再为相应的参数创建关键帧，让该图层以各种形态逐渐消失或出现，直至完全显示出下方图层，使画面的切换更为流畅自然，从而达到过渡的目的。

### 6.1.1 什么是过渡

过渡是指事情或事物由一个阶段逐渐发展而转入另一个阶段。视频场景过渡是指两个视频之间的转场方式，也就是其中一个视频以某种方式逐渐淡出，另一个视频逐渐显示，如图6-1所示。

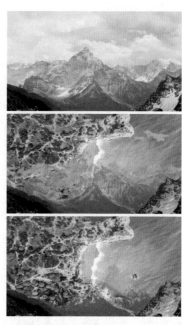

图6-1

在视频后期特效的制作中，应用合适的过渡效果不仅可以提升视频播放的连贯性，还能够增强画面联想的剧情感，提升视频的创意性与美观度。

## 6.1.2 过渡效果的基本操作

AE提供了多种过渡效果，可以随时对其进行添加、编辑等操作。

### 1. 添加过渡效果

选择图层后，选择【效果】/【过渡】命令，可在弹出的子菜单中选择相应选项，为图层添加对应的过渡效果，且自动打开"效果控件"面板，在其中可查看该效果以及对应的参数，如图6-2所示。

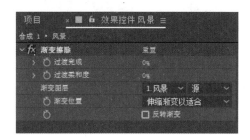

图6-2

另外，也可以按【Ctrl+5】组合键打开"效果和预设"面板，展开"过渡"效果组，将其中的过渡效果拖曳至"时间轴"面板或"合成"面板中的图层上。

### 2. 编辑过渡效果

添加过渡效果后，可以通过"效果控件"面板或"时间轴"面板查看过渡效果的参数。若需要编辑过渡效果，则可以对这些参数进行修改，并通过关键帧制作过渡动画。

AE提供的所有过渡效果中，除了"光圈擦除"效果外，其他过渡效果都具有"过渡完成"属性，当该属性为"100%"时，应用该效果的图层变为完全透明，其下层图层则完全显示。通常可以在一定的时间内为该属性创建"0%"~"100%"的关键帧来制作过渡动画，如图6-3所示。

图6-3

### 6.2.1 渐变擦除

"渐变擦除"效果可以根据该图层或其他图层中像素的明亮度决定消失的顺序。图6-4所示为从明亮度最低的黑色开始逐渐消失。

图6-4

应用"渐变擦除"效果的操作方法为：选择需要添加过渡效果的图层，然后选择【效果】/【过渡】/【渐变擦除】命令，在"效果控件"面板中可以设置"渐变擦除"效果的参数，如图6-5所示。

图6-5

"渐变擦除"效果在"效果控件"面板中的各选项作用如下。

● 过渡柔和度：用于设置图层中每个像素渐变的程度。该数值为"0%"时，在过渡的中间阶段，像素保持不透明的状态；该数值大于"0%"时，在过渡的中间阶段，像素呈现半透明状态。

● 渐变图层：用于设置应用效果的图层消失时是基于哪个图层中相应像素的明亮度。图6-6所示为基于下层图层时的变化。渐变图层必须与应用效果的图层位于同一个合成中。

图6-6

● 渐变位置：用于设置渐变图层中的像素如何映射到应用该效果的图层中的像素。选择"拼贴渐变"选项，可使用平铺的多个渐变图层；选择"中心渐变"选项，可在图层中心使用单个渐变图层；选择"伸缩渐变以适合"选项，可调整渐变图层的大小以适合图层的所有区域。

● 反转渐变：勾选该复选框，可反转渐变图层中深色像素和浅色像素产生的影响。

 范例 制作音乐节活动海报

 知识要点　导入素材、应用"渐变擦除"效果、创建关键帧、编辑关键帧

 配套资源　素材文件\第6章\活动海报\
效果文件\第6章\音乐节活动海报.aep

扫码看视频

 范例说明

　　活动海报通常需要主题突出、色彩明亮鲜艳，营造出活动气氛。本例将制作音乐节活动海报，制作时可应用"渐变擦除"效果使背景以及相关元素逐渐显示，然后添加文字动画，增强活动海报的氛围感。

扫码看效果

操作步骤

1 新建项目文件，按【Ctrl+N】组合键打开"合成设置"对话框，设置宽度为"1280px"，高度为"720px"，持续时间为"0:00:06:00"，然后单击 确定 按钮。

2 在"项目"面板下方空白处单击鼠标右键，在弹出的快捷菜单中选择【导入】/【文件】命令，打开"导入文件"对话框，选择"活动海报"文件夹中的所有素材，单击 导入 按钮。

3 将"背景.jpg"图像拖曳至"时间轴"面板中，适当调整其大小，如图6-7所示。

图6-7

4 将"渐变图层.jpeg"拖曳至"时间轴"面板最底层，然后隐藏该图层。

5 选择"背景"图层，然后选择【效果】/【过渡】/【渐变擦除】命令，打开"效果控件"面板，设置过渡柔和度为"30%"，渐变图层为"2.渐变图层.jpeg"，如图6-8所示。

图6-8

6 将时间指示器移至0:00:02:00处，单击"效果控件"面板中"过渡完成"左侧的"时间变化秒表"按钮，开启关键帧。

7 将时间指示器移至0:00:00:00处，然后设置过渡完成为"100%"，效果如图6-9所示。

图6-9

图6-9（续）

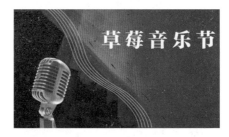

图6-11

*8* 选择"钢笔工具" ✐，取消填充，设置描边颜色为
"白色"，描边宽度为"4像素"，在"合成"面板中绘
制从画面上方至下方的波浪线。然后按【T】键显示不透明
度，设置不透明度为"50%"。

*9* 展开形状图层，单击"内容"栏右侧的添加按钮 ◎，
在弹出的快捷菜单中选择"修剪路径"命令，展开"修
剪路径"栏。

*10* 将时间指示器移至0:00:02:12处，单击"结束"
左侧的"时间变化秒表"按钮 ◉，开启关键帧。
再将时间指示器移至0:00:02:00处，将结束属性设置为
"0%"，制作出绘制线条的动画效果。

*11* 选择形状图层，按4次【Ctrl+D】组合键复制该
图层，然后将复制的波浪线向左移动，制作出五
线谱效果，如图6-10所示。

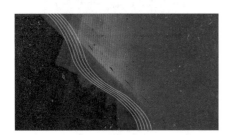

图6-10

*12* 选择"横排文字工具" ⊤，在"字符"面板中
设置填充颜色为"白色"，字体为"方正特雅宋_
GBK"，字体大小为"80像素"，行距为"70像素"，字符
间距为"200"，在画面右上方输入"草莓音乐节"文本。

*13* 将时间指示器移至0:00:02:12处，使用"矩形工
具" ▢绘制一个相对文本较大的矩形作为蒙版。
按【M】键显示蒙版路径属性，单击属性名称左侧的"时
间变化秒表"按钮 ◉，开启关键帧。

*14* 将时间指示器移至0:00:02:04处，使用"选取工
具" ▶将矩形蒙版右侧的两个锚点向左拖曳，制
作出文本从左至右依次显示的效果，如图6-11所示。

*15* 将"麦克风.png"图像拖曳至"时间轴"面板
中，适当调整其大小，放置于画面左侧，效果如
图6-12所示。

图6-12

*16* 选择"麦克风"图层，然后选择【效果】/【过渡】/
【渐变擦除】命令，打开"效果控件"面板，设
置过渡柔和度为"30%"，其他参数不变。

*17* 将时间指示器移至0:00:03:00处，单击"效果控
件"面板中"过渡完成"左侧的"时间变化秒表"
按钮 ◉，开启关键帧。

*18* 将时间指示器移至0:00:02:12处，然后设置过渡
完成为"100%"，麦克风显示效果如图6-13所示。

图6-13

*19* 选择"横排文字工具" ⊤，在"字符"面板中
设置填充颜色为"白色"，字体为"方正宋黑简
体"，字体大小为"50像素"，行距为"70像素"，字符间
距为"100"，在"草莓音乐节"下方输入图6-14所示文本。

图6-14

*20* 将时间指示器移至0:00:03:12处，使用"矩形工具" ▢绘制一个相对文本较大的矩形作为蒙版。按【M】键显示蒙版路径属性，单击属性名称左侧的"时间变化秒表"按钮 ⏱ ，开启关键帧。

*21* 将时间指示器移至0:00:03:00处，使用"选取工具" ▶将矩形蒙版下方的两个锚点向上拖曳，制作出文本从上至下依次显示的效果。

*22* 选择"横排文字工具" T，设置填充颜色为"白色"，字体为"方正宋黑简体"，字体大小为"30像素"，行距为"40像素"，字符间距为"100"，在画面右下角输入图6-15所示文本。

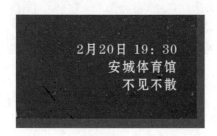

图6-15

*23* 为右下角的文本分别在0:00:03:12和0:00:04:00处创建不透明度为"0%"和"100%"的关键帧，制作出文字逐渐显示的效果。

*24* 按【Ctrl+S】组合键保存，设置名称为"音乐节活动海报"，完成本例的制作。最终效果如图6-16所示。

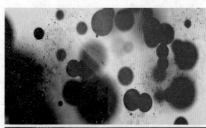

图6-16

## 6.2.2 卡片擦除

"卡片擦除"效果可以使该图层生成一组卡片，然后以翻转的形式显示每张卡片的背面，如图6-17所示。

图6-17

应用"卡片擦除"效果的操作方法为：选择需要添加过渡效果的图层，然后选择【效果】/【过渡】/【卡片擦除】命令，在"效果控件"面板中设置"卡片擦除"效果的参数，如图6-18所示。

图6-18

"卡片擦除"效果在"效果控件"面板中的各选项作用如下。

● 过渡宽度：用于设置从原始图层更改到新图像的区域的宽度。图6-19所示为分别设置该参数为"30%"和"60%"的效果。

> **技巧**
>
> 将"卡片擦除"效果中的过渡宽度设置为"100%"，可以制作出百叶窗过渡效果。

● 背面图层：用于设置卡片背面显示的图层。

● 行数和列数：用于设置行数和列数的关系。选择"独立"选项可激活"行数"和"列数"属性；选择"列数受行数控制"选项将只激活"行数"属性，其列数与行数相同。

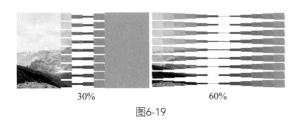

30%　　　　　　60%

图6-19

● 行数/列数：用于设置卡片的行数和列数。该参数的取值范围为1~1000。

● 卡片缩放：用于设置卡片的大小。该参数小于1时缩小卡片；该参数大于1时放大卡片，且卡片互相重叠，形成块状的马赛克效果。图6-20所示为分别设置该参数为"0.8"和"1.5"的效果。

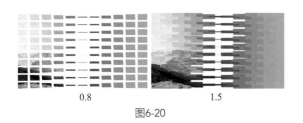

0.8　　　　　　1.5

图6-20

● 翻转轴：用于设置卡片翻转的轴。可选择"X""Y""随机"选项。图6-21所示为分别选择"Y"和"随机"选项的效果。

Y　　　　　　随机

图6-21

● 翻转方向：用于设置卡片翻转的方向。可选择"正向""反向""随机"选项。

● 翻转顺序：用于设置产生过渡的方向。可选择"从左到右""从右到左""自上而下"等9种顺序。其中选择"渐变"选项时，可先翻转"渐变图层"中较暗的部分，如图6-22所示。

图6-22

● 渐变图层：用于设置在"翻转顺序"下拉列表中选

择"渐变"选项时所应用的渐变图层。

● 随机时间：可使卡片翻转的时间随机化。该数值越大，卡片翻转的随机性越大。

● 随机植入：更改该数值不会增大或减小卡片翻转的随机性，只会改变随机翻转的卡片，能够为同一个过渡效果制作出不同的随机性。

● 摄像机系统：可选择"摄像机位置""边角定位""合成摄像机"选项来渲染卡片。

● 摄像机位置：通过设置摄像机位置的相关参数，改变查看卡片的方向。图6-23所示为设置X轴旋转、Y轴旋转为"0x+30°"的效果。

● 边角定位：通过调整4个角的位置，可将图像放置于倾斜的平面中，如图6-24所示。

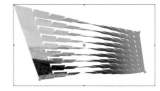

图6-23　　　　　　图6-24

● 灯光：用于添加灯光并设置灯光相关参数。

● 材质：通过设置"漫反射""镜面反射""高光锐度"参数，可改变卡片材质。

● 位置抖动：通过设置X、Y、Z轴的抖动量和抖动速度，可改变卡片的位置。

● 旋转抖动：通过设置X、Y、Z轴的旋转抖动量和旋转抖动速度，可改变卡片的旋转角度。

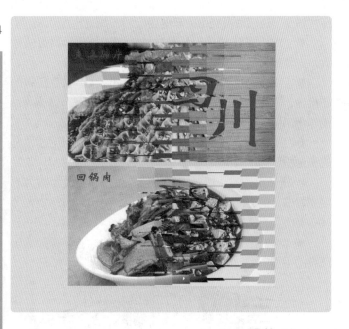

### 操作步骤

**1** 新建项目文件，按【Ctrl+N】组合键打开"合成设置"对话框，设置宽度为"1280px"，高度为"720px"，持续时间为"0:00:08:00"，然后单击 确定 按钮。

**2** 在"项目"面板下方空白处单击鼠标右键，在弹出的快捷菜单中选择【导入】/【文件】命令，打开"导入文件"对话框，选择"川菜"文件夹中的所有素材，单击 导入 按钮。

**3** 将"背景.jpg"素材拖曳至"时间轴"面板中，适当调整其大小。

**4** 选择"横排文字工具" T，在"字符"面板中设置填充颜色为"#BF2E2E"，字体为"方正魏碑简体"，在画面中分别输入"食""在""四""川"文本，调整文本大小和位置，如图6-25所示。

图6-25

**5** 选择"食"文本图层，将时间指示器移至0:00:00:10处，按【T】键显示不透明度，单击属性名称左侧的"时间变化秒表"按钮 ，开启关键帧。

**6** 将时间指示器移至0:00:00:00处，设置不透明度为"0%"，制作出逐渐显示的效果。

**7** 使用相同的方法为"在"文本图层在0:00:00:09和0:00:00:15处创建不透明度分别为"0%"和"100%"的关键帧；为"四""川"文本图层在0:00:00:15和0:00:01:07处创建不透明度分别为"0%"和"100%"的关键帧。

**8** 选择"四""川"文本图层，将时间指示器移至0:00:01:07处，按【P】键显示位置属性，单击属性名称左侧的"时间变化秒表"按钮 ，开启关键帧。

**9** 将时间指示器移至0:00:00:00处，将"四""川"文本向上拖曳，制作出从上至下移动的效果，如图6-26所示。

图6-26

**10** 选择所有图层，单击鼠标右键，在弹出的快捷菜单中选择"预合成"命令，打开"预合成"对话框，设置新合成名称为"开头"，然后单击 确定 按钮。

**11** 将"夫妻肺片.jpg""宫保鸡丁.jpg""回锅肉.jpg""麻婆豆腐.jpg""鱼香肉丝.jpg"图像拖曳至"时间轴"面板中的"开头"预合成图层下方，并按【Ctrl+Alt+F】组合键使其适应合成大小，如图6-27所示。

图6-27

**12** 选择"开头"预合成图层，然后选择【效果】/【过渡】/【卡片擦除】命令，打开"效果控件"面板，在"背面图层"下拉列表中选择"2.夫妻肺片.jpg"选项。

**13** 将时间指示器移至0:00:01:12处，单击"效果控件"面板中"过渡完成"左侧的"时间变化秒表"按钮 ，开启关键帧，并设置为"0%"。

**14** 将时间指示器移至0:00:02:12处，设置过渡完成为"100%"，效果如图6-28所示。

图6-28

*15* 为"开头"预合成图层在0:00:02:11和0:00:02:12处创建不透明度分别为"100%"和"0%"的关键帧,使该图层逐渐消失并显示下方图层。

*16* 选择"夫妻肺片.jpg"图层,然后选择【效果】/【过渡】/【卡片擦除】命令,打开"效果控件"面板,在"背面图层"下拉列表中选择"3.宫保鸡丁.jpg"选项,在"翻转顺序"下拉列表中选择"从右到左"选项。

*17* 使用相同的方法为"夫妻肺片.jpg"图层在0:00:03:00和0:00:04:00处创建过渡完成分别为"0%"和"100%"的关键帧,在0:00:04:13和0:00:04:14处创建不透明度分别为"100%"和"0%"的关键帧,效果如图6-29所示。

图6-29

*18* 使用相同的方法为"宫保鸡丁.jpg""回锅肉.jpg""麻婆豆腐.jpg"图层添加"卡片擦除"效果,并创建过渡完成和不透明度的关键帧,关键帧的具体设置如图6-30所示。在"效果控件"面板中将"回锅肉"图层的"翻转顺序"设置为"从右到左"。

图6-30

*19* 按【Ctrl+S】组合键保存,设置名称为"川菜宣传广告",完成本例的制作。最终效果如图6-31所示。

图6-31

### 6.2.3 光圈擦除

"光圈擦除"效果可以使该图层以指定的某个点进行径向过渡,如图6-32所示。

图6-32

应用"光圈擦除"效果的操作方法为:选择需要添加过渡效果的图层,然后选择【效果】/【过渡】/【光圈擦除】

命令，在"效果控件"面板中设置"光圈擦除"效果的参数，如图6-33所示。需要注意的是："光圈擦除"效果是唯一没有过渡完成属性的效果，通常是为外径创建关键帧来制作过渡动画。

图6-33

● 光圈中心：用于设置光圈中心的位置。可直接单击  按钮，当鼠标指针变为  形状时，在画面中单击指定光圈中心的位置，如图6-34所示。

图6-34

● 点光圈：用于设置光圈的点数。该数值的取值范围为6~32。图6-35所示为分别设置该参数为"6"和"32"的效果。

6                    32

图6-35

● 外径：用于设置外径大小。

● 使用内径：勾选该复选框，可设置内径大小，制作出图6-36所示效果。

图6-36

● 内径：用于设置内径大小。

● 旋转：用于设置光圈的旋转角度。

● 羽化：用于设置光圈的羽化程度。图6-37所示为分别设置羽化为"0"和"50"的效果。

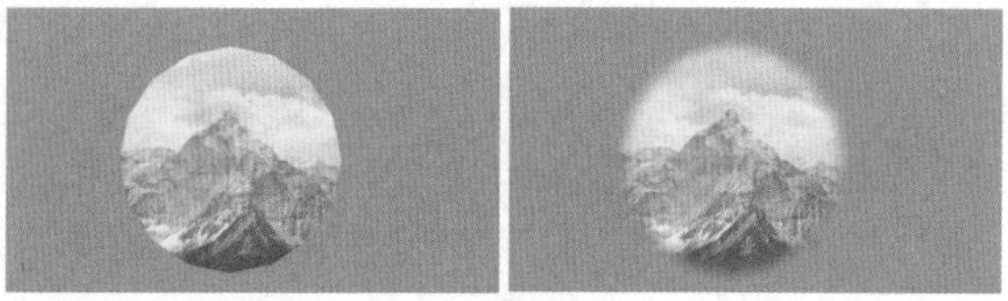

0                    50

图6-37

★ 范例　制作海岛风景记录视频

知识要点　导入素材、应用"光圈擦除"效果、创建蒙版、创建关键帧、编辑关键帧

配套资源　素材文件\第6章\海岛风景\
效果文件\第6章\海岛风景记录.aep

扫码看视频

📹 范例说明

越来越多的年轻人喜欢以视频的形式记录生活中的点点滴滴，如本例将制作的海岛风景记录视频。制作时，可应用"光圈擦除"效果将旅游风景图像依次展现出来，使其更具艺术感。

扫码看效果

操作步骤

1 新建项目文件，按【Ctrl+N】组合键打开"合成设置"对话框，设置宽度为"1280px"，高度为"720px"，持续时间为"0:00:11:00"，然后单击 确定 按钮。

2 在"项目"面板下方空白处单击鼠标右键，在弹出的快捷菜单中选择【导入】/【文件】命令，打开"导入文件"对话框，选择"海岛风景"文件夹中的所有素材，单击 导入 按钮。

$3$ 在"时间轴"面板中单击鼠标右键，选择【新建】/【纯色】命令，打开"纯色设置"对话框，设置颜色为白色，然后单击 确定 按钮。

$4$ 将"背景.jpeg"图像拖曳至"时间轴"面板中，适当调整其大小。将时间指示器移至0:00:00:12处，按【T】键显示不透明度属性，单击属性名称左侧的"时间变化秒表"按钮，开启关键帧。

$5$ 将时间指示器移至0:00:00:00处，设置不透明度为"0%"，制作出背景图像逐渐显示的效果。

$6$ 选择"横排文字工具"，设置填充颜色为"#2C87B1"，字体为"方正特雅宋_GBK"，字体大小为"50像素"，字符间距为"100"，在画面右侧输入图6-38所示日期。

图6-38

$7$ 选择日期文本，将时间指示器移至0:00:01:00处，使用"矩形工具"绘制一个相对文本较大的矩形作为蒙版。按【M】键显示蒙版路径属性，单击属性名称左侧的"时间变化秒表"按钮，开启关键帧。

$8$ 将时间指示器移至0:00:00:12处，使用"选取工具"将矩形蒙版右侧的两个锚点向左拖曳，制作出文本从左至右依次显示的效果。

$9$ 选择"横排文字工具"，在"字符"面板中修改字体大小为"100像素"，在画面中间输入"海岛风景记录"文本。按【T】键显示不透明度属性，使用相同的方法分别在0:00:01:00和0:00:01:12处创建不透明度为"0%"和"100%"的关键帧。

$10$ 继续选择"海岛风景记录"文本图层，将时间指示器移至0:00:01:12处，按【P】键显示位置属性，单击属性名称左侧的"时间变化秒表"按钮，开启关键帧。

$11$ 将时间指示器移至0:00:01:00处，将文本向下拖曳一定距离，制作文本向上移动的动画，如图6-39所示。

$12$ 选择所有图层，单击鼠标右键，在弹出的快捷菜单中选择"预合成"命令，打开"预合成"对话框，设置新合成名称为"封面"，然后单击 确定 按钮。

图6-39

$13$ 将"风景1.jpg"图像拖曳至"时间轴"面板中"封面"图层的下方。

$14$ 选择"封面"预合成图层，然后选择【效果】/【过渡】/【光圈擦除】命令，打开"效果控件"面板，设置光圈中心为"200，550"，点光圈为"32"，如图6-40所示。

图6-40

$15$ 将时间指示器移至0:00:02:00处，单击"效果控件"面板中"外径"左侧的"时间变化秒表"按钮，开启关键帧。

$16$ 将时间指示器移至0:00:03:00处，在"效果控件"面板中向右拖曳外径参数的数值，直至画面中的"风景1.jpg"图像完整出现，效果如图6-41所示。

图6-41

$17$ 将"风景2.jpg"图像拖曳至"时间轴"面板中"风景1.jpg"图层的下方。将"风景3.jpg"图像拖曳至"时间轴"面板中"风景2.jpg"图层的下方。

$18$ 选择"风景1.jpg"图层，然后选择【效果】/【过渡】/【光圈擦除】命令，打开"效果控件"面板，设置光圈中心为"1050，550"，点光圈为"12"。

*19* 使用相同的方法在0:00:03:12和0:00:04:12处为外径属性创建关键帧。

*20* 将时间指示器移至0:00:03:12处，单击"效果控件"面板中"旋转"左侧的"时间变化秒表"按钮⏱，开启关键帧。将时间指示器移至0:00:04:12处，设置旋转为"0x+180°"，效果如图6-42所示。

图6-42

*21* 选择"风景2.jpg"图层并将其隐藏，使用相同的方法添加"光圈擦除"效果，在"效果控件"面板中设置点光圈为"16"，然后单击⊕按钮，在"风景3"图像中的太阳处单击指定光圈中心，如图6-43所示。

图6-43

*22* 使用相同的方法在0:00:05:00和0:00:06:00处为旋转属性创建关键帧，并设置0:00:06:00处的旋转为"0x+180°"。

*23* 显示"风景2.jpg"图层，将时间指示器移至0:00:05:00处，勾选"使用内径"复选框，然后单击"效果控件"面板中"外径"和"内径"左侧的"时间变化秒表"按钮⏱，开启关键帧并将相应的值分别设置为"100"和"0"。

*24* 将时间指示器移至0:00:06:00处，设置外径和内径分别为"2000"和"1300"，过渡效果如图6-44所示。

图6-44

*25* 使用相同的方法为"风景3.jpg""风景4.jpg""风景5.jpg"图像应用"光圈擦除"效果，并设置不同的光圈中心、点光圈等参数，制作出不同的过渡效果，如图6-45所示。关键帧的具体设置如图6-46所示。

图6-45

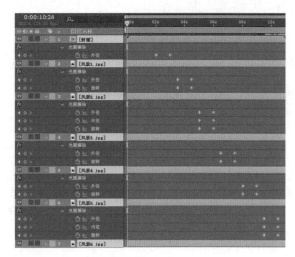

图6-46

*26* 按【Ctrl+S】组合键保存，设置名称为"海岛风景记录"，完成本例的制作。最终效果如图6-47所示。

2022.01.22~01.30

海岛风景记录

图6-47

## 6.2.4　块溶解

"块溶解"效果可以使该图层消失在随机生成的块中，如图6-48所示。

图6-48

应用"块溶解"效果的操作方法为：选择需要添加过渡效果的图层，然后选择【效果】/【过渡】/【块溶解】命令，在"效果控件"面板中设置"块溶解"效果的参数，如图6-49所示。

图6-49

"块溶解"效果在"效果控件"面板中的各选项作用如下。

● 块宽度/块高度：用于设置块的宽度和高度。图6-50所示为块宽度、块高度分别为"1"和"60"的效果。

1　　　　　　　　60

图6-50

● 羽化：用于设置块的羽化程度。图6-51所示为羽化参数分别为"0"和"50"的效果。

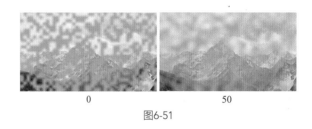

0　　　　　　　　50

图6-51

## 6.2.5　百叶窗

"百叶窗"效果可以使该图层生成多个矩形条后逐渐变窄消失，如图6-52所示。

图6-52

应用"百叶窗"效果的操作方法为：选择需要添加过渡效果的图层，然后选择【效果】/【过渡】/【百叶窗】命令，在"效果控件"面板中设置相应的参数，如图6-53所示。

图6-53

"百叶窗"效果在"效果控件"面板中的各选项作用如下。

● 方向：用于设置矩形的方向。图6-54所示为分别设置方向为"0x+45°"和"0x+75°"的效果。

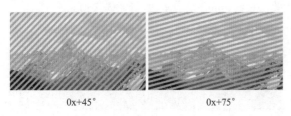

0x+45°        0x+75°

图6-54

● 宽度：用于设置矩形的宽度。

● 羽化：用于设置矩形的羽化程度。图6-55所示为分别设置羽化为"0"和"50"的效果。

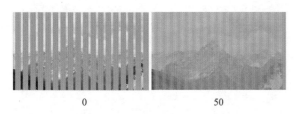

0                    50

图6-55

 范例 制作企业宣传视频

 知识要点：导入素材、应用"百叶窗"效果、创建关键帧、编辑关键帧

 配套资源：素材文件\第6章\企业宣传\
效果文件\第6章\企业宣传视频.aep

 扫码看视频

### 范例说明

企业宣传视频是用于宣传企业自身的视频，主要介绍企业的业务、优势等信息。本例将制作企业宣传视频，并利用"百叶窗"过渡效果进行画面切换，提高视频的美观度。

 扫码看效果

### 操作步骤

*1* 打开"素材.aep"文件，在"项目"面板下方空白处单击鼠标右键，在弹出的快捷菜单中选择【导入】/【文件】命令，打开"导入文件"对话框，选择"企业宣传"文件夹中的所有素材，单击 导入 按钮。

*2* 打开"合成1"合成，将"封面.jpg"素材拖曳至"时间轴"面板中，适当调整其大小，再将"开头"合成拖曳至"封面.jpg"图层上方，效果如图6-56所示。

图6-56

*3* 选择所有图层，单击鼠标右键，在弹出的快捷菜单中选择"预合成"命令，打开"预合成"对话框，设置新合成名称为"简介"，然后单击 确定 按钮。

*4* 将"氛围.jpg"素材拖曳至"时间轴"面板中"简介"预合成图层的下方，选择"简介"图层，然后选择【效果】/【过渡】/【百叶窗】命令，打开"效果控件"面板，将时间指示器移至0:00:03:00处，单击"效果控件"面板中"过渡完成"左侧的"时间变化秒表"按钮，开启关键帧。将时间指示器移至0:00:03:12处，设置"过渡完成"为"100%"，并设置宽度为"60"，效果如图6-57所示。

图6-57

*5* 使用"矩形工具" ▣ 在画面右下角绘制一个白色矩形，并设置不透明度为"80%"，然后使用相同的方法绘制一个矩形蒙版，在0:00:03:12和0:00:04:00处创建蒙版路径属性的关键帧，制作出从右至左逐渐显示的效果，如图6-58所示。

图6-58

$6$ 选择"横排文字工具" T，在"字符"面板中设置字体为"方正特雅宋_GBK"，填充颜色为"#2C87B1"，字体大小为"40像素"。

$7$ 在白色矩形中间输入"和谐的工作氛围"文本，分别在0:00:04:00和0:00:04:12处创建不透明度为"0%"和"100%"的关键帧，制作出文本逐渐显示的效果。

$8$ 选择"氛围"图层、形状图层和文本图层，单击鼠标右键，在弹出的快捷菜单中选择"预合成"命令，打开"预合成"对话框，设置新合成名称为"氛围"，然后单击 确定 按钮。

$9$ 将"环境.jpg"图像拖曳至"时间轴"面板中"氛围"预合成图层的下方，然后使用相同的方法为"氛围"预合成图层添加"百叶窗"效果，将时间指示器移至0:00:05:00处，单击"效果控件"面板中"过渡完成"左侧的"时间变化秒表"按钮，开启关键帧。将时间指示器移至0:00:05:12处，设置"过渡完成"为100%，并设置宽度为"60"，效果如图6-59所示。

图6-59

$10$ 打开"氛围"预合成，选择文本图层和形状图层，按【Ctrl+C】组合键复制，返回"合成1"合成，按【Ctrl+V】组合键粘贴至"环境"图像上方，并修改文本为"良好的办公环境"。

$11$ 按【U】键显示文本图层和形状图层的关键帧，将不透明度属性的关键帧移至0:00:06:00和0:00:06:12处，将蒙版路径属性的关键帧移至0:00:05:12和0:00:06:00处，效果如图6-60所示。

图6-60

$12$ 使用相同的方法将"环境.jpg"图层、形状图层和文本图层合并为"环境"预合成，再将"休息.jpg"图像拖曳至"时间轴"面板中"环境"预合成图层的下方，然后为"环境"预合成图层添加"百叶窗"效果。

$13$ 复制"氛围"预合成中的文本图层和形状图层至"合成1"合成，将不透明度属性的关键帧移至0:00:08:00和0:00:08:12处，将蒙版路径属性的关键帧移至0:00:07:12和0:00:08:00处，修改文本为"舒适的休息空间"，效果如图6-61所示。

图6-61

$14$ 使用相同的方法将"休息.jpg"图层、形状图层和文本图层合并为"休息"预合成，再将"封面.jpg"图像拖曳至"时间轴"面板中"休息"预合成图层的下方，然后为"休息"预合成图层添加"百叶窗"效果。

$15$ 使用"矩形工具" 在画面中间绘制一个白色矩形，设置不透明度为"80%"。然后绘制一个矩形蒙版，在0:00:09:12和0:00:10:00处创建蒙版路径属性的关键帧，制作出从右至左逐渐显示的效果。

$16$ 使用"横排文字工具" T 在白色矩形中间输入"欢迎您的加入！"文本，并分别在0:00:10:00和0:00:10:12处创建不透明度为"0%"和"100%"的关键帧，制作出文本逐渐显示的效果，如图6-62所示。

图6-62

$17$ 按【Ctrl+S】组合键保存，设置名称为"企业宣传视频"，完成本例的制作。最终效果如图6-63所示。

图6-63

小测　制作奶茶店铺宣传视频

配套资源＼素材文件＼第 6 章＼奶茶店铺＼
配套资源＼效果文件＼第 6 章＼奶茶店铺宣传视频 .aep

　　本例要求制作一个奶茶店铺宣传视频，可为提供的奶茶图片应用"光圈擦除""渐变擦除""百叶窗"效果，再添加适当的文字，达到宣传店铺的目的。参考效果如图 6-64 所示。

图6-64

## 6.2.6　径向擦除

　　"径向擦除"效果可以环绕指定的某个点进行擦除，如图6-65所示。

图6-65

　　应用"径向擦除"效果的操作方法为：选择需要添加过渡效果的图层，然后选择【效果】/【过渡】/【径向擦除】命令，在"效果控件"面板中设置"径向擦除"效果的参数，如图6-66所示。

　　"径向擦除"效果在"效果控件"面板中的各选项作用如下。

　　● 起始角度：用于设置过渡开始的角度。

　　● 擦除中心：用于设置环绕点的位置。

　　● 擦除：用于设置过渡时的擦除方向。可选择"顺时针""逆时针""两者兼有"选项。选择"两者兼有"选项时，将同时以两个方向进行擦除，如图6-67所示。

图6-66

图6-67

　　● 羽化：用于设置擦除时的羽化程度。图6-68所示为分别设置羽化为"0"和"100"的效果。

0　　　　　　　　　　100

图6-68

## 6.2.7　线性擦除

　　"线性擦除"效果可以按指定的方向对图层执行简单的线性擦除，如图6-69所示。

图6-69

　　应用"线性擦除"效果的方法为：选择需要添加过渡效果的图层，然后选择【效果】/【过渡】/【线性擦除】命令，在"效果控件"面板中设置"线性擦除"效果的参数，如

图6-70所示。

图6-70

"线性擦除"效果在"效果控件"面板中的各选项作用
如下。

● 擦除角度：用于设置擦除的角度。
● 羽化：用于设置擦除时的羽化程度。图6-71所示为分
别设置羽化为"0"和"100"的效果。

0　　　　　　　　　100

图6-71

 **制作护肤品展示视频**

 **知识要点**　导入素材、应用"径向擦除"效果、应用"线性擦除"效果、创建蒙版、创建关键帧、编辑关键帧

**配套资源**　素材文件\第6章\护肤品\效果文件\第6章\护肤品展示视频.aep

扫码看视频

 **范例说明**

商品展示视频是指将商品的外
观、特点等展现出来，以便顾客对商
品进行挑选。本例将制作护肤品展示
视频，为护肤品图像添加过渡效果，
使其展现得更加流畅自然。

扫码看效果

1　新建项目文件，按【Ctrl+N】组合键打开"合成设置"
对话框，设置宽度为"700px"，高度为"1000px"，
持续时间为"0:00:06:00"，然后单击　确定　按钮。

2　在"项目"面板下方空白处单击鼠标右键，在弹出的
快捷菜单中选择【导入】/【文件】命令，打开"导入
文件"对话框，选择"护肤品"文件夹中的所有素材，单击
　导入　按钮。

3　将"护肤1.jpg"素材拖曳至"时间轴"面板中，选择"横
排文字工具"T，在"字符"面板中设置填充颜色为"白
色"，字体为"方正特雅宋_GBK"，字体大小为"120像素"，
在画面左上角输入"睡眠面膜"文本。

4　修改文本大小为"56像素"，在"睡眠"文本上方输
入"蜗牛原液"文本。

5　选择两个文本图层，将时间指示器移至0:00:01:00
处，按【P】键显示位置属性，单击属性名称左侧的
"时间变化秒表"按钮，开启关键帧。

6　将时间指示器移至0:00:00:00处，然后将两个文本向
下移动，制作出文本向上移动的效果，如图6-72所示。

图6-72

7　继续选择两个文本图层，将时间指示器移至0:00:00:
16处，按【T】键显示不透明度属性，单击属性名称
左侧的"时间变化秒表"按钮，开启关键帧。

8　将时间指示器移至0:00:01:00处，设置不透明度为
"0%"，如图6-73所示。

图6-73

9　选择"横排文字工具"T，修改文本大小为"70像
素"，在"睡眠面膜"下方输入"一夜补水修复，睡
出水活肌"文本。

10　将时间指示器移至0:00:01:16处，使用"矩形工
具"绘制一个相对文本较大的矩形作为蒙版。

*11* 按【M】键显示蒙版路径属性，单击属性名称左侧的"时间变化秒表"按钮 ⏱，开启关键帧。

*11* 将时间指示器移至0:00:01:00处，将矩形蒙版下方的两个锚点向上拖曳，制作出文本从上至下依次显示的效果。

*12* 选择所有图层，单击鼠标右键，在弹出的快捷菜单中选择"预合成"命令，打开"预合成"对话框，设置新合成名称为"封面"，然后单击 确定 按钮。将"护肤2.jpg"图像拖曳至"时间轴"面板中"封面"预合成图层下方。

*13* 选择"封面"预合成图层，然后选择【效果】/【过渡】/【线性擦除】命令，打开"效果控件"面板，设置擦除角度为"0x+0°"，羽化为"40"，将时间指示器移至0:00:02:12处，单击"过渡完成"左侧的"时间变化秒表"按钮 ⏱，开启关键帧。

*14* 将时间指示器移至0:00:03:00处，设置过渡完成为"100%"，效果如图6-74所示。

图6-74

*15* 将"护肤3.jpg"图像拖曳至"时间轴"面板中"护肤2.jpg"图层下方。

*16* 选择"护肤2.jpg"图层，然后选择【效果】/【过渡】/【径向擦除】命令，打开"效果控件"面板，在"擦除"下拉列表中选择"两者兼有"选项，然后在0:00:03:12和0:00:04:00处创建过渡完成分别为"0%"和"100%"的关键帧，效果如图6-75所示。

图6-75

*17* 选择"横排文字工具" T，修改文本大小为"60像素"，在画面右下角输入"弹润细滑 深度补水"文本。

*18* 将时间指示器移至0:00:05:00处，使用"矩形工具" ▭ 绘制一个相对文本较大的矩形作为蒙版，按【M】键显示蒙版路径属性，单击属性名称左侧的"时间变化秒表"按钮 ⏱，开启关键帧。

*19* 将时间指示器移至0:00:04:00处，将矩形蒙版下方的两个锚点向上拖曳，制作出文本从上至下依次显示的效果。

*20* 按【Ctrl+S】组合键保存，设置名称为"护肤品展示视频"，完成本例的制作。最终效果如图6-76所示。

图6-76

## 6.2.8 其他过渡效果

除了上述介绍的7种过渡效果外，AE附带的第三方增效工具还提供了图6-77所示10种效果。

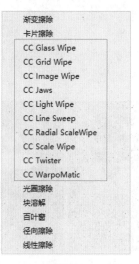

图6-77

● CC Glass Wipe（CC玻璃擦除）：该效果可以模拟玻璃的材质对图层进行擦除，如图6-78所示。

图6-78

● CC Grid Wipe（CC网格擦除）：该效果可以将图层以某个点为中心，划分成多个方格进行擦除，如图6-79所示。

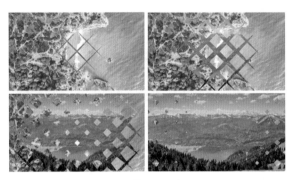

图6-79

● CC Image Wipe（CC图像擦除）：该效果可以以选择图层的某个属性（如RGB通道、亮度等）进行擦除。图6-80所示为选择上层图层亮度的擦除效果。

图6-80

● CC Jaws（CC锯齿）：该效果可以以钉鞋、机器锯齿、块和波浪的形状对图层进行擦除。图6-81所示为以钉鞋形状擦除的效果。

● CC Light Wipe（CC照明式擦除）：该效果可以以照明的形式对图层进行擦除，如图6-82所示。

图6-81

图6-82

● CC Line Sweep（CC光线扫描）：该效果可以以光线扫描的形式对图层进行擦除，如图6-83所示。

图6-83

● CC Radial ScaleWipe（CC径向缩放擦除）：该效果可以以某个点径向扭曲图层进行擦除，如图6-84所示。

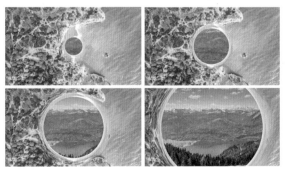

图6-84

● CC Scale Wipe（CC缩放擦除）：该效果可以指定中心点对图层进行拉伸擦除。对两个图层都应用该效果，可制作出图6-85所示过渡动画。

图6-85

● CC Twister（CC龙卷风）：该效果可以对图层进行龙卷风样式的扭曲变形，从而实现过渡效果，如图6-86所示。

图6-86

● CC WarpoMatic（CC自动弯曲）：该效果可以使图层中的元素弯曲变形，并逐渐消失，从而实现过渡效果，如图6-87所示。

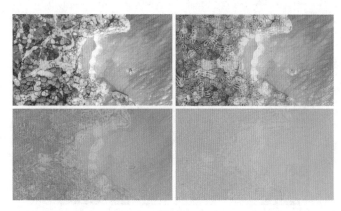

图6-87

## 6.3 综合实训：制作"青春不散场"Vlog

随着短视频行业的不断发展，将拍摄的照片和视频制作成Vlog，逐渐成为世界各地的年轻人记录生活、表达个性最主要的方式。

Vlog的全称为Video Blog，意思是视频网络日志，是指创作者记录日常生活的点滴，然后通过后期处理，制作出具有个人特色的视频日记。Vlog通常具有以下3个特点。

● 真实性。Vlog的核心就是记录真实的生活，能够给受众带来真实的体验感。

● 主题明确。尽管Vlog的时长不长，但也有明确的主题，使其更具观赏性和完整性。

● 个性化。每个创作者制作的Vlog都有一定的拍摄风格和剪辑风格，能够体现出自身的性格特点，从而吸引不同的受众观看。

设计素养

### 6.3.1 实训要求

临近毕业季，某公司需要为即将毕业的学生们制作"青春不散场"Vlog，作为毕业晚会的开场视频。结合学生们提供的图像素材和视频素材，为素材之间添加合适的过渡效果，制作出具有纪念意义的Vlog。

### 6.3.2 实训思路

（1）通过对相关Vlog的分析，可为不同的场景添加相应的文字动画，加深受众对毕业季的感触，同时还能够丰富视频画面。

（2）作为毕业晚会的开场视频，还可添加符合氛围的背景音乐，并通过设置关键帧制作出淡入淡出效果，增强Vlog的感染力。

（3）制作时，结合本章所学知识，可根据素材的画面选择不同的过渡效果，使不同场景之间的切换更加流畅自然；同时也可应用过渡效果制作文字动画。

扫码看效果

本实训完成后的参考效果如图6-88所示。

图6-88

## 6.3.3 制作要点

完成本实训的主要操作步骤如下。

**1** 新建宽度为"1280px"、高度为"720px"、持续时间设置为"0:00:18:00"的合成，然后导入相关素材。

**2** 将"片头视频.mp4"视频拖曳至"时间轴"面板中，适当调整其大小并将其静音。绘制一个白色的矩形，应用"百叶窗"效果，通过创建过渡完成属性的关键帧，制作出矩形出现的动画。

**3** 在矩形右上方输入"毕业季"文本，创建不透明度属性的关键帧，制作出文字逐渐显示的效果。

**4** 在矩形中输入"青春"和"不散场"文本，应用"块溶解"效果，创建过渡完成属性的关键帧，并将最终的过渡完成设置为30%，制作出有装饰线条的文本。然后将所有图层预合成"片头"图层。

**5** 将"学习.jpg"素材拖曳至"时间轴"面板最上方，适当调整其大小，应用"线性擦除"效果制作出过渡效果；输入"学习"文本，应用"块溶解"效果制作出文本动画。

**6** 使用相同的方法添加图像并分别应用"线性擦除""百叶窗""径向擦除"等效果制作出过渡效果；输入与图像对应的文本并应用"块溶解"效果制作出文本动画。

**7** 在"不散场.jpg"素材上方分别输入"毕业季"和"青春不散场"文本，并应用"块溶解"效果，然后创建过渡完成属性的关键帧，并将最终的过渡完成设置为30%，制作出有装饰线条的文本。

**8** 将"Vlog音乐.mp3"音频拖曳至"时间轴"面板中，在视频开头和结尾分别创建两个音频电平属性的关键帧，制作出淡入淡出的音乐效果。

**9** 完成后，将其保存为"'青春不散场'Vlog"项目文件。

 **巩固练习**

### 1. 制作手表展示视频

本练习将制作手表展示视频，通过不同的转场方式展现出手表的特点。参考效果如图6-89所示。

图6-89

### 2. 制作"动物乐园"电子相册

本练习将为多张动物图像制作电子相册。制作时，需要考虑各图像间过渡的流畅度和美观度。参考效果如图6-90所示。

图6-90

## 技能提升

若需要精细调整过渡效果的变化速度，则可通过调整关键帧的速度来实现。其操作方法为：为素材添加过渡效果后，按【Shift+F3】组合键切换为图表编辑器模式，在"时间轴"面板中选择图层的过渡完成等属性，右侧时间线控制区将显示相应的图表，然后使用钢笔工具组和"选取工具" 对图表中的线段进行调整，使视频的场景切换更加自然，如图6-91所示。

图6-91

# 第 7 章

# 调色效果的应用

## 7.1 调色的基础知识

调色是AE中非常重要的功能，也是视频后期特效制作的"重头戏"。调色能够影响观者的心理感受，在很大程度上决定整个作品的质量。在使用AE进行调色前，首先需要对调色的基础知识有所了解。

### 7.1.1 色彩的基本概念

光线由波长范围很窄的电磁波产生，不同波长的电磁波单独或混合后呈现出不同的色彩。我们在现实生活中见到的各种颜色是光、物体、眼睛和大脑在光系过程中产生的一种视觉体验，是人们对不同波长的光的感知。简单来说，光和色彩是并存的，没有光就没有色彩。它既有其客观属性，又与人眼的构造有着密切的联系。

自然界中绝大部分可见光都可以用红、绿、蓝3种光按照不同比例和强度的混合来表示。也就是说，自然界中的所有颜色都是由红、绿、蓝3种颜色调和而成的，这3种颜色就是三原色，如图7-1所示。

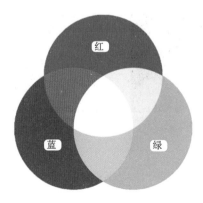

图7-1

### 7.1.2 色彩的基本属性

色彩是用户对视觉画面的第一感觉，是突出画面风格、传达情感与思想的主要途径。人眼视觉所能感知的所有色彩现象都具有色相、明度和纯度（又称饱和度）3个重要特性，它们是构成色彩最基本的属性。

#### 1. 色相

色相即色彩呈现出来的面貌，也可简单理解为某种颜色的称谓，如红色、黄色、绿色、蓝色等分别代表一类具体的色相。

色相是色彩的首要特征，是用来区别不同色彩的一种标准，同时也反映了画面整体的色彩倾向，因此也被称为色调。图7-2所示为黄色调图像；图7-3所示为蓝色调图像。

图7-2 　　　　　　　　 图7-3

虽然色彩本身并无冷暖的温度差别，但不同的色相往往会给人传递不同的感受，而这种感受正是色彩通过视觉带给人的心理联想所造成的。根据人们对色彩的主观感受，可以将色彩分为暖色、冷色和中性色。

（1）暖色

人们在看到红色、红橙色、橙色、黄橙色等颜色后，会联想到太阳、火焰、热血等物体，产生温暖、热烈、危险等感觉，故称之为"暖色"。图7-4所示为以暖色调为主的画面。

（2）冷色

人们在看到蓝色、蓝绿色等颜色后，很容易联想到太空、冰雪、海洋等物体，产生寒冷、理智、平静等感觉，故称之为"冷色"。图7-5所示为以冷色调为主的画面。

图7-4 　　　　　　　　 图7-5

（3）中性色

中性色又称为无彩色，是指没有明显冷暖倾向的色彩，如黑色、白色及由黑白色调和的各种深浅不同的灰色系列。

我们可以根据视频本身传达的氛围来调整视频的色调。

#### 2. 明度

明度又称亮度，即色彩的明暗程度，是有色物体由于反射光量的区别而产生的明暗强弱。

明度通常以黑色和白色表示，越接近黑色，明度越低；越接近白色，明度越高。因此黑色为明度最低的色彩，白色为明度最高的色彩。图7-6所示分别为低明度画面和高明度画面的效果。

低明度画面 　　　　　　　　 高明度画面

图7-6

除了色相外，色彩的明度同样会影响人们对色彩的心理感受，如看到同样重量的物体，黑色或者暗色系的物体会使人感觉偏重，白色或者亮色系的物体会使人感觉较轻。

#### 3. 纯度

色彩的纯度（也叫饱和度，后文统称饱和度）是指色彩的纯净或者鲜艳程度。受图像颜色中灰色的相对比例影响，灰色成分越高，饱和度越高，代表色彩越鲜艳，视觉冲击力越强；灰色成分越低，饱和度越低，代表色彩越灰暗，视觉冲击力越弱。但黑、白和灰色没有饱和度。图7-7所示分别为低饱和度画面和高饱和度画面的效果。

低饱和度画面 　　　　　　　　 高饱和度画面

图7-7

不同的色彩会给人的情绪带来不同的影响，如明度较高、饱和度较低的色彩会给人轻松、自在、身心舒畅的感觉；明度和饱和度都较高的色彩会给人明朗、活泼的感觉。因此我们要合理应用色彩，重视色彩对情绪的引导作用，通过合理的调色处理带给人积极的情绪体验。

设计素养

### 7.1.3 调色的作用与流程

了解了色彩的基本概念和属性后，还需要了解调色的作用与流程，这样在具体调色过程中才能知道调色的方向和步骤，做到"心中有数，游刃有余"。

### 1. 调色的作用

一般来说，在AE中进行视频调色主要有以下3个作用。

● 统一画面效果：在AE中制作视频后期特效时，经常会在一个视频画面中用到各种素材，而这些素材的色调与整体画面的色调是否匹配影响着整个作品的成败。因此，我们可以通过调色统一画面中的视觉元素，提升画面美观度，如图7-8所示。

原图　　　　　　　　　　调色后

图7-8

● 校正画面色调：拍摄的视频或图像，由于拍摄时的光线、环境等客观因素的影响，画面色彩可能会出现偏差，如曝光过度、不足，画面偏灰、偏暗、偏色，受光不均等，此时需要校正画面色调，尽可能地使画面看起来自然、协调，如图7-9所示。

原图　　　　　　　　　　调色后

图7-9

● 强调画面氛围，烘托主题：当画面色调正常时，还可以进一步调整画面的色调，实现所需色彩创意，丰富画面情感，让画面色调与画面主题相契合，从而达到一定的艺术效果。如图7-10所示，调整后的画面具有老电影的氛围感。

原图　　　　　　　　　　调色后

图7-10

### 2. 调色的流程

对视频进行调色时，可针对视频本身的问题一步一步调整。若视频画面整体出现偏色，则只需校正整体画面的色调；若视频画面出现局部曝光过度或曝光不足，则只需对该局部进行亮度处理等；若视频画面色调正常，则可对其进行个性化调色。如图7-11所示，将画面中的背景调整为不同的颜色，可使其更具个性化。

原图　　　　　　　　　　调色后

图7-11

## 7.2　"Lumetri颜色"效果

"Lumetri颜色"效果是颜色校正类效果的一种。该效果集中了多种调色方法，可以满足多种调色需求，调色功能较为完善和强大，因此这里单独进行讲解。在"效果和预设"面板中将"Lumetri颜色"效果应用到素材中，在"效果控件"面板中可以看到该效果中有6个选项，分别侧重于不同的调色场景，下面进行详细介绍。

### 7.2.1　基本校正

"Lumetri颜色"效果的"基本校正"选项不仅可以应用LUT预设自动调整画面色彩，还可以手动校正或还原画面的颜色，校正画面曝光不足、曝光过度等问题，其参数如图7-12所示。

图7-12

## 1. 输入LUT

LUT是Lookup Table（颜色查询表）的缩写，是可应用于视频调色的预设效果，通过它可快速调色整个画面。图7-13所示为使用一种LUT预设前后的对比效果。

图7-13

### 技巧

在"输入LUT"下拉列表中选择"浏览"选项，打开"选择LUT"对话框，在其中可以导入外部的LUT预设。

## 2. 白平衡

白平衡主要用于处理画面中的偏色问题。其操作方法为：单击"白平衡选择器"后的颜色吸管 ，在画面中的白色或中性色区域单击吸取颜色，系统会自动调整白平衡。若仍对画面效果不满意，则还可以通过拖曳色温和色调中的滑块来进行微调。

## 3. 音调

在"基本校正"选项中展开"音调"栏，其中包含了7个选项，各选项介绍如下。

● 曝光度：用于调整画面亮度。向右拖曳滑块可增加曝光度并提高画面亮度，向左拖曳滑块则相反。

● 对比度：用于调整画面对比度。向右拖曳滑块可增加对比度，中间到暗区变得更暗，向左拖曳滑块则相反。

● 高光：用于调整画面亮部。向左拖曳滑块可使高光变暗，向右拖曳滑块可在最小化修剪的同时使高光变亮，从而恢复高光细节。图7-14所示为高光变亮前后的对比效果。

图7-14

● 阴影：用于调整画面阴影。向左拖曳滑块可在最小化修剪的同时使阴影变暗，向右拖曳滑块可使阴影变亮并恢复阴影细节。

● 白色：用于调整画面中最亮的白色区域，向左拖曳

滑块可减少白色，向右拖曳滑块可增加白色。

● 黑色：用于调整画面中最暗的黑色区域，向左拖曳滑块可增加黑色，向右拖曳滑块可减少黑色。

● HDR高光：在HDR模式中调整高光可增强高光细节。HDR高光默认处于关闭状态，需要先勾选"高动态范围"复选框才能激活。

● 按钮：单击该按钮，AE会将之前调节的参数还原为原始设置。

● 按钮：单击该按钮，AE会自动设置滑块位置进行调色。

## 4. 饱和度

饱和度主要用于调整画面中色彩的鲜艳程度，向左拖曳滑块可减少画面饱和度，向右拖曳滑块可增加画面饱和度。

---

★ 范例　"春日"视频调色

知识要点　"Lumetri颜色"效果中基本校正效果的应用

扫码看视频

配套资源　素材文件\第7章\春日.mp4
效果文件\第7章\春日视频调色.aep

范例说明

通过调色不仅可以恢复画面原本的色彩，还能提高画面美观度。本例提供了一个视频素材，但素材中的白色天空由于受到周围环境的影响变成了淡绿色，要求利用"Lumetri颜色"效果中的基本校正效果对该视频进行调色处理，使其恢复原本的色彩，并且视觉效果更加美观。

扫码看效果

*1* 新建项目文件，将"春日.mp4"素材导入"项目"面板中，然后选择该素材，单击鼠标右键，在弹出的快捷菜单中选择"基于所选项新建合成"命令，新建一个和视频素材大小相同的合成。

*2* 按【Ctrl+Alt+Y】组合键新建一个调整图层，在"效果和预设"面板中展开"颜色校正"效果组，双击其中的"Lumetri颜色"效果，将该效果应用到调整图层中。

*3* 在"效果控件"面板中展开"基本校正"效果，单击"白平衡选择器"后的颜色吸管 ，在淡绿色天空处单击吸取颜色，可看到色温和色调数值发生了变化，画面中的淡绿色天空变成了白色，恢复了原本的色彩，如图7-15所示。

图7-15

*4* 此时画面中的天空还有部分阴影，仍需调整，继续在下方提高"音调"栏中对比度和白色的数值，增加画面中的白色，如图7-16所示。

图7-16

*5* 此时画面饱和度较高，为了提高画面美观度，继续在下方设置其饱和度为"83"。

*6* 完成后，将其保存为"春日视频调色"项目文件。

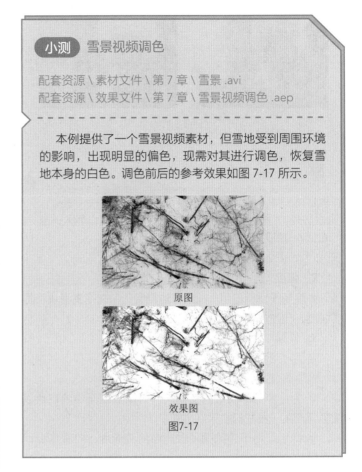

**小测　雪景视频调色**

配套资源 \ 素材文件 \ 第 7 章 \ 雪景 .avi
配套资源 \ 效果文件 \ 第 7 章 \ 雪景视频调色 .aep

本例提供了一个雪景视频素材，但雪地受到周围环境的影响，出现明显的偏色，现需对其进行调色，恢复雪地本身的白色。调色前后的参考效果如图 7-17 所示。

原图

效果图

图7-17

### 7.2.2　创意

在"基本校正"的基础上，还可以通过创意进一步调整画面色调，以进行风格化调色，其参数如图7-18所示。

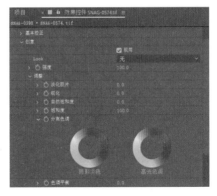

图7-18

#### 1. Look

Look类似于调色滤镜。与LUT相比，Look中的预设主要是对画面进行创意调色。而且，AE自带的Look预设比LUT预设更多、更丰富。图7-19所示为使用一种Look预设前后的对比效果。

图7-19

技巧

与 LUT 一样，在"Look"下拉列表中选择"浏览"选项，在打开的"选择 Look 或 LUT"对话框中也可以导入外部的 Look 预设。

### 2. 强度

强度用于调整应用Look预设的程度，向右拖曳滑块可提高强度，向左拖曳滑块可降低强度。

### 3. 调整

若仍对画面效果不满意，则还可以通过"调整"栏中的参数继续调整画面效果。

● 淡化胶片：向右拖曳滑块，可减少画面中的白色，使画面产生一种梦幻效果。

● 锐化：用于调整视频中边缘的清晰度，向右拖曳滑块可增加边缘清晰度，让细节更加明显；向左拖曳滑块可减小边缘清晰度，让画面变得模糊。

● 自然饱和度：可以智能检测画面原本的饱和度，使原本饱和度够的色彩尽量保持原状，只对画面中低饱和度的色彩有影响，对高饱和度色彩的影响较小。这样可以避免颜色过度饱和，尽量让画面中所有色彩的鲜艳程度趋于一致，从而使调整效果更加自然。

● 饱和度：可以均匀地调整画面中所有色彩的饱和度，使画面中色彩的鲜艳程度相同。图7-20所示为运用饱和度处理画面前后的对比效果。

图7-20

● 分离色调：用于调整阴影和高光中的色彩值，包含

了阴影淡色和高光色调两个色轮，如图7-21所示。单击色轮中间的光标可以添加色彩，此时色轮被填满，表示已进行调整，空心色轮表示未进行任何调整，双击已调整过的实心色轮可将其复原为空心色轮。

阴影淡色　　　高光色调

图7-21

● 色调平衡：用于平衡画面中多余的洋红色或绿色，以校正画面中的偏色问题，使图像达到色彩平衡的效果。

---

**范例**　"天鹅"视频调色

**知识要点**　"Lumetri颜色"效果中创意效果的应用

扫码看视频

**配套资源**　素材文件\第7章\天鹅.mp4
效果文件\第7章\天鹅视频调色.aep

### 范例说明

本例提供了一个"天鹅"视频素材，该视频为红蓝色调，要求利用"Lumetri颜色"效果中的创意效果对该视频进行调色处理，使原本的红蓝色调变为其他色调。

扫码看效果

### 操作步骤

*1* 新建项目文件，将"天鹅.mp4"素材导入"项目"面板中，然后选择该素材，单击鼠标右键，在弹出的快

捷菜单中选择"基于所选项新建合成"命令，新建一个和视频素材大小相同的合成。

2  按【Ctrl+Alt+Y】组合键新建一个调整图层，在"效果和预设"面板中展开"颜色校正"效果组，将其中的"Lumetri颜色"效果拖曳到"合成"面板中，使其应用到调整图层上（需保证调整图层位于"天鹅.mp4"视频素材图层的上方）。

3  在"效果控件"面板中展开"创意"效果，在"Look"下拉列表中选择"SL BLUE ICE"预设，然后设置强度为"70"，如图7-22所示。

图7-22

4  继续在下方展开"分离色调"栏，调整其中的阴影淡色和高光色调两个色轮，并调整色调平衡为"-20.0"，如图7-23所示。

5  完成后，将其保存为"天鹅视频调色"项目文件。

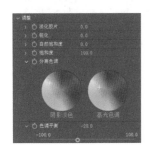

图7-23

## 7.2.3  曲线

"Lumetri颜色"效果中的曲线主要有RGB曲线和色相饱和度曲线两种，分别用于调整画面的明暗度和色相饱和度。

### 1. RGB曲线

RGB曲线中共有4条曲线，主曲线为一条白色对角线，主要控制画面的明暗度（右上角为亮部调整，左下角为暗部调整），其余3条分别为红、绿、蓝通道曲线，可以加大或减小选定的颜色范围。

调整RGB曲线的方法为：展开"RGB曲线"栏，在其下方选择主曲线或者任意一条颜色通道曲线（单击选中一个带有颜色的圆形），在相应曲线上单击并拖曳控制点可以进

行调整，如图7-24所示。

图7-24

### 2. 色相饱和度曲线

除了RGB曲线外，还可以通过色相饱和度曲线进一步调整画面色调。色相饱和度曲线中共有5条曲线，并分成5个单独控制的选项，如图7-25所示。每个选项中都有吸管工具，可用于吸取色彩，然后在相应的曲线上通过控制点来调整该色彩。

调整色相饱和度曲线的方法为：展开其中一个颜色曲线栏，单击吸管工具，在"合成"面板中单击色彩进行取样。此时曲线上自动添加控制点，向上或向下拖曳中心控制点可升高或降低选定范围的输出值，拖曳左右两边的控制点可控制范围，如图7-26所示（这里以"色相与饱和度"曲线为例）。

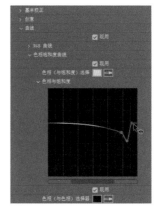

图7-25                    图7-26

**技巧**

直接在曲线上单击鼠标左键，也可为曲线逐一添加单个控制点，且可添加的控制点数量无上限。

按住【Ctrl】键，将鼠标指针移动到控制点上单击可以删除该控制点；双击某控制点可删除该曲线上的所有控制点。

色相饱和度曲线中各曲线介绍如下。

● 色相与饱和度：用于调整所选色彩的饱和度。

● 色相与色相：用于将所选色彩更改为另一色彩。

● 色相与亮度：用于调整所选色彩的亮度。

● 亮度与饱和度：用于选择亮度范围并提高或降低其饱和度。

● 饱和度与饱和度：用于选择饱和度范围并提高或降低其饱和度。

**范例　产品图像调色**

**知识要点**　"Lumetri颜色"效果中曲线效果的应用

**配套资源**　素材文件\第7章\产品图1.jpg、产品图2.jpg、产品图3.jpg
效果文件\第7章\产品图像调色.aep

扫码看视频

**范例说明**

为了满足更多消费者的需求，对相同产品可能会设计出多种色彩。但在拍摄产品图像时，为了节省拍摄时间，可只拍摄一种颜色的产品，然后通过后期调色制作出不同颜色的产品。本例提供了一组产品图像素材，要求利用"Lumetri颜色"效果中的曲线效果使其变为多种色彩。

扫码看效果

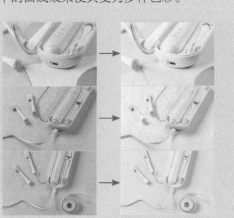

**操作步骤**

1 新建项目文件，在"项目"面板中双击鼠标左键，打开"导入文件"对话框，按住【Ctrl】键依次选择"产品图1.jpg、产品图2.jpg、产品图3.jpg"图像素材，取消勾选"Importer JPEG序列"复选框，单击 导入 按钮。

2 在"项目"面板中选择所有图像素材，单击鼠标右键，在弹出的快捷菜单中选择"基于所选项新建合成"命令，打开"基于所选项新建合成"对话框，在其中选中"多个合成"单选项，单击 确定 按钮，如图7-27所示。

图7-27

3 在"项目"面板中双击打开"产品图1"合成，将"效果和预设"面板中的"Lumetri颜色"效果拖曳到"合成"面板中。

4 在"效果控件"面板中展开"曲线"效果，在RGB曲线中选择主曲线，在对角线上部单击鼠标左键，添加一个控制点并向上拖曳，调整画面亮度，如图7-28所示。

图7-28

5 在色相饱和度曲线中展开"色相与色相"栏，使用"色相（与色相）选择器"后面的吸管工具 🖊 吸取画面中粉色区域的色彩，然后调整色相与色相曲线，如图7-29所示。

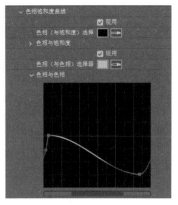

图7-29

6 在色相饱和度曲线中展开"色相与亮度"栏，使用"色相（与亮度）选择器"后面的吸管工具 🖊 吸取画面中绿色区域的色彩，然后调整色相与亮度曲线，如图7-30所示。

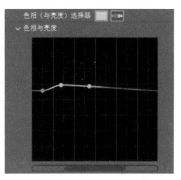

图7-30

7 在"项目"面板中依次双击打开"产品图2""产品图3"合成，并为其添加"Lumetri颜色"效果，使用相同的操作对其进行调色处理，效果如图7-31所示。

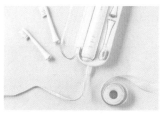

图7-31

8 完成整个画面制作后，将该项目文件保存为"产品图像调色"。

本例提供了一张模特图像素材，要求对模特的服装进行调色处理，制作前后参考效果如图7-32所示。

原图　　　　　　　效果图

图7-32

### 7.2.4　色轮

"Lumetri颜色"效果中的色轮能够分别调整画面中中间调、阴影和高光部分的亮度和色调，更加精确地调色画面，如图7-33所示。

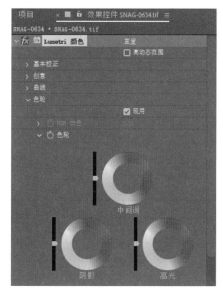

图7-33

色轮的使用方法与阴影淡色和高光色调相同。不同的是，这里的色轮还可以通过提高（向上拖曳色轮左侧滑块）和降低（向下拖曳色轮左侧滑块）数值来调整应用强度，如向下拖曳阴影色轮左侧的滑块可使阴影变暗，向上拖曳高光色轮左侧的滑块可使高光变亮。图7-34所示为使用色轮调

第7章
调色效果的应用

137

整画面前后的对比效果。

原图　　　　　　　　　　调整后

图7-34

### 7.2.5　HSL次要

HSL次要可精确调整画面中的某个特定色彩，而不会影响画面中的其余部分，因此适用于调色局部细节，其中主要包括3个部分。

#### 1. 键

通过"键"可以提取画面中的局部色调、亮度和饱和度范围内的像素。在"HSL次要"栏中依次展开"键"和"HSL滑块"栏，如图7-35所示。

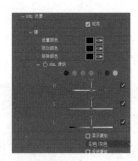

图7-35

"键"栏中有3个选项，每个选项后都有一个吸管工具。其中，"设置颜色"吸管工具用于吸取主颜色；"添加颜色"吸管工具用于添加吸取的主颜色；"移除颜色"吸管工具用于减去吸取的主颜色。选择对应的吸管工具后，在画面中单击鼠标左键可以吸取颜色。

吸取颜色后，在"合成"面板中并不能马上看到吸取的色彩范围，需展开"HSL滑块"栏，勾选"显示蒙版"复选框，才可以看到吸取的颜色范围，如图7-36所示。

原图　　　　　　　　　　选取颜色后

图7-36

如果颜色还没有完全吸取，则可以再次使用"添加颜色"吸管工具添加；如果吸取的颜色过多，则可以再次使用"移除颜色"吸管工具减去多余的颜色。

如果使用吸管工具不能很好地达到要求，则还可以拖曳"HSL滑块"栏中的"H""S""L"滑块，其中"H"表示色相，"S"表示饱和度，"L"表示亮度，便于更加精细地调整选取颜色的范围。

#### 2. 优化

颜色范围选取完成后，可以通过"优化"调整颜色范围以及颜色边缘，如图7-37所示。

图7-37

- 降噪：用于调整被选取颜色范围中的噪点。
- 模糊：用于调整被选取颜色边缘的模糊程度。

#### 3. 更正

"更正"栏中的各项参数可用于调整被吸取颜色范围的其他参数，如图7-38所示。

图7-38

展开其中的"色轮"栏，单击选取色轮中任意一处的颜色，可以将吸取的颜色修改为该颜色，然后单击色轮上方的图标，依次调整所选颜色的中间调、阴影和高光，如图7-39所示。

图7-39

在"色轮"栏下方还可以依次调整吸取颜色的色温、色调、对比度、锐化和饱和度。

在拍摄视频时，视频中的主体可能会因为环境的变化而失真，此时就可使用"Lumetri颜色"效果中的HSL次要效果只对主体进行调色，而不影响周围环境。本例提供了一个水果视频素材，现需要对其进行后期调色处理，要求单独将西瓜瓜瓢泛白的部分调整为红色，其余部分无须改变，在保证画面真实性的基础上提高其美观度。

扫码看效果

操作步骤

*1* 新建项目文件，将"水果.mp4"素材导入到"项目"面板中，然后选择该素材，将其拖动到"合成"面板中，新建合成。

*2* 预览图7-40所示视频，发现视频中西瓜瓜瓢部分泛白，不够美观，没有吸引力。

*3* 按【Ctrl+Alt+Y】组合键新建一个调整图层，将"Lumetri颜色"效果拖曳到"合成"面板中。在"效"

果控件"面板中依次展开"HSL次要""键"栏，单击选择"设置颜色"吸管工具，在西瓜瓜瓢部分单击鼠标左键吸取颜色，如图7-41所示。

图7-40　　　　　　　　　　图7-41

*4* 勾选"HSL滑块"栏中的"显示蒙版"复选框，在"合成"面板中可看到画面中的西瓜瓜瓢部分没有被完全选中，而不需要调整的桌面部分却被选中，如图7-42所示，因此需要再次调整颜色范围。

图7-42

*5* 取消勾选"显示蒙版"复选框，单击选择"添加颜色"吸管工具，在没有选中颜色的瓜瓢部分单击吸取颜色，然后再次勾选"显示蒙版"复选框，查看选择效果，如图7-43所示。

图7-43

**技巧**

使用吸管工具选取颜色时，按住【Ctrl】键，可使吸管工具变大，增加颜色的选取范围。

*6* 此时还需要去除选中的桌子的颜色范围，单击选择"移除颜色"吸管工具，在多选颜色的桌面上单击吸取颜色，然后查看选择效果，如图7-44所示。

*7* 在"效果控件"面板中依次展开"HSL次要""优化"，在其中设置模糊为"5"，使被选取的颜色范围更为自然，如图7-45所示。

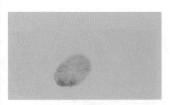

图7-44

图7-45

*8* 取消勾选"显示蒙版"复选框，在"效果控件"面板中依次展开"HSL次要""更正"栏，向下拖曳色轮左侧的滑块，降低其亮度，如图7-46所示。

图7-46

*9* 单击色轮上方的图标，拖曳其中阴影和高光色轮左侧的滑块，使西瓜瓜瓤部分的颜色更深，同时提高西瓜瓜瓤部分亮度，如图7-47所示。

图7-47

*10* 展开"色温"栏，向右拖曳滑块至"40"；展开"对比度"栏，向右拖曳滑块至"5"；展开"饱和度"栏，向右拖曳滑块至"115"。完成后，按空格键预览视频，查看最终效果，如图7-48所示，并将其保存为文件名为"水果视频调色"的项目文件。

图7-48

## 7.2.6 晕影

晕影可以使画面四周变暗或变亮，形成暗角或亮角，从而突出画面中心。其参数栏如图7-49所示。

图7-49

● 数量：用于调整画面中图像的边缘变暗或变亮，向左拖曳滑块变暗，向右拖曳滑块变亮，效果如图7-50所示。

数量为-3

数量为3

图7-50

● 中点：用于选择画面中图像的晕影范围，向左拖曳滑块范围变大，向右拖曳滑块范围变小，效果如图7-51所示。

中点为0

中点为50

图7-51

● 圆度：用于调整画面中图像4个角的圆度大小，向左拖曳滑块圆角变小，向右拖曳滑块圆角变大，效果如图7-52所示。

圆度为-80

圆度为60

图7-52

● 羽化：用于调整画面中图像边缘的羽化程度，羽化值越大，图像越虚化。向左拖曳滑块羽化值变小，向右拖曳滑块羽化值变大，效果如图7-53所示。

羽化值为0 　　　　　　　　　羽化值为15

图7-53

# 7.3 其他调色类效果

AE中除了前面介绍的"Lumetri颜色"效果外，还包含了很多其他调色效果，可用于不同场景的分类调色（由于效果较多，下面只介绍较为常用的几种）。

## 7.3.1 三色调

"三色调"效果可将画面中的高光、阴影和中间调设置为不同的颜色，从而使画面变为3种颜色的效果。

应用该效果后，其"效果控件"面板如图7-54所示。单击高光、中间调和阴影3个选项中的色块，在打开的对话框中可以设置相应颜色，或者使用色块后的吸管工具 直接吸取画面中的颜色。

图7-54

图7-55所示为应用该效果前后的对比效果。

图7-55

## 7.3.2 通道混合器

"通道混合器"效果可调整画面中红、绿、蓝通道之间

的颜色来改变画面的整体颜色。图7-56所示为应用该效果前后的对比效果。

图7-56

## 7.3.3 阴影/高光

"阴影/高光"效果可以调整画面中较暗的区域（阴影）和较亮的区域（高光）。

应用该效果后，其"效果控件"面板如图7-57所示。此时自动勾选"阴影/高光"栏中的"自动数量"复选框，自动均衡画面的明暗关系。若取消勾选该复选框，则可手动设置阴影数量和高光数量。若仍对设置的阴影和高光不满意，则可在"更多选项"栏中进一步进行精细设置。

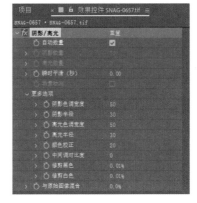

图7-57

图7-58所示为应用该效果前后的对比效果。

图7-58

## 7.3.4 照片滤镜

"照片滤镜"效果可以为图像添加滤镜效果，使其产生某种颜色的偏色效果，与Photoshop中的照片滤镜命令作用

141

大致相同。应用该效果后，其"效果控件"面板如图7-59所示。在"滤镜"下拉列表中可以选择合适的滤镜类型，如冷色滤镜、暖色滤镜，或系统默认的其他颜色滤镜等。如果对系统默认的滤镜颜色都不满意，则在"滤镜"下拉列表中选择"自定义"选项，在下方激活的"颜色"选项中自定义滤镜颜色。

图7-59

图7-60所示为应用该效果前后的对比效果。

图7-60

---

范例 **冷调风格产品宣传广告调色**

 知识要点

"阴影/高光"效果和"照片滤镜"效果的应用

 配套资源

素材文件\第7章\女装模特.avi

效果文件\第7章\冷调风格产品宣传广告调色.aep

扫码看视频

 范例说明

　　冷调风格可以给人素雅、清新、简约的感觉。本例提供了一个女装模特的视频，要求应用"阴影/高光"效果和"照片滤镜"效果将其色调调整为冷调风格，然后丰富视频画面，从而打造成冷调风格的产品宣传广告。

扫码看效果

---

**操作步骤**

*1* 新建项目文件，将"女装模特.avi"素材导入"项目"面板中，然后选择该素材，将其拖曳到"合成"面板中，新建合成。

*2* 按【Ctrl+Alt+Y】组合键新建一个调整图层。单击打开"效果和预设"面板，展开"颜色校正"文件夹，将其中的"阴影/高光"效果拖曳到"合成"面板中，此时画面中的阴影和高光区域自动调整，效果如图7-61所示。

*3* 在"效果控件"面板中的"阴影/高光"栏展开"更多选项"栏，在其中设置阴影半径为"80"，高光半径为"10"，中间调对比度为"30"，如图7-62所示。

 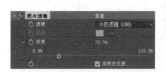

图7-61　　　　　　　　　图7-62

*4* 继续将"颜色校正"文件夹中的"照片滤镜"效果拖曳到"合成"面板中，自动打开"效果控件"面板，在"照片滤镜"栏中的"滤镜"下拉列表中选择"冷色滤镜（LBB）"选项，此时画面变为冷色调，如图7-63所示。

图7-63

*5* 将时间指示器移动到1:00:12:23位置，选择【图层】/【新建】/【形状图层】命令，新建一个形状图层，在"合成"面板中绘制一个矩形。

*6* 在"合成"面板上方的矩形工具栏中设置矩形的填充颜色和描边均为"白色"，描边宽度为"10像素"。

*7* 在"时间轴"面板中依次展开形状图层的"内容""矩形1""填充1"栏，设置不透明度为"20%"，如图7-64所示。

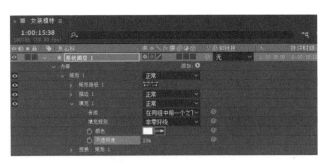

图7-64

$8$ 按【V】键选择"选取工具" ，在"合成"面板中选择矩形，并调整其位置和大小，如图7-65所示。

$9$ 选择形状图层，将其预合成，双击进入该预合成（如果合成背景为白色，与白色形状融为一体，则可以重新调整该合成的背景颜色）。

$10$ 使用横排文字工具在矩形右下角输入文本，设置文本字体为"方正字迹-吕建德字体"，大小为"25"，然后调整文本的位置和旋转属性，返回"女装模特"合成查看效果，如图7-66所示。

图7-65       图7-66

$11$ 选择预合成图层，按【T】键显示不透明度属性栏，在1:00:12:23位置单击不透明度属性名称左侧的"时间变化秒表"按钮 ，开启关键帧，并设置不透明度为"0%"，将时间指示器移动至视频末尾，设置不透明度为"100%"。

$12$ 完成后，按空格键预览视频，查看最终效果，并将其保存为"冷调风格产品宣传广告调色"项目文件。

### 7.3.5 色调

"色调"效果主要用于调整画面包含的颜色信息，使画面产生两种颜色的变化效果。应用该效果前后的对比效果如图7-67所示。

图7-67

### 7.3.6 色调均化

"色调均化"效果可以在图像过暗或过亮时，通过平均值重新分布像素的亮度值以达到更均匀的亮度平衡，与Photoshop中的色调均化命令作用大致相同。

应用该效果后，其"效果控件"面板如图7-68所示。在"色调均化"下拉列表中可以选择不同的均化方式，包括RGB、亮度、Photoshop样式3种，以得到不同的视觉效果。

图7-68

应用该效果前后的对比效果如图7-69所示。

图7-69

### 7.3.7 色阶

色阶可以表现画面中的明暗关系，因此通过"色阶"效果可以调整画面中的明亮对比，以及阴影、中间调和高光强度级别。应用该效果后，其"效果控件"面板如图7-70所示。

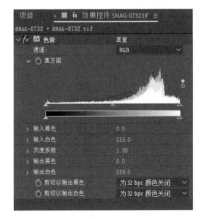

图7-70

"色阶"效果在"效果控件"面板中的部分选项作用如下。

● 通道：用于选择调整画面颜色的通道。

● 直方图：主要用于显示每个色阶像素密度的统计分析信息，其下方有3个色阶滑块，从左到右依次对应的是阴影、中间调和高光，也代表了0~255色阶，0代表最暗的黑色区域，255代表最亮的白色区域，中间表示灰色区域，由左往右表示从黑（暗）到白（亮）的亮度级别。色阶滑块下方还有一个"输出色阶"滑块，用于设置图像的亮度范围，可改变画面的明暗度，向右拖曳滑块可以使图像变亮，向左拖曳滑块可以使图像变暗。

● 输入黑色：用于设置黑色输入时的级别，向右拖曳滑块将使画面中最暗的颜色变得更暗，与直方图中的阴影滑块作用相同。

● 输入白色：用于设置白色输入时的级别，向左拖曳滑块将使画面中最亮的颜色变得更亮，与直方图中的高光滑块作用相同。

● 灰度系数：用于设置中间调输入时的级别，向左拖曳滑块将使画面的中间调颜色变暗，向右拖曳滑块将使画面的中间调颜色变亮，与直方图中的中间调滑块作用相同。

● 输出黑色：用于设置黑色输出时的级别，与"输出色阶"滑块的作用相同。

● 输出白色：用于设置白色输出时的级别，与"输出色阶"滑块的作用相同。

应用该效果前后的对比效果如图7-71所示。

图7-71

> **技巧**
>
> 除了"色阶"效果外，还可以运用"色阶（单独控件）"效果来调整画面的明亮度，且"色阶（单独控件）"效果还可以单独调整每个通道的颜色值。

## 7.3.8 色光

"色光"效果可以将各种颜色映射到不同的亮度区域，使画面产生强烈的高饱和度色彩光亮效果，其中有大量预设供用户选择。应用该效果后，其"效果控件"面板如图7-72所示。

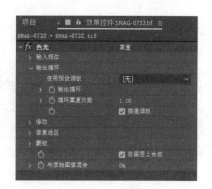

图7-72

"色光"效果在"效果控件"面板中的部分选项作用如下。

● 输入相位：用于设置画面渐变映射的方式。

● 输出循环：用于设置渐变映射的样式，在"使用预设调板"下拉列表中可以选择不同的样式预设。

● 修改：用于设置渐变映射影响当前画面的方式。

● 像素选区：用于设置渐变映射在当前画面影响的像素范围。

● 蒙版：勾选"在图层上合成"复选框，可将效果合成到图层上。

● 与原始图像混合：用于设置与原始图像的混合程度。

应用该效果前后的对比效果如图7-73所示。

图7-73

## 7.3.9 色相/饱和度

"色相/饱和度"效果用于调整画面中各个通道的色彩、饱和度和亮度。应用该效果前后的对比效果如图7-74所示。

图7-74

## 7.3.10 广播颜色

"广播颜色"效果主要用于设置广播电视的信号振幅数

值，确保广播电视播放时能更好地显示。

## 7.3.11 亮度和对比度

"亮度和对比度"效果用于调整画面中的亮度和对比度。应用该效果前后的对比效果如图7-75所示。

图7-75

 范例说明

本例提供了一个秋日风景视频素材，但该素材存在饱和度低、昏暗、对比度低等问题，需要对其进行调色处理，要求处理后的画面具有秋季暖色调的特征，并且更加美观。

扫码看效果

 操作步骤

1 新建项目文件，将"秋日.mov"素材导入"项目"面板中，然后选择该素材，将其拖曳到"合成"面板中，新建合成。

2 打开"效果和预设"面板，展开"颜色校正"文件夹，将其中的"色调均化"效果拖曳到"合成"面板中，在"效果控件"面板中设置色调均化量为"40%"，此时视频画面变得更加明亮，如图7-76所示。

图7-76

3 继续将"色相/饱和度"效果拖曳到"合成"面板中，然后在"效果控件"面板中设置主饱和度为"37"，主亮度为"12"，如图7-77所示。

4 在"效果控件"面板的"通道控制"下拉列表中选择"红色"选项，然后在下方设置红色通道的红色饱和度为"20"，红色亮度为"30"，如图7-78所示。

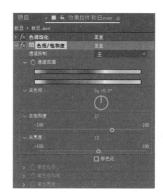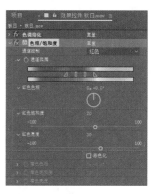

图7-77　　　　　　　图7-78

5 使用相同的方法设置黄色通道的黄色饱和度和黄色亮度均为"10"；绿色通道的绿色饱和度和绿色亮度均为"15"；青色通道的青色饱和度为"31"，青色亮度为"48"；蓝色通道的蓝色饱和度为"8"，蓝色亮度为"15"。此时视频画面中各颜色的饱和度和亮度均已设置完成，效果如图7-79所示。

图7-79

6 将"亮度和对比度"效果拖曳到"合成"面板中，然后在"效果控件"面板中设置亮度为"10"，对比度为"20"，如图7-80所示。

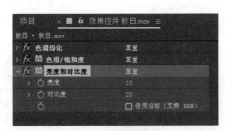

图7-80

**7** 完成整个画面制作后，将其保存为"秋日风景短视频调色"项目文件。

**小测** 童装视频调色

配套资源\素材文件\第7章\童装.mov
配套资源\效果文件\第7章\童装视频调色.aep

　　本例提供了一个童装视频素材，该素材存在画面昏暗、色彩暗淡等问题，需利用前面所学调色效果调整其饱和度、亮度等，恢复其原本的色彩。调色前后的参考效果如图7-81所示。

原图

效果图

图7-81

### 7.3.12 保留颜色

　　"保留颜色"效果可以选择一种需要保留的颜色范围，而降低其他颜色的饱和度。应用该效果后，其"效果控件"面板如图7-82所示。

　　"保留颜色"效果在"效果控件"面板中的各选项作用如下。

● 脱色量：用于设置色彩的脱色强度，数值越大，饱和度越低。

● 要保留的颜色：用于设置需要保留的颜色。

● 容差：用于设置颜色的容差度。

● 边缘柔和度：用于设置素材边缘的柔和程度。

● 匹配颜色：用于设置颜色的匹配模式。

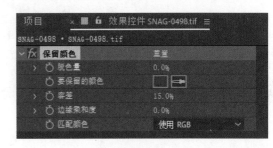

图7-82

应用该效果前后的对比效果如图7-83所示。

图7-83

### 7.3.13 可选颜色

　　"可选颜色"效果可以校正画面中不平衡的颜色，也可以将画面中的一种颜色变为另一种颜色。应用该效果前后的对比效果如图7-84所示。

图7-84

### 7.3.14 曝光度

　　"曝光度"效果可以调整画面中的曝光量。应用该效果后，其"效果控件"面板如图7-85所示。在"通道"下拉列表中选择"单个通道"选项，可激活主通道下方的红色、绿色和蓝色通道，便于为不同通道设置曝光效果。

　　应用该效果前后的对比效果如图7-86所示。

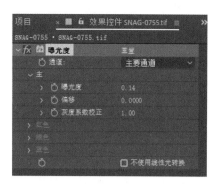

图7-85

图7-86

## 7.3.15　曲线

"曲线"效果主要通过曲线的方式来调整画面中的色调范围，与Photoshop中的曲线命令作用类似。应用该效果后，其"效果控件"面板如图7-87所示。

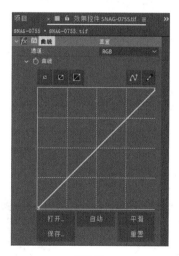

图7-87

"曲线"效果在"效果控件"面板中的各选项作用如下。

● "通道"下拉列表：在该下拉列表中可以选择不同的色彩通道。

● "曲线"图标 ：默认选择该图标，在曲线框中单击并拖曳控制点，可以调整画面的明暗程度。

● "铅笔"图标：选择该图标后，可在曲线框中绘制任意曲线。

● 打开_：单击该按钮，可在打开的对话框中选择已保存的曲线文件或贴图文件。

● 自动：单击该按钮，AE将自动调整曲线。

● 平滑：单击该按钮，可平滑使用铅笔绘制的曲线，多次平滑可以无限接近默认曲线。

● 保存_：单击该按钮，可将当前调整的曲线保存为曲线文件，或将使用铅笔绘制的曲线保存为贴图文件，便于重复使用。

● 重置：单击该按钮，可恢复默认曲线。

应用该效果前后的对比效果如图7-88所示。

 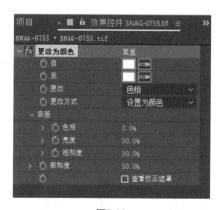

图7-88

## 7.3.16　更改为颜色

"更改为颜色"效果可以吸取画面中的某种颜色，将其替换为另一种颜色。应用该效果后，其"效果控件"面板如图7-89所示。

图7-89

"更改为颜色"效果在"效果控件"面板中的各选项作用如下。

● 自：用于设置需要更换的颜色。

● 至：用于设置最终更换的颜色。

● 更改：用于设置颜色变化的基础类型组合，默认为"色相"。

● 更改方式：用于设置颜色替换方式。

● 容差：用于设置色相、亮度和饱和度容差值。

● 柔和度：用于设置"自"和"至"之间的平滑过渡。

● "查看校正遮罩"复选框：勾选该复选框，可在"合成"面板中以黑白蒙版的形式显示素材，便于查看转换颜色受影响的区域。

应用该效果前后的对比效果如图7-90所示。

图7-90

**技巧**

除了"更改为颜色"效果外，"更改颜色"效果也可将画面中指定的一种颜色变为另一种颜色。不同的是，"更改颜色"效果可以吸取画面中的某种颜色，然后设置该颜色的色相、亮度和饱和度以改变颜色。

**★范例 制作局部彩色创意短视频**

 知识要点：
"曝光度""曲线""保留颜色""更改为颜色"效果的应用

 配套资源：
素材文件\第7章\短视频.mp4
效果文件\第7章\局部彩色创意短视频.aep

扫码看视频

 范例说明

本例提供了一个短视频素材，要求除人物外，视频中其余颜色都变为灰色，并随着人物奔跑，慢慢变为正常的色彩。制作该效果前，先使用"曝光度"和"曲线"效果将视频调整为正常色调，提高其美观度。

扫码看效果

**操作步骤**

*1* 新建项目文件，将"短视频.mp4"素材导入"项目"面板中，然后选择该素材，将其拖曳到"合成"面板中，新建合成。

*2* 打开"效果和预设"面板，展开"颜色校正"文件夹，将其中的"曝光度"效果拖曳到"合成"面板中，然后在"效果控件"面板中调整曝光度为"0.5"，如图7-91所示。

*3* 继续将"曲线"效果拖曳到"合成"面板中，然后在"效果控件"面板的曲线框中创建并拖曳两个控制点，创建一条S形曲线，提高画面的对比度和亮度，如图7-92所示。

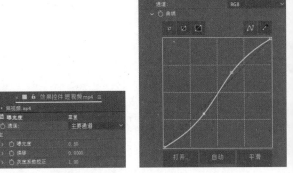

图7-91　　　　　　　　　图7-92

*4* 此时视频中的画面已经恢复了正常色调，视频效果更加美观，调色前后的对比效果如图7-93所示。

图7-93

*5* 将"保留颜色"效果拖曳到"合成"面板中，然后在"效果控件"面板中设置该效果的参数，使视频画面中除人物衣服颜色外，其余颜色均为灰色，如图7-94所示。

*6* 在"时间轴"面板中依次展开视频素材图层中的"效果""保留颜色"栏，依次单击"脱色量""容差"这

缘柔和度"前面的"时间变化秒表"按钮，开启关键帧，如图7-95所示。

利用"Lumetri颜色"效果中的"自然饱和度"也可得到相同的效果。应用该效果前后的对比效果如图7-97所示。

图7-94

图7-97

### 7.3.18 自动色阶/自动对比度/自动颜色

"自动色阶""自动对比度""自动颜色"这3种效果都可以自动调整画面效果。其中，"自动对比度"效果可自动调整画面的对比度；"自动色阶"效果可自动调整画面的色阶；"自动颜色"效果可自动调节画面的颜色。其应用前后的对比效果如图7-98所示。

图7-98

图7-95

7 将时间指示器移动到0:00:02:02位置，单击"保留颜色"栏后的"重置"按钮，使视频恢复原本的色彩，并自动创建关键帧，如图7-96所示。

### 7.3.19 颜色平衡

"颜色平衡"效果可以调整阴影、中间调和高光红、绿、蓝颜色通道的强度，并可保持发光度。应用该效果前后的对比效果如图7-99所示。

图7-99

图7-96

8 完成整个画面制作后，将其保存为"局部彩色创意短视频"项目文件。

### 7.3.17 自然饱和度

"自然饱和度"效果可以调整画面中的饱和度。另外，

### 7.3.20 颜色平衡（HLS）

"颜色平衡（HLS）"效果能调整画面的色相、明度、饱和度，使画面颜色发生改变，达到色彩均衡的效果。应用该效果前后的对比效果如图7-100所示。

图7-100

### 7.3.21 黑色和白色

"黑色和白色"效果可以将彩色画面转换为黑白画面，相当于Photoshop中的"黑白调整"命令。应用该效果前后的对比效果如图7-101所示。

图7-101

### 7.3.22 最大/最小

"最大/最小"效果可将每个通道指定半径内的每个像素替换为最小或最大像素，类似于Photoshop中的"最大值"和"最小值"滤镜。

### 7.3.23 通道合成器

"通道合成器"效果可提取、显示和调整图层的通道值。应用该效果后，"效果控件"面板如图7-102所示。

图7-102

"通道合成器"效果在"效果控件"面板中的各选项作用如下。

● "使用第二个图层"复选框：勾选该复选框，可激活并设置下方的源图层，源图层可以是合成中的任何图层。

● 自：用于设置需要转换的颜色。

● 至：用于设置目标颜色。

● "反转"复选框：勾选该复选框，可反转所选颜色。

● "纯色Alpha"复选框：勾选该复选框，可使整个图层的Alpha通道值为1.0（完全不透明）。

### 7.3.24 转换通道

"转换通道"效果可将图像中的红色、绿色、蓝色和Alpha通道替换为其他通道的值。图7-103所示为应用该效果前后的对比效果。

图7-103

### 7.3.25 反转

"反转"效果可对图像的通道进行反转，即反转图像的颜色信息，默认情况下相当于Photoshop中的"反相"命令。图7-104所示为应用该效果前后的对比效果。

图7-104

### 7.3.26 固态层合成

"固态层合成"效果又称"纯色合成"效果，可设置某种颜色与当前图层进行混合模式和透明度的合成。图7-105所示为应用该效果前后的对比效果。

图7-105

## 7.3.27 混合

"混合"效果可使用5种混合模式中的一种将两个图层的颜色混合在一起。图7-106所示为应用该效果前后的对比效果。

图7-106

## 7.3.28 算术

"算术"效果可在图像的红色、绿色和蓝色通道上执行相加、相减等多种运算。

## 7.3.29 计算

"计算"效果可为两个图层的通道执行混合运算，类似于Photoshop中的"计算"命令。

## 7.3.30 设置遮罩

"设置遮罩"效果可将某图层的Alpha通道（遮罩）替换为该图层上面的另一图层的通道，以此创建移动遮罩效果。图7-107所示为应用该效果前后的对比效果。

图7-107

 范例　制作复古风格短片

 知识要点　"算术""反转"效果的应用

配套资源　素材文件\第7章\短片.mp4、文本.txt
效果文件\第7章\复古风格短片.aep

扫码看视频

### 范例说明

　　复古风格可以使画面有怀旧感，更有质感。本例提供了一个素材视频，要求使用"算术""反转"效果中的调色效果将其制作为一个复古风格短片。由于该视频素材较长，所以可以在新建合成时缩短视频长度，然后进行调色，最后添加一些文案信息，展现短片主题。

扫码看效果

### 操作步骤

*1* 新建项目文件，将"短片.mp4"素材导入"项目"面板中，可以看到该素材的帧速率为"23.976"，如图7-108所示。这样便于新建合成文件时设置相同的帧速率。

图7-108

*2* 在"合成"面板中选择"新建合成"选项，打开"合成设置"对话框，设置宽度为"3840px"，高度为

"2160px"，帧速率为"23.976"，持续时间为"0:00:15:00"，单击 确定 按钮。

3 将"项目"面板中的"短片.mp4"素材拖曳到"时间轴"面板中，选择【图层】/【新建】/【调整图层】菜单命令，新建一个调整图层用于调色。

4 打开"效果和预设"面板，展开"通道"栏，将其中的"算术"效果拖曳到调整图层上，在"效果控件"面板的"运算符"下拉列表中选择"相加"选项，然后设置红色值、绿色值、蓝色值分别为"16、10、5"，效果如图7-109所示。

图7-109

5 在画面中增加一点淡淡的蓝色调，营造出复古的感觉。继续将"声道"栏中的"反转"效果拖曳到调整图层上，在"效果控件"面板的"通道"下拉列表中选择"蓝色"选项，然后设置与原始图像混合为"80%"，如图7-110所示。此时视频调色完成，效果如图7-111所示。

图7-110

图7-111

6 在"时间轴"面板中展开调整图层的"变换"栏，将时间指示器移动至0:00:05:00处，单击位置属性名称左侧的"时间变化秒表"按钮 ，开启关键帧。将时间指示器移动至0:00:10:00处，设置位置属性的参数，自动在该时间点创建关键帧，如图7-112所示。

7 新建一个文本图层，在"合成"面板中输入"文本.txt"文档中的文本，设置字体为"方正兰亭中粗黑简体"，字体大小为"85像素"，如图7-113所示。

图7-112　　　　　　图7-113

8 在"时间轴"面板中调整文本图层的入点至0:00:05:00处，并在该位置创建一个位置属性的关键帧。将时间指示器移动至0:00:14:23处，设置位置属性的参数如图7-114所示。

图7-114

9 完成整个画面制作后，将其保存为"复古风格短片"项目文件。

## 7.4 综合实训：制作旅行风景宣传视频

旅行宣传视频是以视频为载体的广告宣传形式，可以将当地的风景名胜、人文情怀以一种更加丰富的形式展现出来，吸引更多用户前往旅行。

### 7.4.1 实训要求

在世界旅游日到来之际，某市旅游局为发展当地旅游业，需要制作旅行风景宣传视频，在宾馆、饭店和游客中心车站播放。现提供了多个未经处理的实拍视频素材，要求对视频出现的问题进行调色处理，使其符合旅行风景宣传视频的制作要求，然后添加文案，并制作出动态效果，最终完成旅行风景宣传视频。注意，视频的宽度为"1920px"、高度为"1080px"。

### 7.4.2 实训思路

（1）调色是提升画面氛围的常用方法之一，不同的调色效果会使画面表达出不一样的情感。对提供的5个视频素材进行分析可知，首先要对这些视频进行基础调色处理，使其恢复原本的色调，然后要进行风格化调色，提高视频画面的美观度。

（2）宣传视频不仅仅包括视频画面，还应包括文字内容，因此制作宣传视频时还要添加展示文案。这里可在第一个和最后一个视频中添加文案内容。

（3）在完善最终效果时，可结合前面所学图层属性、图层的入点和出点、蒙版等知识进行制作，然后利用关键帧动画制作动态效果。

本实训完成后的参考效果如图7-115所示。

扫码看效果

图7-115

## 7.4.3 制作要点

**知识要点** "阴影/高光""照片滤镜""Lumetri颜色""颜色平衡""曲线""色调均化""自然饱和度"效果的应用

**配套资源** 素材文件\第7章\旅游视频\效果文件\第7章\旅行风景宣传视频.aep

扫码看视频

完成本实训的主要操作步骤如下。

*1* 新建项目，将"旅游视频"文件夹中的所有视频素材全部导入"项目"面板中，然后新建宽度为"1920 px"、高度为"1080 px"、持续时间为"0:00:30:00"的合成。

*2* 将"日出.mp4"视频素材拖曳到"合成1"文件的"合成"面板中，然后调整其伸缩因数。

*3* 打开"效果和预设"面板，将"颜色校正"文件夹中的"阴影/高光"效果应用到"日出.mp4"视频中，并

应用默认的阴影数量和高光数量。调色前后的对比效果如图7-116所示。

图7-116

*4* 继续为"日出.mp4"视频应用"照片滤镜"效果，并在"效果控件"面板中调整滤镜参数。

*5* 在"合成"面板中输入3段文案内容，并让这3段文字内容在"合成"面板中居中显示。

*6* 选择第3段文字图层，使用矩形工具█在文字上方绘制矩形蒙版，然后在"时间轴"面板中调整"蒙版"栏的参数，使文字呈渐变变化。

*7* 将3个文本图层预合成，预合成名称为"文案"。选择预合成图层，然后再次绘制矩形蒙版，并为该蒙版制作从下到上依次出现和消失的路径动画。

*8* 将"森林.mp4"视频拖曳到"时间轴"面板中，并调整其缩放值，使其大小尽量与合成大小一致，然后调整视频的伸缩因数。

*9* 调整"森林.mp4"视频的入点位置为"日出.mp4"视频的出点位置，为"森林.mp4"视频应用"Lumetri颜色"效果，并在"效果控件"面板中调整其色温、曝光度、对比度、高光等参数。调色前后的对比效果如图7-117所示。

图7-117

*10* 将"山顶.mp4"视频拖曳到"时间轴"面板中，使用相同的方法将该视频放置于"森林.mp4"视频出点位置，并调整其缩放值和伸缩因数。

*11* 为"山顶.mp4"视频应用"颜色平衡"效果，在"效果控件"面板中增加中间调蓝色的值；继续为"山顶.mp4"视频应用"曲线"效果，调整曲线提高画面亮度和对比度。调色前后的对比效果如图7-118所示。

图7-118

*12* 将"雪山.mp4"视频拖曳到"时间轴"面板中，将其放置于"山顶.mp4"视频出点位置，并调整其伸缩因数。

*13* 为"雪山.mp4"视频应用"色调均化"和"自然饱和度"效果，在"效果控件"面板中调整其参数。调色前后的对比效果如图7-119所示。

图7-119

*14* 新建文本图层，并输入文字内容，然后调整文字的字体样式、大小、间距、行距，以及在画面中的位置，最后设置该文本图层的入点与第2个视频的入点相同。

*15* 完成整个画面制作后，将其保存为"旅行风景宣传视频"项目文件。

**学习笔记**

------------------------------------------------

------------------------------------------------

------------------------------------------------

------------------------------------------------

 **巩固练习**

### 1. 人物图像调色

本练习提供了一张人物图像，需要对其进行调色处理，要求将人物服装更改为冷色调，还要为画面添加冷色滤镜，使画面氛围与人物更加和谐。如有需要，还可调整画面的饱和度、亮度等参数。更改前后的对比效果如图7-120所示。

> **配套资源**
> 素材文件\第7章\女装.jpg
> 效果文件\第7章\人物图像调色.aep

图7-120

### 2. 制作"歌曲推荐"视频封面

本练习提供了一个"海边"视频素材，但该视频素材原片整体颜色偏灰，导致画面效果不佳，要求适当调整视频的亮度、对比度和饱和度，让视频画面呈现出明亮干净的感觉，并添加纯色图层和文本将其制作为"歌曲推荐"视频封面。制作前后的对比效果如图7-121所示。

> **配套资源**
> 素材文件\第7章\海边.mov
> 效果文件\第7章\"歌曲推荐"视频封面.aep

图7-121

### 3. 合成视频

本练习提供了两个视频素材，要求将这两个视频素材合成为一个完整的视频。在制作时，可以先对"草地.mp4"素材进行调色，恢复视频原本的色彩，然后使用抠像类效果将"羊驼.mov"素材中的羊驼抠取出来，放置到"草地.mp4"素材中，调整其大小和位置，然后对"羊驼.mov"素材进行调色，使其融入"草地.mp4"素材中，最后通过调整图层为这两个素材应用"照片滤镜"效果，使二者的融合更加和谐。制作前后的对比效果如图7-122所示。

> 配套资源
>
> 素材文件\第7章\草地.mp4、羊驼.mov
> 效果文件\第7章\合成视频.aep

图7-122

---

 **技能提升**

在AE中对视频进行调色前，可以先将工作模式切换为颜色模式。其操作方法为：选择【窗口】/【工作区】/【颜色】命令，进入颜色模式，如图7-123所示。

在颜色模式中，可以借助"Lumetri范围"面板来更快更好地进行调色工作。"Lumetri范围"面板中包含矢量示波器、直方图、分量和波形4种示波器，可将色彩信息以图形的形式直观展示以来，真实反映视频中的明暗关系或色彩关系，从而更加客观、高效地进行调色工作。在"Lumetri范围"面板中单击鼠标右键，可在弹出的快捷菜单中选择合适的示波器，如图7-124所示。

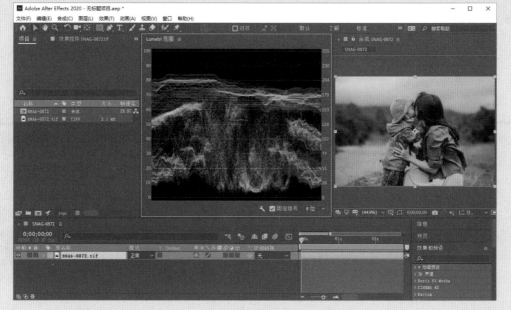

图7-123

### 1. 矢量示波器

矢量示波器表示与色相相关的素材色度，常用于辅助判定画面的色相与饱和度，着重监控色彩的变化。AE中有矢量示波器（HLS）和矢量示波器（YUV）两种矢量示波器，它们分别基于HSL色彩模式和YUV色彩模式所产生，如图7-125所示。

图7-124

矢量示波器（HLS）　　矢量示波器（YUV）

图7-125

● 矢量示波器（HLS）：在矢量示波器（HLS）中可以看到颜色轮盘中间有白雾状轨迹，这种轨迹在哪个角度的范围内越密，就表示画面中这种色彩的像素越多。如果轨迹从中心点向外延伸，则表示画面中色彩的饱和度开始逐渐提高；如果都集中在中心点，则说明该画面几乎无色彩。

● 矢量示波器（YUV）：在矢量示波器（YUV）中，红色、洋红色、蓝色、青色、绿色和黄色（R、MG、B、Cy、G和YL）6种颜色的框线相互连接，形成一个范围，一旦超出这个范围，则代表超出了安全值，需要进行调色处理。

### 2. 直方图示波器

直方图示波器主要用于显示每个色阶像素密度的统计分析信息，其中纵轴表示色阶，由下往上表示从黑（暗）到白（亮）的亮度级别，横轴表示对应色阶的像素数量，像素越多，数值越高，如图7-126所示。

### 3. 分量示波器

分量示波器表示视频信号中的明亮度和色差通道级别的波形，常用于解决画面色彩平衡的问题。AE中的分量类型主要有RGB、YUV、RGB—白色和YUV—白色4种。在"Lumetri范围"面板中单击鼠标右键，在弹出的快捷菜单中选择"分量类型"命令，在打开的子菜单中选择分量类型，主菜单中将显示选择该分量类型的示波器，如图7-127所示。

图7-128所示为分量（RGB）示波器，其中显示了视频素材中红色、绿色和蓝色级别的波形，以及色彩的分布方式，在调色时较为常用。

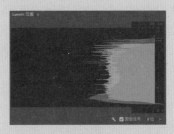

图7-126

图7-127

### 4. 波形示波器

波形示波器主要提供所有颜色通道信号级别的快照。AE中的波形示波器主要有RGB、明度、YC和YC无色度4种类型，其选择方法与分离示波器相同，如图7-129所示。

图7-128

图7-129

波形示波器和分量示波器的形状整体上是相同的，只是波形示波器将分量示波器中分开显示的R（红）、G（绿）、B（蓝）进行了整合。

图7-130所示为波形（RGB）示波器，反映了图像的亮度和色彩的饱和度。X轴表示的波形分布从左到右，与画面的内容一一对应；Y轴的顶部表示高光区域，底部表示阴影区域。

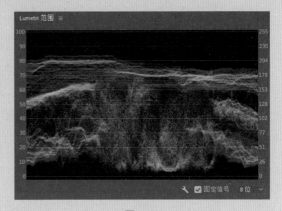

图7-130

# 第8章

## 其他效果与动画预设的应用

### 本章导读

AE中的效果多达上百种，每种效果都可以调整相应的参数，从而达到不同的效果。用户可以将调整后的效果保存为动画预设，然后应用到其他计算机中。

### 知识目标

< 掌握应用其他不同效果的方法
< 了解和查看动画预设
< 掌握导入外部动画预设的方法

### 能力目标

< 能够制作MG动画片头效果
< 能够制作手机翻页效果
< 能够制作"新茶上市"动态广告
< 能够制作故障风文字动画效果
< 能够制作谷雨节气动态日签
< 能够制作穿梭转场创意视频
< 能够制作粉笔字效果动态海报
< 能够制作手写文字效果夏至海报
< 能够制作混响音频效果
< 能够制作人物出场定格动画

### 情感目标

< 提升视频审美和创意的能力
< 积极探索视频中不同效果的使用技巧

## 8.1 其他常用效果详解

前面章节中讲解了抠像、过渡，以及各种调色类效果的应用，而AE中除了上述效果外，还有很多其他常用的效果。

### 8.1.1 实用工具

"实用工具"效果组中的效果可以调整图像颜色的输出和输入设置。该效果组包括7种类型，较为常用的有以下5种。

#### 1. 范围扩散

该效果可以增加图层效果的扩展范围，如某图层小于合成大小时，为该图层应用扭曲类效果后，图层效果将会受限于合成大小，如图8-1所示。而应用"范围扩散"效果后，可让扭曲效果突破图层大小，如图8-2所示。

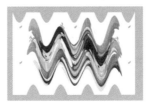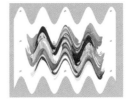

图8-1　　　　　　　　图8-2

需要注意的是："范围扩散"效果应先于扭曲类效果才会发生变化。

#### 2. Cineon转换器

该效果可以将标准线性应用到对数转换曲线上。应用该效果后，可在"效果控件"面板中调整转换的类型，主要包括线性到对数、对数到对数和对数到线性3种。

### 3. HDR高光压缩

该效果可在高动态范围图像中压缩高光量，用于恢复高光细节。

### 4. 应用颜色LUT

该效果可直接应用各种AE支持的LUT文件（格式为.3dl、.Cube、.look、.csp等）

### 5. 颜色配置文件转换器

该效果可用于指定输入和输出的配置文件，并使用配置文件在色彩空间之间转换图像。

## 8.1.2 扭曲

扭曲效果组主要通过对图像进行几何扭曲变形来制作各种画面变形效果。该效果组包括37种类型，下面分别进行介绍。

### 1. 球面化

该效果可以将平面的图像变为球面效果。应用该效果前后的对比效果如图8-3所示。

图8-3

应用该效果后，可在"效果控件"面板的"球面化"栏中设置球面的半径，以及产生球面效果的中心位置。

### 2. 贝塞尔变形

该效果可以调整图像中各控制点的位置，从而改变图像形状。应用该效果前后的对比效果如图8-4所示。

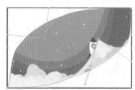

图8-4

### 3. 旋涡条纹

该效果可以通过两个蒙版路径来控制扭曲的范围。应用该效果前后的对比效果如图8-5所示。

### 4. 改变形状

该效果可以改变图像某一部分的形状，主要通过3个蒙版路径控制变化的形状和范围。应用该效果前后的对比效果如图8-6所示。

应用该效果后，可在"效果控件"面板中设置源蒙版、目标蒙版和边界蒙版。源蒙版内的图像会随着目标蒙版发生

变形，边界蒙版之外的图像则不受变形影响。

图8-5

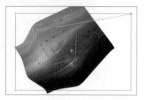

图8-6

### 5. 放大

该效果可以放大整个图像或者图像上的部分区域，制作类似放大镜的效果。应用该效果前后的对比效果如图8-7所示。

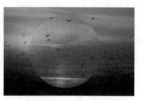

图8-7

### 6. 镜像

该效果可以沿线反射图像，制作各种对称效果。应用该效果前后的对比效果如图8-8所示。

图8-8

### 7. CC Bend It（CC弯曲）

该效果可以弯曲、扭曲图像的某一部分。应用该效果前后的对比效果如图8-9所示。

图8-9

## 8．CC Bender（CC扭曲）

该效果可以以倾斜的方式使图像发生卷曲。应用该效果前后的对比效果如图8-10所示。

图8-10

## 9．CC Blobbylize（CC斑点化）

该效果可以使图像产生融化效果。应用该效果前后的对比效果如图8-11所示。

图8-11

## 10．CC Flo Motion（CC Flo运动）

该效果可以将图像中任意两点作为中心点收缩周围像素，使图像发生变形。应用该效果前后的对比效果如图8-12所示。

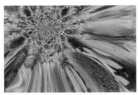

图8-12

## 11．CC Griddler（CC网格变形）

该效果可以将图像分解为拼贴网格，制作错位的网格效果。应用该效果前后的对比效果如图8-13所示。

图8-13

## 12．CC Lens（CC镜头）

该效果可以通过镜头变形扭曲图像，类似于Photoshop中的"镜头校正"滤镜。应用该效果前后的对比效果如图8-14所示。

图8-14

## 13．CC Page Turn（CC翻页）

该效果可以使图像产生翻页效果。应用该效果前后的对比效果如图8-15所示。

图8-15

## 14．CC Power Pin（CC强力定位）

该效果可以调整图像的边角位置，使图像产生拉伸、倾斜等变形效果。应用该效果前后的对比效果如图8-16所示。

图8-16

## 15．CC Ripple Pulse（CC扩散波纹变形）

该效果可以模拟波纹扩散效果。应用该效果前后的对比效果如图8-17所示。需要注意的是：应用该效果时，需添加关键帧才能发生变化。

图8-17

## 16．CC Slant（CC倾斜）

该效果可以沿水平轴倾斜图像。应用该效果前后的对比效果如图8-18所示。

图8-18

### 17. CC Smear（CC涂抹）

该效果可以通过控制点使图像产生扭曲效果。应用该效果前后的对比效果如图8-19所示。

图8-19

### 18. CC Split（CC分割）

该效果可以在图像的任意两点之间产生对称的分裂效果。应用该效果前后的对比效果如图8-20所示。

图8-20

### 19. CC Split 2（CC分割 2）

该效果可以在图像的任意两点之间产生不对称的分裂效果。应用该效果前后的对比效果如图8-21所示。

图8-21

### 20. CC Tiler（CC电视墙）

该效果可以将图像缩小并复制多个，产生重复拼贴的画面效果，类似于Photoshop中的"镜头校正"滤镜。应用该效果前后的对比效果如图8-22所示。

图8-22

### 21. 光学补偿

该效果可以引入或移除镜头扭曲，类似于Photoshop中的"自适应广角"滤镜。应用该效果前后的对比效果如图8-23所示。

图8-23

### 22. 湍流置换

该效果可以使用不规则的变形置换图层。应用该效果前后的对比效果如图8-24所示。

图8-24

### 23. 置换图

该效果可以基于其他图层的像素值位移像素。应用该效果前后的对比效果如图8-25所示。

图8-25

### 24. 偏移

该效果可以在图像内对图像进行位移，并与原始图像混合。应用该效果前后的对比效果如图8-26所示。

图8-26

### 25. 网格变形

该效果可以在图像中添加网格，然后直接拖曳网格点变形图像。应用该效果前后的对比效果如图8-27所示。

图8-27

### 26. 保留细节放大

该效果可以放大图像并保留边缘锐化程度，还可降噪。应用该效果前后的对比效果如图8-28所示。

图8-28

### 27. 凸出

该效果可以围绕一个点扭曲图像，制作凸出效果，类似于球面化、放大等效果。应用该效果前后的对比效果如图8-29所示。

图8-29

### 28. 变换

该效果可以使图像产生缩放、倾斜、旋转、不透明度等效果。应用该效果前后的对比效果如图8-30所示。

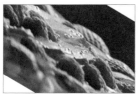

图8-30

### 29. 变形

该效果可以使图像产生扭曲变形效果。应用该效果前后的对比效果如图8-31所示。

图8-31

### 30. 变形稳定器

该效果可以稳定视频素材，无须手动跟踪。在视频图层上单击鼠标右键，在弹出的快捷菜单中选择【跟踪和稳定】/【变形稳定器VFX】命令，也可应用该效果。

### 31. 旋转扭曲

该效果可以围绕指定点旋转扭曲图像。应用该效果前后的对比效果如图8-32所示。

图8-32

### 32. 极坐标

该效果可以产生由图像旋转拉伸带来的极限效果。应用该效果前后的对比效果如图8-33所示。

图8-33

### 33. 果冻效应修复

该效果可以去除由于摄像机高速运动或快速振动所产生的扭曲图像。

### 34. 波形变形

该效果可以将图像以波浪形式扭曲，在"效果控件"面板中可以设置波形的形状、方向及宽度等。应用该效果前后的对比效果如图8-34所示。

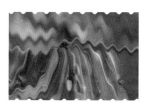

图8-34

### 35. 波纹

该效果可以产生从中心点依次向外散开的波纹效果。应用该效果前后的对比效果如图8-35所示。

图8-35

### 36. 液化

该效果可以应用液化刷来推拉、旋转、扩大和收缩、扭曲图像，类似于Photoshop中的"液化"滤镜。应用该效果前后的对比效果如图8-36所示。

图8-36

### 37. 边角定位

该效果可以改变图像4个边角的坐标位置，从而对图像进行拉伸、扭曲等操作。应用该效果前后的对比效果如图8-37所示。

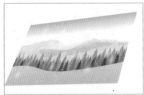

图8-37

★范例　制作 MG 动画片头效果

知识要点　"波形变形""镜像""凸出"效果的应用

扫码看视频

配套资源　素材文件\第8章\星球元素.psd
效果文件\第8章\MG动画片头效果.aep

范例说明

MG动画融合了平面设计、动画设计和电影语言，表现形式丰富多样，可用于制作视频片头、商业广告、节目包装等。本例提供了一些星球元素，需要制作一个MG动画的片头效果，要求色彩搭配丰富、动画效果美观。

扫码看效果

操作步骤

*1* 新建项目文件和宽度为"1920px"、高度为"1080px"的合成文件，然后在"合成1"合成文件中新建一个白色的纯色图层。

*2* 双击"项目"面板的空白处，打开"导入文件"对话框，在其中选择"星球元素.psd"素材，在打开的"星球元素.psd"对话框中选择以"合成"的形式导入素材，如图8-38所示。

图8-38

*3* 选择"多边形工具" ⬤ ，按住【 Shift 】键，在"合成"面板中绘制一个多边形，在工具属性栏中设置描边宽度为"0"，填充为除白色外的任意颜色，便于在白色的纯色图层上查看效果。

*4* 在"时间轴"面板中依次展开该形状图层的"内容""多边星形1""多边星形路径1"栏，设置"点"选项后的参数为"3"，将绘制的形状变为三角形，如图8-39所示。

*5* 继续在"时间轴"面板中调整该形状图层的旋转属性，效果如图8-40所示。

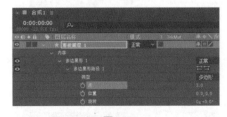

图8-39　　　　　　　　　图8-40

*6* 在"合成"面板中拖曳三角形的控制点，调整三角形的形状和大小，效果如图8-41所示。

图8-41

**7** 在"时间轴"面板中选择"多边星形1"栏,单击"内容"栏右侧的"添加"按钮 ⊙ ,在弹出的下拉列表中选择"渐变填充"选项。

**8** 展开"渐变填充1"栏,设置起始点和结束点参数,效果如图8-42所示。

图8-42

**9** 继续在"渐变填充1"栏中单击"编辑渐变"超链接,打开"渐变编辑器"对话框,在其中设置渐变颜色为"#CFD8FB~#2D58FA",如图8-43所示。

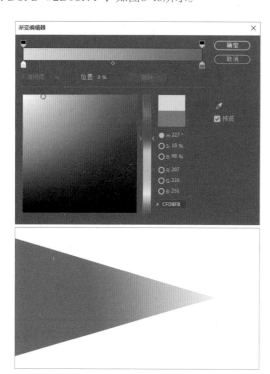

图8-43

**10** 在"效果和预设"面板中将"波形变形"效果拖曳到形状图层中,在"效果控件"面板中设置波形高度为"-30",波形宽度为"140",在"固定"下拉列表中选择"左侧边缘"选项,如图8-44所示。

**11** 继续将"镜像"效果拖曳到形状图层中,在"效果控件"面板中设置反射角度为"90°",效果如图8-45所示。

图8-44

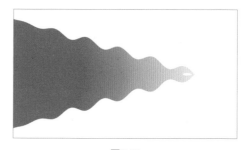

图8-45

**12** 选择形状图层,按【Ctrl+D】组合键复制。选择"形状图层2"图层,设置其渐变填充的颜色为"#FBCFCF~#FA542D",在"效果控件"面板中调整"波形变形"效果的参数,如图8-46所示。

**13** 在"合成"面板中拖曳复制形状的控制点,调整其形状和大小,效果如图8-47所示。

图8-46

图8-47

**14** 再复制一个形状图层,使用相同的方法调整其渐变填充的颜色为"#FBF3CF~#FABE2D",调整"波形变形"效果的参数以及形状大小,如图8-48所示。

图8-48

**15** 选择3个形状图层,按【Ctrl+Shift+C】组合键打开"预合成"对话框,设置预合成名称为"形状",单击 确定 按钮。

*16* 选择"形状"预合成图层，按【P】键显示位置属性，创建一个位置属性的关键帧，并设置位置参数，如图8-49所示。将时间指示器移动到0:00:03:00位置，设置位置为默认值。

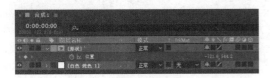

图8-49

*17* 选择"横排文字工具" T ，在"合成"面板中输入文本内容，设置文本字体为"方正汉真广标简体"，调整文本间距、大小和位置，效果如图8-50所示。

图8-50

*18* 将"项目"面板中导入的部分素材拖曳到"时间轴"面板中纯色图层和"形状"预合成图层之间，并调整素材位置和大小，效果如图8-51所示。

图8-51

*19* 将时间指示器移动到0:00:04:08位置。将"凸出"效果拖曳到文本图层中，在"时间轴"面板中展开文本图层中的"凸出"效果栏，设置水平半径和垂直半径均为"90"，在"合成"面板中将凸出的圆形移动到文字左侧，然后创建一个"凸出中心"的关键帧，如图8-52所示。

图8-52

*20* 将时间指示器移动到0:00:06:06位置，在"合成"面板中将凸出的圆形移动到文字右侧，制作出文字从左到右放大的效果，如图8-53所示。

图8-53

*21* 设置文本图层的入点为"0:00:03:06"，完成整个画面制作后，按空格键预览画面，如图8-54所示。最后将其保存为"MG动画片头效果"项目文件。

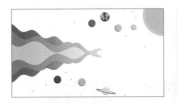

图8-54

★ 范例 制作手机翻页效果

知识要点：
"CC Page Turn""CC Power Pin"效果的应用

配套资源：
素材文件\第8章\背景.jpg、素材图片\
效果文件\第8章\手机翻页效果.aep

扫码看视频

范例说明

本例提供了一个手机模型和多张图片素材，需要在手机模型中制作一个连贯的翻书动画，要求效果美观、图片翻页速度和透视合理。

扫码看效果

*1* 新建项目文件，将"素材图片"文件夹中的所有图片全部导入"项目"面板中，选中这些图片，单击鼠标右键，在弹出的快捷菜单中选择"基于所选项新建合成"命令，打开"基于所选项新建合成"对话框，单击选中"单个合成"单选项，设置持续时间为"0:00:10:00"，单击 确定 按钮，如图8-55所示。

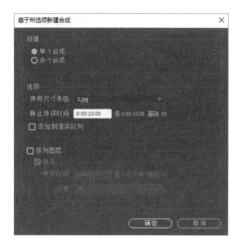

图8-55

*2* 此时自动新建一个"1"合成，由于新建合成的尺寸是遵循第1张图片的，并不适用于其他图片，因此可在"时间轴"面板中依次调整其他图片的缩放属性，使其大小尽量符合合成大小。

*3* 在"效果和预设"面板中将"CC Page Turn"效果拖曳到"1.jpg"图层中。

*4* 在"效果控件"面板的"Controls"下拉列表中选择"Classic UI"选项，在下方依次调整"Fold Position""Fold Direction""Fold Radius""Back Opacity"栏的参数，如图8-56所示。

图8-56

*5* 在"时间轴"面板中展开"1.jpg"图层的"CC Page Turn"栏，然后创建"Fold Position""Fold Direction"属性的关键帧，如图8-57所示。

图8-57

*6* 将时间指示器移动到0:00:02:00位置，重新在"效果控件"面板中设置"Fold Position""Fold Direction"的参数，如图8-58所示。

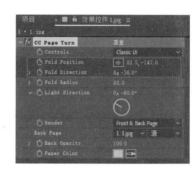

图8-58

*7* 按【Home】键返回起始位置，在"效果控件"面板中选择"CC Page Turn"效果，按【Ctrl+C】组合键复制。在"时间轴"面板中选择除"1.jpg""5.jpg"图层外的所有图层，按【Ctrl+V】组合键粘贴效果。

*8* 在"时间轴"面板中隐藏"1.jpg"图层，选择"2.jpg"图层。在"效果控件"面板中设置"Fold Position"为"6697.5，1990"，在"Back Page"下拉列表中选择"2.2.jpg"选项，即将该页的背面页设置为与本页相同，如图8-59所示。

*9* 将时间指示器移动到0:00:02:00位置，在"时间轴"面板中选择"2.jpg"图层中的4个关键帧，按住【Shift】键，将其水平移动到时间指示器位置。

*10* 隐藏"1.jpg""2.jpg"图层。选择"3.jpg"图层中的4个关键帧，将其水平移动到0:00:04:00位置，在"效果控件"面板中设置相应参数，如图8-60所示。

图8-59　　　　　　　图8-60

**11** 隐藏"1.jpg""2.jpg""3.jpg"图层。选择"4.jpg"图层中的4个关键帧，将其水平移动到0:00:06:00位置，在"效果控件"面板中设置相应参数，如图8-61所示。

**12** 将时间指示器移动到0:00:08:00位置，在"效果控件"面板中设置相应参数，如图8-62所示。

图8-61　　　　　　　图8-62

**13** 选择"时间轴"面板中的所有图层，按【Ctrl+Shift+C】组合键打开"预合成"对话框，设置预合成名称为"图片"，单击 确定 按钮。

**14** 将"背景.jpg"素材导入"项目"面板中，选择该素材并单击鼠标右键，在弹出的快捷菜单中选择"基于所选项新建合成"命令。

**15** 将"项目"面板中的"图片"预合成拖曳到"时间轴"面板中，然后设置其缩放、旋转和不透明度，使其在"合成"面板中更利于查看，如图8-63所示。

图8-63

**16** 在"效果和预设"面板中将"CC Power Pin"效果拖曳到预合成图层中，在"合成"面板中拖曳预合成图像四角的控制点调整其大小，如图8-64所示。

图8-64

**17** 完成后再将预合成图层的不透明度调整为"100%"。完成整个画面制作后，按空格键预览

画面，如图8-65所示。最后将其保存为"手机翻页效果"项目文件。

图8-65

### 8.1.3　文本

文本效果组主要用于添加辅助文本，包括编号和时间码两种类型。

#### 1. 编号

该效果可以在图像中生成有序或随机的数字序列。应用该效果前后的对比效果如图8-66所示。

图8-66

应用该效果时，将打开"编号"对话框，在其中可设置编号的字体、样式、方向等，如图8-67所示。

图8-67

#### 2. 时间码

该效果可以阅读并记录时间码信息。应用该效果前后的

对比效果如图8-68所示。

图8-68

## 8.1.4 时间

时间效果组主要用于设置素材的时间特性，并进一步编辑素材的时间。该效果组包括8种类型，下面分别进行介绍。

#### 1. CC Force Motion Blur（CC强力运动模糊）

该效果可以通过混合图层的中间帧使画面产生运动模糊效果。

#### 2. CC Wide Time（CC慢放）

该效果可以将素材中每一帧前后一定数量的帧按照一定的比例和混合模式叠加到当前帧，从而模拟出动态的慢门效果，使图像产生残影。

#### 3. 色调分离时间

该效果可以在图层中应用特定的帧速率。

#### 4. 像素运动模糊

该效果可以基于像素运动进行模糊处理，使运动效果更加逼真。

#### 5. 时差

该效果可以计算两个图层（包括图层本身）之间在不同时间的像素差值。

#### 6. 时间扭曲

该效果可以在更改图层的回放速度时精确控制各种参数，并创建简单的慢运动或快运动，以及运动模糊效果。

#### 7. 时间置换

该效果可以使用其他图层置换当前图层像素的时间，从而生成各种各样的效果。

#### 8. 残影

该效果可以混合图层中不同时间的帧，制作视觉拖尾效果。

## 8.1.5 杂色和颗粒

杂色和颗粒效果组主要用于添加或移除画面中的杂色或颗粒。该效果组包括12种类型，下面分别进行介绍。

#### 1. 分形杂色

该效果可以创建基于分形的图案，在AE中常用于模拟一些自然动态效果，如烟尘、云雾、火焰等，是制作视频后期特效非常常用的效果。

#### 2. 中间值/中间值（旧版）

这两个效果作用相同，主要用于在指定半径内使用中间值替换像素，有模糊去噪的作用，类似于Photoshop中的"中间值"滤镜。应用该效果前后的对比效果如图8-69所示。

图8-69

#### 3. 匹配颗粒

该效果可以为一个图像匹配另一个图像（杂色源图层）中的胶片颗粒感。

#### 4. 杂色

该效果可以为图像添加杂色。应用该效果前后的对比效果如图8-70所示。

图8-70

#### 5. 杂色 Alpha

该效果可以为图像的Alpha通道添加杂色。

#### 6. 杂色 HLS/杂色 HLS自动

这两种效果都可以为图像的HLS通道添加杂色，并可分别依据色相、亮度和饱和度来添加杂色。不同的是，"杂色 HLS"效果可以调整杂色相位，"杂色 HLS自动"效果可以调整杂色动画速度。

#### 7. 湍流杂色

该效果可创建基于湍流的图案，与"分形杂色"效果类似。

#### 8. 添加颗粒

该效果可以为整个图像或图像中的某一区域添加颗粒效

果，也可以通过预设为图像添加不同胶片的颗粒感效果。应用该效果前后的对比效果如图8-71所示。

图8-71

### 9. 移除颗粒

该效果可以移除图像中的胶片颗粒，在AE中常用于去除画面中的噪点。

### 10. 蒙尘与划痕

该效果可以根据阈值将指定半径内的不同像素更改为类似的邻近像素，从而减少杂色。

 范例　制作"新茶上市"动态广告

 知识要点　"分形杂色""线性擦除"效果和"人偶位置控制点"工具的应用

 配套资源　素材文件\第8章\茶叶广告素材.psd　效果文件\第8章\"新茶上市"动态广告.aep

扫码看视频

 范例说明

动态广告即在静态广告的基础上添加动态效果，使广告更加吸引消费者的视线。本例提供了一个茶叶广告的psd素材，要求将其制作为动态广告，并利用"分形杂色"效果为其制作环绕的云雾效果。

扫码看效果

📋 操作步骤

1　新建项目文件，将"茶叶广告素材.psd"素材拖曳到"项目"面板中，打开"茶叶广告素材.psd"对话框，

设置导入种类为"合成"，选中"可编辑的图层样式"单选项，如图8-72所示。

图8-72

2　按【Ctrl+Y】组合键打开"纯色设置"对话框，设置颜色为"黑色"，保持大小默认不变，单击 确定 按钮，新建一个黑色的纯色图层。

3　在"效果和预设"面板中将"分形杂色"效果拖曳到纯色图层中。

4　在"效果控件"面板的"分形杂色"下拉列表中设置杂色类型为"样条"，展开"变换"栏，设置缩放为"400"，偏移（湍流）为"5031, 2737"，再设置复杂度为"20"，演化为"0x+132°"，如图8-73所示。

5　单击偏移（湍流）和演化选项前的"时间变化秒表"按钮，为这两个属性添加关键帧，将时间指示器移动到0:00:09:29位置，重新设置偏移（湍流）和演化属性，如图8-74所示。

图8-73　　　　　　　图8-74

6　在"时间轴"面板中设置纯色图层的图层混合模式为"叠加"，此时"合成"面板中已经有云雾出现，效果如图8-75所示。

7　为了让云雾只出现在画面下方，可以为其添加蒙版。选中纯色图层，选择钢笔工具，在"合成"面板中将画面下方需要出现云雾的地方绘制出来，如图8-76所示。

8　为画面中的树叶制作动画效果。在"时间轴"面板中双击"叶子1"图层，进入"图层"面板中。

图8-75

图8-76

*9* 选择"人偶位置控点工具" ，在"图层"面板中的树叶上创建控制点，如图8-77所示。

*10* 将时间指示器移动到0:00:01:12位置，在"时间轴"面板中依次展开"叶子1"图层的"效果""操控""网格1""变形"栏，然后调整"操控点2"和"操控点3"栏中的位置参数，如图8-78所示。

图8-77

图8-78

*11* 将时间指示器移动到0:00:03:01位置，再次设置"操控点2"和"操控点3"栏中的位置参数，如图8-79所示。

图8-79

*12* 在"时间轴"面板中选择并复制0:00:01:12和0:00:05:00位置处"操控点2"和"操控点3"栏中的关键帧，分别在0:00:04:24和0:00:08:07位置粘贴关键帧，此时可看到树叶发生了变化，如图8-80所示。

*13* 为主题文字添加渐入的运动效果。返回"合成"面板，按【Home】键，将时间指示器定位到初始位置，在"效果和预设"面板中将"线性擦除"效果拖曳到"主题文字"图层中。

图8-80

*14* 在"效果控件"面板中设置"线性擦除"效果的相应参数，并激活"过渡完成"属性关键帧，如图8-81所示。

*15* 将时间指示器移动到0:00:02:00位置，设置过渡完成为"0"，如图8-82所示。

图8-81        图8-82

*16* 完成整个画面制作后，按空格键预览画面，如图8-83所示。最后将其保存为"'新茶上市'动态广告"项目文件。

图8-83

范例    **制作故障风文字动画效果**

 知识要点    "分形杂色""置换图"效果的应用

 配套资源    素材文件\第8章\故障风素材.psd
效果文件\第8章\故障风文字动画效果.aep

扫码看视频

第 8 章

其他效果与动画预设的应用

169

## 范例说明

故障风效果是一种模拟故障现象发生时的视觉风格，主要是利用颜色的破碎、错位、变形等体现出独特的艺术美感。本例将为主题文字添加故障风效果，提高画面美观度。

扫码看效果

## 操作步骤

*1* 新建项目文件，将"故障风素材.psd"素材拖曳到"项目"面板中，打开"故障风素材.psd"对话框，设置导入种类为"合成"，选中"合并图层样式到素材"单选项，单击 确定 按钮，导入素材文件。

*2* 在"项目"面板中双击打开"故障风素材"合成。

*3* 选择"横排文字工具" ，在"字符"面板中设置字体为"方正粗谭黑简体"，填充颜色为"白色"，如图8-84所示。

*4* 在"合成"面板中输入文本内容，并设置为不同的大小。选择文本图层，在"段落"面板中单击"居中对齐文本"按钮 ，在"对齐"面板中单击"水平对齐"按钮 和"垂直对齐"按钮 ，使文字居于画面中心，效果如图8-85所示。

图8-84　　　　　　　图8-85

*5* 制作文本的缩放效果。选择文本图层，在"时间轴"面板中展开"变换"栏，激活"位置"和"缩放"属性关键帧，并设置参数，如图8-86所示。

*6* 将时间指示器移动到0:00:00:10位置，并单击"变换"栏后的"重置"按钮，使参数恢复默认。

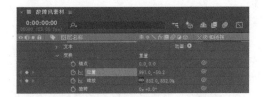

图8-86

*7* 在"时间轴"面板中单击文本图层右侧"运动模糊"图标 下方对应的空白处，开启运动模糊效果。

*8* 新建一个黑色纯色图层，在"效果和预设"面板中展开"杂色和颗粒"效果组，将"分形杂色"效果拖曳到纯色图层中。

*9* 在"效果控件"面板中设置杂色类型为"块"，对比度为"350"，亮度为"-13"；展开"变换"栏，取消勾选"统一缩放"复选框，设置缩放宽度为"600"，然后激活"演化"属性关键帧，如图8-87所示。

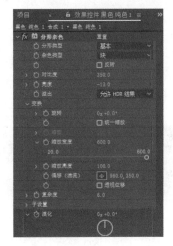

图8-87

*10* 将时间指示器移动到0:00:10:00位置，设置"演化"为"2x+280°"。

*11* 将纯色图层预合成，在"效果和预设"面板中展开"扭曲"效果组，将"置换图"效果拖曳到文本图层中。

*12* 将时间指示器移动到第0帧位置，在"效果控件"面板中置换图层后的第1个下拉列表中选择第1个选项；在第2个下拉列表中选择第3个选项；激活"最大水平置换"属性关键帧，设置其参数为"200"，如图8-88所示。

*13* 将时间指示器移动到0:00:10:00位置，并设置"最大水平置换"为"0"。

*14* 选择文本图层，按两次【Ctrl+D】组合键复制两个图层，并将三个图层分别重命名为"红""蓝""白"，效果如图8-89所示。

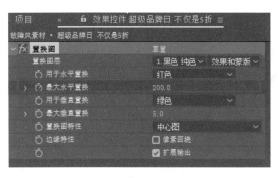

图8-88

图8-89

*15* 在"时间轴"面板中双击"红"图层，选中文字，在"字符"面板中单击颜色色块，在打开的"文本颜色"对话框中设置颜色为"#E21313"；使用相同的方法设置"蓝"图层的文本颜色为"#00F6C5"。

*16* 为了使不同颜色的文本在故障效果中显现出来，还需要将文本错位排版。设置"蓝"文本图层的入点为"0:00:00:06"，"白"文本图层的入点为"0:00:00:11"。

*17* 为了让画面中的元素体现出层次关系，将"元素1""元素2"图层移动到文本图层上方，如图8-90所示。

图8-90

*18* 完成整个画面制作后，按空格键预览画面，如图8-91所示。最后将其保存为"文字故障风动画效果"项目文件。

图8-91

### 8.1.6 模拟

模拟效果组主要用于模拟各种特殊效果，如下雪、下雨、气泡、毛发等。该效果组包括18种类型，下面分别进行介绍。

#### 1．焦散

该效果可以模拟光通过水面折射形成的焦散效果，如生成水面的水波纹、周围环境在水面上的倒影等，创建出真实的水面效果，如图8-92所示。

原图

应用"焦散"效果后

图8-92

#### 2．卡片动画

该效果可以将图像分为许多卡片，然后使用渐变图层控制这些卡片的所有几何形状，使其产生动画效果。应用该效果前后的对比效果如图8-93所示。

 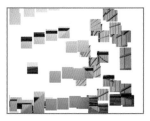

图8-93

#### 3．CC Ball Action（CC滚珠）

该效果可以使图像生成球形网格效果。应用该效果前后的对比效果如图8-94所示。

 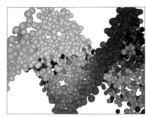

图8-94

171

### 4. CC Bubbles（CC泡泡）

该效果可以基于该图像生成气泡效果。应用该效果前后的对比效果如图8-95所示。

图8-95

### 5. CC Drizzle（CC细雨滴）

该效果可以模拟雨滴落在水面的涟漪效果。应用该效果前后的对比效果如图8-96所示。

图8-96

### 6. CC Hair（CC毛发）

该效果可以根据当前画面生成具有类似3D属性和光线的毛发效果。应用该效果前后的对比效果如图8-97所示。

图8-97

### 7. CC Mr. Mercury（CC水银滴落）

该效果可以模拟类似水银等液体的流动效果。应用该效果前后的对比效果如图8-98所示。

图8-98

### 8. CC Particle Systems II（CC粒子系统 II）

该效果可以产生大量运动的粒子，通过设置粒子的颜色、形状、产生方式等制作烟花等效果。应用该效果前后的对比效果如图8-99所示。

图8-99

### 9. CC Particle World（CC粒子世界）

该效果可以制作出烟花、火焰、雪花等大量粒子效果，与"CC Particle Systems"效果类似，不同的是，"CC Particle World"效果支持摄像机切换视角。

### 10. CC Pixel Polly（CC像素多边形）

该效果可以将图像分成多个多边形，从而制作出画面破碎效果。应用该效果后，其"效果控件"面板如图8-100所示。

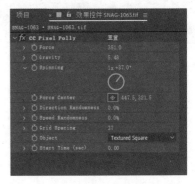

图8-100

"CC Pixel Polly"效果在"效果控件"面板中的各选项作用如下。

● Force：用于设置画面破碎的强度，数值越大，破碎效果越强烈。

● Gravity：用于控制碎片下落的重力，数值越大，下坠的感觉越明显。

● Spinning：用于控制单个碎片的旋转，使画面更具立体感，默认为平铺。

● Force Center：用于设置画面破碎的强度中心，默认为画面的正中心。

● Direction Randomness：用于控制碎片飘散方向的随机程度。

● Speed Randomness：用于控制碎片飘散速度的随机程度。

● Grid Spacing：用于控制网格大小，网格越大，碎片就越大，同时越少，反之亦然。

● Object：用于选择碎片的形状以及材质。

● Start Time Sec：用于设置开始破碎的时间点，默认为0，即从0秒开始破碎。

应用该效果前后的对比效果如图8-101所示。

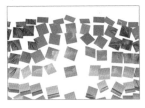

图8-101

## 11. CC Rainfall（CC下雨）

该效果可以模拟下雨效果。应用该效果前后的对比效果如图8-102所示。

图8-102

## 12. CC Scatterize（CC散射）

该效果可以将图像分解为多个粒子，制作出绚丽的粒子效果。应用该效果后，其"效果控件"面板如图8-103所示。

图8-103

"CC Scatterize"效果在"效果控件"面板中的各选项作用如下。

● Scatter：用于设置粒子的分散程度。

● Right Twist：用于设置从图像右侧开始旋转。

● Left Twist：用于设置从图像左侧开始旋转。

● Transfer Mode：用于设置碎片之间的叠加模式。

应用该效果前后的对比效果如图8-104所示。

图8-104

## 13. CC Snowfall（CC降雪）

该效果可以模拟下雪效果。应用该效果前后的对比效果

如图8-105所示。

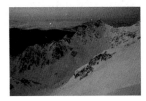

图8-105

## 14. CC Star Burst（CC星爆）

该效果可以模拟出星团效果。应用该效果后，其"效果控件"面板如图8-106所示。

图8-106

"CC Star Burst"效果在"效果控件"面板中的各选项作用如下。

● Scatter：用于设置球体的分散程度。

● Speed：用于设置球体的飞行速度。

● Phase：用于设置球体的旋转角度。

● Grid Spacing：用于设置球体之间的距离。

● Size：用于设置球体的大小。

● Blend w.Original：用于设置完成后的效果与原图的混合程度。

应用该效果前后的对比效果如图8-107所示。

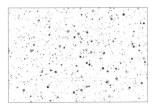

图8-107

## 15. 泡沫

该效果可以通过调整气泡的形态、黏性、流动等模拟生成泡沫、水珠等效果。应用该效果前后的对比效果如图8-108所示。

## 16. 波形环境

该效果可根据液体的物理学模拟创建出水波、电波、声波等各种波形效果，常与"焦散"效果搭配使用。图8-109所示为结合"波形环境"效果和"焦散"效果所产生的波纹效果。

图8-108

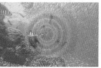

原图　　　　　　结合"波形环境"效果和"焦散"
　　　　　　　　效果所产生的效果

图8-109

### 17. 碎片

该效果可以模拟出爆炸、剥落、飞散的效果。应用该效果前后的对比效果如图8-110所示。

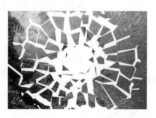

图8-110

### 18. 粒子运动场

该效果主要用于模拟基本的粒子效果，可以为大量相似的对象设置动画。应用该效果前后的对比效果如图8-111所示。

图8-111

---

 **范例** 制作谷雨节气动态日签

 知识
要点
"CC Rainfall" "CC Drizzle" "CC
Ball Action" 效果的应用

 配套
资源
素材文件\第8章\谷雨素材.jpg、日签
素材.psd
效果文件\第8章\谷雨节气动态日签.aep

 扫码看视频

---

**范例说明**

日签通常是用一句话和一张图片记录每日的心情或学习计划，然后分享到各大社交平台上。本例要求结合谷雨节气的元素，并利用提供的素材制作动态日签。

 扫码看效果

---

**操作步骤**

*1* 新建项目文件，将"谷雨素材.jpg"素材拖曳到"项目"面板中，然后将其从"项目"面板中拖曳到"合成"面板中，基于该素材新建合成文件。

*2* 在"效果和预设"面板中将"CC Rainfall"效果拖曳到素材中。

*3* 在"效果控件"面板中展开"CC Rainfall"栏，在其中设置相应参数，使雨滴的数量、大小和下落速度更加自然，如图8-112所示。

图8-112

*4* 在"合成"面板中预览视频，可看到雨滴下落的情况，效果如图8-113所示。

*5* 在"时间轴"面板中新建一个颜色为"#8D8B8B"的纯色图层，然后将"CC Drizzle"效果拖曳到纯色图层中。

图8-113

*6* 在"效果控件"面板中展开"CC Drizzle"栏，在其中设置相应参数，使涟漪更加自然，如图8-114所示。

*7* 为了让涟漪效果只出现在水面，还需调整纯色图层的角度和大小。将"边角定位"效果拖曳到纯色图层中，在"效果控件"面板中设置参数，如图8-115所示。

图8-114　　　　　　图8-115

*8* 在"合成"面板中选择纯色图层的控制点，拖曳控制点调整纯色图层中大小，效果如图8-116所示。

图8-116

*9* 在"时间轴"面板中设置纯色图层的混合模式为"叠加"，然后将"时间轴"面板中的两个图层预合成，名称保持默认。

*10* 在"项目"面板空白处双击鼠标左键，打开"导入文件"对话框，在其中选择"日签素材.psd"素材，在对话框中设置导入种类为"合成"，选中"可编辑的图层样式"单选项，单击 确定 按钮。

*11* 在"项目"面板中双击"日签素材"合成，将"预合成1"文件拖曳到"时间轴"面板中，并调整位置和缩放属性，如图8-117所示。

图8-117

*12* 选中"预合成1"图层，选择"矩形工具"　，在"合成"面板中绘制矩形蒙版，如图8-118所示。

*13* 为主题文字添加粒子动画效果。将"文字"图层预合成，双击"文字"预合成图层，按【Ctrl+Alt+Y】组合键新建一个调整图层，将"CC Ball Action"效果拖曳到调整图层中。

*14* 在"效果控件"面板中展开"CC Ball Action"栏，设置"Scatter"为"1024"，并激活该属性关键帧，设置Grid Spacing为"1"，如图8-119所示。

图8-118　　　　　　图8-119

*15* 将时间指示器移动到0:00:00:26位置，在"效果控件"面板中单击"CC Ball Action"栏右侧的"重置"按钮。

*16* 在"时间轴"面板中设置图层的出点为"0:00:00:26"，如图8-120所示。

图8-120

*17* 返回"日签素材"合成文件，按空格键预览画面，如图8-121所示。最后将其保存为"谷雨节气动态日签"项目文件。

图8-121

## 8.1.7 模糊和锐化

模糊和锐化效果组主要用于模糊和锐化图像，模糊即为均化周围像素，锐化即为提高周围像素的对比度。该效果组包括16种类型，下面分别进行介绍。

### 1. 复合模糊

该效果可以根据模糊图层（默认为本图层）的明亮度来模糊效果图层中的像素，模糊图层中的黑色区域为完全不模糊，白色区域为完全模糊，中间为模糊过渡。应用该效果前后的对比效果如图8-122所示。

图8-122

### 2. 锐化

该效果可以通过强化像素之间的差异来锐化图像。应用该效果前后的对比效果如图8-123所示。

图8-123

### 3. 通道模糊

该效果可以分别为红色、绿色、蓝色和Alpha通道应用不同程度的模糊。应用该效果前后的对比效果如图8-124所示。

### 4. CC Cross Blur（CC交叉模糊）

该效果可以对图像进行水平和垂直方向的复合模糊。应用该效果前后的对比效果如图8-125所示。

图8-124

图8-125

### 5. CC Radial Blur（CC径向模糊）

该效果可对图像进行缩放、旋转模糊。应用该效果前后的对比效果如图8-126所示。

图8-126

### 6. CC Radial Fast Blur（CC径向快速模糊）

该效果可以快速对图像进行径向模糊。应用该效果前后的对比效果如图8-127所示。

图8-127

### 7. CC Vector Blur（CC矢量模糊）

该效果可将当前图像定义为向量场模糊，让图像变得更加抽象。应用该效果前后的对比效果如图8-128所示。

图8-128

### 8. 摄像机镜头模糊

该效果可以使用摄像机光圈形状来模糊图像，以模拟摄像机镜头的模糊。通常需要一个黑白渐变图层来作为模糊图，以明确模糊（白色）与清晰（黑色）区域。

### 9. 摄像机抖动去模糊

该效果可以减少由摄像机抖动导致的动态模糊伪影。

### 10. 智能模糊

该效果可以对保留边缘的图像进行模糊，在模糊时会根据阈值寻找高低对比度线，然后对线内区域进行模糊。应用该效果前后的对比效果如图8-129所示。

图8-129

### 11. 双向模糊

该效果也称快速模糊，可以将平滑模糊应用于图像中。应用该效果前后的对比效果如图8-130所示。

图8-130

### 12. 定向模糊

该效果也称方向模糊，可以按一定的方向模糊图像。应用该效果前后的对比效果如图8-131所示。

图8-131

### 13. 径向模糊

该效果可以以任意点为中心，模糊图像周围的像素，形成旋转模糊的效果。应用该效果前后的对比效果如图8-132所示。

### 14. 快速方框模糊

该效果可以将重复的方框模糊应用于图像中。应用该效果前后的对比效果如图8-133所示。

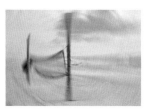

图8-132

图8-133

### 15. 钝化蒙版

该效果可以通过调整边缘细节的对比度来增强图像的锐化程度。应用该效果前后的对比效果如图8-134所示。

图8-134

### 16. 高斯模糊

该效果可以均匀地模糊图像并消除杂色。应用该效果前后的对比效果如图8-135所示。

图8-135

 **范例** 制作穿梭转场创意视频

 知识要点　"CC Radial Blur""高斯模糊""边角定位""径向模糊"效果的应用

 配套资源　素材文件\第8章\汽车行驶.mp4、计算机.jpg
效果文件\第8章\穿梭转场创意视频.aep

扫码看视频

**范例说明**

　　穿梭转场效果可以给人一种穿越时空的视觉感受，适用于多种视频的制作场景。本例提供了一个图片素材和一个视频素材，要求将其制作为穿梭转场创意视频，制作时可合理利用多种模糊效果，使视频的转场效果自然美观。

扫码看效果

**操作步骤**

*1* 新建项目文件，将"汽车行驶.mp4""计算机.jpg"素材导入"项目"面板中，将"汽车行驶.mp4"素材拖曳到"合成"面板。

*2* 在"时间轴"面板中单击"汽车行驶.mp4"图层中的 按钮，关闭该视频素材中的音频，如图8-136所示。

图8-136

*3* 为了让视频的运动模糊效果更加真实，需要加快视频播放速度。单击"时间轴"面板左下角的 图标，展开"入点/出点/持续时间/伸缩"窗格，单击"汽车行驶.mp4"图层中"伸缩"栏下方的数值，打开"时间伸缩"对话框，设置拉伸因数为"5"，使视频加速显示，然后单击 确定 按钮。

*4* 在"时间轴"面板中将工作区域结尾拖曳到视频结尾位置，如图8-137所示。

*5* 选择"汽车行驶.mp4"图层，按【Ctrl+D】组合键复制。将"效果和预设"面板中的"CC Radial Blur"效果拖曳到最上面的图层中，在"效果控件"面板中设置相关参数，如图8-138所示。

图8-137

图8-138

*6* 选择最上面的图层，选择"椭圆工具" ，在画面中心绘制一个椭圆形状作为蒙版，如图8-139所示。

图8-139

*7* 在"时间轴"面板中选中"蒙版1"栏后方的"反转"选项，并设置蒙版羽化和蒙版不透明度，如图8-140所示。

图8-140

*8* 选择最下面的图层，在"效果和预设"面板中双击"高斯模糊"效果，在"效果控件"面板中设置该效果的模糊度为"5"，让画面的中间区域不会显得过于突兀，如图8-141所示。

图8-141

*9* 选中此时"时间轴"面板中的所有图层，并将其预合成。在"项目"面板中选择"计算机.jpg"素材，单击鼠标右键，在弹出的快捷菜单中选择"基于所选项新建合成"命令。

*10* 将"预合成1"预合成图层拖曳到"计算机.jpg"合成中，然后将"边角定位"效果拖曳到"预合成1"预合成图层中。

*11* 在"合成"面板中拖曳4个边角定位点到合适位置，如图8-142所示。

*12* 在"时间轴"面板中将工作区域结尾拖曳到0:00:00:25位置（预合成图层的结束位置）。选中此时"时间轴"面板中的所有图层，并将其预合成。

图8-142

*13* 将时间指示器移动到0:00:00:08位置，激活"预合成2"预合成图层的"位置"和"缩放"属性的关键帧。将时间指示器移动到0:00:00:25位置，调整位置和缩放属性参数，如图8-143所示。

图8-143

*14* 按【Home】键将时间指示器移动到视频初始位置，将"径向模糊"效果拖曳到"预合成2"预合成图层中。在"时间轴"面板中激活"径向模糊"效果中的"数量"属性关键帧，并设置该参数为"35"。将时间指示器移动到0:00:00:05位置，设置数量为"0"，如图8-144所示。

图8-144

*15* 完成整个画面制作后，按空格键预览画面，如图8-145所示。最后将其保存为"穿梭转场创意视频"项目文件。

图8-145

## 8.1.8 生成

"生成"效果组主要用于生成镜头光晕、光束、棋盘等效果。该效果组包括26种类型，下面分别进行介绍。

### 1. 圆形

该效果可以创建一个实心圆或圆环。

### 2. 分形

该效果可以按照一定的数学规律生成分形图像。

### 3. 椭圆

该效果可以生成具有立体感的椭圆。应用该效果前后的对比效果如图8-146所示。

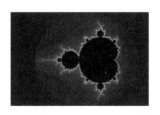 

图8-146

### 4. 吸管填充

该效果可以使用图层样本颜色为图层填色。

### 5. 镜头光晕

该效果可以生成镜头光晕效果。应用该效果前后的对比效果如图8-147所示。

图8-147

### 6．CC Glue Gun（CC胶枪）

该效果与关键帧结合可以制作出胶水喷枪的动画效果。应用该效果前后的对比效果如图8-148所示。

图8-148

### 7．CC Light Burst 2.5（CC光线爆发）

该效果可以模拟强光放射效果，也可使图像产生光线爆裂的透视效果。应用该效果前后的对比效果如图8-149所示。

图8-149

### 8．CC Light Rays（CC光线放射）

该效果可以通过图层像素中的不同颜色映射出不同的光线。应用该效果前后的对比效果如图8-150所示。

图8-150

### 9．CC Light Sweep（CC扫光）

该效果可以模拟光束照射在图像上的扫光效果。应用该效果前后的对比效果如图8-151所示。

### 10．CC Threads（CC编织）

该效果可以使图像产生交叉线效果。应用该效果前后的对比效果如图8-152所示。

图8-151

图8-152

### 11．光束

该效果可以模拟激光光束效果。应用该效果前后的对比效果如图8-153所示。

图8-153

### 12．填充

该效果可以为图像填充指定颜色。

### 13．网格

该效果可以在图像上创建网格。应用该效果前后的对比效果如图8-154所示。

### 14．单元格图案

该效果可以根据画面中的单元格杂色创建单元格图案。

图8-154

### 15．写入

该效果可以将描边描绘到图像上。

### 16．勾画

该效果可以围绕图像等高线和路径产生脉冲动画效果。应用该效果前后的对比效果如图8-155所示。

图8-155

#### 17. 四色渐变

该效果可以为图像创建4种混合颜色的渐变效果。应用该效果前后的对比效果如图8-156所示。

图8-156

#### 18. 描边

该效果可以描边蒙版轮廓。应用该效果前后的对比效果如图8-157所示。

图8-157

#### 19. 无线电波

该效果可以使图像生成正在扩展的电波形状。

#### 20. 梯度渐变

该效果可以创建两种颜色的渐变，渐变形状有线性和径向两种。

#### 21. 棋盘

该效果可以在图像中创建棋盘图案，其中黑色表示镂空。应用该效果前后的对比效果如图8-158所示。

图8-158

#### 22. 油漆桶

该效果可以为图像中的轮廓填色。应用该效果前后的对

比效果如图8-159所示。

图8-159

#### 23. 涂写

该效果可以涂写蒙版，常用于模拟手绘的线条。应用该效果前后的对比效果如图8-160所示。

图8-160

#### 24. 音频波形

该效果可以显示音频层的波形。

#### 25. 音频频谱

该效果可以显示音频层的频谱。

#### 26. 高级闪电

该效果可以为图像创建闪电效果。应用该效果后，其"效果控件"面板如图8-161所示。

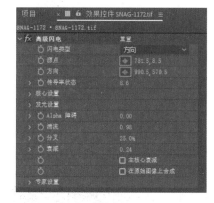

图8-161

"高级闪电"效果在"效果控件"面板中的各选项作用如下。

● 闪电类型：用于设置闪电的类型，包括方向、击打、阻断、回弹、全方位、随机、垂直、双向击打8种。

● 源点：用于设置闪电开始位置。

● 方向：用于设置闪电结束位置。

● 传导率状态：用于设置闪电的随机程度。

- 核心设置：用于设置闪电的核心属性。
- 发光设置：用于设置闪电的发光属性。
- Alpha障碍：用于设置闪电受Alpha通道影响的程度。
- 湍流：用于设置闪电的闪烁数值。
- 分叉：用于设置闪电的分叉数量。
- 衰减：用于设置闪电分叉的衰减数值。勾选"主核心衰减"复选框，可设置主核心衰减数值；勾选"在原始图像上合成"复选框，可在原始图像上合成闪电。
- 专家设置：用于设置闪电的高级属性。

应用该效果前后的对比效果如图8-162所示。

图8-162

### 范例 制作粉笔字效果动态海报

**知识要点**  "涂写""填充""描边"效果的应用

**配套资源**
素材文件\第8章\海报背景.jpg
效果文件\第8章\粉笔字效果动态海报.aep

扫码看视频

### 范例说明

粉笔字效果是一种模拟粉笔在黑板上写字的效果，在制作校园题材的视频后期较为常用。本例将在提供的图片素材中为主题文字添加粉笔字效果，并将其制作为动态海报。

扫码看效果

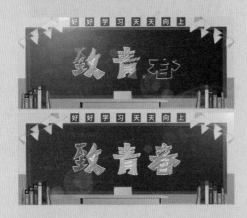

### 操作步骤

1 新建项目文件，将"海报背景.jpg"素材导入"项目"面板中，然后将其拖曳到"合成"面板中，新建合成文件。

2 选择"横排文字工具" ，在"字符"面板中设置字体为"方正字汇-刀锋黑变 简"，字体大小为"315像素"，字符间距为"57"，填充颜色为"白色"，如图8-163所示。

3 在"合成"面板中输入"致青春"文本，选择"选取工具" 结束输入状态。

4 选择文本图层，在"对齐"面板中单击"水平对齐"按钮 和"垂直对齐"按钮 ，使文字居于画面中心，效果如图8-164所示。

图8-163　　　　　　　图8-164

5 选择文本图层，单击鼠标右键，在弹出的快捷菜单中选择【创建】/【从文本创建蒙版】命令，自动新建一个文字轮廓的图层，如图8-165所示。

6 在"效果和预设"面板中展开"生成"效果组，将"涂写"效果应用到文本轮廓图层中。

图8-165

### 技巧

选择文本图层，然后选择【图层】/【自动追踪】命令，打开"自动追踪"对话框，保持默认设置，单击 确定 按钮，也可快速生成文本轮廓图层。

7 在"效果控件"面板中设置涂抹为"所有蒙版"，描边宽度为"3"，间距为"10.8"，随机植入为"10"，如图8-166所示。

8 激活"涂写"效果中的"结束"属性关键帧，并设置结束为"0%"，将时间指示器移动到0:00:02:00位置，设置结束为"100%"。

9 将"生成"效果组中的"填充"效果应用到文字轮廓图层中，在"效果控件"面板的"填充蒙版"下拉列表中选择第1个选项。

图8-166

*10* 激活"不透明度"属性关键帧，并设置不透明度为"0"，将时间指示器移动到0:00:02:00位置，设置不透明度为"50.0%"，如图8-167所示。

*11* 选择"填充"效果，按【Ctrl+D】组合键复制。展开"填充2"效果，在"填充蒙版"下拉列表中选择第5个选项，设置填充颜色为"#FFD200"，如图8-168所示。

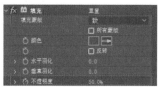

图8-167                图8-168

*12* 将"生成"效果组中的"描边"效果应用到文字轮廓图层中，在"效果控件"面板中勾选"所有蒙版"复选框，取消勾选"顺序描边"复选框，设置画笔大小为"3"，激活"起始"属性关键帧，设置起始为"100%"，如图8-169所示。

*13* 将时间指示器移动到0:00:02:00位置，设置起始为"0%"。

*14* 将"镜头光晕"效果应用到"海报背景.jpg"图层中，激活"光晕中心"属性关键帧，设置该参数为"−26.0，−30.0"，光晕亮度为"118%"，如图8-170所示。

图8-169                图8-170

*15* 将时间指示器移动到0:00:05:02位置，设置光晕中心为"1904，−40"，预览效果如图8-171所示。

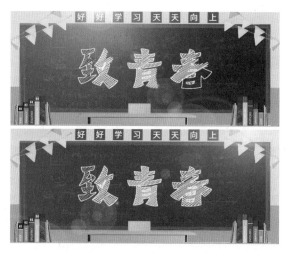

图8-171

*16* 完成整个画面制作后，将其保存为"粉笔字效果动态海报"项目文件。

---

**范例** 制作手写文字效果夏至海报

**知识要点** "写入""描边""梯度渐变""CC Particle World"效果的应用

**配套资源** 素材文件\第8章\夏至素材.psd、飘落素材.png
效果文件\第8章\手写文字效果夏至海报.aep

扫码看视频

**范例说明**

手写文字效果是一种十分常用的字幕动画，常用于制作主题文字的动态效果。本例将制作夏至动态海报，将其中的文字以手写的形式展现出来（本例将使用两种方式实现手写文字效果），并为海报添加渐变颜色的远山和树叶飘落的效果，提升画面美感。

扫码看效果

*1* 新建项目文件，将"夏至素材.psd"素材拖曳到"项目"面板中，打开"夏至素材.psd"对话框，设置导入种类为"合成"，选中"合并图层样式到素材"单选项，单击 确定 按钮，导入素材文件。

*2* 在"项目"面板中双击打开"夏至素材"合成文件，新建一个颜色为"#E9F5F2"的纯色图层，并调整纯色图层的位置，如图8-172所示。

图8-172

*3* 不选择任何图层，选择"圆角矩形工具" 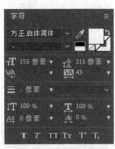，在工具属性栏中设置填充颜色为"#126F62"，描边颜色为"#FFD564"，描边宽度为"5像素"，在"合成"面板中绘制一个圆角矩形，效果如图8-173所示。

*4* 将形状图层预合成，双击进入预合成图层。选择"直排文字工具" T，在"字符"面板中设置字体为"方正启体简体"，填充颜色为"白色"，字体大小为"155像素"，字符间距为"43"，如图8-174所示。

图8-173

图8-174

*5* 在圆角矩形内输入"夏至"文本，在"效果和预设"面板中展开"生成"效果组，将其中的"写入"效果拖曳到文本图层中。

*6* 将时间指示器移动到第0帧处，在"效果控件"面板中单击画笔位置后的■按钮，在"合成"面板中将画笔位置调整到"夏"字第一笔处，然后设置画笔颜色为红色（颜色的鲜艳，且不同于背景色和文字颜色即可），画笔大小为"7"，并激活"画笔位置"属性，如图8-175所示。

*7* 按【Shift+Page Down】组合键向后移动10帧，在"合成"面板中移动画笔位置，如图8-176所示。

图8-175

*8* 按3次【Page Down】键向后移动3帧，继续移动画笔位置，如图8-177所示。

*9* 重复操作，然后移动画笔位置，使其覆盖整个文本，如图8-178所示。需要注意的是：画笔路径要与文本书写时的笔画顺序一致，每个关键帧的时间节点也可根据文本书写情况而定，如笔画多，则间隔时间可适当长一些。

图8-176　　　　图8-177　　　　图8-178

*10* 在"效果控件"面板的绘画样式下拉列表中选择"显示原始图像"选项，隐藏文本书写时的画笔路径。

*11* 返回"夏至素材"合成文件。选择"横排文字工具" T，在"字符"面板中设置字体为"方正新舒体简体"，填充颜色为"#126F62"，字体大小为"45像素"，字符间距为"300"，在"合成"面板中输入"SUMMER SOLSTICE"文本，效果如图8-179所示。

图8-179

*12* 为该文本设置另一个书写效果。选择文本图层，然后选择"钢笔工具" ✐，在"合成"面板中根据文本路径绘制蒙版，绘制时可将文本放大显示，便于查看，如图8-180所示。

## SUMMER SOLSTICE

图8-180

*13* 在"效果和预设"面板中展开"生成"效果组，
将其中的"描边"效果拖曳到第2个文本图层中。

*14* 打开"效果控件"面板，此时该效果自动应用
"蒙版1"作为描边路径，设置画笔大小为"7.8"
（让画笔大小刚好遮挡住文本），激活"结束"属性关键
帧，并设置该参数为"0%"，画笔样式为"显示原始图
像"，如图8-181所示。

图8-181

*15* 将时间指示器移动到0:00:06:21位置，设置"结
束"为"100%"，此时该文本呈现出书写效果。

*16* 为了丰富画面效果，还可在背景中添加渐变颜色
的远山。选择"钢笔工具" ，在工具属性栏中
设置描边宽度为"0"，在"合成"面板中绘制不规则的远
山形状，效果如图8-182所示。

*17* 在"效果和预设"面板中展开"生成"效果组，
将其中的"梯度渐变"效果拖曳到形状图层中。

*18* 在"效果控件"面板中设置起始颜色为"#B4D
9D4"，结束颜色为"#E9F5F2"，然后设置渐
变起点为形状最上方，设置渐变终点为形状中间，参数如
图8-183所示。

图8-182 图8-183

*19* 在"时间轴"面板中调整形状图层的顺序，在
"合成"面板中查看效果，如图8-184所示。

*20* 继续使用相同的方法绘制其他形状，并调整形状
的图层顺序和不透明度，以表现出最终群山的远
近关系（山体越远，不透明度越低），效果如图8-185所示。

图8-184 图8-185

*21* 制作树叶飘落的效果。将"飘落素材.png"素材导
入"项目"面板中，并基于该素材新建合成文件。

*22* 新建一个与"夏至素材"合成大小相同的合成文
件，在该合成中新建一个黑色的纯色图层，将"飘
落素材"合成拖曳到新建的合成文件中，并隐藏该图层。

*23* 将"模拟"效果组中的"CC Particle World"效果
应用到纯色图层中。在"效果控件"面板中展开
"Particle"栏，在"Particle Type"下拉列表中选择第12个选
项，继续在该栏中展开"Texture"栏，修改其中的参数，
如图8-186所示。

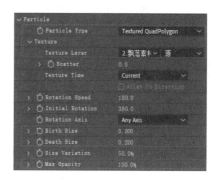

图8-186

*24* 继续设置"Longevity（sec）"和"Producer"栏的
参数，如图8-187所示。

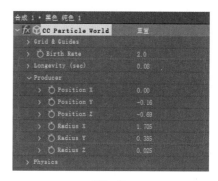

图8-187

**25** 返回"夏至素材"合成，将"合成1"合成拖曳到"夏至素材"合成的"时间轴"面板中。

**26** 完成整个画面制作后，将其保存为"手写文字效果夏至海报"项目文件。

---

**小测** 制作"海边假日"特效视频

配套资源\素材文件\第8章\海边背景.jpg、海边素材.png
配套资源\效果文件\第8章\"海边假日"特效视频.aep

- - - - - - - - - - - - - - - - -

本例提供了两个素材，需利用前面所学知识为其添加视频效果，如镜头光晕、泡沫等，提高画面美观度，还可以利用"描边"效果自动描绘文字。制作前后的参考效果如图8-188所示。

图8-188

---

### 8.1.9 过时

过时效果组包括了AE早期版本的效果，主要为了与AE早期版本创建的项目兼容，在更新项目或创建新项目时，不建议再使用该效果组。该效果组包括9种类型，下面分别进行介绍。

#### 1. 亮度键

该效果可以使相对于指定明亮度的图像区域变得透明。

#### 2. 减少交错闪烁

该效果可以抑制高垂直频率。

#### 3. 基本3D

该效果可以在三维空间中旋转、倾斜图像。应用该效果前后的对比效果如图8-189所示。

#### 4. 基本文字

该效果可以添加文字内容，并设置文字的字体、样式、方向与对齐方式等。

图8-189

#### 5. 溢出抑制

该效果可以修改溢出颜色和抑制参数来更改画面色彩。应用该效果前后的对比效果如图8-190所示。

图8-190

#### 6. 路径文本

该效果可以沿路径绘制文本。应用该效果前后的对比效果如图8-191所示。

图8-191

#### 7. 闪光

该效果可以模拟闪电效果，与"高级闪电"效果类似。

#### 8. 颜色键

该效果可以使接近主要颜色的范围变得透明。

#### 9. 高斯模糊（旧版）

该效果可以对图像进行模糊处理。

### 8.1.10 透视

透视效果组主要用于制作透视效果。该效果组包括10种类型，下面分别进行介绍。

#### 1. 3D 眼镜

该效果可以将两个视图（图层）合成为三维立体视图，可用于制作三维电影效果。应用该效果前后的对比效果如图8-192所示。

#### 2. 3D 摄像机跟踪器

该效果可以从视频中提取3D场景数据，在三维图层中非常常用，具体使用方法将在第10章介绍。

图8-192

### 3. CC Cylinder（CC圆柱体）

该效果可以将图像映射到圆柱体上，形成三维立体效果。

### 4. CC Environment（CC环境）

该效果可以将环境映射到摄像机视图上。

### 5. CC Sphere（CC球体）

该效果可以将图像映射到可光线跟踪的球体上，使图像以球体形式展现。应用该效果前后的对比效果如图8-193所示。

图8-193

### 6. CC Spotlight（CC聚光灯）

该效果可以模拟出聚光灯照射在图像上的效果。应用该效果前后的对比效果如图8-194所示。

图8-194

### 7. 径向阴影

该效果可以使图像产生投影效果。应用该效果前后的对比效果如图8-195所示。

图8-195

### 8. 投影

该效果可以根据图像的Alpha通道绘制投影。

### 9. 斜面Alpha

该效果可以使图层的Alpha边界产生浮雕的外观效果。应用该效果前后的对比效果如图8-196所示。

图8-196

### 10. 边缘斜面

该效果可以为图像边缘增添斜面的外观效果。应用该效果前后的对比效果如图8-197所示。

图8-197

## 8.1.11 音频

音频效果组主要用于处理音频素材，从而产生不同的听觉效果。其应用方法与其他效果的应用方法类似。该效果组包括10种类型，下面分别进行介绍。

### 1. 调制器

该效果可以改变音频的频率和振幅，为音频添加颤音和震音效果。

### 2. 倒放

该效果可以将音频从最后一帧播放到第一帧，实现倒放音频的效果。

### 3. 低音和高音

该效果可以提高或削减音频中的低频或高频，从而提高或降低低音或高音。

### 4. 参数均衡

该效果可以增加或减小特定的频率范围。

### 5. 变调与合声

变调是混合原始音频和副本音频所生成的一种音频效果，会让声音带有一些颤音；合声是利用较大的延迟产生的一种音频效果。

### 6. 延迟

该效果可以在指定时间内重复音频，如可用于模拟乒乓球从墙壁弹回的声音。

### 7. 混响

该效果可以模拟出开阔或真实的室内效果。

### 8. 立体声混合器

该效果可以混合音频的左右通道，并将完整的信号从一个通道移动到另一个通道。

### 9. 音调

该效果可以合成简单音频，以生成一些特殊音调的声音。

### 10. 高通/低通

高通是指允许限制以上的频率通过，阻止限制以下的频率通过，使用高通可以减少交通噪声；低通是指允许限制以下的频率通过，阻止限制以上的频率通过，使用低通可以减少蜂鸣音。使用该效果可以设置频率通过使用的高低限制。

---

**范例** 制作混响音频效果

 **知识要点** "混响"效果的应用

 **配套资源** 素材文件\第8章\弹吉他.mp4、吉他音效.mp3
效果文件\第8章\混响音频效果.aep

扫码看视频

 **范例说明**

音频是携带信息的声音媒体，它与图像和视频有机地结合在一起，可以直接表达或传递视频信息、制造某种视频效果和营造氛围。本例提供了一个视频素材和一个音频素材，要求将视频素材中的原始音频静音，然后为其添加新的音频素材，丰富视频的视听效果，增强观众的观看体验。

扫码看效果

**操作步骤**

*1* 新建项目文件，将"弹吉他.mp4""吉他音效.mp3"素材导入"项目"面板中。

*2* 为了让吉他音效与弹吉他视频更加契合，需要使这两个文件的时长一致。在"项目"面板中依次选中"弹吉他.mp4""吉他音效.mp3"素材，查看其时长，如图8-198所示。

*3* 将"吉他音效.mp3"素材拖曳到"合成"面板中新建合成文件，预览音频，发现音频前面有一段空白，需将其删除。将时间指示器拖曳到0:00:01:10位置，按【Alt+[】组合键，此时该图层的入点时间为0:00:01:10，选择图层，

---

将其向前拖曳到0:00:00:00位置，以此作为图层的入点时间；将时间指示器拖曳到0:00:16:03位置，按【Alt+]】组合键，在此处剪切图层并删除后半段音频。

图8-198

*4* 选择"弹吉他.mp4"素材，单击鼠标右键，在弹出的快捷菜单中选择"基于所选项新建合成"命令，在"时间轴"面板中单击视频图层前面的音频图标 ，关闭视频素材中的音频，如图8-199所示。

图8-199

*5* 进入"吉他音效"合成文件，选择音频图层，按【Ctrl+C】组合键复制，进入"弹吉他"合成文件，按【Ctrl+V】组合键粘贴，如图8-200所示。

图8-200

*6* 在"效果和预设"面板中展开"音频"效果组，将"混响"效果拖曳到音频图层中。在"效果控件"面板中设置扩散为"100%"，衰减为"75%"，亮度为"25%"，如图8-201所示。

图8-201

*7* 完成整个画面制作后，将其保存为"混响音频效果"项目文件。

## 8.1.12 风格化

风格化效果组主要用于生成一些特殊效果，使图像更加丰富。该效果组共包括25种类型，下面分别进行介绍。

### 1. 阈值

该效果可以将灰度或彩色图像转换为高对比度的黑白图像。应用该效果前后的对比效果如图8-202所示。

图8-202

### 2. 画笔描边

该效果可以对图像应用使用画笔绘制的粗糙外观效果，常用于制作油画效果。应用该效果前后的对比效果如图8-203所示。

图8-203

### 3. 卡通

该效果可以模拟出与草图或卡通相似的图像效果。应用该效果前后的对比效果如图8-204所示。

图8-204

### 4. 散布

该效果可以使图像的像素随机错位，从而制作出类似于毛玻璃质感的模糊效果。应用该效果前后的对比效果如图8-205所示。

图8-205

### 5. CC Block Load（CC块加载）

该效果可以模拟出图像的渐进加载效果。应用该效果前后的对比效果如图8-206所示。

图8-206

### 6. CC Burn Film（CC胶片电影）

该效果可以模拟出胶片被灼烧的效果。应用该效果前后的对比效果如图8-207所示。

图8-207

### 7. CC Glass（CC玻璃）

该效果可以模拟出玻璃、金属等质感。应用该效果前后的对比效果如图8-208所示。

图8-208

### 8. CC HexTile（CC蜂巢）

该效果可以模拟出六边形砖块拼贴的效果。应用该效果前后的对比效果如图8-209所示。

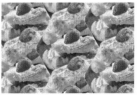

图8-209

### 9. CC Kaleida（CC万花筒）

该效果可以模拟出万花筒效果。应用该效果前后的对比效果如图8-210所示。

图8-210

### 10. CC Mr. Smoothie（CC像素溶解）

该效果可以使图像产生像素溶解的流动效果。应用该效果前后的对比效果如图8-211所示。

图8-211

### 11. CC Plastic（CC塑料）

该效果可以模拟出凹凸的塑料质感。应用该效果前后的对比效果如图8-212所示。

图8-212

### 12. CC RepeTile（CC瓷砖）

该效果可以产生对图像上下左右重复扩展的多重叠印效果。应用该效果前后的对比效果如图8-213所示。

图8-213

### 13. CC Threshold（CC阈值）

该效果与"阈值"效果类似，可以使画面中高于指定阈值的部分呈白色，低于指定阈值的部分呈黑色。应用该效果前后的对比效果如图8-214所示。

### 14. CC Threshold RGB（CC阈值RGB）

该效果可以分离红、绿、蓝三通道的阈值。应用该效果前后的对比效果如图8-215所示。

图8-214

图8-215

### 15. CC Vignette（CC暗角）

该效果可以添加或删除图像中的边缘光晕。应用该效果前后的对比效果如图8-216所示。

图8-216

### 16. 彩色浮雕

该效果可以以指定角度锐化图像边缘，制作出凹凸起伏的纹理效果，但不会抑制图像的原始颜色。应用该效果前后的对比效果如图8-217所示。

图8-217

### 17. 马赛克

该效果可以使用纯色矩形填充图层，使原始图像像素化，产生马赛克拼接效果。应用该效果前后的对比效果如图8-218所示。

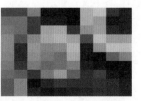

图8-218

### 18. 浮雕

该效果与"彩色浮雕"效果的作用相同，但可以抑制图像的原始颜色。应用该效果前后的对比效果如图8-219所示。

图8-219

### 19. 色调分离

该效果可以使图像的颜色色调分离，并减少颜色数量，同时渐变颜色过渡变为突变颜色过渡。应用该效果前后的对比效果如图8-220所示。

图8-220

### 20. 动态拼贴

该效果可以通过运动模糊来拼贴图像。应用该效果前后的对比效果如图8-221所示。

图8-221

### 21. 发光

该效果可以将图像中较亮部分的像素和周围的像素变亮，以创建漫射的发光效果，如白炽灯、霓虹灯等。应用该效果前后的对比效果如图8-222所示。

图8-222

### 22. 查找边缘

该效果可以查找并强化图像边缘。应用该效果前后的对比效果如图8-223所示。

图8-223

### 23. 毛边

该效果可以使Alpha通道变粗糙，从而模拟铁锈和其他类型的类似腐蚀的效果。应用该效果前后的对比效果如图8-224所示。

图8-224

### 24. 纹理化

该效果将另一个图层的纹理添加到当前图层中，并进行强化。应用该效果前后的对比效果如图8-225所示。

图8-225

### 25. 闪光灯

该效果可以让画面产生灯光闪烁效果。应用该效果前后的对比效果如图8-226所示。

图8-226

**范例** 制作人物出场定格动画

 **知识要点**　"高斯模糊""画笔描边""卡通""描边""散布"效果的应用

 **配套资源**　素材文件\第8章\人物出场.mp4
效果文件\第8章\人物出场定格动画.aep

扫码看视频

**范例说明**

在很多综艺节目中，人物出场时都会有一个定格动画，然后被定格的人物通常会有一些艺术效果。本例将制作人物出场定格效果，并将定格的人物制作为卡通效果，增强画面趣味性。

扫码看效果

**操作步骤**

*1* 新建项目文件，将"人物出场.mp4"素材导入"项目"面板中，然后将其拖曳到"合成"面板中，新建合成文件。

*2* 选择视频图层，按【Ctrl+D】组合键复制一层，作为定格图层。选择复制的图层，将时间指示器移动到0:25:25:16位置（人物定格的那一帧），选择【图层】/【时间】/【冻结帧】命令，然后设置该图层的入点为"0:25:25:16"，如图8-227所示。

图8-227

*3* 选择复制的图层，再选择"钢笔工具" ，在"合成"面板中将人物大致轮廓勾勒出来，如图8-228所示。

*4* 选择第1个视频图层，新建一个调整图层，并设置该图层的入点时间与复制图层的入点时间一致。

图8-228

*5* 在"效果和预设"面板中展开"模糊和锐化"效果组，将其中的"高斯模糊"效果拖曳到调整图层中。在"效果控件"面板中设置模糊度为"40"，并勾选"重复边缘像素"复选框，让勾勒的人物与背景有所区分，如图8-229所示。

图8-229

*6* 在"效果和预设"面板中展开"风格化"效果组，将其中的"画笔描边"效果拖曳到复制图层中，在"效果控件"面板中设置画笔大小为"3"，描边长度为"1"，描边浓度为"1.9"，描边随机性为"0.2"，如图8-230所示。

*7* 将"风格化"效果组中的"卡通"效果拖曳到复制图层中，在"效果控件"面板中设置细节半径为"15"，细节阈值为"15"，阈值为"2"，宽度为"1.3"，如图8-231所示。

图8-230

图8-231

*8* 在"效果和预设"面板中展开"生成"效果组，将其中的"描边"效果拖曳到复制图层中，在"效果控件"

面板中设置画笔大小为"5"，使人物轮廓更加清晰，效果如图8-232所示。

图8-232

*9* 在"时间轴"面板中展开复制图层下的"变换"栏，激活"位置"和"缩放"属性关键帧，将时间指示器移动到0:25:26:07位置，设置位置和缩放参数，如图8-233所示。

图8-233

*10* 新建一个形状图层，在"合成"面板中绘制一个白色的矩形，并将矩形置于人物蒙版下方，作为人物介绍字幕的背景，效果如图8-234所示。

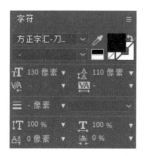

图8-234

*11* 新建文本图层，在"字符"面板中设置字体为"方正字汇-刀锋黑变 简"，字体大小为"110像素"，字体颜色为"#170000"，如图8-235所示。

图8-235

*12* 在白色矩形中输入"本期嘉宾"文本，选择"选取工具" ▶，在"合成"面板中将文字移动到合适位置，如图8-236所示。

图8-236

*13* 为文字制作消散效果。将"效果和预设"面板"风格化"效果组中的"散布"效果拖曳到文本图层中，在"效果控件"面板中激活"散布数量"属性关键帧；在"时间轴"面板中展开文本图层下的"变换"栏，激活"不透明度"属性关键帧。

*14* 将时间指示器移动到0:25:26:14位置，按【U】键显示该图层中的关键帧，依次新建一个"散布数量"关键帧和"不透明度"关键帧；将时间指示器移动到0:25:27:03位置，设置不透明度为"0%"，散布数量为"800"。

*15* 再次新建文本图层，在"字符"面板中设置字体为"方正兰亭中黑简体"，字体大小为"55像素"，如图8-237所示。

*16* 在"合成"面板中输入文本内容，并将其移动到合适位置，如图8-238所示。

图8-237

图8-238

*17* 为该文本图层应用"散布"效果，在"效果控件"面板中激活"散布数量"属性关键帧，设置散布数量为"300"；在"时间轴"面板中展开该文本图层下的"变换"栏，激活"不透明度"属性关键帧，设置其参数为"0%"。

*18* 将时间指示器移动到0:25:27:18位置，设置不透明度为"100%"，散布数量为"0"。

*19* 设置第2个文本图层的入点为"0:25:27:03"，形状图层和第1个文本图层的入点为"0:25:26:07"。

**20** 再为文本和矩形同时添加旋转效果。在"时间轴"面板中将两个文本图层的"父级和链接"栏下方的"父级关联器"按钮 直接拖曳至形状图层中，为其建立"父子关系"，然后设置形状图层的旋转参数为"-10.0°"，如图8-239所示。

图8-239

**21** 完成整个画面制作后，按空格键预览画面，如图8-240所示。最后将其保存为"人物出场定格动画"项目文件。

图8-240

## 8.2 动画预设

动画预设是一种预先设置好的效果文件，可以节省制作视频特效时重复添加相同特效的时间，提高工作效率。After Effects 2020中包含了大量的动画预设，用户可将其用于各种场景，同时也支持用户根据实际需要自定义动画预设。

### 8.2.1 查看和应用动画预设

在"效果和预设"面板中展开"动画预设"文件夹，其中包含了13个预设文件夹，每一个文件夹都包含了多种预设效果，如图8-241所示。

图8-241

动画预设的应用与"效果和预设"面板中各种效果的应用方式相同，这里不做过多介绍。

### 8.2.2 保存动画预设

除了可以直接应用AE内置的动画预设外，还可以将自定义的视频效果另存为单独的动画预设，然后将该动画预设应用到其他任何图层，或将该动画预设从一台计算机传输到另一台计算机中。

保存动画预设的操作方法为：将效果应用到图层中，并自定义效果的各项参数，在"效果控件"面板或"时间轴"面板中选择需要保存预设的一个或多个效果（按住【Ctrl】键），选择【动画】/【保存动画预设】命令，打开"动画预设另存为"对话框，在其中设置预设的名称和保存位置，保存类型默认为".ffx"，如图8-242所示。

图8-242

完成后在"动画预设另存为"对话框中单击 保存(S) 按钮，可以在"效果和预设"面板的"动画预设"文件夹中查看已经保存的预设（前提是必须将动画预设保存在AE安装目录的预设文件夹中，默认位置为：C:\Program Files\Adobe\Adobe After Effects 2020\Support Files\Presets），如图8-243所示。

图8-243

### 8.2.3　导入外部动画预设

用户可以将从网上下载的效果预设导入AE中，以方便使用。其操作方法为：打开AE安装目录中的"Presets"文件夹，将需要导入的FFX预设文件放入其中。启动AE，在"效果和预设"面板的"动画预设"文件夹中可以看到导入的FFX预设文件。

# 8.3　综合实训：制作城市形象宣传片

城市形象宣传片，顾名思义就是一个城市的广告宣传片，其融合了一座城市的历史、文化、自然地理特色、风土人情等，具有较高的艺术性和视觉美感。

### 8.3.1　实训要求

某视频制作公司要为客户制作一个城市形象宣传片，现提供了与城市形象宣传片相关的视频和图片素材，要求从"衣""食""住""行"4个角度进行制作，并运用本章所学效果等相关知识，让视频内容更加丰富，具有艺术气息，以

更好地塑造城市形象，同时还要在视频中添加渐隐的背景音乐。

我国的城市建设正随着我国的经济腾飞而发展，各个地区和城市都呈现出日新月异的面貌，也越来越重视对自己形象的宣传，而城市形象宣传片作为一个城市或地区宣传的视觉名片，是城市形象的最好写照。城市形象宣传片不仅能提升城市的品位和影响力，反映该城市的特点及文化内涵，在社会中树立起良好的城市形象，有效扩大城市的影响力，还能吸引投资者的目光，促进该城市经济高速发展。

**设计素养**

### 8.3.2　实训思路

（1）通过对实训要求的分析可知，本例至少需要6个镜头，分别为片头、衣、食、住、行和片尾（由于镜头分散，在制作中可以将衣、食、住、行4个镜头合并为一个中间镜头）。

（2）制作"片头"镜头，可应用"背景""加强特效"这两个视频素材。为了丰富视频画面，可在视频素材中添加一些星空粒子特效。另外，还需在视频中添加文案，以突出视频主题，然后为文案添加发光、破碎等效果，尽量使文字与视频画面相契合。

（3）制作"衣"镜头，可应用"衣"图片素材。单一的图片素材比较单调，因此可将图片制作为卡通漫画风格，体现出较强的艺术感染力。图片右侧的空白处可用于放置文案信息，但从排版来看，右侧空白太少，不利于文案的展现，可应用效果扩展图片右侧，然后将人物向左移动，使空白部分居于画面中心，最后在该处添加文案内容，并为文案制作渐隐效果。

（4）制作"食"镜头，可应用"食"文件夹中的图片素材。由于图片较多，为使作品具有视觉冲击力，可将图片制作为快闪和动态拼贴的形式，然后在美食图片上添加文案内容。为了便于区分背景与文案，可在背景图片上使用模糊类的效果将背景模糊化，减少背景的干扰，使用户的视线集中在文案上，同时文案的展现也要尽量美观，引人注目。

（5）制作"住"镜头，可应用"城市"视频素材。该素材是城市中的日出效果。在制作时，可为视频添加聚光灯效果，让灯光慢慢照亮整个城市，并且在照亮的一瞬间，添加主题文案。制作主题文案时，可为其添加渐变和渐隐效果，使文字融于城市建筑中，提高画面美观度。

（6）制作"行"镜头，可应用"地铁"视频素材。该

素材是城市地铁的行驶效果，能体现出该城市交通便利的优势。由于该视频素材较长，在制作时，可先剪辑视频素材，删除不需要的视频片段，然后加快视频播放速度。另外，可为视频添加四色渐变和光晕效果，展现出城市的美好和舒适，最后在视频中添加手写效果的主题文案。

（7）制作"片尾"镜头，可应用"建筑"视频素材。该素材画面色调较为昏黄，与前面镜头不符，且有细微杂色，因此可先对其进行调色与去除杂色处理，然后在画面中心添加文案信息，最后为文案添加效果，提升文案美观度，同时与背景相契合。

本实训完成后的参考效果如图8-244所示。

扫码看效果

图8-244

## 8.3.3 制作要点

**知识要点** 不同效果的组合应用

**配套资源** 素材文件\第8章\城市形象宣传片素材\
效果文件\第8章\城市形象宣传片.aep

扫码看视频

本实训制作的视频分为4个部分，其主要操作步骤如下。

### 1. 制作片头效果

*1* 新建项目，将"城市形象宣传片素材"文件夹中的所有素材全部导入"项目"面板中，并在"项目"面板中新建一个文件夹，将所有素材拖曳到该文件夹中，修改文件夹名称为"素材"。

*2* 新建宽度为"1920px"、高度为"1080px"、持续时间为"0:00:09:00"、名称为"片头"的合成文件。将"片头"镜头用到的视频素材拖曳到"时间轴"面板中，并设置"加强特效.mov"图层的混合模式为"相加"。

*3* 新建一个蓝色的纯色图层，在纯色图层上应用"模拟"效果组中的"CC Star Burst"效果，并在"效果控件"面板中设置参数，再调整该图层的入点。

*4* 新建文本图层，输入文本内容，在"字符"面板中设置文本参数后，为文本依次应用"风格化"效果组中的"发光"效果和"模拟"效果组中的"CC Pixel Polly"效果。

*5* 为该文本图层设置"缩放"关键帧，并开启"运动模糊"效果。

*6* 再新建两个文本图层，输入文本内容并设置文本参数后，将这两个文本图层预合成，再为预合成文本图层应用"模拟"效果组中的"CC Ball Action"效果，并在"效果控件"面板中设置参数。

*7* 同样为预合成文本设置"缩放"关键帧和开启"运动模糊"效果，再调整该图层的出点。

### 2. 制作片中效果

*1* 新建宽度为"1920px"、高度为"1080px"、持续时间为"0:00:04:00"、名称为"衣"的合成文件，将"衣.jpg"素材拖曳到"时间轴"面板中，设置其缩放属性。

*2* 在素材图层上应用"风格化"效果组中的"卡通"效果和"CC RepeTile"效果，并在"效果控件"面板中设置参数。

*3* 新建文本图层，输入主题文案，为文案设置"位置"关键帧，制作位移动画。选择该文本绘制矩形蒙版，设置"蒙版路径"关键帧。

*4* 再次新建文本图层，输入其他文案，通过设置该文本图层的出点和"不透明度"关键帧，制作上一个文案向右移动后逐渐显现的效果。

*5* 为这两个文本图层应用"透视"效果组中的"投影"效果，并设置效果参数。

*6* 新建宽度为"1920px"、高度为"1080px"、持续时间为"0:00:05:04"、名称为"食"的合成文件，将"食"文件夹中的图片素材拖曳到"时间轴"面板中。

*7* 调整"时间轴"面板中图片的缩放属性，使其与"食"合成文件大小相同，将这些图片预合成，预合成名称为

"图片"，调整该预合成的持续时间为"0:00:10:00"，并使所有图层的出点均为视频最后位置。

**8** 在"图片"预合成中使用"序列图层"命令将所有图层错开5帧排列，然后选中前6个图层，再将其向后移动10帧。

**9** 在"图片"预合成图层上应用"风格化"效果组中的"动态拼贴"效果，并在"效果控件"面板中设置参数。

**10** 新建调整图层，在该图层上应用"模糊和锐化"效果组中的"高斯模糊"效果，并在"效果控件"面板中设置参数，然后调整该图层的出点。

**11** 新建白色纯色图层，在该图层上依次应用"杂色和颗粒"效果组中的"分形杂色"效果和"扭曲"效果组中的"极坐标"效果，在"效果控件"面板中调整参数，设置该图层的混合模式为"相加"，然后调整该图层的出点。

**12** 新建形状图层并将其预合成，预合成文件名称为"文字"。进入该预合成，选择钢笔工具 ，在工具属性栏中设置形状的填充和描边。在"合成"面板中绘制爆炸形状，新建两个文本图层并输入文本内容，为第1个文本图层应用"生成"效果组中的"CC Light Sweep"效果。

**13** 返回"食"合成，调整"文字"预合成图层的出点。

**14** 新建宽度为"1920px"、高度为"1080px"、持续时间为"0:00:04:11"、名称为"住"的合成文件，将"城市.mp4"素材拖曳到"时间轴"面板中。

**15** 在"城市.mp4"图层上应用"透视"效果组中的"CC Spotlight"效果。新建文本图层，输入并设置文本。

**16** 在文本图层上应用"生成"效果组中的"梯度渐变"效果，在"效果控件"面板中设置参数，然后绘制蒙版，并设置"蒙版路径"关键帧。

**17** 再次新建文本图层，输入并设置文本后为其应用"模糊和锐化"效果组中的"快速方框模糊"效果，并设置"模糊半径"关键帧。

**18** 调整这两个文本图层的入点为"0:00:01:25"。

**19** 新建宽度为"1920px"、高度为"1080px"、持续时间为"0:00:20:00"、名称为"行"的合成文件，将"地铁.mov"素材拖曳到"时间轴"面板中。

**20** 设置该素材的拉伸因数为"20%"，修改"行"合成的持续时间为"0:00:02:10"。

**21** 在视频图层上依次应用"生成"效果组中的"四色渐变"效果和"镜头光晕"效果，并在"效果控件"面板中设置参数。

**22** 新建文本图层，输入主题文案，并通过"从文字创建蒙版"命令提取文本轮廓，在文本轮廓中依次应用"生成"效果组中的"描边"效果和"透视"效果

组中的"投影"效果，在"效果控件"面板中设置参数。

**23** 再次新建文本图层，输入其他文案，并设置"位置"关键帧。

**24** 新建宽度为"1920px"、高度为"1080px"、持续时间为"0:00:20:00"、名称为"中间"的合成文件，将"衣""食""住""行"合成依次拖曳到"时间轴"面板中，并错位排列。

**25** 在前3个合成中都应用"风格化"效果组中的"动态拼贴"效果，并在"效果控件"面板中设置参数，制作过渡效果，最后修改"中间"合成的持续时间为"0:00:14:05"。

### 3. 制作片尾效果

**1** 新建宽度为"1920px"、高度为"1080px"、持续时间为"0:00:02:22"、名称为"片尾"的合成文件，将"建筑.mp4"素材拖曳到"时间轴"面板中。

**2** 将视频图层预合成，预合成文件名称为"片尾视频"。进入该预合成，再复制一个视频图层，并为复制的图层应用"扭曲"效果组中的"镜像"效果，在"效果控件"面板中设置参数。

**3** 继续在该合成中调整两个视频图层的位置，使其呈倒影效果。

**4** 返回"片尾"合成，依次为"片尾视频"合成应用"颜色校正"效果组中的"照片滤镜"效果和"杂色和颗粒"效果组中的"蒙尘与划痕"效果，在"效果控件"面板中调整参数。

**5** 新建文本图层，输入并设置文本后，为文本图层应用"风格化"效果组中的"散布"效果，通过该效果中的"散布数量"属性和不透明度属性制作文本的渐显效果。

### 4. 制作最终合成效果

**1** 新建宽度为"1920px"、高度为"1080px"、持续时间为"0:00:30:00"、名称为"最终合成"的合成文件，将"片头""中间""片尾"合成依次拖曳到"时间轴"面板中，使其无缝衔接排列。

**2** 基于"背景音乐.mp3"音频素材新建合成文件。进入"背景音乐"合成文件，在0:00:25:22位置剪辑音频后，修改该合成的持续时间为"0:00:25:23"。

**3** 在"背景音乐"合成中通过设置音频图层中的"音频电平"关键帧制作声音的淡入淡出效果。

**4** 返回"最终合成"合成，关闭其他合成中的音频，将"背景音乐"合成拖曳到"时间轴"面板中。修改该合成的持续时间为"0:00:25:25"。

**5** 完成整个画面制作后，将其保存为"城市形象宣传片"项目文件。

## 巩固练习

### 1. 制作"未来城市"创意视频

本练习将制作"未来城市"创意视频，要求视频画面之间过渡自然，画面中的色彩和文字有个性和创意。制作时可应用"CC HexTile""发光""残影""转换通道"等效果。最终参考效果如图8-245所示。

> **配套资源**
> 素材文件\第8章\城市发展.mp4
> 效果文件\第8章\"未来城市"创意视频.aep

图8-245

### 2. 制作"樱花飘落"动态海报

本练习将运用提供的视频素材制作"樱花飘落"动态海报，要求樱花飘落的效果自然美观，还需要添加动态的文本，丰富海报内容。制作时，可应用"CC Particle World"效果。最终的参考效果如图8-246所示。

> **配套资源**
> 素材文件\第8章\樱花背景.jpg、樱花素材.png、花瓣.png
> 效果文件\第8章\"樱花飘落"动态海报.aep

### 3. 制作"婚礼"快闪片头视频

本练习将利用提供的素材制作主题为"婚礼"的快闪片头视频。在制作过程中，为了提高视频画面的美观度，可以为素材应用"镜头光晕""渐变"等效果，也可以添加一些动态的视觉元素，如方框、新人剪影线条等，让视频画面更具艺术美感。最终参考效果如图8-247所示。

> **配套资源**
> 素材文件\第8章\婚礼线条.png、婚礼素材\
> 效果文件\第8章\"婚礼"快闪片头视频.aep

图8-246

图8-247

### 4. 制作霓虹灯故障文字片头特效

本练习将利用提供的素材制作霓虹灯故障文字片头特效。要求画面中文字的渐变颜色与背景相融合，同时制作出霓虹灯的灯光效果，可应用"梯度渐变""发光""分形杂色"等效果进行制作。最终参考效果如图8-248所示。

配套资源

素材文件\第8章\霓虹背景.jpg
效果文件\第8章\霓虹灯故障文字片头特效.aep

图8-248

**5.制作小雪节气动态宣传海报**

本练习将利用提供的素材制作小雪节气动态宣传海报。要求在海报中应用"模拟"效果组中的部分效果模拟雪花和雪花飘落，在画面中增加文案内容，点明海报主题。同时也可以在背景中添加一些光晕，丰富画面效果。最终参考效果如图8-249所示。

配套资源

素材文件\第8章\小雪背景.tif、雪花素材.png
效果文件\第8章\小雪节气动态宣传海报.aep

图8-249

---

技能提升

AE的视频处理功能之所以强大，是因为它除自身的各种内置插件外，还可以安装一些外置插件。内置插件即AE自带的视频效果，外置插件则需要手动安装。安装外置插件主要有以下两种方式。

当获取到特效插件后，如果该插件是扩展名为.aex的文件，则直接将该文件复制到AE安装目录下的"Plug-ins"文件夹中（默认位置为："Program Files\Adobe\Adobe After Effects\Support Files\Plug-ins"），该文件夹主要用于存放AE效果和外置插件，如图8-250所示。

如果特效插件中包含应用程序（扩展名为.exe的可执行文件），如Setup.exe或Install.exe等安装程序，则直接双击该程序即可自行安装到AE安装目录下的"Plug-ins"文件夹中。

图8-250

# 第 9 章

# 文字的应用

## 9.1 创建并编辑文字

不同的视频对文字的基本属性、段落等要求都会有所不同，以展现出不同的视觉效果。因此了解文字的创建、文字的字符样式和段落样式等相关知识，可以帮助我们在视频后期制作过程中更好地运用文字进行视觉设计。

### 📖 本章导读

文字是视频中不可缺少的重要组成部分，合理应用文字不仅可以使视频看起来更加丰富，而且能更好地对视频中的内容进行说明。在AE中不仅可以创建点文字和段落文字，也可以设置文字的字体样式、颜色、字距等，还能为文字添加文本动画，丰富视频画面效果。

### 🖥 知识目标

‹ 掌握创建点文字与段落文字的方法
‹ 熟悉"字符"面板和"段落"面板
‹ 掌握制作文本动画效果的方法
‹ 了解和应用文本动画预设效果

### 🏆 能力目标

‹ 能够制作古诗词画卷效果
‹ 能够制作招聘会倒计时动态海报
‹ 能够制作咖啡室动态标志
‹ 能够制作文字飞舞效果

### 🎯 情感目标

‹ 积极探索文字与视频画面的融合方法
‹ 不断提升短视频内容的创作质量
‹ 提升视频文案的创作水平

### 9.1.1 创建点文字

点文字以鼠标单击点为参照位置。输入点文字时，每行文本的长度会增加，但不会自动换行，需要手动换行，比较适合进行少量文字的排版。

创建点文字的操作方法为：选择"横排文字工具" **T** 或"直排文字工具" **IT**，在"合成"面板中单击任意位置，可直接输入点文字，如图9-1所示。输入完成后，按数字键盘上的【Enter】键（也可直接单击"时间轴"面板中的空白区域或选择"选取工具" ▶）结束文字输入状态。

图9-1

需要注意的是：输入点文字时，按主键盘上的【Enter】键将会手动换行。

## 9.1.2 创建段落文字

段落文字以文本框范围为参照位置。输入段落文字时，每行文字会根据文本框的大小自动换行，比较适合进行大量文字的排版。

创建段落文字的操作方法为：选择"横排文字工具"  或"直排文字工具" ，在"合成"面板中按住鼠标左键并拖曳形成一个文本框，可以在文本框中输入段落文字，当一行排满后将会自动跳转到下一行，如图9-2所示。输入完成后，使用和创建点文字相同的方法结束文字输入状态。

图9-2

## 9.1.3 认识与应用"字符"面板

创建文字时，可以在"字符"面板中设置文字的基本属性，包括文本字体、字号和颜色等。

### 1. 认识"字符"面板

选择【窗口】/【字符】命令，打开图9-3所示"字符"面板。

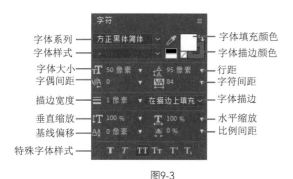

图9-3

"字符"面板中各选项的作用如下。
● 字体系列：用于设置字体系列。
● 字体填充颜色：用于设置文字的填充颜色，单击色块可以打开"文本颜色"对话框，从中选择字体的颜色。
● 字体样式：用于设置字体系列的样式，如常规、斜体、粗体和细体。
● 字体描边颜色：用于设置文字的描边颜色，使用方法与字体填充颜色相同。

● 字体大小：单击右侧的下拉按钮 ，在弹出的下拉列表中可选择所需字号大小，也可直接输入字号大小的值，值越大，文字显示得就越大。
● 行距：用于设置文字的行间距。设置的值越大，行间距越大；值越小，行间距越小。选择"自动"选项时将自动调整行间距。
● 字偶间距：可以使用度量标准字偶间距或视觉字偶间距来自动微调文字的间距。默认情况下，使用度量标准字偶间距。
● 字符间距：用于设置所选字符的间距。
● 描边宽度：用于设置字体描边大小。
● 字体描边：单击右侧的下拉按钮 ，在弹出的下拉列表中选择相应选项，可控制描边的位置。
● 垂直缩放：用于设置文字的垂直缩放比例。
● 水平缩放：用于设置文字的水平缩放比例。
● 基线偏移：用于设置文字的基线偏移量。输入正数值字符位置将往上移，输入负数值字符位置将往下移。
● 比例间距：可以百分比的方式设置两个字符的字间距。
● 特殊字体样式：用于设置文字的字符样式，从左到右依次为仿粗体、仿斜体、全部大写字母、小型大写字母、上标、下标。

### 2. 应用"字符"面板

创建文字前，可先在"字符"面板中进行设置，输入的文字将自动应用该设置；若文字已存在，则需先选中文字，然后在"字符"面板中进行设置，设置将会影响到所选全部文字。

## 9.1.4 认识与应用"段落"面板

除可为输入的文字设置字符样式外，用户还可以在"段落"面板中为一段或几段文字设置段落样式，包括段落的对齐方式、缩进方式等。

### 1. 认识"段落"面板

选择【窗口】/【段落】命令，打开图9-4所示"段落"面板。

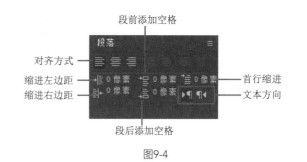

图9-4

"段落"面板中各选项的作用如下。

● 对齐方式：从左到右依次为左对齐文本、居中对齐文本、右对齐文本、最后一行左对齐、最后一行居中对齐、最后一行右对齐、两端对齐（选中直排段落文字时，"段落"面板中的对齐方式从左到右依次为顶对齐文本、居中对齐文本、底对齐文本、最后一行顶对齐、最后一行居中对齐、最后一行底对齐、两端对齐）。左对齐文本可以使段落文字左边缘强制对齐；居中对齐文本可以使段落文字中间强制对齐；右对齐文本可以使段落文字右边缘强制对齐；最后一行左对齐可以使段落最后一行文字左对齐，文字两端将和文本框强制对齐；最后一行居中对齐可以使段落最后一行居中对齐，其他行两端将和文本框强制对齐；最后一行右对齐可以使段落最后一行右对齐，其他行两端将和文本框强制对齐；两端对齐可以使段落文字两端和文本框强制对齐。

● 缩进左边距：横排段落文字可设置左缩进值，直排段落文字可设置顶端缩进值。

● 段前添加空格：用于设置当前段与上一段之间的距离。

● 首行缩进：用于设置段落首行缩进值。

● 缩进右边距：横排段落文字可设置右缩进值，直排段落文字可设置底端缩进值。

● 段后添加空格：用于设置当前段与下一段之间的距离，需要将鼠标指针插入该段文字末尾处。

● 文本方向：用于设置段落文本从左到右或从右到左排列。

### 2. 应用"段落"面板

与"字符"面板一样，在段落文字输入前或输入后，都可以应用"段落"面板。若文本插入点位于段落中间或已选中段落文本或已选择文本图层，则在"段落"面板中所做的更改将影响整个段落；若没有选中段落文本，并且没有选择文本图层，则在"段落"面板中所做的更改将成为下一个文本项的新默认值。

---

**范例　制作古诗词画卷效果**

 知识要点　点文字和段落文字的输入、"字符"面板和"段落"面板的应用

 配套资源　素材文件\第9章\水墨背景.jpg
效果文件\第9章\古诗词画卷效果.aep

 扫码看视频

---

**范例说明**

古诗词是我国文学宝库中的瑰宝，也是中华民族的文化精髓。为弘扬传统文化，本例将利用提供的图片素材制作古诗词画卷效果。制作时，要求在图片中分别输入点文字和段落文字，并应用"字符"面板设置文字的字体样式、大小等，应用"段落"面板设置段落文字的对齐方式、缩进等，完成后再为文字制作渐隐效果。

扫码看效果

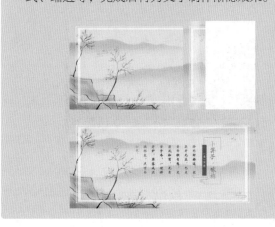

---

**操作步骤**

*1* 新建项目文件，将"水墨背景.jpg"素材导入"项目"面板中，然后选择该素材，单击鼠标右键，在弹出的快捷菜单中选择"基于所选项新建合成"命令，新建一个和素材大小相同的合成。

*2* 在"水墨背景"合成中新建一个与合成大小相同的白色纯色图层，并将白色纯色图层置于"水墨背景.jpg"图层下方。

*3* 选择"直排文字工具"，在"字符"面板中设置字体为"方正字迹-心海凤体 简"，字体大小为"65像素"，字符间距为"17"，填充颜色为"#272727"，如图9-5所示。

*4* 在"合成"面板中输入文字"卜算子·咏梅"文本，选择"选取工具"结束输入状态，然后将文字移动到合适位置，如图9-6所示。

图9-5　　　　　　　　图9-6

5 继续在"合成"面板中输入"[宋]陆游"文本，然后双击该文字所在图层，选中该文字，在"字符"面板中设置字体大小为"27像素"，字符间距为"352"，填充颜色为"白色"。选择"选取工具"，在"合成"面板中调整文字的位置，效果如图9-7所示。

图9-7

6 选择"直排文字工具"，在"字符"面板中设置字体大小为"35像素"，字符间距为"89"，行距为"84"，如图9-8所示。

7 在"合成"面板中按住鼠标左键并拖曳形成一个文本框，在文本框中输入图9-9所示文本。

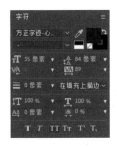
图9-8

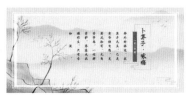
图9-9

8 选择第3个文本图层，打开"段落"面板，单击"最后一行底对齐"按钮，使段落最后一行底部对齐，其他行两端强制对齐，如图9-10所示。

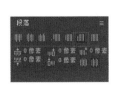
图9-10

9 选择除白色纯色图层外的其他图层，并将其预合成。

10 在"效果和预设"面板中展开"扭曲"效果组，将"CC Page Turn"效果应用到"预合成1"预合成图层中。

11 在"效果控件"面板中激活"Fold Position"属性，并设置该栏的参数为"-1632，909"，Fold

Radius为"255.3"，Back Opacity为"100"，如图9-11所示。

12 将时间指示器移动到0:00:00:19位置，再次设置Fold Position为"1880，909"。

13 为文本制作渐隐效果。进入"预合成1"预合成中，选择所有文本图层，按【Ctrl+Shift+C】组合键打开"预合成"对话框，输入预合成名称"文字"，单击 确定 按钮。

图9-11

14 选择"文字"预合成图层，然后选择"矩形工具"，在"合成"面板中将文本框选出来。在"时间轴"面板中展开"文字"预合成图层的"蒙版1"栏，激活"蒙版羽化""蒙版扩展"关键帧，并设置蒙版羽化为"200"，蒙版扩展为"-231"，如图9-12所示。

图9-12

15 将时间指示器移动到0:00:01:08位置，设置蒙版扩展为"156"。

16 完成后，预览文本的渐隐效果，如图9-13所示。最后将其保存为"古诗词画卷效果"项目文件。

图9-13

## 9.2 文本的动画效果

在AE中不仅可以创建和编辑文字，还可以为文字制作不同的动画效果，如源文本动画、路径文字动画等，在增强画面视觉效果的同时提高信息的传达能力。

### 9.2.1 创建源文本动画

源文本动画可以直接在同一个文本图层中改变文本内容，用于制作打字效果、倒计时效果、对白形式的字幕效果等。

在"合成"面板中输入文本内容后，在"时间轴"面板中展开该文本图层的"文本"栏，显示"源文本"属性，如图9-14所示。

通过"源文本"属性可以制作源文本动画效果。其操作方法为：单击激活源文本属性前面的"时间变化秒表"按钮 ，将时间指示器移动到一定位置后直接修改文本内容，可自动创建"源文本"关键帧，当视频播放到该帧时，文本内容将直接发生变化。

图9-14

 **范例** 制作招聘会倒计时动态海报

 **知识要点** 源文本动画的运用

 **配套资源** 素材文件\第9章\钟表.psd
效果文件\第9章\招聘会倒计时动态海报.aep

扫码看视频

**范例说明**

本例要求利用提供的素材制作招聘会倒计时动态海报，要求当钟表转过一圈时，倒计时数字发生变化，倒计时天数为5天，最终形成一幅完整的动态海报。

扫码看效果

**操作步骤**

*1* 新建项目文件，然后新建一个宽度为"658px"、高度为"1100px"、持续时间为"0:00:10:00"的合成。

*2* 然后新建一个大小相同的白色纯色图层，将"钟表.psd"素材导入"项目"面板中。

*3* 打开"钟表.psd"对话框，设置导入种类为"合成"，选中"合并图层样式到素材"单选项，单击 确定 按钮。

*4* 在"项目"面板中将"钟表"合成拖曳到"时间轴"面板中，然后在"合成"面板中调整其位置，效果如图9-15所示。

*5* 双击进入"钟表"合成，选择"图层2"图层，按【R】键显示该图层的旋转属性，激活"旋转"属性关键帧。向后移动10帧，设置旋转为"1x+0°"，再向后移动5帧，创建一个旋转属性的关键帧，如图9-16所示。

图9-15　　　　　　　　　图9-16

*6* 重复相同的操作3次，如图9-17所示。

图9-17

7 返回"合成1"合成，选择"横排文字工具" T ，在"字符"面板中设置字体为"方正兰亭细黑简体"，字体大小为"43像素"，行距为"54"，填充颜色为"黑色"，在"合成"面板中输入图9-18所示文本，并移动到合适位置。

8 选择第1排文本，在"字符"面板中设置字体为"方正兰亭纤黑简体"，填充颜色为"#474747"，如图9-19所示。

图9-18　　　　　　　　图9-19

9 再次选择"横排文字工具" T ，在"字符"面板中设置字体大小为"25像素"，在"合成"面板中输入"距招聘会开始还有"文本，并移动到合适位置，效果如图9-20所示。

10 在"字符"面板中设置字体为"方正兰亭中粗黑简体"，字体大小为"225像素"，填充颜色为"#BB1515"，在"合成"面板中输入"5"文本，效果如图9-21所示。

11 选择并复制"5"文本图层，在"字符"面板中设置填充颜色为"黑色"，字体大小为"225像素"，修改文本为"天"，效果如图9-22所示。

图9-20　　　　　　图9-21　　　　　　图9-22

12 在"时间轴"面板中展开"5"文本图层下方的"文本"栏，激活"源文本"属性，如图9-23所示。

13 将时间指示器移动到0:00:00:10位置，修改文本为"4"，使用相同的方法，每隔15帧向前移一位数字，最后一位数字为"1"。

14 完成后，将其保存为"招聘会倒计时动态海报"项目文件。

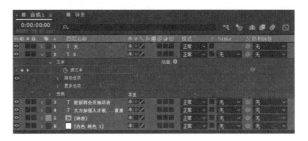

图9-23

## 9.2.2　创建路径文字动画

路径文字动画可以让文字沿着绘制的路径运动，如图9-24所示。

图9-24

创建路径文字动画的操作方法为：在"合成"面板中输入文本内容，在"时间轴"面板中选中该文本图层，使用"钢笔工具" ✎ （或"矩形工具" ▭ 、"圆角矩形工具" ▢ 、"椭圆工具" ⬭ 、"多边形工具" ⬟ 、"星形工具" ☆ ）在"合成"面板中绘制文字的路径蒙版，在"时间轴"面板中依次展开该文本图层下方的"文本""路径选项"栏，在"路径"选项后的下拉列表中选择前面绘制的路径蒙版，此时在"合成"面板中可看到文字已沿着绘制的路径排列。

为文本添加路径后，既可以在"合成"面板中重新调整路径形状，改变文字的路径效果，也可以在文本图层的"路径选项"栏中设置相关参数调整文本状态，如图9-25所示。

图9-25

"路径选项"栏中相关参数的作用如下。

● 路径：用于选择文本跟随的路径。

● 反转路径：用于设置路径是否反转。图9-26所示为反转路径为"开"和"关"的效果对比。

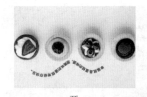 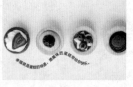

开　　　　　　　　　关

图9-26

● 垂直于路径：用于设置文字是否垂直于路径。图9-27所示为垂直于路径为"开"和"关"的效果对比。

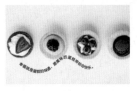 

开　　　　　　　　　关

图9-27

● 强制对齐：用于设置文字与路径首尾是否对齐。图9-28所示为强制对齐为"开"和"关"的效果对比。

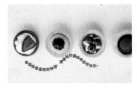 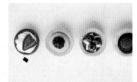

开　　　　　　　　　关

图9-28

● 首字边距：用于设置文字首字边距大小。
● 末字边距：用于设置文字末字边距大小。

---

 范例　制作咖啡室动态标志

 知识要点　路径文字动画的运用

 配套资源　素材文件\第9章\咖啡室标志.jpg、文本.txt
效果文件\第9章\咖啡室动态标志.aep

 扫码看视频

范例说明

　　为了提高标志的吸引力，使其更具视觉冲击力，很多时候都需要对文字进行变形操作。本例提供了一个静态标志，要求通过输入路径文字，将文字围绕在圆形边缘和置于咖啡图形底部，形成一个完整的动态标志。

 扫码看效果

---

操作步骤

**1** 新建项目文件，将"咖啡室标志.jpg"素材导入"项目"面板中，然后选择该素材，单击鼠标右键，在弹出的快捷菜单中选择"基于所选项新建合成"命令，新建一个和视频素材大小相同的合成。

**2** 选择"横排文字工具" T，在"字符"面板中设置字体为"汉仪雪君体简"，字体大小为"24像素"，字符间距为"188"，填充颜色为"白色"，单击"全部大写字母"按钮 TT，如图9-29所示。

**3** 在"合成"面板中输入"文本.txt"素材中的文字内容，选择"选取工具" ▶结束输入状态。

**4** 在"时间轴"面板中选择文本图层，选择"椭圆工具" ○，按住【Shift】键在"合成"面板中绘制正圆，如图9-30所示。

图9-29　　　　　　　　　　图9-30

**5** 在"时间轴"面板中依次展开该文本图层下方的"文本""路径选项"栏，在"路径"选项后的下拉列表中选择"蒙版1"选项，然后设置反转路径为"开"，如图9-31所示。

图9-31

**6** 此时在"合成"面板中可看到文字已沿着绘制的圆形路径排列，效果如图9-32所示。

**7** 但是圆形路径中的部分文字比较拥挤，不利于观看，需进行调整。选中文本图层，在"字符"面板中设置字符间距为"57"，在"合成"面板中查看效果，如图9-33所示。

图9-32　　　　　　　图9-33

*8* 为环形文字制作动态效果。在"时间轴"面板中依次展开该文本图层下方的"文本""路径选项"栏，激活其中的"首字边距"关键帧，按【End】键跳转到末尾位置，设置"首字边距"为"360"。

*9* 再次选择"横排文字工具" ，在"字符"面板中设置字体为"方正品尚中黑简体"，字体大小为"56像素"，字符间距为"57"，在"合成"面板中输入"飘香咖啡室"文本，如图9-34所示。

*10* 选择第2个文本图层，然后选择"钢笔工具" ，在文字下方绘制弧线，如图9-35所示。

图9-34　　　　　　　图9-35

*11* 在"时间轴"面板中依次展开第2个文本图层下方的"文本""路径选项"栏，在"路径"选项后的下拉列表中选择"蒙版1"选项。

*12* 继续在其中激活"首字边距"属性关键帧，按【Home】键跳转到开始位置，设置"首字边距"为"-271"；将时间指示器移动到0:00:00:24位置，设置"首字边距"为"160"；将时间指示器移动到0:00:08:24位置，单击"首字边距"属性栏前的 按钮创建一个关键帧；按【End】键跳转到末尾位置，设置"首字边距"为"578"，如图9-36所示。

图9-36

*13* 完成后，将其保存为"咖啡室动态标志"项目文件。

本例将制作一个旅行网动态标志，要求在 AE 中绘制出轮船、大海、水波等形状，并制作为动态图形，然后依次添加需展现的文字内容。制作时，可利用"波形变形"效果制作船上旗帜飞扬、水波荡漾等动态效果，然后通过路径文字和源文本制作文字的动态效果。参考效果如图 9-37 所示。

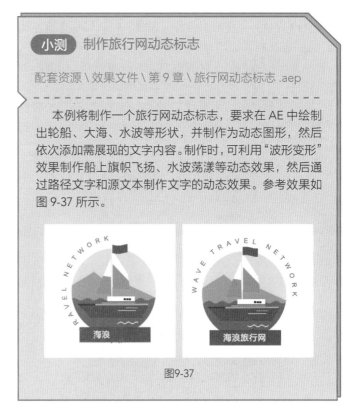

图9-37

### 9.2.3　设置文本动画属性

除了可以制作源文本动画、路径文字动画外，还可以利用文本图层的动画制作工具为文字添加不同的动画属性来制作相关的动画效果。其操作方法为：在"时间轴"面板中展开文本图层，然后单击文本图层右侧的"动画"按钮 ，在弹出的快捷菜单中可设置不同的动画属性，如图9-38所示。

图9-38

各种动画属性的作用如下。

● 启用逐字3D化：用于对文字逐字开启三维图层模式，此时的二维文本图层将转换为三维图层。

● 锚点、位置、缩放、倾斜、旋转、不透明度：用于制作文本的中心点变换、位移、缩放、倾斜和不透明度动画，与图层的基本属性参数相同。

● 全部变换属性：可同时为文本添加锚点、位置、缩放、倾斜、旋转、不透明度6种变换属性的动画。

● 填充颜色：用于设置文字的填充颜色，在其子菜单中还可以选择文本填充颜色的RGB、色相、饱和度等，如图9-39所示。

图9-39

● 描边颜色：用于设置文字的描边颜色，以及描边颜色的RGB、色相、饱和度等。

● 描边宽度：用于设置文字的描边粗细。

● 字符间距：用于设置文本之间的距离。

● 行锚点：用于设置文本的对齐方式。

● 行距：用于设置段落文字中每行文字的距离。

● 字符位移：可按照统一的字符编码标准，对文字进行位移。

● 字符值：可按照统一的字符编码标准，统一替换设置的字符值所代表的字符。

● 模糊：用于设置为文字添加的模糊效果。图9-40所示为文字添加模糊动画前后的对比效果。

图9-40

在"时间轴"面板中为文本添加动画属性后，"文本"栏下方将出现一个"动画制作工具"栏，单击右侧的"添加"按钮，在弹出的快捷菜单中选择"属性"子菜单，可在该动画的动画制作工具中继续添加新的动画属性；选择"选择器"子菜单，可选择不同的选择器设置动画效果，如图9-41所示。

3种选择器的作用如下。

● 范围：可以使文本按照特定的顺序进行移动和缩放，也是AE默认的选择器。

图9-41

● 摆动：可以使文本在指定的时间段产生摇摆动画。

● 表达式：可以通过输入表达式来控制文本动画。

### ★范例 制作文字飞舞效果

**知识要点** 点文字和段落文字的输入、"字符"面板和"段落"面板的应用

扫码看视频

**配套资源** 素材文件\第9章\烟花背景.jpg
效果文件\第9章\文字飞舞效果.aep

#### 范例说明

文字飞舞效果是一种文字模糊入场的效果，可用于各种视频场景中。本例将通过设置文本的不透明度、位置、模糊等动画属性制作出文字飞舞效果，提高画面的视觉美感。

扫码看效果

#### 操作步骤

1 新建项目文件，将"烟花背景.jpg"素材导入"项目"面板中，然后选择该素材，单击鼠标右键，在弹出的快捷菜单中选择"基于所选项新建合成"命令，新建一个和视频素材相同大小的合成。

**2** 选择"横排文字工具" T，在"字符"面板中设置字体为"方正字迹-曾正国楷体"，字体大小为"100像素"，字符间距为"41"，行距为"126"，填充颜色为"白色"，如图9-42所示。

**3** 在"合成"面板中按住鼠标左键并拖曳形成一个文本框，在文本框中输入图9-43所示文本，然后使用"选取工具" ▶将文字移动到合适位置。

图9-42　　　　　　　　图9-43

**4** 在"时间轴"面板中展开文本图层，单击"动画"按钮 ，在弹出的快捷菜单中选择"启用逐字3D化"命令，使用相同的操作再次选择"位置"命令。

**5** 激活"位置"属性关键帧，并设置参数，再展开"范围选择器1"栏，激活"偏移"属性关键帧，如图9-44所示。

图9-44

**6** 单击"动画制作工具1"后的"添加"按钮 ，选择【属性】/【不透明度】命令，激活"不透明度"属性关键帧，并设置该参数为"0%"。

**7** 单击"动画制作工具1"后的"添加"按钮 ，选择【属性】/【模糊】命令，激活"模糊"属性关键帧，并设置该参数为"50"。

> **技巧**
>
> 当"时间轴"面板中的"动画制作工具"处于选中状态时，添加的其他动画属性将自动添加到该工具下方，等同于右侧的"添加"按钮；处于未选中状态时，添加的其他动画属性将自动建立新的"动画制作工具"。

**8** 将时间指示器移动到0:00:01:00位置，将位置参数恢复到原始默认值，设置偏移为"100%"，不透明度为"100%"，模糊为"0"，如图9-45所示。

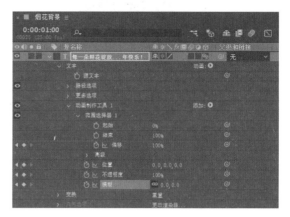

图9-45

**9** 展开"偏移"属性下方的"高级"栏，设置随机排序为"开"，使文字随机出现。

**10** 完成后，预览文本效果，如图9-46所示。最后将其保存为"文字飞舞效果"项目文件。

图9-46

## 9.3 文本预设效果

> 与其他效果一样，文字在AE中也有部分预设效果，这些预设效果已经预先设置好了文本的动画属性，可直接应用到文本图层中，为文本添加更加丰富的动画效果。

### 9.3.1 浏览文本预设效果

在"效果和预设"面板中依次展开"动画预设""Text"文件夹，其中包含了非常丰富的文本预设效果，如图9-47所示。

图9-47

除此之外，也可以选择【动画】/【浏览预设】命令，打开"Presets-在Adobe After Effects 2020中打开"窗口，如图9-48所示。在其中双击打开"Text"文件夹，在Adobe Bridge中打开AE的文本预设文件夹。

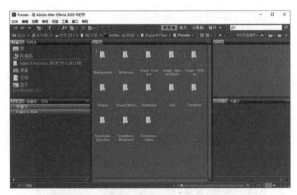

图9-48

### 9.3.2 应用文本预设效果

应用文本预设效果的方法与应用其他效果的方法相同，这里不做过多介绍。需要注意的是：应用文本预设效果后的关键帧将以当前时间作为起始位置，因此应用文本预设效果前需要明确当前时间指示器的位置。图9-49所示为运用饱和度处理画面前后的对比效果。

图9-49

快闪短视频是一种新颖、前卫的创意视频形式，非常符合当下年轻人在快节奏生活方式下进行阅读和观看的需求。快闪短视频具有整体时长较短、快节奏展现的特点，在短时间内就能让用户了解视频内容，并快速吸引很多人的眼球。

### 9.4.1 实训要求

近期，某餐饮企业为了达到商业赢利的目的，准备开展"美食新天地"线下活动，要求制作一个以美食为主题的"活动宣传"短视频并要求短视频新颖美观，体现出活动的时间、地点和内容，并且时长在10秒左右，视频宽度为"1920px"、高度为"1080px"。

随着移动通信技术的飞速发展，以及智能手机的普及，短视频已经成为人们消磨时间、记录生活的一种方式。短视频的蓬勃发展也带动了一大批短视频平台的发展和壮大，这些平台拥有众多年轻用户，有着宣传社会正能量，引导良好的网络风气和社会风气的作用，在一定程度上也影响了青少年的人生观、价值观、世界观的树立。因此我们在制作短视频时要考虑到这些年轻的受众群体，帮助他们树立正确的价值观念。

设计素养

### 9.4.2 实训思路

（1）本实训提供了一些美食图片素材，可以将整个文件夹直接导入AE中，然后应用到短视频中作为背景。

（2）视频片头是整个短视频内容的高度体现和呈现，因此可以在短视频片头展现出活动的主题、时间、地点等信息。本实训以"活动宣传"为主要内容，制作时若直接以图片素材作为背景，则可能看不清活动的文字信息。因此，为了不影响用户的观感和对活动信息的接收，可在文字出现时为背景素材添加模糊效果。

（3）快闪短视频节奏快，若文字信息过多，则可能会影响用户对信息的接收，因此视频中的文本内容一定要精简。

本实训以"活动宣传"为主要内容，制作时文本内容可以是活动主题以及对该活动的简单介绍，如活动时间、活动地点、活动内容等，以一两句话为最佳。

（4）快闪短视频一般都具有强烈的动感，因此快闪时的画面效果不能太过单一，可将所有图片素材都制作成一种快速闪现的效果，然后在图片上输入文本，最后为每个文本添加不同的动画效果。AE提供了大量的文本预设效果，可以对这些文本应用不同的文本预设，在丰富短视频效果的同时，营造急促、欢快的氛围。

本实训完成后的参考效果如图9-50所示。

扫码看效果

图9-50

## 9.4.3 制作要点

 知识要点　点文字和段落文字的输入、源文本动画的创建，"字符"面板、"段落"面板、文本动画属性的设置和文本预设效果的应用

 配套资源　素材文件\第9章\美食素材\
效果文件\第9章\"活动宣传"快闪短视频.aep

扫码看视频

完成本实训的主要操作步骤如下。

**1** 新建项目，将"美食素材"文件夹导入"项目"面板中，然后新建宽度为"1920px"、高度为"1080px"、持续时间为"0:00:08:15"、名称为"短视频"的合成。

**2** 将"美食素材.jpg"图片素材拖曳到"时间轴"面板中，在"时间轴"面板中设置缩放参数，使其与合成文件大小大致相同。

**3** 打开"效果和预设"面板，将"模糊和锐化"文件夹中的"快速方框模糊"效果应用到素材中。

**4** 在"时间轴"面板中创建"缩放"属性关键帧。移动时间指示器到0:00:00:06位置，设置缩放参数；移动时间指示器到0:00:00:14位置，再次设置缩放参数，同时在"效果控件"面板中激活"模糊半径"属性关键帧，并创建"位置"属性关键帧。

**5** 移动时间指示器到0:00:00:23位置，设置"模糊半径"参数。

**6** 使用"矩形工具" █ 绘制一个无填充、白色描边的矩形框。在"时间轴"面板中通过"修剪路径"命令为矩形制作矩形框从无到有的路径动画。

**7** 再次新建一个填充为白色、无描边的矩形，通过设置"不透明度"关键帧为其制作渐入动画。

**8** 将这两个矩形图层的入点均设置为"0:00:00:23"（背景图片开始模糊的位置）。

**9** 新建文本图层，输入"美食新天地"文本，在"字符"面板中设置文本属性，再对该文本应用"径向阴影"效果，在"效果控件"面板中设置效果参数。

**10** 在"时间轴"面板中通过"行锚点""字符间距""模糊""不透明度"文本动画属性为文本制作文字模糊扩散出现的动画效果，设置该文本图层的入点为"0:00:01:03"。

**11** 新建文本图层，输入"唯有美食与爱不可辜负"文本，设置该文本图层的入点为"0:00:01:17"，然后为其制作每5帧出现一个字的源文本动画。

**12** 新建文本图层，输入与活动相关的段落文本，设置该图层的入点为"0:00:02:21"。在"段落"面板中设置段落样式，再通过设置"不透明度"属性关键帧为其制作一个渐入动画。

**13** 移动时间指示器到0:00:03:17位置，将其余素材图片全部拖曳到"时间轴"面板中，然后将这些图片所在的图层预合成，并设置预合成名称为"图片"。

**14** 选择所有图片图层，通过【关键帧辅助】/【序列图层】命令将所有图层错10帧排列。

*15* 新建4个文本图层，在"字符"面板中设置文本属性，在"效果和预设"面板中依次展开"动画预设""Text"文件夹，对这4个图层应用不同的动画预设效果，然后调整关键帧。

*16* 完成整个画面制作后，将其保存为"'活动宣传'快闪短视频"项目文件。

 **巩固练习**

### 1. 制作电影片头字幕效果

本练习提供了一个电影片头的视频素材，需要将其制作为电影片头字幕效果，要求整体画面的电影氛围浓厚，文本动态效果自然美观。制作时，可利用位置、缩放、不透明度关键帧和文本动画属性制作文字的动画效果，也可以利用"源文本"属性制作源文本动画效果。参考效果如图9-51所示。

> **配套资源**
> 素材文件\第9章\电影片头.mp4
> 效果文件\第9章\电影片头字幕效果.aep

图9-51

### 2. 制作动态招聘海报

本练习将要制作一个动态招聘海报，要求画面效果美观，具有强烈的视觉冲击力。制作时，可利用"网格"效果制作背景；通过点文字和段落文字来展现招聘信息；利用文本动画属性和文本预设效果制作文本动态效果。参考效果如图9-52所示。

> **配套资源**
> 效果文件\第9章\动态招聘海报.aep

图9-52

### 3. 制作手机交互广告

本练习提供了一些手机素材，要求利用这些素材制作手机交互广告。制作时，可通过位置、缩放、不透明度关键帧制作手机滑动前后的不同动效；通过"源文本"属性与不透明度关键帧制作型号与价格文本动效；通过填充颜色关键帧制作圆点动效。参考效果如图9-53所示。

> **配套资源**
> 素材文件\第9章\手机广告素材\
> 效果文件\第9章\手机展现广告.aep

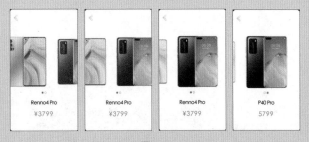

图9-53

选择合适的字体可以增强视频画面的美感。不同的视频画面、内容和风格，其字体选择也会有所不同，用户可根据自身需求选择。

一般来说，常见的中文字体主要有以下5种。

● 宋体：宋体是应用较广泛的字体，其笔画横细竖粗，起点与结束点有额外的装饰部分，且外形纤细优雅、美观端庄，能体现出浓厚的文艺气息。

● 艺术体：艺术体是指一些非常规的特殊印刷字体，其笔画和结构一般都进行了一些形象的再加工。在视频中使用艺术体类的字体，可以提升画面的艺术品位。

● 书法体：书法体是指具有书法风格的字体，如楷书、行书、草书等，其字形自由多变、顿挫有力。而且不同的书法体也适用于不同风格的视频，如纤细清秀的小楷体常用在表现文艺、小清新风格的视频中；大楷、草书、行书等常用在传统、古典、庄严和复古等风格的视频中。

● 黑体：黑体字形端庄，笔画横平竖直、粗壮有力，笔迹的粗细基本一致，结构醒目严密，便于阅读，没有强烈的风格，是最为常用的字体之一。

● 手写体：手写体是一种使用硬笔或者软笔纯手工写出的文字。手写体文字大小不一、错落有致，非常具有创意和个性。

英文字体主要分为衬线体和无衬线体两种。

● 衬线体：衬线体在文字的笔画末端有额外的装饰，让字体给人一种优雅的感觉，而且笔画的粗细会有所不同。

● 无衬线体：无衬线体没有额外的装饰，且笔画的粗细差不多，给人感觉比较简洁，没有特别明显的风格，在视频中的应用也非常百搭。

# 第 10 章 三维合成效果

## 本章导读

AE的强大之处不仅在于拥有丰富的视频效果，还具有三维合成功能。前面所学操作都是基于二维图层的制作，而本章将进入三维空间，通过创建三维图层，运用各种摄像机和灯光，制作出效果更加丰富的三维合成视频，打造出真实的空间效果。

## 知识目标

- 了解和掌握三维图层的基本属性和基本操作
- 了解与应用"CINEMA 4D"渲染器
- 了解常见的灯光类型
- 掌握创建与设置灯光的方法
- 了解和掌握设置摄像机的方法和常见的摄像机工具
- 掌握三维跟踪功能的运用

## 能力目标

- 能够制作立体包装盒动画效果
- 能够制作3D文字环保视频片头
- 能够制作照片墙展示效果
- 能够制作实景合成特效视频
- 能够制作字幕条跟踪效果

## 情感目标

- 强化对三维空间的认知，培养空间想象力
- 在视频作品中传播积极向上的思想

## 10.1 三维图层

三维是指坐标轴的3个轴，即X轴、Y轴和Z轴。其中X表示左右空间，Y表示前后空间，Z表示上下空间。三维图层是一种具有三维属性的图层，在三维图层中创建的动画具有视觉立体感。

### 10.1.1 三维图层与二维图层的转换

在"时间轴"面板中单击二维图层（除音频图层外）后的"3D图层"开关 ，或选择图层后，选择【图层】/【3D图层】命令，都可将其转换为三维图层。

在"时间轴"面板中取消选择图层后的"3D图层"开关 ，可将三维图层转换为二维图层。需要注意的是：将三维图层转换回二维图层时，将删除"Y旋转""X旋转""方向""材质选项"属性，以及这些属性中的所有参数、关键帧和表达式，且不能通过将该图层转换回三维图层来恢复，但"锚点""位置""缩放"属性与其关键帧和表达式依然存在，而Z轴相关的值将被隐藏和忽略。

### 10.1.2 三维图层的基本属性

在AE中，二维图层只具有锚点、位置、缩放、旋转和不透明度5个基本属性，并且只有X轴和Y轴两个方向上的参数，如图10-1所示。

三维图层源于二维图层，因此将二维图层转换为三维图层后，该图层不仅具有二维图层原有的基本属性，还具有其他增加的属性。展开三维图层的"变换"栏，可看到除了不透明度属性不变外，锚点、位置和缩放属性都增加了Z轴的参数，并且

旋转属性细分成了3组参数，同时还增加了方向属性，如图10-2所示。

图10-1

图10-2

下面重点说明方向和旋转属性的区别。

● 方向：当调整方向属性时，图层将围绕世界轴旋转，其调整范围只有360°。可调整方向属性来作为其他图层方向的参考位置，类似于指南针的作用。

● 旋转：当调整旋转属性时，图层将围绕本地轴旋转，其调整范围不受限制。

### 10.1.3　三维图层的材质选项

当一个二维图层被转换为三维图层后，除了在"变换"栏中增加的基本属性外，还增加了一个"材质选项"栏，用于指定图层与光照和阴影交互的方式。在"时间轴"面板中展开三维图层下方的"材质选项"栏，可以看到其中各个选项的参数，如图10-3所示。

图10-3

下面介绍"材质选项"栏中各选项的作用。

● 投影：用于设置当灯光照射物体时，是否出现投影，有"开""关""仅"3个选项，以设置是否打开投影效果、关闭投影效果或仅显示阴影效果。

● 透光率：用于设置对象的透光程度，可以制作出半透明物体在灯光下的照射效果。

● 接受阴影：用于设置对象是否接受阴影效果。该属性不能制作关键帧动画。

● 接受灯光：用于设置对象是否受灯光照射影响。该属性不能制作关键帧动画。

● 环境：用于设置三维图层受"环境"类型灯光影响的程度。

● 漫射：用于设置三维图层漫反射的程度。

● 镜面强度：用于设置物体镜面反射的程度。

● 镜面反光度：用于设置三维图层中镜面高光的反射区域和强度。

● 金属质感：用于调整由镜面反光度反射的光的颜色。

### 10.1.4　三维图层的基本操作

要应用三维图层，首先需要掌握三维图层的基本操作。

#### 1. 显示或隐藏三维坐标轴

与二维图层不同的是，三维图层在"合成"面板中可以显示3种不同颜色标志的箭头，即三维坐标轴。三维坐标轴构成了整个立体空间，主要用于空间定位，其中X轴为红色，Y轴为绿色，Z轴为蓝色，如图10-4所示。

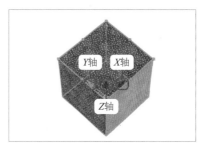

图10-4

三维坐标轴默认为显示状态，若需将其隐藏，则选择【视图】/【显示图层控件】命令，或按【Ctrl+Shift+H】组合键。

#### 2. 移动和旋转三维图层

移动和旋转三维图层的操作在"时间轴"面板和"合成"面板中均能完成。

（1）移动三维图层

选择要移动的三维图层，然后选择"选取工具"██，在"合成"面板中直接拖曳三维坐标轴的箭头来进行移动（按住

【Shift】键并拖曳鼠标可更快速地移动图层），或者通过在"时间轴"面板中修改"位置"属性值来进行移动。

（2）旋转三维图层

选择要旋转的三维图层，然后选择"旋转工具" ，在工具属性栏的"组"下拉列表中选择"方向"或"旋转"选项，以确定该工具是影响方向属性还是影响旋转属性，如图10-5所示。然后在"合成"面板中直接拖曳三维坐标轴的箭头可以旋转三维图层（按住【Shift】键并拖曳鼠标可将操作限制为45°增量）。

图10-5

此外，在"时间轴"面板中修改"X轴旋转""Y轴方向""Z轴旋转"的属性值可直接旋转三维图层。

### 3. 切换三维视图和选择视图布局

在AE中进行三维合成操作时，为了从不同角度观察对象，可以切换三维视图和选择视图布局。

（1）切换三维视图

默认情况下，"合成"面板中显示的三维视图为"活动摄像机"。在"活动摄像机"视图下，三维图层没有固定的视角，可在"合成"面板中拖曳鼠标从不同角度查看物体，如图10-6所示。

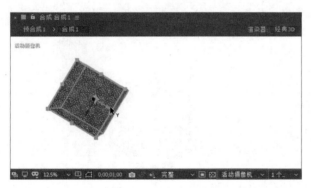

图10-6

在"活动摄像机"下拉列表中可切换不同的视图，如图10-7所示。其中正面、左侧、顶部、背面、右侧、底部被称为三维空间六视图，可直接从对应的方向查看物体；"自定义视图1""自定义视图2""自定义视图3"则以3种透视的角度来显示，如图10-8所示。

为了适应在不同的三维视图下三维坐标轴的选择和移动等操作，三维坐标轴也有3种模式供用户选择。使用"选取工具" 选择三维图层后，在工具属性栏中可看到这3种模式，单击可以进行切换，如图10-9所示。

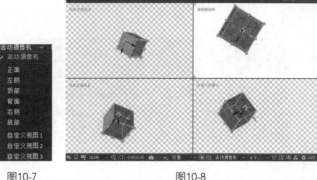

图10-7                    图10-8

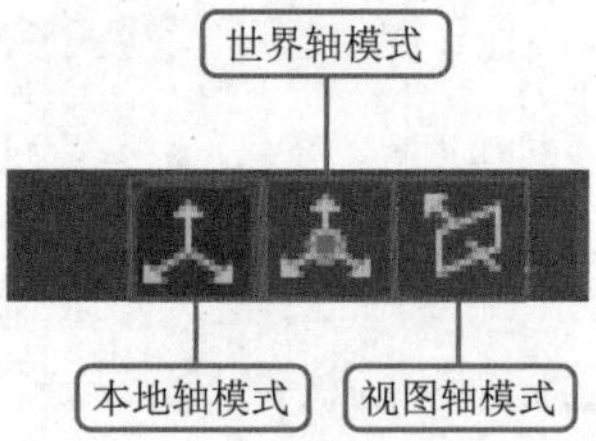

图10-9

● 本地轴模式：该模式可将轴与三维图层的表面对齐，即与图层相对一致，如旋转三维图层时，三维坐标轴会跟着旋转。本地轴模式是默认的三维坐标轴模式。

● 世界轴模式：该模式可将轴与合成的绝对坐标对齐，如旋转三维图层时，轴的方向不会发生变化。

● 视图轴模式：该模式可将轴与选择的视图对齐，即无论选择哪种视图，三维图层的三维坐标轴始终正对视图。

（2）选择视图布局

在"合成"面板的"1个"下拉列表中可选择不同的视图布局，如图10-10所示。

图10-10

默认情况下选择"1个视图"选项，即画面中只有一个视图；选择"2个视图-水平"选项，画面显示为左右两个视图；选择"2个视图-纵向"选项，画面显示为上下两个视图。选择"4个视图"选项，画面显示为左右上下4个大小相同的视图；选择"4个视图-左侧""4个视图-右侧""4个视图-顶侧""4个视图-底侧"选项，画面显示为3个小图和1

个大图的布局，大图依次为画面的左、右、上、下位置。

在"合成"面板中单击某视图后，其4个角有高亮的小三角标记，说明该视图处于被选中状态，如图10-11所示。

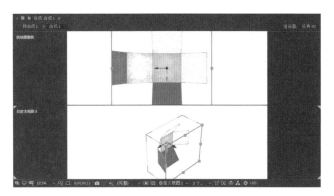

图10-11

知识要点　三维图层与二维图层的转换、三维图层基本属性的应用

配套资源　素材文件\第10章\包装纸.jpg
效果文件\第10章\立体包装盒动画效果.aep

扫码看视频

范例说明

包装盒，顾名思义就是用来包装产品的盒子，通常用于保护产品的安全等。本例将使用提供的素材制作一个立体包装盒效果，以掌握快速搭建三维物体和场景的方法，再利用关键帧制作出包装盒展开和合并动画，同时也可以将包装盒的每个面都设置为不同的颜色，便于后期查看。

扫码看效果

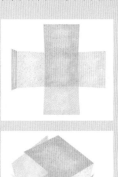
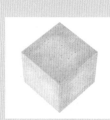

**操作步骤**

**1** 新建项目文件，依次新建一个宽度为"5000px"、高度为"3000px"的合成文件和白色纯色图层，将"包装纸.jpg"素材导入"项目"面板中，再将其拖曳到"时间轴"面板中。

**2** 选择"包装纸.jpg"图层，按【S】键显示图层的缩放属性，并设置缩放属性为"20%"。

**3** 在"效果和预设"面板中搜索"色相/饱和度"效果，然后将该效果应用到"包装纸.jpg"图层中。

**4** 选择"包装纸.jpg"图层，按【Ctrl+D】组合键复制1个相同的图层作为包装盒的其中1个面。选择复制的图层，在"效果控件"面板中设置"色相/饱和度"效果中的"主色相"为"0+38°"，如图10-12所示。

**5** 按住【Shift】键，在"合成"面板中拖曳素材，如图10-13所示。注意拖曳素材时，要尽量使两个素材的边缘对齐。

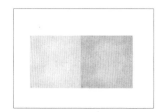

图10-12　　　　　　　　图10-13

**6** 使用相同的方法制作包装盒的其他4个面（每个面的颜色可自行调整），并将素材调整为图10-14所示位置。

**7** 因为包装盒后面需要移动，因此还需使用"向后平移（锚点）工具" ，依次移动除纯色图层和第1个素材图层外的其余所有素材图层的锚点位置，效果如图10-15所示。

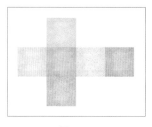
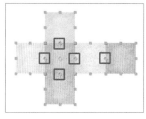

图10-14　　　　　　　　图10-15

**8** 选择除纯色图层外的所有图层，单击其中任意一个图层后的"3D图层"开关 ，开启三维图层，如图10-16所示。

**9** 由于中间的第4个素材是跟随中间的第3个素材一起移动的，因此可将中间第4个素材所在图层的"父级关联器" 链接在中间第3个素材所在图层上，如图10-17所示。

图10-16

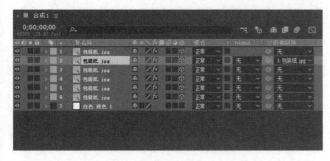

图10-17

*10* 选择横排排列的素材所在图层，按【R】键显示这些图层的旋转属性，激活"Y轴旋转"属性关键帧；选择竖排排列的素材所在图层，按【R】键显示这些图层的旋转属性，激活"X轴旋转"属性关键帧（注意交叉重合的素材所在图层不用设置）。

*11* 将时间指示器移动到0:00:01:00位置，选择中间第1个素材所在图层，按【R】键显示图层的旋转属性，设置Y轴旋转为"0x-90°"，使该素材立起来，如图10-18所示。

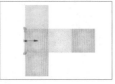

图10-18

*12* 使用相同的方法依次设置中间第3个和第4个素材所在图层的Y轴旋转均为"0x+90°"；上方素材所在图层的X轴旋转为"0x+90°"；下方素材所在图层的X轴旋转为"0x-90°"。此时立体包装盒制作完成，但由于角度原因，无法展现出立体状态，需调整视图布局。

*13* 在"合成"面板的"1个"下拉列表中选择"4个视图-左侧"选项，然后选择左侧第1个视图，切换三维视图为"自定义视图1"；选择左侧第2个视图，切换三维视图为"自定义视图2"；选择左侧第3个视图，切换三维视图为"自定义视图3"。从不同角度查看立体包装盒效果，如图10-19所示。

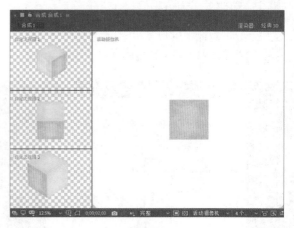

图10-19

*14* 选择除纯色图层外的所有图层，然后将其预合成。此时预合成图层默认为一个普通的二维图层，可单击预合成图层的"3D图层"开关 ⊕，将其转换为三维图层。

*15* 在自定义视图中可看到立体的包装盒变为了一个面片，可单击预合成图层的"折叠变换"开关 ❋ 恢复为原来的立体状态，如图10-20所示。

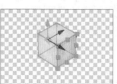

图10-20

*16* 此时立体包装盒效果已基本完成，可在此基础上制作包装盒的动画效果。将时间指示器移动到开始位置，选择预合成图层，按【R】键显示图层的旋转属性，激活"X轴旋转"和"Z轴旋转"属性关键帧。

*17* 将时间指示器移动到0:00:01:00位置，新建相同属性的关键帧。将时间指示器移动到0:00:01:15位置，设置X轴旋转为"0x+33°"，Z轴旋转为"0x+135°"，如图10-21所示。

图10-21

*18* 双击进入"预合成1"合成，按【Ctrl+A】组合键选择所有图层，按【R】键显示图层的旋转属性。选择所有关键帧，按【Ctrl+C】组合键复制，在

0:00:01:15位置按【Ctrl+V】组合键粘贴。

*19* 保持关键帧的选中状态，单击鼠标右键，在弹出的快捷菜单中选择【关键帧辅助】/【时间反向关键帧】命令，制作包装盒慢慢展开的效果。

*20* 完成后返回"合成1"合成，预览效果，如图10-22所示。最后将其保存为"立体包装盒动画效果"项目文件。

图10-22

## 10.1.5　了解与应用"CINEMA 4D"渲染器

CINEMA 4D是一款整合3D模型、动画与算图的高级三维绘图软件，而这里所讲的"CINEMA 4D"渲染器是AE的新3D渲染器，可挤压文本和形状，使其凸出，然后形成一种三维效果。

### 1."CINEMA 4D"渲染器的功能

CINEMA 4D合成渲染器主要具备以下3种功能。

● 使用任何特定硬件，都可以在AE内生成交互式3D文本、徽标和2D曲面。

● 可以以单个滑块控制品质和渲染设置，同时摄像机、光线和文本动画保持不变。

● 比早期版本中的3D渲染器的渲染速度更快。

### 2."CINEMA 4D"渲染器的设置

设置"CINEMA 4D"渲染器前需要先打开"合成设置"对话框，选择"3D渲染器"选项卡，在"渲染器"下拉列表中选择"CINEMA 4D"选项，如图10-23所示。

图10-23

在AE中可通过以下3种方法打开"合成设置"对话框。

● 新建项目文件后，按【Ctrl+N】组合键。

● 在"时间轴"面板中展开三维图层，单击"更改渲染器"选项，如图10-24所示。

图10-24

● 当"合成"文件中有三维图层时，可在"合成"面板顶部右侧单击"渲染器"选项后的 经典3D 按钮，如图10-25所示。

图10-25

若需要更改"CINEMA 4D"渲染器的参数设置，则在"合成设置"对话框中选择"3D渲染器"选项卡，然后单击 选项 按钮，打开"CINEMA 4D渲染器选项"对话框，如图10-26所示。

图10-26

在"CINEMA 4D渲染器选项"对话框中可拖曳"品质"滑块调整合成的渲染品质，品质越高，输出渲染需要的时间越长。其中"品质"滑块的范围分为"草图""典型""极致"3种。

● 草图："草图"范围内的设置用于预览时的渲染，输出渲染所需时间最短。

● 典型："典型"范围内的设置用于大多数最终渲染。

● 极致："极致"范围内的设置用于包含复杂不透明度

或高反射性元素的场景，输出渲染所需时间最长。

拖曳"品质"滑块时，以下参数将会发生相应改变。

● 光线阈值：用于帮助优化渲染时间。

● 光线深度：用于决定渲染器可以穿透透明对象的数量（或使用Alpha通道隐藏的区域）。

● 反射深度：反射深度越高，光线射入场景和渲染的结果越深入。

● 阴影深度：用于确定计算可见阴影光线时使用的阴影深度。

**技巧**

当合成中的渲染器为"CINEMA 4D"时，在"合成"面板中单击"选项"按钮🔧，可快速打开"CINEMA 4D 渲染器选项"对话框。

### 3."CINEMA 4D"渲染器的应用

渲染器设置完成后，单击 选项 按钮返回"合成设置"对话框，再次单击 选项 按钮，可应用"CINEMA 4D"渲染器。

在"时间轴"面板中展开形状三维图层或文本三维图层，将激活"几何选项"栏，如图10-27所示。

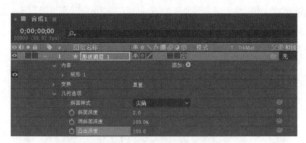

图10-27

在"几何选项"栏中设置"凸出深度"数值，形状文字会向内挤出厚度，在"合成"面板中调整角度，可看到三维效果，如图10-28所示。

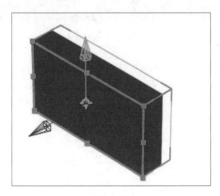

图10-28

# 10.2 灯光

由于3D图层具备了材质属性，因此要想发挥该属性的作用，还需要在场景中添加灯光，模拟出现实环境中物体的明暗和阴影效果，使反映出的画面更加真实、自然。

## 10.2.1 常见的灯光类型

AE中主要有4种灯光类型，每种灯光都可用于不同的场景中。

### 1. 平行光

平行光类似于来自太阳等光源的光线，光照范围无限，可照亮场景中的任何地方且光照强度无衰减，可产生阴影，同时也具有方向性，其照射效果为整体照射。图10-29所示为为物体创建平行光前后的对比效果。

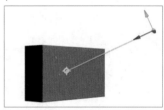

图10-29

### 2. 聚光

聚光不仅可以调整光源位置，还可以调整光源照射的方向，同时被照射物体产生的阴影有模糊效果。聚光可通过圆锥形发射光线，根据圆锥的角度确定照射范围，是AE中最为常用的一种光源。图10-30所示为为物体创建聚光前后的对比效果。

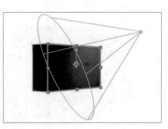

图10-30

### 3. 点光

点光是从一个点向四周360°发射光线，对象与光源距离不同，照射效果也不同。图10-31所示为为物体创建点光前后的对比效果。

图10-31

#### 4. 环境光

环境光没有发射点和方向性，也不会产生阴影，只能设置灯光强度和颜色。通过环境光可以为整个场景添加光源，调整整个画面的亮度，经常用于需要为场景补充照明的情形，或与其他灯光配合使用。图10-32所示为物体创建环境光前后的对比效果。

图10-32

### 10.2.2 创建与设置灯光

选择【图层】/【新建】/【灯光】，打开"灯光设置"对话框，在其中可以设置光源的各种属性参数，在"灯光类型"下拉列表中可看到4种灯光类型，单击 选项 按钮可以创建灯光图层，如图10-33所示。

图10-33

"灯光设置"对话框中各选项的作用如下。
- 名称：用于设置灯光名称。
- 灯光类型：用于设置灯光类型。

- 颜色：用于设置灯光颜色，默认为白色。
- 强度：用于设置光源亮度。强度越大，光源越亮。强度为负值可产生吸光效果，即降低场景中其他光源的光照强度。
- 锥形角度：用于设置聚光灯的照射范围。
- 锥形羽化：用于设置聚光灯照射区域的边缘柔化程度。
- 衰减：用于设置最清晰的照射范围向外衰减的距离。启用"衰减"后，可激活"半径"和"衰减距离"选项，用于控制光照能达到的位置。其中"半径"选项用于控制光线照射的范围，半径之内的范围光照强度不变，半径之外的范围光照开始衰减；"衰减距离"用于控制光线照射的距离，该值为0时，光照边缘不会产生柔和效果。
- 投影：用于指定光源是否可以产生投影。
- 阴影深度：用于控制阴影的浓淡程度。
- 阴影扩散：用于控制阴影的模糊程度。

创建灯光图层后，要重新修改光源参数，可通过以下3种方法实现。
- 在"时间轴"面板中双击灯光图层左侧的"光源"图标 ，在打开的"灯光设置"对话框中修改各项参数。
- 选择灯光图层后，直接按【Ctrl + Shift + Y】组合键，快速打开"灯光设置"对话框，在其中设置各项参数。
- 在"时间轴"面板中展开灯光图层的"灯光选项"栏，在其中设置各项参数，如图10-34所示。

图10-34

 **范例** 制作 3D 文字环保视频片头

知识要点 "CINEMA 4D"渲染器和灯光图层的应用

配套资源 效果文件\第10章\3D文字环保视频片头.aep

扫码看视频

第10章

三维合成效果

### 📷 范例说明

3D文字是视频片头中比较常见的艺术字，不仅能够传达作品的信息，还能够美化画面，营造高端、大气的氛围，从而提升视频的艺术性。本例将利用各种视频效果制作视频背景，然后以"CINEMA 4D"渲染器制作视频片头3D文字，并创建灯光模拟出真实的三维场景。

扫码看效果

### 📋 操作步骤

*1* 新建项目文件，然后新建一个宽度为"1920px"、高度为"1080px"、持续时间为"0:00:05:00"、名称为"背景"的合成文件。

*2* 新建白色纯色图层，将"效果和预设"面板中的"四色渐变"效果应用到纯色图层，在"效果控件"面板中设置4个点的颜色分别为"#350B00""#B04427""#6A2310""#430F01"，如图10-35所示。

*3* 新建白色纯色图层，并应用"分形杂色"效果，在"效果控件"面板中设置相关参数，激活"偏移（湍流）"和"演化"属性关键帧，如图10-36所示。

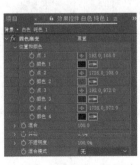

图10-35

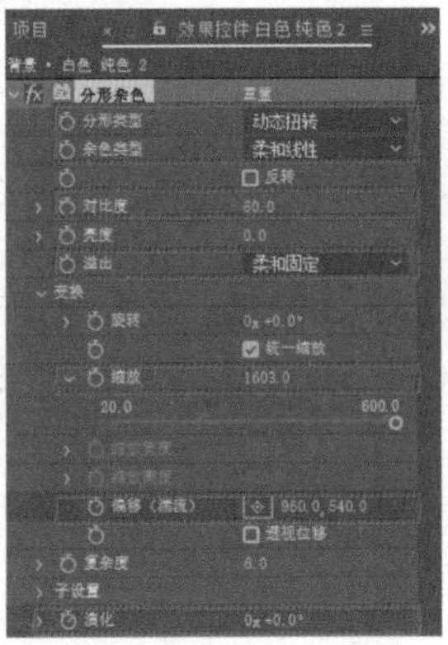

图10-36

*4* 将时间指示器移动到合成文件的最后，设置"偏移（湍流）"和"演化"属性，如图10-37所示。

*5* 设置第2个纯色图层的混合模式为"颜色减淡"，不透明度为"60%"，使其更好地融入背景中，效果如图10-38所示。

图10-37　　　　　　图10-38

*6* 新建白色纯色图层，并重命名为"粒子"，将"CC Particle World"效果应用到该图层中，在"效果控件"面板中展开"Producer"栏，在其中设置相关参数，改变粒子发射方式，如图10-39所示。

*7* 继续在"效果控件"面板中展开"Physics"栏，在其中设置相关参数，改变粒子速度和密度，如图10-40所示。

图10-39

图10-40

*8* 继续在"效果控件"面板中展开"Particle"栏，在其中设置相关参数，改变粒子类型、大小等，如图10-41所示。

*9* 此时的粒子比较尖锐，继续将"摄像机镜头模糊"效果应用到该图层中，在"效果控件"面板中设置模糊半径为"5"，在"合成"面板中预览效果，如图10-42所示。

图10-41

图10-42

*10* 为了让粒子的层次更加丰富，可以再为其添加不同效果的粒子。新建白色纯色图层，并重命

名为"粒子"，将"CC Star Burst"效果应用到该图层中，在"效果控件"面板中设置相关参数，如图10-43所示。

*11* 继续将"发光"效果应用到该图层中，在"效果控件"面板中设置相关参数，如图10-44所示。

图10-43 　　　　　　　图10-44

*12* 在"时间轴"面板中设置两个"粒子"图层的混合模式均为"经典颜色减淡"。

*13* 此时背景层已制作完成。按【Ctrl+N】组合键打开"新建合成"对话框，"基本"选项卡中的参数保持与"背景"相同，选择"3D渲染器"选项卡，在"渲染器"下拉列表中选择"CINEMA 4D"选项，设置合成名称为"文字"，单击 确定 按钮。

*14* 将"背景"合成拖曳到"文字"合成中，选择"横排文字工具" T ，在"字符"面板中设置字体为"方正字迹-心海凤体 简"，字体大小为"260像素"，字符间距为"29"，在"合成"面板中输入"环境保护"文本，并使文本居于画面中心。

*15* 单击文字图层后的"3D图层"开关 ，将其转换为三维图层，然后展开该图层的"几何选项"栏，设置凸出深度为"50.0"，如图10-45所示。

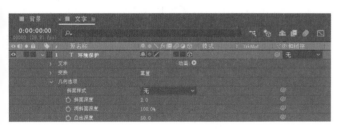

图10-45

*16* 选择"向后平移（锚点）工具" ，将文本的锚点移动到文本中心位置，在"时间轴"面板中展开文本图层的"变换"栏，设置Y轴旋转为"0x+15°"。

*17* 此时文字已经出现3D效果，但是由于没有灯光，所以显示不明显。选择【图层】/【新建】/【灯光】命令，打开"灯光设置"对话框，设置灯光类型为"聚光"，颜色为"#FDC56C"，然后设置其他参数，单击 确定 按钮，新建灯光图层，如图10-46所示。

*18* 在"时间轴"面板中调整灯光图层的位置、方向、旋转等属性，改变灯光照射角度和位置（也可直接在"合成"面板中拖曳灯光的三维坐标轴），如图10-47所示。

图10-46 　　　　　　　图10-47

*19* 此时文字左侧由于没有灯光照射变为黑色阴影，因此还需为左侧添加灯光。按【Ctrl+D】组合键复制灯光图层，使用相同的方法调整灯光位置，如图10-48所示。

*20* 此时文字中间部分还没有灯光，再次新建一个灯光类型为"点光"的灯光图层，然后调整点光位置，如图10-49所示。

图10-48 　　　　　　　图10-49

*21* 复制一个"点光"灯光图层，然后再次调整点光位置，使文字更有质感，如图10-50所示。

*22* 选择"横排文字工具" T ，在"字符"面板中设置字体为"方正正中黑简体"，字体大小为"70像素"，在"合成"面板中输入"绿水青山就是金山银山"文本。

*23* 将该文本图层转换为三维图层，并在"几何选项"栏中设置凸出深度为"40"，然后在"合成"面板中再次调整各灯光位置，如图10-51所示。

图10-50 　　　　　　　图10-51

*24* 为文字制作动态效果。将时间指示器移动到开始位置，新建一个空对象图层，选择除背景图层和"空对象"图层外的其他所有图层，拖曳其中任意一

个图层后的"父级关联器" 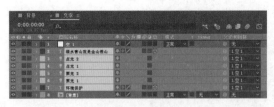 至空对象图层中，建立父子链接，如图10-52所示。

图10-52

**25** 取消图层的选中状态，将空对象图层转换为三维图层，展开空对象图层的"变换"栏，激活其中的"位置""缩放""方向"属性关键帧，然后设置参数，如图10-53所示。

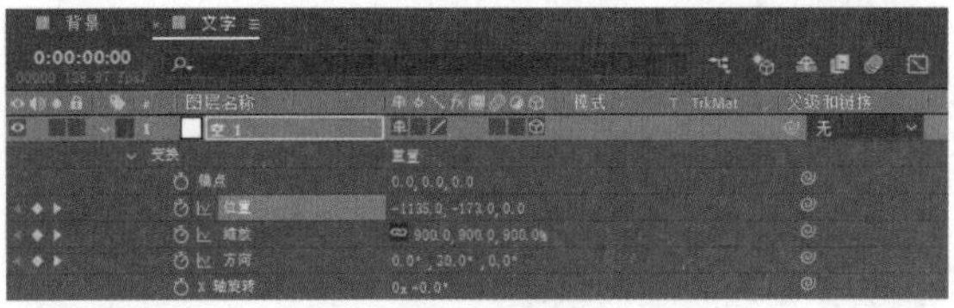

图10-53

**26** 将时间指示器移动到0:00:01:00处，重置"位置""缩放""方向"属性参数。选中所有关键帧，按【F9】键为其设置缓入缓出的运动方式。

**27** 此时感觉整个画面效果比较单调，可以为其添加光束效果。新建名称为"光束"、颜色为"黑色"的合成。新建白色纯色图层，将"分形杂色"效果应用到该图层中，在"效果控件"面板中设置参数，激活"偏移（湍流）"和"演化"属性关键帧，如图10-54所示。

**28** 将时间指示器移动到视频结束位置，设置"偏移（湍流）"和"演化"参数，如图10-55所示。

图10-54

图10-55

**29** 再次为该图层应用"极坐标"和"高斯模糊"效果，在"效果控件"面板中设置相关参数，如图

10-56所示。

图10-56

**30** 在"时间轴"面板中展开该图层的"变换"栏，设置其中的锚点、位置、缩放、旋转、不透明度参数，如图10-57所示。

图10-57

**31** 返回"文字"合成，将"光束"合成拖曳到该合成中，并设置"光束"合成的图层混合模式为"颜色减淡"，使其与下面的图层相融合。

**32** 完成后，将其保存为"3D文字环保视频片头"项目文件。

节约能源资源、保护生态环境是当前社会关注的焦点。随着我国环保事业的不断发展，人们的生态环境保护意识不断加强，"绿水青山就是金山银山"的理念和"山水林田湖草生命共同体"的思想深入人心。我们逐渐认识到环保事业不仅是全社会的事业，更是生活在地球上的每一个人的事业。为建设美丽家园，实现生态文明社会，需要全面提升我们的生态价值观和环保观，携手构建人与自然和谐相处的生命共同体。

设计素养

# 10.3 摄像机

AE中的摄像机功能可以模拟出摄像机"推拉摇移"的真实操作来控制三维场景，也可以从不同距离和角度查看三维场景，而摄像机图层就是对摄影机功能的应用。

## 10.3.1 摄像机设置

选择【图层】/【新建】/【摄像机】(或按【Ctrl+Alt+Shift+C】组合键)，打开"摄像机设置"对话框，在其中设置摄像机类型、名称、焦距等属性，如图10-58所示。

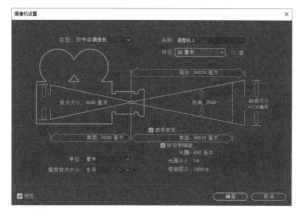

图10-58

下面介绍"摄像机设置"对话框中各选项的作用。

● 类型：在"类型"下拉列表中可选择单节点摄像机或双节点摄像机。单节点摄像机只能控制摄像机的位置，双节点摄像机既可以控制摄像机的位置，也可以控制被拍摄目标点的位置。图10-59所示为单节点摄像机和双节点摄像机在"时间轴"面板中的不同属性，可以看到双节点摄像机比单节点摄像机增加了一个目标点属性。

单节点摄像机

双节点摄像机

图10-59

● 名称：用于设置摄像机的名称，便于区分。默认情况下，"摄像机1"是在该合成中创建的第1个摄像机的名称，

并且所有后续创建的摄像机将按升序编号。

● 预设：用于设置摄像机镜头（默认为50毫米），主要根据焦距命名。选择不同的预设，其中的"缩放""视角""焦距""光圈"值也会有所更改。若更改这些固定的预设值，则"预设"下拉列表将自动选择"自定义"选项，单击■按钮，在打开的"选择名称"对话框中设置摄像预设名称后单击 确定 按钮，可创建自定义摄像机，如图10-60所示。

图10-60

● 缩放：用于设置从摄像机镜头到图像平面的距离。该值越大，通过摄像机显示的图层越大，视觉范围则越小。

● 视角：用于设置在图像中捕获的场景的宽度，可通过"焦距""胶片大小""缩放"值来确定视角值。一般来说，视角越广，视野越宽；反之，则视野越窄。较广的视角可以创建与广角镜头相同的效果。

● "启用景深"复选框：勾选该复选框，可启用景深功能，创建更逼真的摄像机聚焦效果。此时"焦距"（"启用景深"复选框下方的"焦距"）"光圈""光圈大小""模糊层次"参数将被激活，可结合这些参数自定义景深效果。

● "焦距"（"启用景深"复选框下方的"焦距"）：用于设置从摄像机到平面的完全聚焦的距离。

● "锁定到缩放"复选框：勾选该复选框，可将焦距锁定到缩放距离。

● 光圈：用于设置镜头孔径的大小，增加光圈值会提高景深模糊度。

● 光圈大小：用于设置焦距与光圈的比例。

● 模糊层次：用于设置图像中景深模糊的程度。该值为100%时，将创建摄像机设置指示的自然模糊，降低该值可减少模糊。

● 胶片大小：通过镜头看到的实际图像的大小，与合成大小相关。

● 焦距：用于设置从胶片平面到摄像机镜头的距离。该值越大，看到的范围越远，细节越好，匹配真实摄像机中的长焦镜头。修改焦距时，"缩放"值也会相应改变，以匹配真实摄像机的透视性。此外，"视角""光圈"等值也会相应改变。

● 单位：表示摄像机设置值所采用的测量单位。

● 量度胶片大小：用于设置胶片大小的尺寸。

225

在"摄像机设置"对话框中设置参数后，单击 确定 按钮可以创建摄像机图层。

创建摄像机图层后，在"时间轴"面板中双击摄像机图层左侧的"摄像机"图标📷，可在打开的"摄像机设置"对话框中按创建摄像机图层的方法重新设置各项参数，也可在"时间轴"面板中展开摄像机图层的属性栏，直接修改相应属性的参数，如图10-61所示。

图10-61

## 10.3.2 摄像机工具

摄像机的主要功能就是推、拉、摇、移等。创建摄像机图层后，可以借助工具属性栏中的摄像机工具（快捷键为【C】）在"合成"面板中调整摄像机的角度和位置，模拟真实的摄像机。

● "统一摄像机工具" 📷：选择该工具后，在"合成"面板中分别按住鼠标左键、鼠标中间的滚轮和鼠标右键并拖曳，查看鼠标指针的变化，会临时切换为其他3种摄像机工具，以提供更为便捷的操作。

● "轨道摄像机工具" ⊙：选择该工具后，按住鼠标左键并拖曳，可实现摇动摄像机的效果，即对应选择"统一摄像机工具" 📷后按住鼠标左键并拖曳的效果，如图10-62所示。

图10-62

● "跟踪XY摄像机工具" ✛：选择该工具后，按住鼠标左键并拖曳，可实现平移摄像机的效果，即对应选择"统一摄像机工具" 📷后按住鼠标中间滚轮并拖曳的效果，如图10-63所示。

图10-63

● "跟踪Z摄像机工具" ▣：选择该工具后，按住鼠标左键并拖曳，可实现推拉摄像机的效果，即对应选择"统一摄像机工具" 📷后按住鼠标右键并拖曳的效果，如图10-64所示。

图10-64

除了借助摄像机工具对摄像机进行推、拉、摇、移外，也可以在"时间轴"面板中通过调整摄像机图层中的目标点和位置属性进行操作，如图10-65所示。

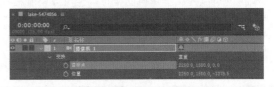

图10-65

**范例　制作照片墙展示效果**

 知识要点　摄像机图层的应用

 扫码看视频

 配套资源　素材文件\第10章\照片墙背景.jpg、照片\
效果文件\第10章\照片墙展示效果.aep

**范例说明**

照片墙展示效果是一种多张照片在三维空间内慢慢汇聚的视觉特效，常用于各种宣传视频片头或片尾，使视频效果更加炫酷。本例先对提供的图片素材进行排列，然后使用摄像机图层制作照片渐行渐远的效果，最后合成为一个照片墙。

 扫码看效果

## 操作步骤

1. 新建项目文件，然后新建一个宽度为"1920px"、高度为"1080px"、持续时间为"0:00:10:00"、名称为"照片"的合成文件。

2. 将"照片"素材文件夹导入"项目"面板中，然后将其中的所有图片全部拖曳到"时间轴"面板中。

3. 图片素材过大，需进行调整。保持所有图片的选择状态，展开任意一个图层的"变换"栏，设置所有图片的缩放为"20%"。

4. 只选中第1个图层，选择"矩形工具"▢，在"合成"面板中绘制一个矩形蒙版。将"效果和预设"面板中的"填充"效果拖曳到第1个图层中，在"效果控件"面板中设置填充蒙版为"蒙版1"，颜色为"白色"，勾选"反转"复选框，如图10-66所示。

5. 展开第1个图层中的"蒙版"栏，选择"蒙版1"选项，按【Ctrl+C】组合键复制蒙版，选择除第1个图层外的其他所有图层，按【Ctrl+V】组合键粘贴蒙版，为所有图层添加边框效果，复制第1个图层中的"填充"效果到其他图层，效果如图10-67所示。

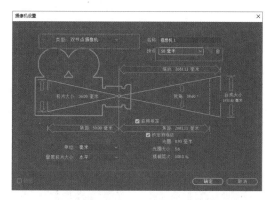

图10-66　　　　　　　图10-67

6. 按【Ctrl+A】组合键选择所有图层，单击其中任意一个图层后的"3D图层"开关🔲，开启三维图层。

7. 选择【图层】/【新建】/【摄像机】命令，打开"摄像机设置"对话框，在其中设置摄像机类型为"双节点摄像机"，预设为"50毫米"，单击 确定 按钮，如图10-68所示。

8. 调整每个图层的排列位置，使所有图片素材在三维空间内布局合理。在"合成"面板的"1个"下拉列表中选择"4个视图"选项，切换布局以便更好地观察对象。

9. 选择第1个图层，在"合成"面板的"顶部"视图中可看到该图层位置，将鼠标指针移动到Z轴上按住鼠标左键并拖曳，调整图层位置，如图10-69所示。

图10-68

图10-69

10. 选择第2个图层，在"合成"面板的"顶部"视图中拖曳图层的Z轴和Y轴，调整图层位置，如图10-70所示。

图10-70

11. 使用相同的方法依次设置其他素材图层的位置，在操作过程中可结合其他视图查看效果。完成后的"合成"面板各视图布局参考效果如图10-71所示。

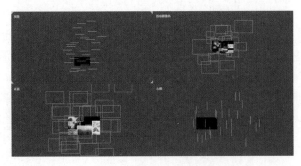

图10-71

*12* 制作摄像机动画。为了便于查看效果，先将"照片"合成的背景颜色设置为"黑色"，在"合成"面板中切换视图布局为"2个视图-水平"。

*13* 选择摄像机图层，在"时间轴"面板中展开该图层的"变换"栏，激活"目标点"和"位置"属性关键帧，在"顶部"视图中选择摄像机图层的Z轴，按住鼠标左键并拖曳，移动摄像机位置，如图10-72所示。

*14* 将时间指示器移动到0:00:09:29位置，再次移动摄像机位置，如图10-73所示。

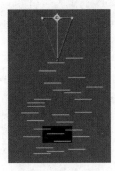 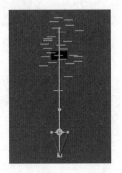

图10-72          图10-73

*15* 将"照片墙背景.jpg"素材导入"项目"面板中，然后将其拖曳到"照片"合成中的最底层。

*16* 在"合成"面板中切换视图布局为"1个视图"，然后预览效果（注意在预览过程中，如果对图片的布局不满意，则使用"选取工具" ▶重新调整图片位置），最后将其保存为"照片墙展示效果"项目文件。

## 10.4 三维跟踪

三维跟踪可以将后期制作的各种元素（如文本、图像、视频等）融入真实的视频中，并让这些元素精确跟随指定区域同步运动。在AE中进行三维跟踪的方法很多，常用的主要有跟踪摄像机、跟踪运动和蒙版跟踪3种。

### 10.4.1 跟踪摄像机

跟踪摄像机功能可以对视频序列进行自动分析以提取摄像机运动和三维场景的数据，然后创建虚拟的3D摄像机来匹配视频画面，最后将3D对象融入场景中。

**1. 分析素材和提取摄像机运动**

应用跟踪摄像机功能首先需要分析素材和提取摄像机运动，即分析视频拍摄时摄像机的位置和镜头类型。其操作方法为：将视频素材拖曳到"合成"面板中，在"时间轴"面板中选择视频素材，然后通过以下4种方式中的任意一种进行操作。

● 选择【动画】/【跟踪摄像机】命令。

● 在"合成"面板或"时间轴"面板中的视频素材上单击鼠标右键，在弹出的快捷菜单中选择【跟踪和稳定】/【跟踪摄像机】命令。

● 选择【效果】/【透视】/【3D摄像机跟踪器】命令，或在"效果和预设"面板中应用"透视"效果组中的"3D摄像机跟踪器"效果。

● 打开"跟踪器"面板，单击其中的 跟踪摄像机 按钮，如图10-74所示。

图10-74

这4种方式都会为视频图层自动添加一个"3D摄像机跟踪器"效果。与其他效果一样，"3D摄像机跟踪器"效果也能在"效果控件"面板中设置相应参数，以达到需要的效果，如图10-75所示。

图10-75

下面介绍"3D摄像机跟踪器"效果中各选项的作用。

● 分析/取消：用于开始或停止素材的后台分析。分析完成后，分析/取消处于无法应用状态。

● 拍摄类型：用于指定以视图的固定角度、变量收缩或指定视角来捕捉素材，更改此设置需重新解析。

● 水平视角：用于指定解析器使用的水平视角，需在"拍摄类型"下拉列表中选择"指定视角"选项后才会启用该设置。

● 显示轨迹点：用于将检测到的特性显示为带透视提示的3D点（3D已解析）或由特性跟踪捕捉的2D点（2D源）。

● 渲染跟踪点：用于控制跟踪点是否渲染为效果的一部分。

● 跟踪点大小：用于更改跟踪点的显示大小。

● 创建摄像机：用于创建3D摄像机。

● 高级：3D摄像机跟踪器效果的高级控件，用于查看当前自动分析所采用的方法和误差情况。

为视频应用"3D摄像机跟踪器"效果后，AE将显示"在后台分析"的文字提示，同时在"效果控件"面板中显示分析的进度，如图10-76所示。

图10-76

分析结束后，AE将显示"解析摄像机"的文字提示，如图10-77所示。该提示消失后，素材分析结束。需要注意的是："3D摄像机跟踪器"效果对素材的分析是在后台执行的，因此分析时，可在AE中继续进行其他操作。

图10-77

### 2. 选择、取消、删除跟踪点

素材分析结束后，在"效果控件"面板中选中"3D摄像机跟踪器"效果，此时"合成"面板中出现不同颜色的跟踪点。在AE中主要是通过这些跟踪点来跟踪物体的运动，因此跟踪点的选择十分重要（被选中的跟踪点呈高亮显示）。选择跟踪点主要有以下3种方式。

● 选择"选取工具" ，将鼠标指针在可以定义一个

平面的三个相邻未选定跟踪点之间移动，此时鼠标指针会自动识别画面中的一组跟踪点，这些点之间会出现一个半透明的三角形和一个红色的圆圈目标（表示由选定跟踪点定义的平面），单击圆圈目标可选中圆圈范围内的所有跟踪点，如图10-78所示。

图10-78

● 使用"选取工具" ，绘制一个选取框以选择多个跟踪点，如图10-79所示。

图10-79

● 使用"选取工具" ，单击选中某个跟踪点（在按住【Shift】键或【Ctrl】键的同时单击可以选择多个跟踪点来构成一个平面）。

> **技巧**
>
> 选择跟踪点时，可以预览视频以观察跟踪点位置，尽量选择位置稳定的跟踪点，或者通过跟踪点颜色判断其是否稳定，如绿色的点表示比较稳定的点，红色的点表示不太稳定的点。

### 3. 取消选择和删除跟踪点

选择跟踪点后，还可对其取消选择和删除。取消选择跟踪点有以下两种方式。

● 在按住【Shift】键或【Ctrl】键的同时单击选择的跟踪点。

● 远离跟踪点单击。

删除跟踪点有以下两种方式。

● 选择跟踪点，按【Delete】键删除。

● 选择跟踪点，单击鼠标右键，在弹出的快捷菜单中选择"删除选定的点"命令。

需要注意的是：在删除跟踪点后，摄像机将重新解析，并且若删除3D点，则对应的2D点也将删除。

#### 4. 移动目标

选择跟踪点后，将红色圆圈目标移动到其他位置，可以将后期创建的内容附加到该位置。其操作方法为：将鼠标指针移动到红色圆圈目标的中心，此时鼠标指针变为 形状（表示可调整目标位置），然后按住鼠标左键将目标中心拖曳到所需位置。图10-80所示为移动前后的对比效果。

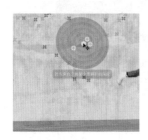

图10-80

#### 5. 创建跟踪图层

选择跟踪点后，可以在跟踪点上创建跟踪图层，使跟踪图层跟随视频运动。其操作方法为：在选择的跟踪点上单击右键，在弹出的快捷菜单中选择要创建的跟踪图层类型，如图10-81所示（若"时间轴"面板中已经有3D跟踪器摄像机图层，则不需要再次新建摄像机图层，此时跟踪图层类型如图10-82所示）。

图10-81 　　　　　图10-82

下面介绍4种主要类型跟踪图层的创建。

● 创建文本和摄像机：将在"时间轴"面板中创建一个文本图层和3D跟踪器摄像机图层。

● 创建实底和摄像机：将在"时间轴"面板中创建一个实底的纯色图层和3D跟踪器摄像机图层。

● 创建空白和摄像机：将在"时间轴"面板中创建一个空对象图层和3D跟踪器摄像机图层。

● 创建阴影捕手、摄像机和光：将在"时间轴"面板中创建"阴影捕手"图层、3D跟踪器摄像机图层和光照图层，可为画面创建逼真的阴影和光照。

"创建3文本和摄像机""创建3实底和摄像机""创建3个空白和摄像机"选项与前3种跟踪图层相对应，只是图层数量不同，而图层数量由单击鼠标右键时所选跟踪点数量决定。

除了可以在该快捷菜中创建以上跟踪图层外，还可选择"设置地平面和原点"命令，在选定位置建立一个地平面和原点的参考点，该参考点的坐标为（0,0,0）。其操作方法为：选择一组跟踪点，拖曳红色圆圈目标以沿着平面重新定位，将其放置在需要建立参考点的位置，然后单击鼠标右键，在弹出的快捷菜单中选择"设置地平面和原点"命令，该位置的坐标将为（0,0,0）。

该操作虽然在"合成"面板中看不到任何效果，但是"3D摄像机跟踪器"效果中的所有项目都是使用此平面和原点创建的，将更便于调整摄像机的旋转和位置。

 范例　制作实景合成特效视频

 知识要点　跟踪摄像机功能的应用

 配套资源　素材文件\第10章\日出.mp4、实景合成素材\
效果文件\第10章\实景合成特效视频.aep

 扫码看视频

 范例说明

实景合成特效是一种将3D对象与实拍视频相融合的视觉特效，能够创建出现实与虚拟结合的三维视觉效果。本例将在提供的视频素材中添加文字、图片等素材，然后使用跟踪摄像机功能制作为实景合成特效视频。

 扫码看效果

操作步骤

1 新建项目文件，将"日出.mp4"素材导入"项目"面板中，然后将其拖曳到"项目"面板底部的"新建合成"按钮█上，新建合成文件。

**2** 此时发现视频素材的入点不是0:00:00:00，需进行调整。选择合成文件，按【Ctrl+K】组合键打开"合成设置"对话框，设置开始时间码为"0:00:00:00"，单击█确定█按钮。

**3** 视频素材过长，在分析素材和提取摄像机运动时时间会变长，因此需要先剪辑视频。设置视频图层的伸缩为"40%"，此时视频素材的持续时间变为0:00:10:16。

**4** 视频虽然已经变短，但合成文件的持续时间依然没有变化，视频后半段为空白，此时可将工作区域结尾拖曳到视频结束位置0:00:10:15，然后在工作区域单击鼠标右键，在弹出的快捷菜单中选择"将合成修剪至工作区域"命令，如图10-83所示。

图10-83

**5** 由于素材亮度和对比度较低，效果不美观，所以先对视频进行调色处理。在"效果和预设"面板中展开"颜色校正"效果组，依次将其中的"照片滤镜""自动对比度""阴影/高光"效果应用到图层中，在"效果控件"面板中调整参数，如图10-84所示。

图10-84

**6** 选择视频图层，按【Ctrl+Shift+C】组合键打开"预合成"对话框，选中"将所有属性移动到新合成"单选项，设置新合成名称为"日出"，单击█确定█按钮，如图10-85所示。

**7** 选择【动画】/【跟踪摄像机】命令，此时视频提示在后台分析的文字，等待视频分析结束。为了便于观察，在"效果控件"面板中设置跟踪点大小为"250%"。

图10-85

**8** 将鼠标指针移动到左侧建筑物下方，当跟踪点之间的红色圆圈目标与画面保持在同一个平面上时，单击鼠标左键，确定跟踪点，如图10-86所示。

图10-86

**9** 在红色的圆圈目标上单击鼠标右键，在弹出的快捷菜单中依次选择"设置地平面和原点""创建实底和摄像机"命令，此时"时间轴"面板中添加了一个"跟踪实底1"和"3D跟踪器摄像机"图层。

**10** 选择"跟踪实底1"图层，按【Ctrl+Shift+C】组合键，打开"预合成"对话框，选中"保留'日出'中的所有属性"单选项，设置新合成名称为"小牛"，单击█确定█按钮。

**11** 双击进入"小牛"合成，将"实景合成素材"文件夹导入"项目"面板中，然后将文件夹中的"小牛.ai"素材拖曳到新合成中。按【S】键展开"小牛.ai"的缩放属性，设置缩放为"400%"（尽量与"跟踪实底1"图层大小相同），单击"小牛.ai"图层后的██图标，使图像变得清晰，然后隐藏"跟踪实底1"图层，如图10-87所示。

图10-87

**12** 返回"日出"合成，此时"小牛.ai"素材已经存在选择的跟踪点位置，如图10-88所示。

**13** 展开"小牛"合成的"变换"栏，设置X轴旋转为"90°"，使素材立起来，根据实际需求再调整一下位置，如图10-89所示。

图10-88

图10-89

*14* 选择"日出"合成，在"效果控件"面板中选择"3D摄像机跟踪器"效果，此时"合成"面板中再次出现跟踪点。按住鼠标左键拖曳，框选出左侧建筑物上的跟踪点（多选、错选或漏选可使用【Ctrl】键取消选择或选择），如图10-90所示。

*15* 在红色的圆圈目标上单击鼠标右键，在弹出的快捷菜单中选择"创建空白"命令，此时"时间轴"面板中添加了一个"跟踪为空1"图层。按【P】键显示"跟踪为空1"图层的"位置"属性，选择该属性后按【Ctrl+C】组合键复制。

*16* 将"新年吊旗.ai"素材拖曳到"时间轴"面板中，单击图层后的❄图标，将该图层转换为三维图层。选择该图层的位置属性，按【Ctrl+V】组合键粘贴，然后继续调整"变换"栏中的参数，使其尽量与建筑物贴合，如图10-91所示。

图10-90

图10-91

*17* 将时间指示器移动到0:00:03:19位置，在右侧创建一个跟踪点平面，如图10-92所示。

*18* 在该处创建一个跟踪实底图层，再使用与前面相同的方法制作一个立体小牛图像，效果如图10-93所示。

图10-92

图10-93

*19* 将时间指示器移动到0:00:06:08位置，在画面中再创建一个跟踪点平面，如图10-94所示。单击

鼠标右键，在弹出的快捷菜单中选择"创建文本"命令。

*20* 在"时间轴"面板中双击文本图层，在"字符"面板中设置字体为"方正正中黑简体"，在"合成"面板中输入"新年快乐"文本，在"时间轴"面板中调整文本图层的属性，使文本立起来，并沿着公路出现透视效果，如图10-95所示。

图10-94

图10-95

*21* 使用相同的方法制作另一个"2022"立体文本。完成后，预览效果，如图10-96所示。最后将其保存为"实景合成特效视频"项目文件。

图10-96

**小测** 制作"航空新城"特效视频

配套资源\素材文件\第10章\车流.mp4、素材1.png、素材2.png、素材3.png

配套资源\效果文件\第10章\"航空新城"特效视频.aep

本例提供了一个视频素材和3个图片素材，要求将图片素材融合进视频素材中，并添加主题文字，使整体画面具有趣味性和立体感，效果如图10-97所示。

图10-97

## 10.4.2 跟踪运动

跟踪运动也是AE中一种让对象跟随摄像机运动的三维跟踪功能，但相比于跟踪摄像机的自动跟踪，跟踪运动需要手动将运动的跟踪数据应用于另一个对象。另外，在进行跟踪运动时，画面中需要有运动的物体。

### 1. 使用跟踪运动

使用跟踪运动的操作方法与跟踪摄像机的操作方法大致相同，主要有以下3种方法。

● 在"时间轴"面板中选择视频素材，选择【动画】/【跟踪运动】命令。

● 在"合成"面板或"时间轴"面板中的视频素材上单击鼠标右键，在弹出的快捷菜单中选择【跟踪和稳定】/【跟踪运动】命令。

● 打开"跟踪器"面板，单击其中的 跟踪运动 按钮。

### 2. 设置和调整跟踪点

跟踪点主要用于指定跟踪区域。AE在跟踪运动时，会通过跟踪点将一帧中所选区域的像素和后续每帧中的像素进行匹配。

在跟踪运动时，AE会在"合成"面板中显示一个跟踪线框，一个跟踪点主要包含一个特征区域、一个附加点和一个搜索区域，如图10-98所示。

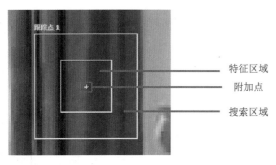

图10-98

在跟踪运动过程中，特征区域主要用于定义跟踪的像素范围，记录当前特征区域的像素（尽量选择特征明显的元素），以保证AE在整个跟踪持续期间都能以该特征清晰地识别；附加点主要用于指定目标的附加位置，默认的附加点位于特征区域的中心；搜索区域主要用于定义下一帧的跟踪范围，搜索区域的位置和大小取决于所跟踪目标的运动方向、偏移的大小和快慢，跟踪目标的运动速度越快，搜索区域就越大。

设置跟踪运动时，经常需要通过调整特征区域、附加点和搜索区域来达到需要的效果。下面介绍一些常用操作。

● 仅移动附加点位置：选择"选取工具" ▶，将鼠标指针放置在附加点上（鼠标指针形状为 ▶），可仅移动附加点位置。

● 同时移动搜索区域和特征区域位置：选择"选取工具" ▶，将鼠标指针放置在搜索区域或特征区域（除了边角点和边框位置）并拖曳（鼠标指针形状为 ✛），可同时移动整个跟踪点位置。在移动时，按住【Alt】键（鼠标指针形状为 ▸），可同时移动搜索区域和特征区域，如图10-99所示。

● 只移动搜索区域位置：选择"选取工具" ▶，将鼠标指针放置在搜索区域边框并拖曳（鼠标指针形状为 ▸），可移动搜索区域位置，如图10-100所示。

● 调整搜索区域或特征区域的大小：选择"选取工具" ▶，将鼠标指针放置在搜索区域或特征区域4个边角点并拖曳（鼠标指针形状为 ▷），可调整搜索区域或特征区域的大小，如图10-101所示。

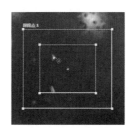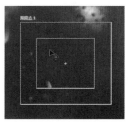

图10-99

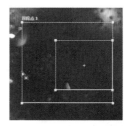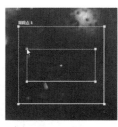

图10-100 　　　　　图10-101

### 3. 分析应用跟踪数据

设置完成跟踪点后，可以在"跟踪器"面板中分析应用跟踪数据，如图10-102所示。

图10-102

234

After Effects CC 视频后期特效制作核心技能一本通（移动学习版）

下面介绍"跟踪器"面板中部分选项的作用。

● 跟踪摄像机：可为当前图层添加"3D摄像机跟踪器"效果。

● 变形稳定器：可消除由摄像机移动造成的抖动问题，从而使摇晃的拍摄素材变得稳定、流畅。

● 稳定运动：手动设置跟踪点后，AE会让整体画面移动，从而保证跟踪点相对稳定。

● 运动源：用于选择要跟踪的运动的图层。

● 当前跟踪：活动跟踪器。可在"当前跟踪"下拉列表中选择当前的跟踪器，然后进行修改。

● 跟踪类型：选择需要的跟踪类型。不同的跟踪类型，在"图层"面板中跟踪点的数量及跟踪数据应用于目标的方式也会不同。

● "位置""旋转""缩放"复选框：可指定为目标图层生成的关键帧类型，默认勾选"位置"复选框，即当前跟踪为一点跟踪，只跟踪位置。

● "编辑目标"按钮 编辑目标...：单击该按钮可打开"运动目标"对话框，在其中可更改目标（AE会自动将紧靠在运动源图层上方的图层设置为运动目标）。若在"跟踪类型"下拉列表中选择"原始"选项，则没有目标与跟踪器相关联，该选项将被禁止。

● "选项"按钮 选项：单击该按钮可打开"动态跟踪器选项"对话框，如图10-103所示。在其中可设置跟踪的详细参数，使跟踪更加精确。

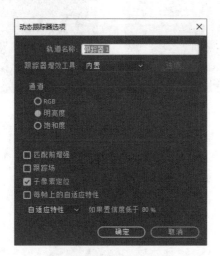

图10-103

● 分析：对源素材中的跟踪点进行帧到帧的分析，其中包括4个按钮。"向后分析1个帧"按钮 ◀ｌ：通过返回到上一帧来分析当前帧；"向后分析"按钮 ◀：从当前时间指示器向后分析到视频持续时间的开始；"向前分析"按钮 ▶：从当前时间指示器分析到视频持续时间的结尾；"向前分析1个帧"按钮 ｌ▶：通过前进到下一帧来分析当前帧。

● "重置"按钮 重置：单击该按钮将恢复特征区域、搜索区域和附加点的默认位置，以及删除当前所选跟踪中的跟踪数据。已应用于目标图层的跟踪器控制设置和关键帧将保持不变。

● "应用"按钮 应用：将跟踪数据应用于指定的目标图层，AE会为目标图层创建关键帧。单击该按钮将打开"动态跟踪器应用选项"对话框，如图10-104所示。在"应用维度"下拉列表中有3个选项，其中"X和Y"（默认设置）表示允许沿水平和垂直两个轴运动；"仅X"表示将运动目标限定于水平运动；"仅Y"表示将运动目标限定于垂直运动。

图10-104

### 4. 设置跟踪属性

应用跟踪运动后，AE会在"时间轴"面板中为图层创建一个跟踪器，每个跟踪器都包含跟踪点，跟踪点包含多种跟踪属性，并且所有的跟踪器都在"动态跟踪器"栏中，如图10-105所示。

图10-105

下面介绍"时间轴"面板中的跟踪属性。

● 功能中心：特征区域的中心位置。

● 功能大小：特征区域的宽度和高度。

● 搜索位移：搜索区域中心相对于特征区域中心的位置。

● 搜索大小：搜索区域的宽度和高度。

● 可信度：AE可通过"可信度"报告有关每帧的匹配程度的属性。一般来说，该项为默认，不需要修改。

● 附加点：目标图层的指定位置。

● 附加点位移：附加点相对于特征区域中心的位置。

## 范例 制作字幕条跟踪效果

**知识要点** 摄像机图层的应用

**配套资源** 素材文件\第10章\牙刷.mov、字幕条素材.aep
效果文件\第10章\字幕条跟踪效果.aep

扫码看视频

### 范例说明

字幕条跟踪效果是指字幕跟随视频运动慢慢出现的视频效果，可用于介绍视频中的产品、人物等信息。本例先对提供的视频素材进行运动跟踪，然后将提供的字幕条素材跟踪到视频中。

扫码看效果

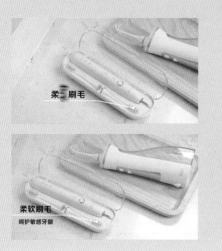

### 操作步骤

**1** 打开"字幕条素材"项目文件，将"牙刷"素材文件夹导入"项目"面板中，然后基于该素材新建合成文件。

**2** 按【Ctrl+K】组合键打开"合成设置"对话框，在其中设置开始时间码为"0:00:00:00"，单击 确定 按钮。

**3** 打开"跟踪器"面板，单击 跟踪运动 按钮，此时"图层"面板中出现一个跟踪点。

**4** 选择"选取工具" ，将鼠标指针放置在搜索区域中，当鼠标指针为 形状时拖曳鼠标，将跟踪点移动到右侧牙刷刷头，如图10-106所示。

**技巧**

对于跟踪点，要尽量选择与周围环境的明暗、颜色、饱和度、形状等对比强烈的点。

**5** 将鼠标指针放置在特征区域的边角点，当鼠标指针变为 形状时拖曳鼠标，调整搜索区域的大小，将右侧牙刷刷头大部分覆盖，使用相同的方法再调整特征区域的大小，如图10-107所示。

图10-106          图10-107

**6** 在"跟踪器"面板中单击"向前分析"按钮 ，此时"图层"面板中显示跟踪点在画面中的位移情况，如图10-108所示。

图10-108

**技巧**

在分析过程中，需随时观察跟踪点是否在原始位置，如果不在，则可先按空格键暂停，并重新调整特征区域，然后重新开始分析。

**7** 完成跟踪分析后，将"项目"面板中的"合成1"文件拖曳到"牙刷"合成中，并将锚点移动到"合成1"中的白色圆形位置，然后移动整个合成位置，如图10-109所示。

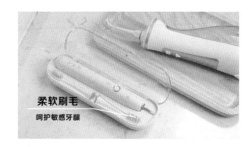

图10-109

**8** 选择视频图层，打开"图层"面板和"跟踪器"面板，单击 编辑目标 按钮，打开"运动目标"对话框，该对话框将自动选择目标图层为"合成1"图层，单击 确定 按钮，

然后单击 [应用] 按钮，打开"动态跟踪器应用选项"对话框，保持默认设置，单击 [确定] 按钮。

9 完成后，将其保存为"字幕条跟踪效果"项目文件。

### 10.4.3 蒙版跟踪

使用蒙版的跟踪功能可以对蒙版进行分析和跟踪，让蒙版跟随对象从一帧移动到另一帧，以便仅跟踪场景中的特定对象。

#### 1. 使用蒙版跟踪

使用蒙版跟踪的操作方法比较简单：在"时间轴"面板中选择蒙版，然后在所选蒙版上单击鼠标右键，在弹出的快捷菜单中选择"跟踪蒙版"命令（或选择【动画】/【跟踪蒙版】命令）。此时自动打开"跟踪器"面板，该面板中的各个选项也会发生变化，如图10-110所示。

图10-110

"跟踪器"面板中的"分析"栏与前文相同，这里不做过多介绍。在"方法"下拉列表中可以选择不同方法来修改蒙版的位置、旋转、缩放、倾斜和透视等。

#### 2. 人脸跟踪

简单的蒙版跟踪可只将效果快速应用于人脸。而通过人脸跟踪，可以精确检测和跟踪人脸上的特定点（如眼睛、嘴、鼻子和面颊），从而更精细地隔离和处理这些脸部特征。例如，更改眼睛的颜色、使眼睛睁开或嘴唇张开等，而不必逐帧调整。

"跟踪器"面板的"方法"下拉列表中有两个脸部跟踪选项。

● 脸部跟踪（仅限轮廓）：适用于仅跟踪人物的脸部轮廓。

● 脸部跟踪（细节特征）：适用于跟踪人物的眼睛（包括眉毛和瞳孔）、鼻子和嘴的位置，并需要提取各种特征的测量值。

选择"脸部跟踪（细节特征）"选项，"脸部跟踪点"效果将应用于该图层，在"时间轴"面板和"效果控件"面板中都可看到应用该效果后的脸部跟踪数据，如图10-111所示。

需要注意的是：在进行人脸跟踪时，尽量从人脸正面垂直视图的帧上开始分析，并且人脸上的光线要充足，这样才能提高人脸检测的精确度。

图10-111

#### 3. 使用蒙版跟踪的注意事项

蒙版跟踪在AE中的使用较为频繁，但在具体操作过程中仍需注意一些问题。

● 跟踪对象必须在整个视频中保持同样的形状，而跟踪对象的位置、比例和视角都可更改。

● 进行蒙版跟踪的图层必须是包含运动的图层，而其他静止图层（如文本图层、纯色图层等）或静止图像不能使用蒙版跟踪。

● 在进行蒙版跟踪前可选择多个蒙版，在进行蒙版跟踪后可将关键帧添加到每个选定蒙版的"蒙版路径"属性中。

## 10.5 综合实训：制作"采冰人"微纪录片片头

纪录片是以真实生活为创作素材，以真人真事为表现对象，并对其进行艺术加工，以展现真实为核心，并用真实引发人们思考的电影或电视艺术形式。微纪录片由传统的纪录片发展而来，具有传统纪录片的所有特性和特点，但时长更短，常用于记录现实社会生活的片段。

### 10.5.1 实训要求

采冰人是以采集冰块为工作的人员，是由于某些大型冰雕主题活动需要在冰封之处大量采集冰块，进而催生出的一个行业。为了让更多人了解到这一特殊行业，本例将制作"采冰人"微纪录片片头，要求在片头视频中不仅展现出纪录片的主题名称、所属系列、主要内容，还要展现出纪录片的创作者，如导演、监制、策划、摄像等，风格要简约、大气、美观。

## 10.5.2　实训思路

（1）片头一般都是整个视频性质和内容的高度体现和呈现。从提供的"视频素材.mp4"素材来看，该视频展现的是采冰人的工作场景，与纪录片内容符合，但人物在画面中显得很渺小，因此可对主题文字进行放大处理，并制作为立体效果，与环境相融合，同时也与人物形成鲜明对比，让整个画面显得大气美观，这部分操作可使用AE中的"跟踪摄像机"功能来完成。

（2）制作文字的立体效果时，可以使用"CINEMA 4D"渲染器，然后调整文字的侧面颜色以增强文字的立体感，同时主题文字与其他次要文字要有一定区分。另外，画面中有纵向和横向的线条，可以将文字按线条的方向排列，丰富画面效果。

（3）观察视频画面，可以看到视频中的人物随着镜头在不断移动，需为部分文字添加跟随人物移动的动画效果，这部分操作可使用AE中的"跟踪运动"功能来完成。为了提升美观度，也可为文字添加一些边框作为装饰。

本实训完成后的参考效果如图10-112所示。

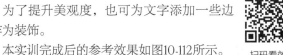
扫码看效果

图10-112

## 10.5.3　制作要点

知识要点　"CINEMA 4D"渲染器、"跟踪摄像机"功能、"跟踪运动"功能的应用

配套资源　素材文件\第10章\视频素材.mov
效果文件\第10章\"采冰人"微纪录片片头.aep

扫码看视频

完成本实训的主要操作步骤如下。

**1** 新建项目，将"视频素材.mov"素材导入"项目"面板中，然后拖曳到"时间轴"面板中。

**2** 设置十字视频素材的伸缩为"80%"，将工作区域结尾移动到视频结束位置，在工作区域上单击鼠标右键，在弹出的快捷菜单中选择"将合成修剪至工作区域"命令。

**3** 打开"跟踪器"面板，单击 跟踪摄像机 按钮，等待分析完成。

**4** 在画面左侧选择3个跟踪点并创建平面，单击鼠标右键，在弹出的快捷菜单中选择"创建文本和摄像机"命令，输入文本后设置字体为"汉仪综艺体简"。

**5** 在"时间轴"面板中设置"变换"栏中的缩放属性和旋转属性，使文字大小合适并立起来。

**6** 在右侧选择跟踪点，单击鼠标右键，在弹出的快捷菜单中选择"创建文本"命令，输入文本后设置"变换"栏中的缩放属性和旋转属性。

**7** 选择"导演：刘浩"图层，按【Ctrl+D】组合键复制粘贴，然后调整位置、修改文字，使用相同的方法复制粘贴和修改文字。

**8** 在中间选择跟踪点，单击鼠标右键，在弹出的快捷菜单中选择"创建文本"，输入文字后设置文本图层的"变换"栏中的缩放属性、旋转属性和不透明度属性，图层的混合模式为"叠加"。

**9** 修改该合成的渲染器为"CINEMA 4D"，然后设置"采冰人—冰雪王国的制作者"文字凸出深度为"2"，设置文本侧面颜色为"#294969"。

**10** 输入"揭秘松花江上的采冰人"文本，设置字体、大小、字体颜色，然后绘制一个白色矩形框，设置文字图层和形状图层的出点为0:00:15:07。

**11** 将文字图层的"父级关联器"  链接到形状图层中。选择视频素材图层，打开"跟踪器"面板，单击 跟踪运动 按钮，将跟踪点置于画面中的人物身上。

**12** 单击"向前分析"按钮 ▶ 进行跟踪，单击 编辑目标 按钮和 应用 按钮，在打开的对话框中保持默认设置。

**13** 返回"合成"面板，选择形状图层中位置属性上的所有关键帧，然后移动位置。

**14** 完成整个画面制作后，将其保存为"'采冰人'微纪录片片头"项目文件。

**巩固练习**

### 1. 制作模特展示广告

本练习提供了一个模特视频，要求在视频中展现出模特服装、包包和鞋子的价格标签，使消费者一目了然，并且标签需要跟随人物的动作移动。制作时，可先更改视频播放的速度和时长，再使用"跟踪运动"功能进行操作，参考效果如图10-113所示。

> **配套资源**
> 素材文件\第10章\模特.mp4
> 效果文件\第10章\模特展示广告.aep

图10-113

### 2. 制作"保护环境"立体文字视频效果

本练习提供了一个视频素材，但该视频素材原片整体颜色偏灰，亮度较低，导致画面效果不佳，要求先使用"颜色校正"效果组中的效果适当调整视频的色调和亮度，让视频画面呈现出明亮干净的感觉，再使用"跟踪摄像机"功能在视频中添加跟踪点，并利用跟踪点创建文字，然后使用"CINEMA 4D"渲染器将其转换为立体文字，进而使用摄像机制作文字的动画效果，参考效果如图10-114所示。

> **配套资源**
> 素材文件\第10章\片头.mp4
> 效果文件\第10章\"保护环境"立体文字视频效果.aep

图10-114

 **技能提升**

在进行跟踪摄像机前，有时视频素材的问题会导致视频分析失败或跟踪点较少，效果不理想等情况，可以有针对性地进行解决。

● 若视频素材出现大面积模糊，导致分析视频时跟踪点较少，则可在"效果控件"面板中展开"3D摄像机跟踪器"效果中的"高级"栏，在"解决方法"下拉列表中选择"典型"选项，勾选"详细分析"复选框，此时"3D摄像机跟踪器"效果重新分析视频图像。

● 若视频素材光线太暗，导致视频分析时无法识别出内容点位，则可调整素材的亮度，让细节部分更加清晰。

● 若视频素材中找不到可以较长时间跟踪的点，则可将视频分段截取，然后分别进行跟踪摄像机。

● 若视频素材强烈抖动，导致跟踪失败，则可使用AE中的"变形稳定器"功能来稳定运动，消除由摄像机移动造成的抖动。其操作方法为：在AE中将需要稳定的素材拖曳到"时间轴"面板中，在素材图层上单击鼠标右键，在弹出的快捷菜单中选择【跟踪和稳定】/【变形稳定器VFX】命令，或选择【效果】/【扭曲】/【变形稳定器】命令，或选择【动画】/【变形稳定器VFX】命令，或在"跟踪器"面板中单击 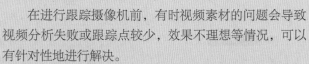 按钮，此时该效果自动分析处理素材。

# 第 11 章

# 表达式与脚本的应用

## 本章导读

AE中的表达式是AE基于JavaScript编程语言开发的编辑工具，可以使图层中的不同属性之间建立联系。脚本是一系列命令，可以告知应用程序并让其执行相关操作。表达式与脚本的具体应用和使用方法不同，但都能够大幅提高工作效率。

## 知识目标

< 了解表达式的概念和作用
< 熟悉表达式的书写规范和基本操作
< 掌握表达式控制的应用方法
< 熟悉常用的表达式函数
< 了解和应用脚本

## 能力目标

< 能够制作"端午节"动态旅行图
< 能够制作"健康运动"视频封面
< 能够制作Vlog花字弹幕动画
< 能够熟练应用表达式语言菜单

## 情感目标

< 加深对AE表达式和脚本的整体认识
< 能够利用表达式和脚本提高视频后期特效制作的效率

## 11.1 了解表达式

表达式可以与一些属性进行链接与计算，快速制作出一系列复杂的动画效果。而要在AE中快速、正确应用表达式，就需要对表达式的作用、书写规范等有一定了解。

### 11.1.1 什么是表达式

表达式与脚本非常相似，虽然看起来像编程，但实际应用并不难，我们可以从分析理解表达式的各部分内容入手。

例如，在某图层的位置属性中输入如下表达式。

该表达式表示在当前合成中，"图层2"图层的位置在"100,200"和"300,400"范围内随机出现生成。

● 数值和数组：旋转、不透明度属性只有单个数值，被称为数值，从0开始表示，如X轴用0表示，Y轴用1表示，Z轴用2表示；而锚点、位置、缩放3个属性由多个数值组成，被称为数组，如图11-1所示。

图11-1

● 数组维度：一个数组中有两个数值称为二维数组；有3个数值称为三维数组，如三维图层的位置、锚点或方向属性；有4

个数值称为四维数组，如颜色（CMYK值）属性。

● 变量：变量是运用自定义元素替代具体的数值，主要用于存储数值。变量需要用 "=" 符号来赋值，如需要让某图层的X轴发生变化，而Y轴保持数值10不变，则可以在该图层的缩放属性中输入表达式a=scale[1];[a,10]，其中的a即为变量。注意，变量不能使用中文。

● 全局属性（thisComp）：用于表示表达式的最高级，也可以理解为当前合成。

● 层级连接符号（.）：用于表示表达式中的层级关系，该符号前为上位层级，该符号后为下位层级。

● layer("")：用于定义图层名称，名称用引号，且与全局属性之间必须用 "." 符号分隔。

## 11.1.2　表达式的作用

在AE中，表达式的应用非常广泛，且具有不同的功能和作用。常用的表达式有以下5种作用。

● 当需要在AE中创建简单的基础动画（如摆动、抖动等）时，可使用表达式将这些大量重复的操作自动化、简单化，有效提高制作效率。

● 使用表达式可以链接不同的属性，以创建不同的动画，而无须为每个图层编写不同的表达式。

● 使用表达式不用设置任何关键帧就可以为图层制作无关键帧动画。

● 可以将表达式存储为模板，并在其他AE项目中重复使用，而无须重新创建表达式。

● 使用表达式可以控制多个图层，以便在AE中创建更加复杂的动画。

## 11.1.3　表达式的书写规范

AE中的表达式基于JavaScript编程语言，因此书写时也需要遵循JavaScript编程语言的书写规范，才能保证表达式可正常运行。

### 1．使用英文输入法

书写表达式时，表达式中的字符、标点符号都需要在英文输入法状态下输入（表达式注释除外），因为在中文输入法状态下输入的字符会报错且不易被检查出来。

### 2．表达式简写

表达式的默认对象就是图层中对应的属性，因此在图层的某个属性上书写表达式时可以简写，而不用指定属性。例如，在某图层的位置属性上书写抖动表达式时，可直接将表达式transform.position.wiggle(2,3)简写为wiggle(2,3)。

### 3．字符串的书写

字符串中的信息可以是中文、英文、数字等，要用双引号 """ 引起来。

### 4．英文字母的书写

JavaScript编程语言需要区分大小写。例如，thisComp.layer("MG.jpg")与thisComp.layer("mg.jpg")不同。

### 5．表达式换行

为了便于阅读，每行字符建议小于80个，字符过多时需按主键盘区的【Enter】键换行（注意，按小键盘区的【Enter】键是确认输入并激活表达式）。

### 6．表达式的语句规则

单行表达式由一行一行的语句构成，一行语句通常以分号 ";" 作为结束；在多行表达式中，前面每行以分号 ";" 结束，但最后一行反馈属性的数值可不添加分号，不会影响语句的执行。

### 7．表达式注释的书写

为了增强表达式的可读性，可以在其中添加注释（注释不会执行）。常见的注释方法有单行和多行两种，单行注释用 "//" 开始，多行注释则用 "/*" 开始，用 "*/" 结束，中间为注释内容，例如：

```
thisComp.layer("图层1").transform.position　　//链接 "图层
1" 图层的位置属性
```

单行注释

```
thisComp.layer("分针").transform.rotation*6
/*
 "该" 图层的旋转比 "分针" 图层快6倍
*/
```

多行注释

## 11.2　创建与应用表达式

在AE中创建与应用表达式，除了要掌握添加表达式、链接表达式、复制表达式等基本操作外，还要合理运用 "表达式控制" 效果组中的各种效果。

## 11.2.1　表达式的基本操作

在AE中，应用表达式并不需要写出具体的代码，可以在创建表达式后，通过表达式关联器链接表达式，或复制基本的表达式后，通过修改关键值等操作来应用表达式。

### 1. 添加表达式

在AE中添加表达式的方法较多，但无论使用哪种方法，首先都需要选择目标图层下的某个属性，然后执行以下任意一种方法。

● 利用菜单栏添加：选择【动画】/【添加表达式】命令。
● 利用快捷键添加：按【Alt+Shift+=】组合键。
● 利用"时间变化秒表"按钮添加：在按住【Alt】键的同时，单击该属性左侧的"时间变化秒表"按钮。

添加表达式后，图层的属性值将变为红色，表示该值由表达式控制，将不能手动编辑该参数。此外，在"时间轴"面板中该属性栏右侧会生成一个表达式输入框，单击表达式输入框进入文本编辑模式，可在其中手动输入表达式，如图11-2所示。

图11-2

### 2. 链接表达式

除了在表达式输入框中手动输入表达式外，还可以通过链接的方式来快速将一个图层的属性与另外一个图层的属性建立关联，从而高效、准确、方便地创建复杂的表达式。

链接表达式的操作方法为：为某图层属性添加表达式后，在该属性下方的表达式栏中单击"表达式关联器"按钮，然后将该按钮拖曳至目标图层的属性名称上（目标图层可以是本合成中的其他图层，也可以是其他合成中的某图层），与其建立动态链接。

例如，为某图层的不透明度属性添加表达式，然后将该属性下方的"表达式关联器"按钮拖曳到同一图层中的缩放属性上，如图11-3所示。此时调整缩放值，将会同步影响到不透明度属性。

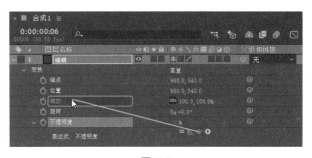

图11-3

除此之外，若将"表达式关联器"按钮拖曳到该目标图层属性的X轴、Y轴或Z轴的参数上，则不仅可以直接应用该参数，还能与该参数建立动态链接。

> **技巧**
>
> 链接表达式时，先不添加表达式，直接将属性后的"属性关联器"按钮拖曳到需要链接的位置，也会自动创建表达式。

### 3. 复制与粘贴表达式

对于不是专业的、精通编程的人来说，在AE中直接书写比较复杂的表达式难度较大，这时就只需要复制粘贴，然后修改其中的参数，这样能够节省不少工作时间。

复制与粘贴表达式的方法主要有以下3种，每一种都有适用的场景。

● 选择添加了表达式的某个图层属性后，选择【编辑】/【带属性链接复制】命令或按【Ctrl+Alt+C】组合键，选择另一个合成中的某个图层，按【Ctrl+V】组合键粘贴，新图层的相同属性处也会出现相同的表达式，同时新表达式中还会显示原本表达式所处的合成文件的名称和图层名称，使复制表达式的指向非常明确。因此，这种方式常用于在不同的合成中操作，如图11-4所示。

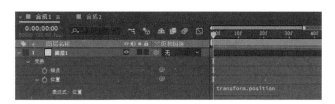

复制表达式

粘贴表达式

图11-4

● 若需要在同一个合成中复制与粘贴表达式，则选择【编辑】/【带相对属性链接复制】命令，然后选择同一个合成中的某个图层，按【Ctrl+V】组合键粘贴，如图11-5所示。

● 若只需要复制与粘贴表达式，则在选择含有表达式的属性后，选择【编辑】/【仅复制表达式】命令，然后选择其他具有相同维度（当属性参数为1个数时为1维度，如旋转和不透明度；为2个数时为2维度，如缩放、位置、锚点等；为3个数时为3维度，如三维图层的缩放、位置、锚点、方向等，以此类推）的属性，按【Ctrl+V】组合键粘贴，得到相同的表达式，如图11-6所示。

图11-5

图11-6

### 4. 表达式错误

若"表达式"栏中出现一个黄色的感叹号图标，则说明表达式有误。单击该图标，弹出的对话框中会提示错误原因。

### 5. 表达式的运算

无论是手动输入表达式还是链接表达式，都可以通过一些简单的数学运算来调整表达式的行为，较为常见的数学运算主要有加（符号为"+"）、减（符号为"–"）、乘（符号为"*"）、除（符号为"/"）。

一般来说，表达式的运算主要有数值运算和数组运算两种。

● 数值运算：例如，在表达式结尾输入*2，可以将结果增大一倍；在表达式结尾输入/2，可以将结果减小一半。

● 数组运算：例如，在位置属性上进行两个图层位置的数组运算[1080,1920]-[960,540]，就可以得出结果[120,1380]，即X轴的数值和Y轴的数值相互运算，组成新的数组。需要注意的是：只有相同维度的数组才能进行运算。

### 6. 删除表达式

删除表达式的方法与添加表达式的方法类似，选择目标图层下的某个属性后，可通过【动画】/【移除表达式】命令，或者添加表达式时的快捷键和"时间变化秒表"按钮实现。

### 7. 禁用表达式

如果暂时不想应用表达式的效果，则不必将其删除，而采取禁用的方式来达到目的。其操作方法为：为某图层属性添加表达式后，在该图层属性的"表达式"栏中单击"启用表达式"图标，当其变为状态时，表示该表达式处于禁用状态，再次单击该图标便可重新启用。

---

**范例** 制作"端午节"动态旅行图

**知识要点** 表达式的添加、输入、复制与粘贴

**配套资源** 素材文件\第11章\动态旅行图素材\ 效果文件\第11章\"端午节"动态旅行图.aep

扫码看视频

**范例说明**

动态图就是在静态图的基础上增加一些动画效果，往往能起到很好的宣传作用。本例需要制作一个宽度为"900px"、高度为"383px"的动态旅行图，以利用表达式制作随着火车行驶，树林慢慢后移的动画效果，再加上文字素材，将旅行和节日体现出来，使其更具吸引力。

扫码看效果

**操作步骤**

*1* 新建项目，将"动态旅行图素材"文件夹导入"项目"面板中。

*2* 新建一个宽度为"900px"、高度为"383px"、帧速率为"30"、持续时间为"0:00:05:00"、背景颜色为"#D2F6FF"的合成文件。

*3* 从"项目"面板中将"云朵.png"素材拖曳到"时间轴"面板中。由于该素材过大，可设置素材所在图层的缩

放为"36%"。

*4* 在按住【Alt】键的同时单击素材图层缩放属性左侧的"时间变化秒表"按钮◎，在属性右侧显示出表达式输入框，如图11-7所示。

图11-7

*5* 单击表达式输入框进入文本编辑模式，在英文输入法状态下修改输入表达式为：[36,36]，使图层的大小限定在该数值中，如图11-8所示。

图11-8

*6* 将"丛林风景.png"素材拖曳到"时间轴"面板中，然后设置该素材所在图层的缩放为"80%"，并在"丛林风景.png"的缩放属性上添加表达式：[80,80]。

*7* 在时间指示器起始处设置位置为"795,210.5"，激活"位置"属性关键帧，在最后一帧处设置位置为"103.6,210.5"。

*8* 在"丛林风景.png"的位置属性上添加表达式和注释：loopOut(type="continue") //沿着最后一帧的方向和运动速度继续运动下去（注释是为了更好地阅读和理解，可根据自身需求选择是否添加），如图11-9所示。

图11-9

*9* 此时丛林会以每帧4个单位的速度向右移动，再将"卡通火车.png"素材拖曳到"时间轴"面板中，在时间指示器起始处设置位置为"-467,333.5"，激活"位置"属性关键帧，在结尾处设置位置为"1381，333.5"。

*10* 选择"丛林风景.png"的位置属性，再选择【编辑】/【仅复制表达式】命令，然后选择"卡通火车.png"的位置属性，按【Ctrl+V】组合键粘贴表达式。

*11* 将"文字.png"素材拖曳到"时间轴"面板中，设置该素材的缩放为"30%"。完成后，将其保存为"'端午节'动态旅行图"项目文件。

## 11.2.2 表达式控制

"效果和预设"面板中有一个"表达式控制"效果组，如图11-10所示。其中的各种效果可用于快速控制表达式中的数值，而不需要在表达式输入框中修改，且单个效果控件还可以同时影响多个图层属性。

图11-10

下面对这8种表达式控制效果进行简单介绍。

### 1. 下拉菜单控件

"下拉菜单控件"效果通过下拉菜单的子菜单项来控制表达式。应用该效果后，在"效果控件"面板的"菜单"下拉列表中可看到默认的3个子菜单项，如图11-11所示。单击"编辑"按钮打开"下拉菜单"对话框，在其中可通过"添加"按钮➕和"减少"按钮➖来增加或减少子菜单项，也可以单击子菜单项的名称并进行修改，如图11-12所示。

图11-11

图11-12

### 2. 复选框控制

"复选框控制"效果通过复选框（数值）来控制表达式。应用该效果后，其"效果控件"面板如图11-13所示，其中只有勾选复选框（值为1）和取消勾选复选框（值为0）两种状态，常用于逻辑判断。

### 3. 3D点控制

"3D点控制"效果通过设置3D点的数值（三维数组中的数值）来控制表达式，通常用于三维图层中。应用该效果后，其"效果控件"面板如图11-14所示。

图11-13

图11-14

### 4. 图层控制

"图层控制"效果通过设置图层来控制表达式。应用该效果后，其"效果控件"面板如图11-15所示。

### 5. 滑块控制

"滑块控制"效果通过设置滑块数值来控制表达式，该效果在AE中比较常用。应用该效果后，其"效果控件"面板如图11-16所示。

图11-15

图11-16

### 6. 点控制

"点控制"效果通过设置点的数值（二维数组中的数值）来控制表达式。应用该效果后，其"效果控件"面板如图11-17所示。

### 7. 角度控制

"角度控制"效果通过设置角度数值来控制表达式。应用该效果后，其"效果控件"面板如图11-18所示。

图11-17 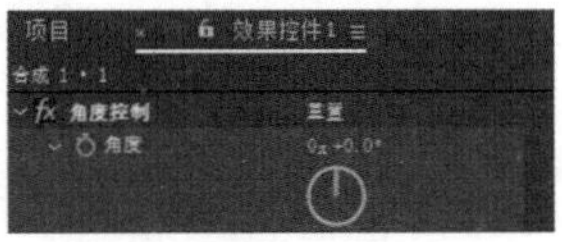　　　　　　　　图11-18

### 8. 颜色控制

"颜色控制"效果通过设置颜色（四维数组中的数值）来控制表达式，可以在一个图层中控制下方所有图层的颜色。应用该效果后，其"效果控件"面板如图11-19所示。

图11-19

将"表达式控制"效果组中的各效果应用于图层的方式与应用其他效果的方式相同，直接将效果从"效果和预设"面板中拖曳到需要的图层中，将其作为控制层，然后通过"表达式关联器"按钮与应用的效果进行链接，最后调整控制层来控制关联的表达式。

---

**范例** 制作"健康运动"视频封面

| 知识要点 | 链接表达式，"滑块控制""颜色控制""点控制"的应用 |
| --- | --- |
| 配套资源 | 素材文件\第11章\封面素材.psd<br>效果文件\第11章\"健康运动"视频封面.aep |

扫码看视频

**范例说明**

　　视频封面是否有足够的吸引力往往决定了视频的点击率。因此，为了吸引用户点击视频，本例需要将一个平面的视频封面制作为动态效果，要求添加一些元素丰富画面效果，并合理应用"表达式控制"效果组的效果来控制表达式。

扫码看效果

**操作步骤**

*1* 新建项目，将"封面素材.psd"素材以导入种类为"合成"、图层选项为"合并图层样式到素材"的方式导入"项目"面板中。

*2* 双击打开"封面素材"合成，在该合成中新建一个空对象图层，将"效果和预设"面板中的"点控制"效果应用到空对象图层中。

*3* 展开"健康运动"图层中的"变换"栏，在按住【Alt】键的同时单击该图层锚点属性左侧的"时间变化秒表"按钮，在属性右侧的表达式输入框中输入表达式：[450,191.5]。

*4* 下面只需让"健康运动"图层的X轴运动，Y轴数值固定在191.5数值处。选中步骤3表达式中的"450"数值，单击该图层锚点属性下方的"表达式关联器"按钮，然后将该按钮拖曳到"时间轴"面板（或"效果控件"面板）中的"点控制"效果上，如图11-20所示。

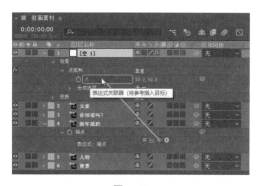

图11-20

5 此时在"时间轴"面板中锚点属性右侧的表达式输入框中自动生成表达式，如图11-21所示。

图11-21

6 在"效果控件"面板中激活空对象图层中"点控制"效果的"点"关键帧，设置X轴参数为"−371"，如图11-22所示。

图11-22

7 将时间指示器移动到0:00:00:10位置，设置X轴参数为"538"；将时间指示器移动到0:00:00:15位置，设置X轴参数为"482"。

8 为空对象图层应用两个"滑块控制"效果，在效果上方单击鼠标右键，在弹出的快捷菜单中选择"重命名"命令，将"滑块控制"效果分别重命名为"滑块控制 X轴""滑块控制 Y轴"，如图11-23所示。

图11-23

9 选中"你知道吗?"图层，按【P】键显示位置属性，并添加表达式和注释：wiggle(5,20) //每秒抖动5次，每次抖动幅度为20。

10 选中表达式中的"5"数值，将该图层位置属性下方的"表达式关联器"按钮拖曳到"滑块

控制 X轴"效果上；将表达式中的"20"数值拖曳到的"滑块控制 Y轴"效果上，此时"时间轴"面板中的表达式重新书写，如图11-24所示。

图11-24

11 将时间指示器移动到开始位置，激活"滑块控制 X轴"效果和"滑块控制Y轴"效果的"滑块"关键帧，设置参数分别为"10""−100"，如图11-25所示。

12 将时间指示器移动到0:00:01:04位置，设置"滑块控制Y轴"效果参数为"120"；将时间指示器移动到0:00:01:20位置，设置X轴参数为"5"，Y轴参数为"10"。

13 选择"椭圆工具"，按住【Shift】键绘制一个正圆，并调整位置和颜色，如图11-26所示。再为其应用"填充"效果，该形状将变为红色。

图11-25　　　　　　　　图11-26

14 再复制3个形状图层，并调整形状和位置，如图11-27所示。

15 为空对象图层应用"颜色控制"效果，并将其重命名为"颜色控制1"。选择该效果，按【Ctrl+D】组合键复制3次，如图11-28所示。

图11-27　　　　　　　　图11-28

16 依次展开第1个形状图层下方的"效果""填充"栏，在颜色属性处添加表达式，然后将该属性的"表达式关联器"按钮拖曳到"颜色控制 1"效果中。使用相同的方法，将另外3个形状图层分别与"颜色控制2""颜色控制3""颜色控制4"效果链接起来。

17 在"效果控件"面板中依次修改"颜色控制1""颜色控制2""颜色控制3""颜色控制4"效果的颜

色为"#F6BFB7""#D83737""#B81D2E""#EB6666"，如图11-29所示。通过"颜色控制"效果可以使各图层颜色的调整更加方便。

18 完成后，关闭空对象图层，预览效果如图11-30所示。最后将其保存为"'健康运动'视频封面"项目文件。

图11-29　　　　　　　　图11-30

## 11.2.3　常用表达式函数

在AE中经常使用一些表达式来处理常见的动态效果，下面列举一些供参考使用。

### 1. wiggle抖动表达式

该表达式可以为图层添加抖动效果，一般用于位置属性上。该表达式的格式如下。

```
wiggle(freq, amp);  // freq表示频率，amp表示幅度
```

### 2. loopOut循环表达式

该表达式可以为图层添加无限循环效果，使用时首先需要为图层插入循环动画的两个关键帧。该表达式主要有以下4种类型。

```
loopOut(type="pingpong",numkeyframes=0)  //类似像乒乓球一样的来回循环

loopOut(type="cycle",numkeyframes=0)  //周而复始的圆形循环

loopOut(type="continue",numkeyframes=0)  //沿最后一帧的方向和运动速度进行循环

loopOut(type="offset",numkeyframes=0)  //重复指定的时间段进行循环（一般为合成时间）
```

其中numkeyframes是指循环的次数（如果表达式中不写numkeyframes，则默认为0），0为无限循环，1为最后两个关键帧无限循环，2为最后3个关键帧无限循环，以此类推。

### 3. time表达式

该表达式主要用于为属性提供持续变化的数值，在实际运用中经常使用"time*n"来表示。

例如，在图层旋转属性的表达式栏中输入"time*10"，该图层会在1秒时以1*10的速度旋转，在2秒时以2*10的速度旋转，以此类推。

### 4. value表达式

value代表属性的原始数值。value表达式表示在当前时间输出当前属性值，经常结合其他表达式一起应用。例如，value+time*10表示该图层在当前旋转数值的基础上以增加time*10的速度旋转。

### 5. Math.floor倒计时表达式

该表达式可以产生倒计时的效果，常用于源文本属性上。该表达式的格式如下。

```
Math.floor(value-time)  //value代表开始倒计时的数值
```

### 6. random 随机表达式

该表达式可以产生随机变化的效果，可用于源文本属性上，也可以用于旋转和缩放属性上。该表达式的格式如下。

```
random(min,max)  //min指最小值，max指最大值
```

例如，在某个文本图层的源文本属性表达式输入框中输入random(1,100)，数字会在1~100间随机变化。若需要变化结果为整数，则输入表达式a=random(1,100);Math.round(a)。

### 7. Linear线性表达式

该表达式可以使一个参数在指定范围内匀速运动。该表达式主要有两种类型。

```
linear(t, tMin, tMax, value1, value2)  //tMin表示开始变化的时间,tMax表示结束变化的时间, value1表示开始变化时的数值, value2表示结束变化时的数值);
```

在该表达式中，t通常是value或time，或者所选择的其他变量。如果t是value，则表达式会将一系列值映射到新系列值，t<=tMin时返回value1，t >= tMax时返回value2，tMin < t < tMax时返回一个value1~value2 的线性插值；如果t是time，则值之间的插值会在持续时间内发生，如在某图层旋转属性中输入linear(time,1,10, 0,90)，表示图层在1~10秒的时间内旋转90°。

```
linear(t, value1, value2)
```

该表达式与random随机表达式的使用方法基本相同，t的范围在0~1时，返回一个value1~value2的线性插值；t<=0时返回value1；t>=1时返回 value2。

### 8. 正弦函数Math.sin表达式

该表达式可以为某运动增加一个频率。该表达式的格式如下。

```
Math.sin(time*value1)*value2    //value1指频率，value2指
幅度
```

例如，在图层的旋转属性的表达式输入框中输入Math.sin(time*5)*90，表示该图层将以90°来回旋转5次。若需要让正在旋转的图层慢慢停止，则输入表达式Math.sin(time*value1)*value2/Math.exp(time* value3)，其中value3数值越大，就会越快停下来。

### 9. index索引表达式

该表达式可以制作出每间隔多少值就产生多少变化的阵列效果。该表达式的格式如下。

```
index*value    //value指具体的数值
```

例如，在图层旋转属性的表达式输入框中输入"index*2"，第1个图层会旋转4°，之后按【Ctrl+D】组合键复制图层时，第2个图层将旋转6°，第三个图层将旋转8°，以此类推。若需要第一层图层不产生旋转，保持正常形态，则只需让复制后的图层以2°递增，表达式可写为(index-1)*2。

**范例** 制作Vlog花字弹幕动画

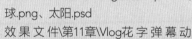

| 知识要点 | 表达式的添加、输入、复制与粘贴 |
| --- | --- |
| 配套资源 | 素材文件\第11章\Vlog素材.mp4、气球.png、太阳.psd<br>效果文件\第11章\Vlog花字弹幕动画.aep |

扫码看视频

#### 范例说明

在很多综艺节目的后期制作或一些Vlog中，经常需要制作各种花字弹幕动画来营造氛围。本例需要为Vlog制作一个综艺节目花字弹幕动画，使Vlog更加美观，具有吸引力，制作时可使用一些常用的表达式提高效率。

扫码看效果

#### 操作步骤

1 新建项目，将所有的素材全部导入"项目"面板中（导入"太阳.psd"素材时，设置导入种类为"合成"，图层选项为"合并图层样式到素材"）。

2 新建一个宽度为"1000px"、高度为"500px"、帧速率为"30"、持续时间为"0:00:05:00"的合成文件。

3 双击进入"太阳"合成，选择"光"图层，按【R】键显示旋转属性，在该属性中添加表达式，并输入表达式time*60，如图11-31所示。

图11-31

4 选择"笑脸"图层，按【R】键显示旋转属性，在该属性中输入表达式random(10,21)。

5 返回"合成1"合成，在"项目"面板中将"太阳"合成拖曳到"时间轴"面板中，设置缩放为"12%"。

6 新建文本图层，输入"美好的一天"文本，在"字符"面板中设置字体为"汉仪铸字童年体W"，字体大小为"114像素"。

7 将"效果和预设"面板中的"梯度渐变"效果应用到文本图层中，在"效果控件"面板中设置起始颜色为"#F1DB71"，结束颜色为"#DC7850"，然后设置渐变起点和终点位置，如图11-32所示。

8 选择文本图层，按【S】键显示缩放属性，在该属性中输入表达式wiggle(10,5)。

9 将"气球.png"素材拖曳到"时间轴"面板中，然后调整气球的位置和锚点，如图11-33所示。

After Effects CC 视频后期特效制作核心技能一本通（移动学习版）

图11-32

图11-33

*10* 显示"气球.png"图层的旋转属性，设置参数为 "0x-8°"，将时间指示器移动到0:00:00:10位置，设置旋转属性为"0x+26°"。

*11* 在"气球.png"的旋转属性上输入表达式loopOut (type="pingpong",numkeyframes=0)，如图11-34所示。

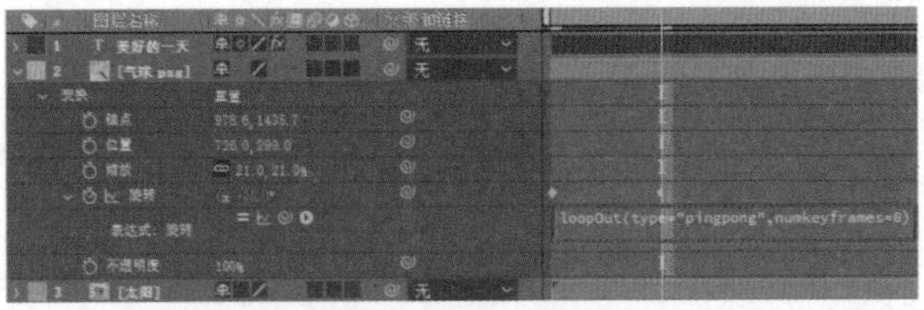

图11-34

*12* 在"项目"面板中选择"Vlog素材.mp4"素材，单击鼠标右键，在弹出的快捷菜单中选择"基于所选项新建合成"命令。

*13* 在新建的合成中将"合成1"合成拖曳到"时间轴"面板中，设置缩放为"62%"，并在该属性中输入表达式k=62; a=8; b=20; x=k*(1-Math.exp(-a*time)*Math. cos(b*time));[x,x]，如图11-35所示。

*14* 完成后，预览效果如图11-36所示。最后将其保存为"Vlog花字弹幕动画"项目文件。

图11-36

---

**小测** 制作倒计时动画

配套资源\素材文件\第11章\倒计时背景.jpg
配套资源\效果文件\第11章\倒计时动画.aep

本例提供了一个倒计时背景素材，要求在该素材中添加从5开始倒计时的效果。制作时，可设置倒计时合成的持续时间为"0:00:05:00"，然后输入一个具体数字，设置数字的字体、大小和位置后，在数字的源文本属性中添加一个倒计时表达式，效果如图11-37所示。

图11-37

## 11.2.4 表达式语言菜单

为了方便用户操作，除了上面所讲的各种常用表达式外，AE中的"表达式语言菜单"还内置了上百种表达式函数（包括前面所讲的一些常用表达式，如wiggle抖动表达式、loopOut循环表达式、time表达式等）。

应用表达式语言菜单的操作方法为：为某属性添加表达式后，在该属性下方的"表达式"栏中单击"表达式语言菜单"按钮，在弹出的下拉列表的子菜单中可看到AE内置的各种表达式，如图11-38所示。单击选择表达式后，表达式输入框中将自动输入该表达式。

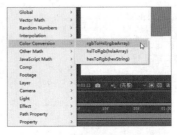

图11-38

需要注意的是：若输入的表达式中包含等号"="（如t=time或width=.2）的参数，如果不为其指定数值，则等号后面的参数将使用包含的默认值。

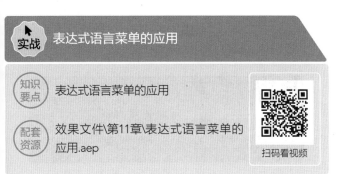

### 操作步骤

**1** 新建项目，然后新建一个宽度为"1000px"、高度为"1000px"、帧速率为"30"、持续时间为"0:00:05:00"的合成文件。

**2** 选择"矩形工具"■，按住【Shift】键在"合成"面板中绘制一个矩形。在该图层的位置属性上添加表达式，在"表达式"栏中单击"表达式语言菜单"按钮▶，在弹出的下拉列表中单击选择wiggle表达式，如图11-39所示。

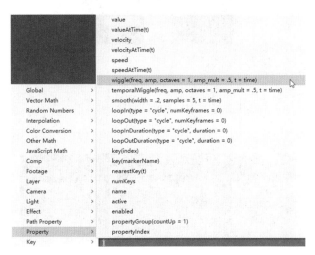

图11-39

**3** 此时表达式输入框中自动输入wiggle表达式，如图11-40所示。

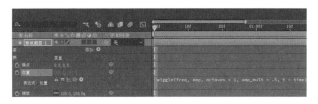

图11-40

**4** 在"表达式"栏中出现了一个黄色的感叹号图标▲，单击该图标，在弹出的提示框中查找错误原因。本例提示的错误原因是该表达式中使用了未定义的值，如图11-41所示。

图11-41

**5** 这里需要将该表达式中的freq、amp值分别自定义为"5"和"8"，后面包含等号的参数可以直接使用默认值，此时表达式如图11-42所示。

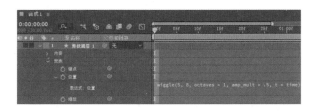

图11-42

**6** 此时该表达式能够正常使用，然后保存为"表达式语言菜单的应用"项目文件。

## 11.3 了解与应用脚本

在AE中除了可以创建与应用表达式外，还可以使用脚本来执行重复的、复杂的计算，从而大大提高工作效率。

### 11.3.1 脚本与表达式的区别

脚本是使用一种特定的描述性语言，依据一定的格式编写的可执行文件，它可以告诉AE整个程序的运行方式。脚本与表达式非常相似，但两者却有本质上的区别，脚本只是一种执行性语言，而表达式只会使图层中的某个属性发生变化。

### 11.3.2 脚本的应用

与前面所讲的效果预设一样，AE中既包含内置脚本，可直接使用，也可以应用外置脚本，需安装后再使用。因此关于脚本的应用，这里主要从内置脚本和外置脚本两个方面来介绍。

### 1. 内置脚本的应用

选择【文件】/【脚本】命令，可看到AE中提供的多个预先写好的脚本，如图11-43所示。这些脚本可以用来执行常见任务，也可以作为修改和创建新脚本的基础。单击脚本名称，在打开的图11-44所示面板中设置参数后运行脚本。

图11-43

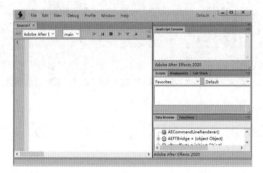

图11-44

### 2. 外置脚本的安装

当AE启动时，它将从"脚本"文件夹（默认位置为：Program Files\Adobe\Adobe After Effects 2020\Support Files）加载脚本。因此，安装外置脚本只需将文件扩展名为.jsx或.jsxbin的脚本文件移动到"脚本"文件夹中。需要注意的是：如果是AE运行期间在"脚本"文件夹中放置了一个脚本，则必须重新启动AE，该脚本才会出现在"脚本"菜单中。

为了避免重新启动AE，也可以选择【文件】/【脚本】/【运行脚本文件】命令，在"打开"的对话框中选择需要的外置脚本，单击 打开(O) 按钮，将立即运行这一新脚本。

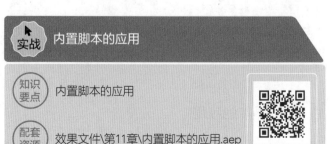

**实战** 内置脚本的应用

| 知识要点 | 内置脚本的应用 |
| 配套资源 | 效果文件\第11章\内置脚本的应用.aep |

扫码看视频

---

📋 **操作步骤**

1 新建项目，然后新建一个宽度为"1000px"、高度为"1000px"的合成文件。

2 选择"矩形工具" ，在"合成"面板中绘制一个矩形，位置和缩放属性如图11-45所示。

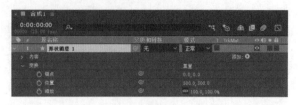

图11-45

3 选择形状图层，选择【文件】/【脚本 】/【 Scale Composition.jsx 】命令，打开脚本对话框，如图11-46所示。

4 在脚本对话框中保持默认选中的第一个单选项，在下方的文本框中输入"5"，表示缩放为5倍，单击 Scale 按钮，如图11-47所示。

图11-46 图11-47

5 在"合成"面板中可以看到合成都放大了5倍，合成中的形状图层的位置和缩放属性也自动与新合成匹配（相对保持不变），如图11-48所示。

图11-48

6 在脚本对话框中单击"关闭"按钮■，关闭脚本，然后保存为"内置脚本的应用"项目文件。

**技巧**

首次使用脚本时，不允许脚本写入文件或通过网络进行通信，需要选择【编辑】/【首选项】/【脚本和表达式】命令，在打开的"首选项"对话框中勾选"允许脚本写入文件和访问网络"复选框。

# 11.4 综合实训：制作"新闻片头"栏目包装

栏目包装属于影视后期制作中的一种，主要是对电视节目、栏目、频道或者电视台的整体形象进行外在形式的设计，使之与栏目内容相融合。这些外在形式主要包括栏目标识、宣传语、片头片尾、字幕条、音乐节奏，以及色彩、色调的规范和强化等。

## 11.4.1 实训要求

某电视台为了迎合大众需求，打造了一个"都市新闻"的新闻栏目，为了突出该栏目的个性和特色，增强观众对栏目的识别能力等，需要制作一个栏目包装，要求将提供的视频素材文件应用到栏目的包装效果中，整体风格紧凑、严肃，并营造出一种空间感。

随着网络各大视频平台的崛起，栏目不再只存在于电视上，各大视频平台也在推出自己的栏目。这些栏目更加符合当下人们的心理需求，弥补了市场的不足，呈现出百家齐放的景象，也使得栏目包装更具个性。同时由于栏目受众广，因此在具体制作过程中，栏目包装的内容还应具有正确的舆论导向。

**设计素养**

## 11.4.2 实训思路

（1）通过对实训要求的分析，可知要利用提供的素材制作出空间感，可以应用"CC Sphere"效果将一张平面图像制作为球体转动的效果，还可以改变图像颜色，丰富画面效果。

（2）每个栏目都有标题。一般来说，栏目的标题要简单、突出。因此制作片头时，尽量不要有过多的文字内容，但可以通过动画制作工具为标题文字添加一些动画效果，让单一的文字不那么单调；然后考虑文字的摆放位置，由于文字内容非常少，如果摆放在画面正中间则会略显呆板，而且原本视频画面左侧已经存在一个球体，因此这里可以考虑将主题文字放在右侧，这样也会营造出视频画面的平衡感。

（3）在颜色的选择上尽量保证整体调性一致。由于本实训是制作新闻栏目的包装，且实训要求具有严肃的风格，

因此这里选择以红色和灰色为主，红色为主色调，灰色可以很好地平衡画面中的色彩，且灰色也会给人一种稳重大方的感觉。

（4）最后可将提供的光效素材应用到视频中，但由于光效素材的背景色为黑色，所以可通过设置图层的混合模式去除黑色，再将光效的颜色调整为白色，以符合当前的设计需求。

本实训完成后的参考效果如图11-49所示。

扫码看效果

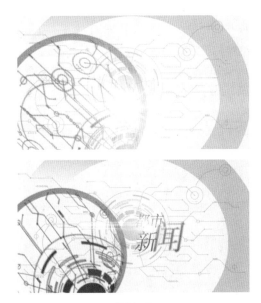

图11-49

## 11.4.3 制作要点

 知识要点　表达式的应用

 配套资源　素材文件\第11章\栏目包装素材\
效果文件\第11章\"新闻片头"栏目
包装.aep

扫码看视频

完成本实训的主要操作步骤如下。

**1** 新建项目，将"栏目包装素材"文件夹导入"项目"面板中，然后新建一个宽度为"1920px"、高度为"1080px"、持续时间为"0:00:12:00"的合成。

**2** 新建一个颜色为"#EFEFEF"的纯色图层。将"world_map.ai"素材拖曳到"时间轴"面板中，设置缩放和不透明度属性。

**3** 激活"world_map.ai"图层的位置属性关键帧，制作一个位移动画，在位置属性处通过表达式语言菜单输入

smooth表达式，然后修改表达式为smooth(width = .5,samples = 50, t = time)。

**4** 以"world_map.ai"素材新建合成文件，进入该合成，为其中的素材应用"CC Sphere"效果，并在"效果控件"面板中设置参数。

**5** 将"world_map"合成拖曳到"合成1"合成中，为该合成应用"色调"效果，然后设置参数。

**6** 在"world_map"合成中绘制一个圆形蒙版，然后隐藏该合成，继续绘制两个圆环。

**7** 为两个圆环所在的形状图层制作缩放、位置和不透明度变换的关键帧动画。

**8** 显示"world_map"合成，设置该合成的入点为"0:00:06:02"，将该合成移动到最上层。

**9** 为"world_map"合成制作缩放、位置和不透明度变换的关键帧动画，并在该合成的旋转属性中输入表达式time*5。

**10** 为"world_map"合成应用"描边"效果，并设置参数。

**11** 在画面中绘制一个圆环，设置圆环的不透明度为"34%"，并在圆环中使用"钢笔工具" ✏ 绘

制蒙版。

**12** 在"时间轴"面板中设置蒙版的羽化和扩展，然后为圆环制作一个位置和缩放的关键帧动画。

**13** 在圆环的缩放属性中输入表达式n=wiggle(1,10); [n[0],n[0]]。

**14** 在画面中输入主题文字，设置字体为"方正书宋_GBK"，文字为斜体，调整文字为不同大小。

**15** 调整文字图层的入点，在"时间轴"面板中通过"启用逐字3D化""模糊""缩放""不透明度"文本动画属性，以及"范围选择器1"中的"起始"属性为文本制作文字模糊扩散出现的动画效果。

**16** 将"Lens1.mov""Lens2.mov"素材拖曳到"时间轴"面板中，调整不同的入点、缩放和位置属性，设置图层的混合模式为"屏幕"。

**17** 为"Lens1.mov""Lens2.mov"素材应用"色相/饱和度"效果，并设置参数。

**18** 完成后，将其保存为"'新闻片头'栏目包装"项目文件。

---

### 巩固练习

#### 1. 制作旋转飞行动画

使用本练习提供的飞行动画的相关素材，制作飞机一直围绕整个场景飞行的动画。制作时，可先绘制一个圆形路径，然后让飞机跟随路径移动（这里可通过【图层】/【变换】/【自动方向】命令使飞机的运动方向始终和路径保持一致），最后添加一个循环表达式。参考效果如图11-50所示。

配套资源　素材文件\第11章\卡通地球.png、卡通飞机.png
效果文件\第11章\旋转飞行动画.aep

图11-50

#### 2. 制作"中秋节"动态Banner广告

使用本练习提供的中秋节素材制作动态Banner广告，以提升视觉效果。制作时，可使用弹性表达式制作月饼跳动反弹的动画，然后添加文字，并使用挤压与伸展表达式和动画制作工具制作文字动态效果。参考效果如图11-51所示。

配套资源　素材文件\第11章\中秋节素材.psd
效果文件\第11章\"中秋节"动态Banner广告.aep

图11-51

AE中有很多外置脚本，可用来自动执行重复性任务和复杂计算。较为常用的外置脚本有以下6种。

● Typemonkey：这是AE中较为常用的文字排列动画脚本，可以快速生成文字的动画效果。该脚本操作简单、实用性强，常用于运动型动画视频和解说类短视频制作中。

● Connect layers（Connect Layers PRO）：这是一种连线脚本，可用动态线连接AE图层，单击可以创建线条（直线/曲线）、生成树、三角剖分面。该脚本可以在AE中制作图层连接点线面动画，非常方便实用。

● Sequence layers：这是一种图层排列脚本，可以依照图层的入点快速排序，使每一个图层按设定的时间依次出现。

● Duik Bassel：这是一种二维人物角色骨骼绑定MG动画脚本，可以精确控制动画人物的行走、散步、跑步。该脚本功能强大，但操作相对来说比较复杂，需要系统学习。

● Lockdown：这是一种物体表面跟踪特效合成脚本，在AE中可以直接跟踪扭曲运动的物体表面，并且进行跟踪合成，比如可将装饰图案贴在行走的人物脸上。

● Subtitle Pro：这是一种创建、导入和导出视频字幕的脚本，可以快速导入或导出.srt文件或任何字幕格式的字幕，也可以制作时尚个性的字幕，同时还可用于Premiere Pro中。

# 第 12 章

# 渲染与输出作品

## 本章导读

在AE中完成视频的后期制作后，首先需要通过渲染使视频能够流畅播放，再通过输出操作将合成中的画面根据用途保存为相应输出格式的文件，以便在不同的软件和设备中传播。

## 知识目标

< 了解渲染与输出的基础知识
< 掌握设置输出格式的方法

## 能力目标

< 能够渲染与输出AVI格式的视频
< 能够渲染与输出PSD格式的文件

## 情感目标

< 培养渲染视频情感的能力
< 加强整理视频素材的能力

## 12.1 渲染与输出的基础知识

在AE中制作完成的画面效果在其他软件或设备中无法直接播放，需要对视频画面进行渲染与输出操作。下面介绍渲染与输出的相关知识。

### 12.1.1 了解渲染与输出

AE中的渲染是指将AE合成中的所有图层创建为可以流畅播放的视频的过程。AE中的渲染可细分为帧的渲染和合成的渲染。帧的渲染是依据构成该帧的所有图层、参数设置、效果等信息，创建出二维图像的过程；合成的渲染则是逐帧渲染合成中的每帧，使其能够连续播放。

输出是将渲染好的视频保存为视频格式（如AVI、MOV等）、图片格式（如JPG序列、PNG序列等）或音频格式（如MP3、WAV等）等其他软件或设备可识别的格式文件，以便传播和分享。

> **技巧**
>
> 渲染通常指的是最终渲染，而在"素材""图层""合成"面板中创建预览的过程也是在进行渲染，可以预览整个或部分合成中的画面，而无须渲染到最终输出整个合成中的画面。

### 12.1.2 渲染的顺序

在渲染合成时，合成中图层的渲染顺序都是从最下层的图层到最上方的图层（若图层中有嵌套合成图层，则先渲染该图层）；单个图层中的渲染顺序为蒙版、效果、变换、图层样式，且图层中的多个效果渲染顺序是从上到下。

# 12.2 渲染与输出合成

AE中的渲染与输出合成通常在"渲染队列"面板中完成，操作时需要先将合成添加到渲染队列，然后在"渲染队列"面板中设置渲染与输出的文件格式、品质等参数，最后渲染与输出格式。

## 12.2.1 添加合成到渲染队列

渲染与输出合成需要先将合成添加到"渲染队列"面板中。其操作方法为：选择需要渲染输出的合成，然后选择【文件】/【导出】/【添加到渲染队列】命令，如图12-1所示；或选择【合成】/【添加到渲染队列】命令（或按【Ctrl+M】组合键），如图12-2所示。

图12-1

图12-2

将合成添加到"渲染队列"面板中，如图12-3所示。

图12-3

● 当前渲染：用于显示当前正在渲染的合成。

● 已用时间：用于显示当前渲染已经花费的时间。

● 剩余时间：用于显示当前渲染仍要花费的时间。

● "AME中的队列"按钮 AME中的队列：单击该按钮，将加入渲染队列的合成添加到Adobe Media Encoder队列中。

● "停止"按钮 停止：单击该按钮，将停止当前合成的渲染。

● "暂停"按钮 暂停：单击该按钮，将暂停当前合成的渲染。

● "渲染"按钮 渲染：单击该按钮，将开始渲染合成。

● 状态：用于显示渲染项的状态。"未加入队列"表示该合成还未准备好渲染；"已加入队列"表示该合成已准备好渲染；"需要输出"表示未指定输出文件名；"失败"表示渲染失败；"用户已停止"表示用户已停止渲染该合成；"完成"表示该合成已完成渲染。

● 渲染设置：用于设置渲染的相关参数。

● 日志：用于设置输出的日志内容。可选择"仅错误""增加设置""增加每帧信息"选项。

● 输出模块：用于设置输出文件的相关参数。

● 输出到：用于设置文件输出的位置和名称。

## 12.2.2 渲染设置

渲染设置可用于设置渲染的相关参数。单击"渲染设置"右侧的 最佳设置 按钮，打开"渲染设置"对话框，如图12-4所示。

图12-4

● 品质：用于设置所有图层的品质，可选择"最佳""草图""线框"选项。

● 分辨率：用于设置相对于原始合成的分辨率大小。

● 大小：用于显示原始合成和渲染文件的分辨率大小。

● 磁盘缓存：用于设置渲染期间是否使用磁盘缓存首选项。选择"只读"选项将不会在渲染时向磁盘缓存写入任何新帧；选择"当前设置"选项将使用在"首选项"对话框中的"媒体和磁盘缓存"选项卡中设置的磁盘缓存位置。

● 代理使用：用于设置是否使用代理。

● 效果：用于设置是否关闭效果。

● 独奏开关：用于设置是否关闭独奏开关。

● 引导层：用于设置是否关闭引导层。

● 颜色深度：用于设置颜色深度。

● 帧混合：用于设置是否关闭帧混合。

● 场渲染：用于设置场渲染的类型，可选择"关""高场优先""低场优先"选项。

● 3：2 Pulldown：用于设置是否关闭3：2 Pulldown。

● 运动模糊：用于设置是否关闭运动模糊。

● 帧速率：用于设置渲染时使用的帧速率。

● 时间跨度：用于设置渲染的时间。选择"合成长度"选项将渲染整个合成；选择"工作区域"选项将只渲染合成中由工作区域标记指示的部分；选择"自定义"选项或单击右侧的 [自定义...] 按钮可打开"自定义时间范围"对话框，自定义渲染的起始、结束和持续范围。

● "跳过现有文件，允许多机渲染"复选框：勾选该复选框，将允许渲染文件的一部分，不重复渲染已渲染完毕的帧。

### 12.2.3 输出模块设置

输出模块可用于设置输出文件的相关参数，单击"输出模块"右侧的 无损 按钮，打开"输出模块设置"对话框。其中，"主要选项"选项卡的具体设置如图12-5所示。"色彩管理"选项卡中的参数可控制每个输出项的色彩管理。

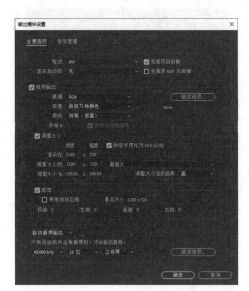

图12-5

● 格式：用于设置输出文件的格式，可选择AIFF、AVI、"DPX/Cineon"序列等15种格式。

● 包括项目链接：用于设置是否在输出文件中包括链接到源项目的信息。

● 渲染后动作：用于设置AE在渲染后执行的动作。

● 包括源XMP元数据：用于设置是否在输出文件中包括源文件中的XMP元数据。

● 格式选项：单击该按钮，在打开的对话框中可设置输出文件格式的特定选项。

● 通道：用于设置输出文件中包含的通道。

● 深度：用于设置输出文件的颜色深度。

● 颜色：用于设置使用Alpha通道创建颜色的方式。

● 开始#：当输出文件为某个序列时，用于设置序列起始帧的编号。勾选右侧的"使用合成帧编号"复选框，将工作区域的起始帧编号添加到序列的起始帧中。

● 调整大小：用于设置输出文件的大小以及调整大小后的品质。勾选右侧的"锁定长宽比为"复选框，可在调整文件大小时保持现有的长宽比。

● 裁剪：用于在输出文件时用边缘减去或增加像素行或列。勾选"目标区域"复选框，将只输出在"合成"或"图层"面板中选择的目标区域。

● 自动音频输出：用于设置输出文件中音频的采样率、采样深度和声道。

---

📷 范例说明

在AE中经常会渲染输出AVI格式，这种视频格式的优点是可以跨多个平台播放。本例将输出AVI格式的短视频，通过调整"渲染设置"对话框和"输出模块设置"对话框中的参数输出符合要求格式的视频。

扫码看效果

*1* 新建项目文件，按【Ctrl+N】组合键打开"合成设置"对话框，设置宽度为"1920px"，高度为"1080"px，持续时间为"0:00:30:00"，然后单击 确定 按钮。

*2* 在"项目"面板下方空白处单击鼠标右键，在弹出的快捷菜单中选择【导入】/【文件】命令，打开"导入文件"对话框，选择"香水视频.mp4"素材，单击 导入 按钮。

*3* 将"香水视频"文件拖曳至"时间轴"面板中，发现视频尺寸过大，需进行调整，按【S】键显示缩放属性，设置缩放为"50%"。

*4* 按【Ctrl+M】组合键将"合成1"添加到渲染队列中，并打开"渲染队列"面板，如图12-6所示。

图12-6

*5* 单击"渲染设置"右侧的 最佳设置 按钮，打开"渲染设置"对话框，在"分辨率"下拉列表中选择"三分之一"选项，如图12-7所示。将输出文件缩小，然后单击 确定 按钮。

图12-7

*6* 单击"输出模块"右侧的 无损 按钮，打开"输出模块设置"对话框，在"格式"下拉列表中选择"AVI"选项，如图12-8所示。将输出文件设置为"AVI格式"，然后单击 确定 按钮。

图12-8

*7* 单击"输出到"右侧的 合成 1.avi 按钮，打开"将影片输出到"对话框，选择文件的输出位置后，设置文件名

称为"输出短视频"，单击 保存(S) 按钮，如图12-9所示。

*8* 单击"渲染队列"面板中的 渲染 按钮开始渲染，此时显示蓝色进度条。渲染结束后在文件输出位置可查看输出视频的效果，如图12-10所示。

图12-9

图12-10

---

★ 范例 **渲染输出 PSD 格式的文件**

知识 要点 导入素材、渲染设置、输出模块设置

配套 资源 素材文件\第12章\女装.mp4
效果文件\第12章\单帧图片_00093.psd

扫码看视频

■ 范例说明

　　在AE中可以导入PSD格式的文件进行编辑，同样也可以输出PSD格式的文件。本例将渲染视频中的单帧图片，并输出为PSD格式的文件，便于直接在Photoshop中进行处理。

扫码看效果

**操作步骤**

*1* 新建项目文件，按【Ctrl+N】组合键打开"合成设置"对话框，设置宽度为"1920px"，高度为"1080px"，持续时间为"0:00:23:00"，然后单击 **确定** 按钮。

*2* 在"项目"面板下方空白处单击鼠标右键，在弹出的快捷菜单中选择【导入】/【文件】命令，打开"导入文件"对话框，选择"女装.mp4"素材，单击 **导入** 按钮。

*3* 将"女装"文件拖曳至"时间轴"面板中，适当调整其大小，移动时间指示器至0:00:03:18处，查看需要输出的画面。按【Ctrl+M】组合键将"合成1"添加到渲染队列中，并打开"渲染队列"面板。

*4* 单击"渲染设置"右侧的 **最佳设置** 按钮，打开"渲染设置"对话框，单击右下方的 **自定义...** 按钮，打开"自定义时间范围"对话框，将起始和结束都设置为"0:00:03:18"，然后单击 **确定** 按钮，如图12-11所示。

图12-11

*5* 单击"输出模块"右侧的 **无损** 按钮，打开"输出模块设置"对话框，在"格式"下拉列表中选择"'Photoshop'序列"选项，将输出文件设置为PSD格式，然后单击 **确定** 按钮。

*6* 单击"输出到"右侧的按钮 **合成 1.avi**，打开"将影片输出到"对话框，选择文件的输出位置后，设置文件名称为"单帧图片"，然后单击 **保存(S)** 按钮。

*7* 单击"渲染队列"面板中的 **渲染** 按钮开始渲染，此时显示蓝色进度条。渲染结束后在输出位置可查看输出文件，文件名称为"单帧图片_00093.psd"（后面的数字表示为第93帧的画面），如图12-12所示。

图12-12

## 12.2.4 批量渲染输出视频

在"渲染队列"面板中可以同时管理多个渲染项，渲染输出多个视频，从而有效节省工作时间。其操作方法为：在"项目"面板中选择多个合成，按【Ctrl+M】组合键将所选的多个合成都添加到渲染队列中，如图12-13所示。

图12-13

在"渲染队列"面板中选择多个合成后，可同时对"渲染设置"和"输出模块"进行修改，如图12-14所示。

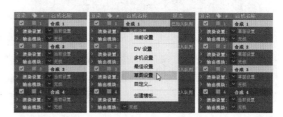

图12-14

**技巧**

若需要将多个合成渲染输出到同一个文件夹中，则要先将一个合成添加到渲染队列中，设置好存放位置后，再添加的其他合成将沿用该设置。

## 12.2.5 预设渲染输出模板

当需要使用相同的格式渲染输出多个合成时，可以将"渲染设置"和"输出模块"对话框中的参数存储为模板，便于之后直接调用。其操作方法为：选择【编辑】/【模板】/【渲染设置】或【输出模块】命令，打开"渲染设置模板"对话框（见图12-15）或"输出模块模板"对话框，在"默认"栏中修改默认参数和在"设置"栏中新建、编辑、复制和删除模板。

成功创建模板后，单击"渲染队列"面板中"渲染设置"和"输出模块"右侧的 **▼** 按钮，在弹出的下拉列表中可选择并使用该模板。

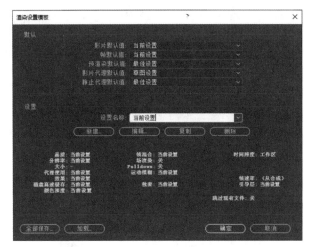

图12-15

## 12.2.6 文件打包与整理

在AE中渲染输出完成后，为了便于之后直接修改项目文件或将项目文件移至其他计算机中进行编辑，通常需要保存整个项目文件及使用到的素材文件，此时可以使用"整理工程（文件）"功能来实现文件的打包与整理。其操作方法为：选择【文件】/【整理工程（文件）】命令，在弹出的图12-16所示子菜单中选择相应的命令。

图12-16

● 收集文件：选择该命令，打开"收集文件"对话框，在其中可选择所有合成或部分合成或整个项目，然后将对应的项目文件、素材文件等都复制到目标文件夹中。

● 整合所有素材：选择该命令，可删除项目中重复的素材。

● 删除未用过的素材：选择该命令，可删除项目中未添加到合成中的素材。

● 减少项目：选择该命令，可删除对所选合成没有影响的所有文件。

● 查找缺失的效果/字体/素材：选择该命令，可在"项目"面板中显示缺失的效果/字体/素材文件，便于进行替换。图12-17所示为选择"查找缺失的素材"命令后的"项目"面板。

图12-17

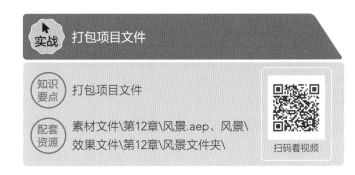

**实战** 打包项目文件

**知识要点** 打包项目文件

**配套资源** 素材文件\第12章\风景.aep、风景\
效果文件\第12章\风景文件夹\

扫码看视频

### 操作步骤

1 打开"风景.aep"素材，选择"合成1"合成，选择【文件】/【整理工程（文件）】/【收集文件】命令，打开"收集文件"对话框，在"收集源文件"下拉列表中选择"对于选定合成"选项，勾选"减少项目"复选框以节省内存，如图12-18所示。

图12-18

2 单击 收集 按钮，打开"将文件收集到文件夹中"对话框，设置文件夹存放位置，并设置名称为"风景文件夹"，单击 保存(S) 按钮。

3 打包完成后将自动打开风景文件夹，可发现已将项目文件、素材文件等打包整理完毕，如图12-19所示。

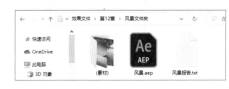

图12-19

4 打开风景文件夹中的"风景.aep"项目文件，可发现对"合成1"合成没有影响的"合成2"合成以及"纯色"文件夹已被删除。

## 12.3 综合实训：渲染输出淘宝主图视频和图片

> 淘宝主图视频是商家为淘宝店铺进行商品营销的"利器"，相较于图片而言可以更加直观生动地展现商品的真实面貌。

随着时代的不断发展，淘宝平台的商品展示也开始从图片转变为视频，因为视频可以展现出更加丰富、真实的画面。淘宝主图视频设计要注意以下3点要求。

● 时长。淘宝主图视频的时长通常为8~30秒，过短的视频会导致商品的信息展示不全面，而过长的视频则会引起消费者反感。

● 尺寸。淘宝主图视频的比例为1∶1、16∶9或3∶4。

● 画面。淘宝主图视频需要图文并茂，突出商品卖点，具有真实感，才能获取更多的点击量。

设计素养

### 12.3.1 实训要求

某服装店拍摄了童装宣传视频作为淘宝店铺的主图视频，需要将其修改为符合上传要求的尺寸大小，然后适当调整视频的时长，并渲染输出其中的一帧画面作为主图视频的封面。

### 12.3.2 实训思路

（1）通过对淘宝主图视频尺寸要求的分析，可知需要将拍摄的主图视频尺寸修改成高度为"800px"、宽度为"800px"。

（2）展示商品的视频不宜过长，能够体现出产品的特点即可，因此设置视频时长为"10s"。

（3）在渲染输出视频时，需要对渲染设置和输出模块设置的参数进行调整，以得到清晰且尺寸较小的视频文件。

本实训完成后的参考效果如图12-20所示。

扫码看效果

图12-20

### 12.3.3 制作要点

知识要点：导入素材、渲染设置、输出模块设置、批量渲染输出、输出AVI格式的视频、输出JPG格式的图片

配套资源：素材文件\第12章\童装宣传视频.mov 效果文件\第12章\淘宝主图视频.avi、淘宝主图_00168.jpg

扫码看视频

本实训主要的操作步骤如下。

1 新建宽度为"800px"、高度为"800px"、持续时间为"0:00:10:00"的项目文件，然后导入相关素材。

2 将"童装宣传视频"文件拖曳至"时间轴"面板中，适当调整视频的大小和位置，复制该图层并为下层图层添加"模糊"效果，然后使上层图层略小于下层图层。

3 按【Ctrl+M】组合键将该合成添加至渲染队列中，然后设置输出视频所需渲染参数、输出模块参数、输出位置和名称。

4 再次选择"合成1"合成，按【Ctrl+M】组合键将该合成添加至渲染队列中，然后设置输出图片所需渲染参数、输出模块参数、输出位置和名称，此处可选择0:00:06:18处的画面。

5 单击"渲染队列"面板中的 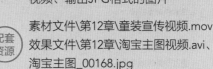 按钮进行批量渲染输出，完成制作。

### 1. 输出常见尺寸的电影片头

电影屏幕大部分的比例为1.85:1和2.35:1,本练习将使用2.35:1的比例调整画面尺寸。参考效果如图12-21所示。

配套资源　素材文件\第12章\电影片头.mp4
效果文件\第12章\输出电影片头.avi

图12-21

### 2. 输出美食视频中的音频

本练习提供了一个美食视频,需要输出该视频中的音频,便于应用到其他视频中,要求输出格式为mp3。参考效果如图12-22所示。

配套资源　素材文件\第12章\美食视频.mp4
效果文件\第12章\输出音频.mp3

图12-22

在AE中还可以通过Adobe Media Encoder进行渲染输出。Adobe Media Encoder是AE自带的视频和音频编码应用程序,可以将AE中的合成添加到其中,根据所选择的预设等参数对文件进行编码,然后按适合多种设备播放的格式输出文件。

将合成添加到Adobe Media Encoder中有以下两种方法。

● 通过菜单命令:在"项目"面板中选择合成,然后选择【合成】/【添加到Adobe Media Encoder队列】命令(按【Ctrl+Alt+M】组合键)或选择【文件】/【导出】/【添加到Adobe Media Encoder队列】命令。

● 通过"渲染队列"面板:将合成添加到渲染队列中,在"渲染队列"面板中单击  按钮。

第12章

渲染与输出作品

# 第 **13** 章

# 视频特效实战案例

## 本章导读

视频特效是指通过软件在视频中制造出来的假象和幻觉，具有强烈的表现力和视觉冲击力。本章将通过4个视频特效的实战案例巩固之前所学知识点，帮助用户将视频特效灵活运用到设计作品中。

## 知识目标

< 了解视频特效的基础知识
< 掌握视频特效的制作方法

## 能力目标

< 能够制作光晕文字特效
< 能够制作幻彩空间特效
< 能够制作烟花炸裂特效
< 能够制作火焰特效

## 情感目标

< 坚守法律和道德底线，传播积极向上的视频内容
< 全面提高视频特效的制作能力

## 13.1 制作光晕文字特效

AE可以模拟出光晕的效果，与文字相结合可以产生梦幻、朦胧的效果，从而增强视频画面的表现力。光晕文字特效常应用在片头中，以起到引导观众视线和展示片头信息的作用。

### 13.1.1 案例分析

现有一个音频自媒体"倾听你的声音"需要制作一段片头，要求通过光晕文字特效展示出主题，可从案例背景和设计思路两个方面分析。

#### 1. 案例背景

"倾听你的声音"是一档音频自媒体栏目，该栏目通过声音的分享、传播吸引用户。由于该栏目需要在其他平台上推广，因此需要制作一个展示栏目信息的片头，要求展示出其"温馨、治愈"的主题，营造出温暖、轻松的氛围，且整体画面具有感染力，给人带来被倾听、被重视的美好感官。

#### 2. 设计思路

"倾听你的声音"栏目片头可以从背景、文字和光晕3个部分展开设计。背景可以应用"渐变擦除"过渡效果制作出逐渐显示的效果；文字可以应用动画预设和编辑关键帧产生一定的动画效果，并与背景搭配展现出栏目主题；光晕可以应用"镜头光晕"特效制作，并通过编辑关键帧，使其从画面外跟随文字一起逐渐移动到画面内，引导观众的视线跟随光晕浏览文字，达到展示片头信息的目的。

参考效果如图13-1所示。

扫码看效果

图13-1

 知识要点　导入素材、开启关键帧、创建关键帧、编辑关键帧、应用"渐变擦除"效果、添加图层样式、应用动画预设、应用"镜头光晕"效果

 配套资源　素材文件\第13章\背景.jpg　效果文件\第13章\光晕文字特效.aep

扫码看视频

## 13.1.2　制作背景渐显效果

先使用"渐变擦除"过渡效果制作背景逐渐显示的效果。

*1* 新建项目文件，按【Ctrl+N】组合键打开"合成设置"对话框，设置宽度为"1280px"，高度为"720px"，持续时间为"0:00:06:00"，然后单击 确定 按钮。

*2* 在"项目"面板下方空白处单击鼠标右键，在弹出的快捷菜单中选择【导入】/【文件】命令，打开"导入文件"对话框，选择"背景.jpg"素材，单击 导入 按钮。

*3* 在"时间轴"面板中单击鼠标右键，在弹出的快捷菜单中选择【新建】/【纯色】命令，打开"纯色设置"对话框，设置名称为"白色背景"，颜色为"白色"，然后单击 确定 按钮，如图13-2所示。

图13-2

*4* 将"背景"文件拖曳至"时间轴"面板中，适当调整其大小，然后将时间指示器移至0:00:00:00处。

*5* 选择"背景"图层，然后选择【效果】/【过渡】/【渐变擦除】命令，打开"效果控件"面板，勾选"反转渐变"复选框，使背景图像在过渡时先显示明亮度较低的颜色。单击"过渡完成"左侧的时间变化秒表"按钮 ，开启关键帧，并设置过渡完成为"100%"，如图13-3所示。

图13-3

*6* 将时间指示器移至0:00:01:00处，设置过渡完成为"0%"，效果如图13-4所示。

图13-4

## 13.1.3　制作文字效果

接下来应用动画预设制作文字显示效果，并对相关关键

帧进行编辑，改变文字的最终样式。

*1* 选择"横排文字工具" T，设置填充颜色为"白色"，字体为"方正特雅宋_GBK"，字体大小为"120像素"，字符间距为"100"，在画面中间输入"倾听你的声音"文本。

*2* 白色的文字会让画面显得简单，可为文字添加外发光效果。选择文本图层，在其上单击鼠标右键，在弹出的快捷菜单中选择【图层样式】/【外发光】命令，将自动展开该图层，然后展开"外发光"栏，设置不透明度为"60%"，颜色为"#F0F0F0"，大小为"10"，如图13-5所示。

图13-5

*3* 将时间指示器移至0:00:01:00处，按【Ctrl+5】组合键打开"效果和预设"面板，在搜索框中输入"下飞和展开"文本，然后将显示的效果拖曳至"时间轴"面板的文本图层中，效果如图13-6所示。

图13-6

*4* 文字最终显示的样式较为单调，可通过调整关键帧属性改变文字最终显示的样式。选择文本图层，按【U】键显示关键帧，将时间指示器移至最后一个关键帧的位置，然后设置数量为"12%"，最大量为"30%"，最小量为"-30%"，如图13-7所示。

图13-7

### 13.1.4 制作光晕效果

最后使用"镜头光晕"效果添加光晕，并为"光晕中心"创建关键帧，制作光晕移动的效果。

*1* 在"时间轴"面板中单击鼠标右键，在弹出的快捷菜单中选择【新建】/【纯色】命令，打开"纯色设置"对话框，设置名称为"光晕"，颜色为"黑色"，然后单击【确定】按钮。

*2* 选择"光晕"图层，然后选择【效果】/【生成】/【镜头光晕】命令，打开"效果控件"面板，设置光晕亮度为"90%"，效果如图13-8所示。

*3* 此时可发现"光晕"图层遮挡了下方图层，因此需要修改该图层的混合模式，使其中的黑色部分变为透明。选择"光晕"图层，在其上单击鼠标右键，在弹出的快捷菜单中选择【混合模式】/【变亮】命令。

图13-8

*4* 将时间指示器移至0:00:02:00处，单击"效果控件"面板中"光晕中心"左侧的"时间变化秒表"按钮，开启关键帧，单击按钮，鼠标指针变为形状，在画面外的左上角再次单击鼠标左键，设置该点为光晕中心，数值为"-266，14"。

*5* 将时间指示器移至0:00:03:00处，将光晕中心设置在"倾听"文本中间，数值为"248，322"；将时间指示器移至0:00:04:00处，将光晕中心设置在"声音"中间，数值为"770，424"，如图13-9所示。光晕移动效果如图13-10所示。

图13-9

图13-10

**6** 在文字中间添加一个光晕效果，在移动的光晕经过时让文字部分更加明亮。在"效果控件"面板中选择"镜头光晕"效果，按【Ctrl+D】组合键复制该效果，然后将复制效果的镜头类型设置为"105毫米定焦"。

**7** 将时间指示器移至0:00:03:13处，单击"镜头光晕2"效果中"光晕中心"左侧的"时间变化秒表"按钮，关闭关键帧，使其位置与"镜头光晕"效果的位置相同。

**8** 单击"镜头光晕2"效果中"光晕亮度"左侧的"时间变化秒表"按钮，开启关键帧，然后分别将时间指示器移至0:00:03:00和0:00:04:00处，设置光晕亮度为"0%"，效果如图13-11所示。按【Ctrl+S】组合键保存，设置名称为"光晕文字特效"，完成本例的制作。

图13-11

# 13.2 制作幻彩空间特效

使用AE能够制作出简单的视觉空间特效，实现二维平面和三维空间之间的转换，将其应用于广告设计和游戏界面设计等，可以增强代入感和体验感，使人身临其境地感受到该空间的存在。

## 13.2.1 案例分析

空间特效以其强烈的视觉效果快速吸引着消费者的注意力，从而达到更好的宣传效果。临近年底，"萧玫彩妆店"将举办一场年终促销活动，需要制作一则视频广告投放到各个平台上，要求视频宽度为"1280px"、高度为"720px"，广告画面能够第一时间抓住观者眼球，并展示出活动的主要信息，可从案例背景和设计思路两个方面分析。

### 1. 案例背景

"萧玫彩妆店"主营商品为化妆品，因此画面整体需要采用绚丽、明亮的主色调，具有较强的视觉冲击力和感染力，且需要突出广告的主题，使观者对活动的具体内容一目了然，达到宣传的目的。

### 2. 设计思路

该广告可采用立体感的画面效果，从而引起观者的注意，广告流程可从空间变化和广告内容的显示展开设计。制作空间效果可以先为图像应用"动态拼贴"效果延伸其长度，然后开启3D图层并修改位置、缩放和方向等参数建立互相垂直的四个平面；空间内的变化则可以为摄像机的目标点和位置属性创建关键帧，从而模拟人物在空间内观看的视线，从远处的画面过渡到近处；在画面定格后可展示出广告信息，可从活动时间、活动主题及店铺地址和名称4个方面显示，使活动信息清晰明了。

扫码看视频

参考效果如图13-12所示。

图13-12

**知识要点**
导入素材、开启关键帧、创建关键帧、编辑关键帧、关键帧插值、开启3D图层、移动摄像机、添加图层样式、创建蒙版

**配套资源**
素材文件\第13章\幻彩空间.jpg
效果文件\第13章\幻彩空间特效.aep

扫码看视频

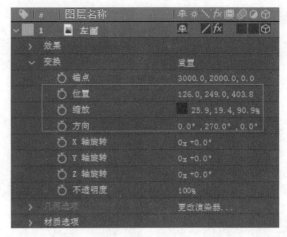

图13-14

### 13.2.2 制作幻彩空间

先将图像制作成立方体上下左右的4个面，产生处于空间内的效果。

*1* 新建项目文件，按【Ctrl+N】组合键打开"合成设置"对话框，设置宽度为"1280px"，高度为"720px"，持续时间为"0:00:08:00"，然后单击 **确定** 按钮。

*2* 在"项目"面板下方空白处单击鼠标右键，在弹出的快捷菜单中选择【导入】/【文件】命令，打开"导入文件"对话框，选择"幻彩空间.jpg"素材，单击 **导入** 按钮。

*3* 将"幻彩空间"文件拖曳至"时间轴"面板中，适当调整其大小，并重命名为"左面"。

*4* 按【Ctrl+5】组合键打开"效果和预设"面板，然后将其中的"动态拼贴"效果拖曳至"时间轴"面板中的"左面"图层，打开"效果控件"面板，设置输出宽度为"500"，勾选"镜像边缘"复选框，效果如图13-13所示。

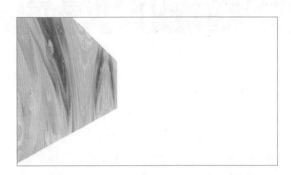

图13-15

图13-13

*5* 在"时间轴"面板中单击"左面"图层右侧的"3D图层"图标 **◎**，开启三维图层。

*6* 修改图层参数制作出左面的立体效果。展开"左面"图层，再展开"变换"栏，单击"缩放"右侧的 **◎** 按钮取消约束比例，设置位置为"126，249，403.8"，缩放为"25.9，19.4，90.9%"，方向为"0°，270°，0°"，如图13-14所示，效果如图13-15所示。

图13-16

*7* 制作其他面的立体效果。选择"左面"图层，按【Ctrl+D】组合键复制图层，重命名为"下面"，修改位置、缩放和方向的参数，如图13-16所示，效果如图13-17所示。

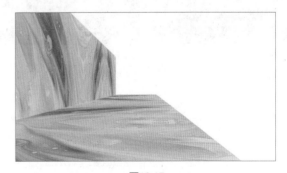

图13-17

*8* 使用相同的方法复制图层并重命名为"上面"和"右面"，修改位置、缩放、方向参数，如图13-18所示，效果如图13-19所示。

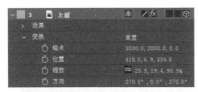

图13-18

图13-19

### 13.2.3 制作摄像机动画

接下来通过改变摄像机的位置和目标点制作消费者置身于空间中移动的效果。

*1* 在"时间轴"面板中单击鼠标右键，在弹出的快捷菜单中选择【新建】/【摄像机】命令，打开"摄像机"对话框，然后单击 确定 按钮。

*2* 将时间指示器移至0:00:00:00处，展开"摄像机 1"图层中的"变换"栏，分别单击"目标点"和"位置"左侧的"时间变化秒表"按钮，开启关键帧，然后设置目标点为"290，250，-1000"，位置为"260，250，-3000"，如图13-20所示，效果如图13-21所示。

图13-20

图13-21

*3* 将时间指示器移至0:00:02:00处，设置目标点为"310，200，-300"，位置为"490，250，-900"，将视角向前并向左上方移动，效果如图13-22所示。

图13-22

*4* 将时间指示器移至0:00:04:00处，设置目标点为"454，237，-96"，位置为"454，237，-161"，将视角向右前方移动，效果如图13-23所示。

*5* 按【Shift+F3】组合键将图层模式切换为图表编辑器模式，选择"摄像机 1"图层的位置属性，图表编辑器中将显示该属性的速度图表。选择"转换'顶点'工具"，在关键帧上方按住鼠标左键并拖曳，将直线调整为曲线，调整速度变化的快慢，使摄像机移动得更加自然流畅，如图13-24所示。

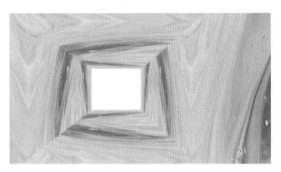

图13-23

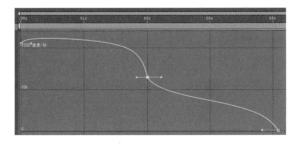

图13-24

*6* 在"时间轴"面板中单击4个面所在图层右侧的"运动模糊"图标，开启运动模糊，使画面在移动时产生模糊效果，更具真实感。

### 13.2.4　制作文字效果

最后使用蒙版和位置属性、缩放属性制作文字的显示效果。

*1*　选择"横排文字工具" **T**，设置填充和描边颜色为"#DA4B4B"，描边宽度为"1像素"，字体为"方正黑体简体"，字体大小为"40像素"，行距为"50像素"，字符间距为"100"，在白色区域中输入"12月20日 至 12月30日"文本，如图13-25所示。

图13-25

*2*　选择文本图层，使用"矩形工具" **▣** 绘制一个相对文本较大的矩形作为蒙版。将时间指示器移至0:00:05:00处，按【M】键显示蒙版路径属性，单击属性名称左侧的"时间变化秒表"按钮 **◎**，开启关键帧。

*3*　将时间指示器移至0:00:04:00处，使用"选取工具" **▶** 将矩形蒙版下方的两个锚点向上拖曳，制作出文本从上至下依次显示的效果，如图13-26所示。

图13-26

*4*　制作标题文本的动画效果。选择"横排文字工具" **T**，设置填充颜色为"#DA4B4B"，字体为"方正特雅宋_GBK"，字体大小为"100像素"，行距为"150像素"，字符间距为"100"，在画面右侧输入"炫彩美妆 年终狂欢"主题文本。

*5*　"炫彩美妆 年终狂欢"主题文本在画面中不太突出，可为其添加图层样式。选择文本图层，在其上单击鼠标右键，在弹出的快捷菜单中选择【图层样式】/【投影】命令，效果如图13-27所示。

图13-27

*6*　使用相同的方法为其他文本图层绘制蒙版，然后在0:00:05:00和0:00:06:00之间制作出文本从上至下逐渐显示的效果，如图13-28所示。

*7*　制作地址文本的动画效果。选择"横排文字工具" **T**，设置填充颜色为"白色"，字体为"方正黑体简体"，字体大小为"30像素"，字符间距为"100"，在画面下方输入"地址：轻雁区幻姿街556号 萧玫彩妆店"文本。使用相同的方法添加投影效果，如图13-29所示。

图13-28

图13-29

*8*　选择地址所在文本图层，将时间指示器移至0:00:07:00处，按【P】键显示位置属性，开启关键帧；再按【S】键显示缩放属性，开启关键帧。

*9*　按【U】键显示关键帧，将时间指示器移至0:00:06:00处，将图层向下拖曳至画面外，并将缩放设置为"150%"，制作出文字从下至上移动并逐渐缩小的效果，如图13-30所示。按【Ctrl+S】组合键保存，设置名称为"幻彩空间特效"，完成本例的制作。

图13-30

烟花在现实生活中常用于盛大的典礼或表演当中，其绚烂多彩的效果可以营造出喜庆、热烈的氛围。AE可以模拟出烟花炸裂的特效，运用到动态海报设计中可以增强画面的视觉效果。

## 13.3.1　案例分析

新年即将来临，"六藤文化"公司需要制作一幅动态海报并投放到公司网站中，在烘托新年氛围的同时体现公司对员工的新年祝福，可从案例背景和设计思路两个方面分析。

### 1. 案例背景

"六藤文化"公司要求其新年祝福动态海报营造出热闹、喜庆的氛围，并添加与新年相关的元素和文字，表达新年祝福，使员工感受到公司的温暖和关怀。

### 2. 设计思路

该动态海报的主题为新年，因此主色调可选用红色。动态海报可从开场动画、烟花炸裂效果和文字显示3个部分展开设计。开场动画可以以扇子的旋转开始，展示出整体的背景，在背景下方制作出祥云的动态效果，以及灯笼从上至下的显示动画；烟花炸裂效果可使用AE自带的"CC Particle World（粒子世界）"效果制作，再叠加"球面化"等效果使其更加逼真；最后展示出"六藤文化""祝您""虎年大吉"的祝福语。

参考效果如图13-31所示。

扫码看视频

图13-31

知识要点　导入素材、开启关键帧、创建关键帧、编辑关键帧、应用"CC Particle World"效果、应用"球面化"效果、添加图层样式

扫码看视频

配套资源　素材文件\第13章\烟花炸裂\
效果文件\第13章\烟花炸裂特效.aep

## 13.3.2　制作开场动画

先使用扇子、灯笼和祥云元素制作开场动画。

1　新建项目文件，按【Ctrl+N】组合键打开"合成设置"对话框，设置宽度为"1280px"，高度为"720px"，持续时间为"0:00:06:00"，然后单击 确定 按钮。

2　在"项目"面板下方空白处单击鼠标右键，在弹出的快捷菜单中选择【导入】/【文件】命令，打开"导入文件"对话框，选择"烟花炸裂"文件夹中的所有素材，单击 导入 按钮。

3　将"背景"文件拖曳至"时间轴"面板中，适当调整其大小，再将"祥云"文件拖曳至"时间轴"面板中，使其右边部分对齐画面右侧，效果如图13-32所示。

图13-32

4　选择"祥云"图层，按【P】键显示位置属性，将时间指示器移至0:00:00:00处，单击属性名称左侧的"时间变化秒表"按钮 ，开启关键帧。

5　将时间指示器移至最后一帧处，将"祥云"向右拖曳，制作出从左至右移动的效果。

6　制作扇子旋转的动画。将"扇子"文件拖曳至"时间轴"面板中，在其上单击鼠标右键，在弹出的快捷菜单中选择【图层样式】/【投影】命令，展开"投影"栏，设置扩展为"10%"，大小为"50"，效果如图13-33所示。

7　选择"扇子"图层，按【R】键显示旋转属性，将时间指示器移至0:00:00:00处，单击属性名称左侧的"时间变化秒表"按钮 ，开启关键帧，然后将扇子旋转并缩放至图13-34所示位置。

图13-33

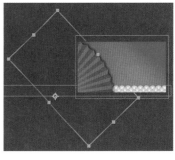

图13-34

8 将时间指示器移至0:00:02:00处，使用"旋转工具" ![] 将扇子逆时针旋转至画面外，使下层的图形展现出来。

9 将"扇子"图层复制3个，适当调整扇子的大小和位置，将其中两个扇子移至右侧，并调整为顺时针旋转的动画，效果如图13-35所示。

图13-35

10 选择所有扇子图层，然后预合成"扇子"预合成图层，再分别在0:00:01:00和0:00:02:00处创建不透明度为"100%"和"0%"的关键帧。

11 制作灯笼出现的动画。将"灯笼"文件拖曳至"时间轴"面板中，然后复制5个，适当调整灯笼的大小，如图13-36所示。

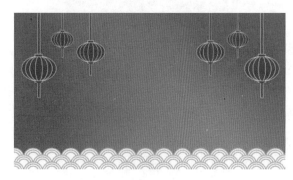

图13-36

12 选择所有灯笼图层，然后预合成"灯笼"预合成图层，分别在0:00:01:15和0:00:03:00处创建位置属性的关键帧，制作出所有灯笼从上至下移动的效果，如图13-37所示。

图13-37

### 13.3.3 制作烟花炸裂效果

使用"CC Particle World"效果和"球面化"效果制作出烟花炸裂的效果。

1 在"时间轴"面板中单击鼠标右键，在弹出的快捷菜单中选择【新建】/【纯色】命令，打开"纯色设置"对话框，设置名称为"烟花1"，单击 确定 按钮。

2 按【Ctrl+5】组合键打开"效果和预设"面板，然后将"CC Particle World"效果拖曳至"时间轴"面板中的"烟花1"图层中，打开"效果控件"面板，设置Longevity（sec）（寿命）为1.8，展开"Physics（物理性质）"栏，设置Velocity（速度）为"0.5"，Gravity（重力）为"0.1"，如图13-38所示。

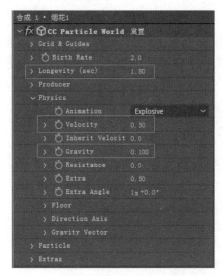

图13-38

3 将烟花移至画面左侧，将时间指示器移至0:00:03:00处，单击"效果控件"面板中"Birth Rate（出生率）"左侧的"时间变化秒表"按钮 ![]，开启关键帧。

4 将时间指示器移至0:00:03:05处，设置Birth Rate为"0.4"，将时间指示器移至0:00:03:22处，设置Birth Rate为"0"，效果如图13-39所示。

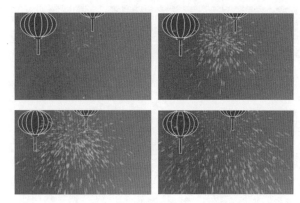

图13-39

5 此时烟花的效果还不太明显，可为其添加"外发光"的图层样式；并设置扩展为"4%"，大小为"15"，效果如图13-40所示。

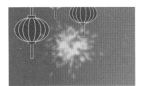 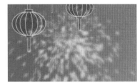

图13-40

*6* 烟花炸裂时通常呈圆球状，因此可为图层添加"球面化"效果，使其更加逼真。在"效果和预设"面板的搜索框中输入"球面化"文本，然后将"球面化"效果拖曳至"时间轴"面板的"烟花1"图层中，打开"效果控件"面板，设置球面中心为烟花中心所在位置，半径为"424"，前后的对比效果如图13-41所示。

图13-41

*7* 选择"烟花1"图层，按【Ctrl+D】组合键复制该图层，命名为"烟花2"，然后按【U】键显示关键帧，将所有关键帧向后拖曳至0:00:03:14处，如图13-42所示。

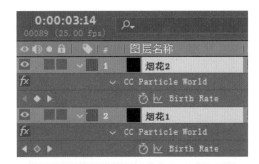

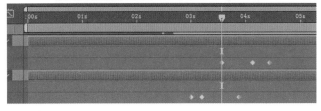

图13-42

*8* 选择"烟花2"图层，将其移至画面右侧，在"效果控件"面板中展开"CC Particle World"效果的"Particle（粒子）"栏，设置Birth Color（出生颜色）为"白色"；然后

修改"球面化"效果的球面中心为烟花中心所在位置。

*9* 在"时间轴"面板中依次展开"烟花2"图层的"图层样式""外发光"栏，设置颜色为"白色"，效果如图13-43所示。

图13-43

### 13.3.4 制作文字效果

最后使用位置、缩放和不透明度属性制作文字的显示效果。

*1* 选择"横排文字工具" T，设置填充颜色为"#FFF0C2"，字体为"方正剪纸简体"，字体大小为"80像素"，行距为"100像素"，字符间距为"100"，在画面上方输入"六藤文化 祝您"文本，如图13-44所示。

*2* 此时字体效果不太明显，可添加"投影"的图层样式，效果如图13-45所示。

图13-44　　　　　　　图13-45

*3* 为文本图层分别在0:00:02:18和0:00:03:14处创建不透明度和位置属性的关键帧，制作出文本从上至下移动并逐渐显示的效果，如图13-46所示。

图13-46

*4* 选择"横排文字工具" T，修改字体大小为"150像素"，在画面中间输入"虎年大吉"文本，如图13-47所示。

*5* 同样可为"虎年大吉"文本添加"内阴影"的图层样式，效果如图13-48所示。

图13-47

图13-48

6 为文本图层分别在0:00:02:18和0:00:03:14处创建不透明度和缩放属性的关键帧，制作出文本逐渐放大并显示的效果，如图13-49所示。按【Ctrl+S】组合键保存，设置名称为"烟花炸裂特效"，完成本例的制作。

图13-49

## 13.4 制作火焰特效

火焰通常表现为发光、发热和向上飘动，在视频后期制作中添加炫酷的火焰特效可以增强画面的冲击力，起到引人注意的作用。

### 13.4.1 案例分析

某公司需要制作一个倒计时动画，准备在晚会的抽奖活动之前播放，以吸引观者的注意，可从案例背景和设计思路两个方面分析。

#### 1. 案例背景

本案例将制作在公司晚会中播放的倒计时动画，要求画面具有冲击力，能够吸引观者的视线并激发其好奇心，使其期待倒计时之后的抽奖活动，同时带动现场的活动气氛，因此可以利用火焰特效为动画增添热烈、震撼的视觉效果。

#### 2. 设计思路

该动画可以从火焰的流动效果和倒计时的动画效果个方面展开设计。火焰的流动效果可以应用"分形杂色"和"湍流置换"效果制作，然后创建蒙版以及调整蒙版羽化将多个流动效果拼接为圆环的形状，再应用"曲线"和"发光"效果为火焰添加色彩；倒计时的动画效果可为数字创建缩放和不透明度属性的关键帧进行制作，从大至小的渐显效果可以使画面更具视觉影响力。

扫码看视频

参考效果如图13-50所示。

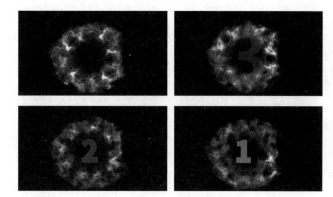

图13-50

知识要点：开启关键帧、创建关键帧、编辑关键帧、应用"分形杂色"效果、应用"湍流置换"效果、应用"曲线"效果、应用"发光"效果、创建预合成、创建蒙版

配套资源：效果文件\第13章\火焰特效.aep

扫码看视频

### 13.4.2 制作火焰效果

先使用"分形杂色"效果、"湍流置换"效果等制作火焰效果。

1 新建项目文件，按【Ctrl+N】组合键打开"合成设置"对话框，设置宽度为"1280px"，高度为"720px"，持续时间为"0:00:03:00"，然后单击 确定 按钮。

2 在"时间轴"面板中单击鼠标右键，在弹出的快捷菜单中选择【新建】/【纯色】命令，打开"纯色设置"对话框，设置颜色为"黑色"，单击 确定 按钮。

$3$ 选择纯色图层，单击鼠标右键，在弹出的快捷菜单中选择"预合成"命令，打开"预合成"对话框，设置名称为"火焰样式"，单击 确定 按钮，然后更改预合成的持续时间为0:00:05:00。

$4$ 制作火焰的基本样式。选择纯色图层，选择【杂色和颗粒】/【分形杂色】命令，在打开的"效果控件"面板中设置分形类型为"动态渐进"，对比度为"190"，亮度为"-20"，复杂度为"15"，再展开"变换"栏，设置缩放为"300"，如图13-51所示，效果如图13-52所示。

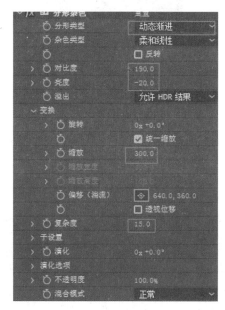

图13- 51

图13-52

$5$ 继续选择纯色图层，然后选择【效果】/【扭曲】/【湍流置换】命令，将时间指示器移至0:00:00:00处，在"效果控件"面板中分别单击"分形杂色"和"湍流置换"效果中"演化"左侧的时间变化秒表"按钮 ，开启关键帧。

$6$ 将时间指示器移至0:00:04:24处，设置"分形杂色"和"湍流置换"效果的演化均为"1x+240°"，制作出火焰的动态效果。

$7$ 制作火焰向上流动的效果。将时间指示器移至0:00:00:00处，在"效果控件"面板中单击"分形杂色"效果中

"偏移（湍流）"左侧的时间变化秒表"按钮 ，开启关键帧。

$8$ 将时间指示器移至0:00:04:24处，设置偏移（湍流）为"640，-100"，效果如图13-53所示。

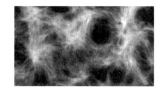

图13-53

$9$ 制作火焰燃烧时的朦胧感。选择"火焰样式"预合成图层，然后选择"椭圆工具" ，在该图层中绘制图13-54所示蒙版。

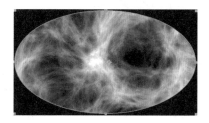

图13-54

$10$ 展开"火焰样式"预合成图层，再依次展开"蒙版""蒙版1"栏，设置蒙版羽化为"360，360"，效果如图13-55所示。

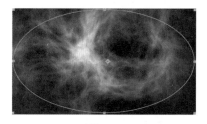

图13-55

$11$ 制作圆环形状的火焰。将"火焰样式"预合成图层复制多个并适当进行缩放和旋转，最终效果如图13-56所示。

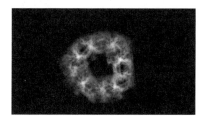

图13-56

$12$ 选择所有预合成图层，单击鼠标右键，在弹出的快捷菜单中选择"预合成"命令，打开"预

合成"对话框，设置名称为"火焰"，单击 确定 按钮。

**13** 制作火焰的颜色效果。选择"火焰"预合成图层，然后选择【效果】/【颜色校正】/【曲线】命令，打开"效果控件"面板，在"通道"下拉列表中分别选择"红色""绿色""蓝色"，并单独调整对应颜色的曲线，如图13-57所示，效果如图13-58所示。

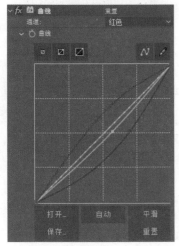

图13-57　　　　　　　　图13-58

**14** 此时的火焰效果还不够逼真，因此可应用"发光"效果。选择"火焰"预合成图层，然后选择【效果】/【风格化】/【发光】命令，在"效果控件"面板中设置发光阈值为"70%"，发光半径为"5"，发光强度为"0.8"，如图13-59所示，效果如图13-60所示。

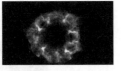

图13-59　　　　　　　　图13-60

### 13.4.3　制作文字效果

最后制作倒计时的文字效果。

**1** 选择"横排文字工具" T ，设置填充颜色为"#CB670E"，字体为"思源黑体CN"，字体样式为"Bold"，字体

大小为"240像素"，在火焰圆环中间输入"3"文本，如图13-61所示。

**2** 选择文本图层，按【T】键显示不透明度属性，将时间指示器移至0:00:01:00处，单击属性名称左侧的"时间变化秒表"按钮，开启关键帧。

图13-61

**3** 分别将时间指示器移至0:00:00:10和0:00:01:10处，设置不透明度均为"0%"，制作出文本显示后又消失的效果。

**4** 选择文本图层，按【S】键显示缩放属性，使用相同的方法分别在0:00:00:00和0:00:01:10处创建缩放为"500%"和"100%"的关键帧，效果如图13-62所示。

图13-62

**5** 选择文本图层，按【Ctrl+D】组合键复制两次，分别将复制的文本图层修改文本为"1"和"2"，然后按【U】键显示关键帧，将复制图层的关键帧向后拖曳，如图13-63所示，效果如图13-64所示。

图13-63

图13-64

**巩固练习**

### 1. 制作光斑文字特效

本练习将制作光斑文字特效，结合"CC Particle World"和"倒影"效果制作出向外发射的光斑效果，再应用动画预设中的效果为文本添加动效。参考效果如图13-65所示。

> 配套资源　素材文件\第13章\光斑.jpg
> 效果文件\第13章\光斑文字特效.aep

图13-65

### 2. 制作扭转星云特效

本练习将制作扭转星云特效，应用"CC Star Burst"效果制作出星空背景，应用"CC Particle World"制作出星云的样式，再应用"旋转扭曲"效果制作出扭转星云的动画。参考效果如图13-66所示。

> 配套资源　效果文件\第13章\扭转星云特效.aep

 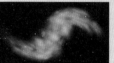

图13-66

 **技能提升**

在AE中，适当使用特效制作插件可以完成一些较为复杂的视频特效效果，从而提高工作效率。常用的插件有以下6种。

● Particular 超炫粒子插件：Particular插件是Trapcode系列中使用频率非常高的一款插件，其中包含了上百种预设效果，可以模拟出各种绚丽精美的粒子效果，常用于制作星云、光线、烟花、烟尘、风沙、火焰等。

● Form 三维空间粒子插件：Form插件同样属于Trapcode系列中的一款插件。与Particular插件不同的是，Form插件生成的是静态粒子，而Particular插件生成的是动态粒子。

● Plexus 点线面三维粒子插件：Plexus插件可制作出点线面的三维粒子，并可将三维模型导入作为粒子发射器，制作出各种粒子线条，常用于表现画面的科技感和未来感。

● Saber 光效插件：Saber插件是一款功能强大的抠图插件，主要用于制作能量光束、激光、霓虹灯、电流等特效。

● Element 3D 三维模型插件：Element 3D插件简称E3D，可以在AE中直接使用简单的三维模型，并且能够为三维模型添加动画效果。

● Optical Flares 镜头光晕插件：Optical Flares插件是一款功能强大、操作方便、效果绚丽、渲染迅速的光晕插件，可以制作出效果逼真的耀斑灯光特效。

# 第 **14** 章 影视包装实战案例

## 📖 本章导读

影视包装是指对电视节目、频道、栏目中的音效、动画、画面等进行精心设计，是一种吸引观者观看的常见手段。本章将综合运用前面所学知识来制作两个影视包装实战案例。

## 🖱 知识目标

< 了解片头动画的概念和主要类型
< 掌握制作片头动画的方法
< 了解栏目的类型、包装要素和制作流程
< 掌握制作栏目包装的方法

## 🏆 能力目标

< 能够制作美食综艺节目片头动画
< 能够制作传统文化宣传栏目包装

## ❤ 情感目标

< 培养制作影视包装设计的兴趣
< 感受传统文化的魅力，培养爱国情怀

## 14.1 制作美食综艺节目片头动画

在物质文明快速发展的今天，人们已经不再局限于吃饱穿暖这些基本要求，而是对生活品质有了更高的追求。面对这样的发展趋势，各大美食综艺节目争先霸屏。在这样的大环境下，要做出具有个性、让用户眼前一亮的美食综艺节目，除了内容上的创新外，还可以通过片头动画来表现节目内核。

### 14.1.1 相关知识

在制作美食综艺节目片头动画前，需要先了解一些片头动画的相关知识，为后期的案例制作打下理论基础。

#### 1. 什么是片头动画

片头动画是影视节目开始前的一个简短展示，时间长度一般在15~30秒，通常由节目内容中典型的片段和3D动画或后期特效组合制作而成。也就是说，片头动画是对整个节目的浓缩与概括，在短时间内向观者传达节目的形象信息、理念，以及节目内容，使观者对节目的印象不断刷新。

图14-1所示为某美食综艺节目片头动画。从画面的整体调性来看，该动画中加入了水彩元素，使画面清新明快，同时也让人眼前一亮。

图14-1

## 2. 片头动画的主要类型

片头动画的类型很多，并且不同的片头动画有不同的侧重点，因此在制作片头动画前需要对其主要类型进行了解，以便做到有针对性。这里根据应用领域的不同，将片头动画分为4种主要类型。

● 游戏片头动画：很多网络游戏都有片头动画，也称为开场动画。游戏的片头动画通常用于介绍游戏的故事背景、风格等。图14-2所示为某游戏片头动画。该片头动画通过不同场景的切换展现了整个游戏的情节背景。

图14-2

● 影视片头动画：影视片头动画往往是根据整部影视内容，以大致情节为主，将剧中的人物、动物、场景等动画化，从而吸引观者观看。图14-3所示为某电视剧片头动画。该片头动画色彩鲜明、内容生动，并且将剪纸艺术、皮影戏、舞狮等传统艺术和民俗巧妙地融入其中，展现了整部剧集的风格与气氛。

图14-3

● 宣传片片头动画：在制作宣传片的过程中，片头动画是非常重要的内容，它能够第一时间吸引观者的目光，具

有画龙点睛的作用，从而更好地提升宣传推广效果。图14-4所示为某企业宣传片片头动画。

图14-4

● 综艺节目片头动画：近年来，随着综艺节目的火爆，采用动画作为综艺节目片头，可以为综艺节目增添特殊效果，吸引更多观者。图14-5所示为某综艺节目片头动画。该片头动画以波普风格为主，并与真人实景相融合，十分贴合该综艺节目年轻、活力的内容题材。

图14-5

## 14.1.2 案例分析

随着网络信息的迅速发展，综艺节目越做越多。为了在类别多样的综艺节目中脱颖而出，需要为美食综艺节目"美食小当家"制作片头动画，下面对该案例进行分析。

### 1. 案例背景

"美食小当家"是一档集美食、旅游于一体，以"传统

"中华美食"为看点的综艺节目，该节目每一季都会在不同的地理位置分享当地的美食美景，在传播中华文化、推广传统美食的同时，让观者获得了轻松的观看体验。由于本季是在海岛录制，因此需要制作一个与海岛相关的片头动画，要求体现出该综艺节目的看点和风格，同时营造出温暖、轻松的氛围，且整体画面具有感染力，视频时长为15秒左右。

### 2. 设计思路

本例提供了丰富的素材文件，主要包括背景、Logo、小元素（如海豚、小岛、石头、纸飞机等）素材，如图14-6所示。本例需要考虑素材的有效结合，可从小元素动画、主场景动画以及Logo出现动画3个部分展开设计。

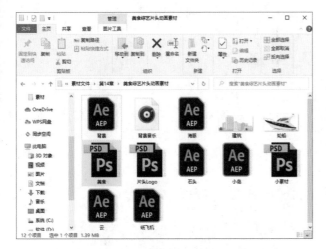

图14-6

（1）小元素动画

小元素动画能够有效提高作品的诉求力和美感，丰富画面效果，因此是本例片头动画的重要部分。考虑到背景素材已经提供，小元素动画需尽量与背景的风格、色调一致。

（2）主场景动画

制作完成小元素动画后，可搭建主场景制作相关动画。本例中的"美食小当家"综艺节目本季在海岛录制，主场景动画就可以搭建一些海岛相关的场景，如立体的水面等，再将"海豚""小岛"等素材融入海岛场景中，体现出该综艺节目"旅游"的看点；为了体现出"美食"的看点，可将提供的美食素材融入主场景中，也可添加一些简单的文案来解释画面。

（3）Logo出现动画

Logo是表现节目非常重要的元素之一，大都在片头动画的结尾出现。本例的Logo元素已经提供，只需为其制作一个出现动画。制作时，可通过蒙版遮罩来完成。

（4）最终效果

最后将制作的小元素动画、场景等素材合成为一个完整的动画，并添加背景音乐，增强画面的氛围感。

扫码看视频

本例完成后的参考效果如图14-7所示。

图14-7

扫码看视频

> **知识要点**　图层、关键帧动画、蒙版遮罩、效果、效果预设、文字、三维图层、表达式的应用
>
> **配套资源**　素材文件\第14章\美食综艺节目片头动画素材
> 效果文件\第14章\美食综艺节目片头动画.aep

## 14.1.3　制作小元素动画

下面先做一些小元素动画，如不同类型的圈的变化等，使片头动画效果更丰富，其具体操作如下。

1 新建项目文件，按【Ctrl+N】组合键打开"合成设置"对话框，设置名称为"片头"，宽度为"1280px"，高度为"720px"，持续时间为"0:00:15:00"，帧速率为"30"，然后单击 确定 按钮。

2 新建一个颜色为"#9CE7F3"的纯色图层，将"背景.aep"素材导入"项目"面板中，将"背景.aep"文件夹中的"背景"合成拖曳到"时间轴"面板中。

3 按【Ctrl+N】组合键新建"圆圈"合成，设置开始时间码为"0:00:00:20"，持续时间为"0:00:00:27"，其他保持不变。

4 新建一个形状图层，选择"椭圆工具"⬭，按住【Shift】键，在"合成"面板中绘制一个正圆。单击工具属性栏中的"填充选项"按钮 填充，打开"填充选项"对话框，设置填充为"无"，单击 确定 按钮，如图14-8所示。

图14-8

5 继续在工具属性栏中设置描边颜色为"#F2F2B9"，描边宽度为"12.0"。在"时间轴"面板中设置椭圆大小为"520.0,520.0"，线段端点为"圆头端点"，如图14-9所示。

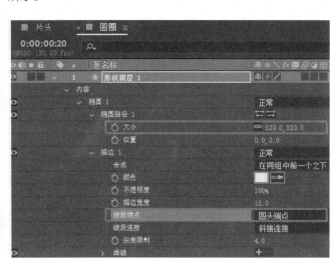

图14-9

6 单击"添加"按钮⬤，在弹出的快捷菜单中选择"修剪路径"命令，添加"修剪路径"属性。将时间指示器移动到0:00:00:25位置，激活"开始"属性关键帧，在0:00:01:11处设置"开始"为"100%"；将时间指示器移动到0:00:00:20位置，激活"结束"属性关键帧，并设置参数为"0"，在0:00:01:08处设置"结束"为"100%"。

7 选中步骤6中创建的两个"开始"关键帧和两个"结束"关键帧，按【F9】键转换为缓动帧。单击"图表编辑器"按钮⬛，进入图表编辑器，拖曳控制手柄调整动画的缓入缓出效果，制作出圆圈从出现到消失的路径修剪动画，如图14-10所示。

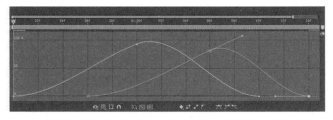

图14-10

8 再次单击"图表编辑器"按钮⬛，关闭图表编辑器。使用相同的方法再复制两个形状图层，通过改变原始形状的描边宽度、椭圆大小和关键帧位置，制作出路径修剪动画，如图14-11所示。

图14-11

9 在"片头"合成中新建一个"方格圈"合成，设置开始时间码为"0:00:02:09"，持续时间为"0:00:01:02"。在该合成中新建一个纯色图层，将"圆形"效果应用到纯色图层中。

10 在"效果控件"面板中设置"圆形"效果的颜色为"#F6F4C5"，不透明度为"57%"，在"边缘"下拉列表中选择"边缘半径"选项，并激活"边缘半径"属性关键帧。

11 在0:00:02:11处激活"半径"属性关键帧，设置"半径"为"0.0"，在0:00:03:04处设置"半径"为"568.0"。在0:00:02:09处设置"边缘半径"为"0"，在0:00:03:02处设置"边缘半径"为"568.0"。选中这4个关键帧，按【F9】键转换为缓动帧，如图14-12所示。

图14-12

*12* 制作第2层圆形的关键帧动画。再次新建纯色图层，为该图层应用"圆形"效果，使用相同的方法激活"半径"和"边缘半径"属性关键帧。

*13* 在0:00:02:13处设置"边缘半径"为"0.0"，在0:00:03:06处设置"边缘半径"为"555.0"。在0:00:02:17处设置"半径为"0.0"，在0:00:03:10处设置"半径为"555.0"。选中这4个关键帧，按【F9】键转换为缓动帧。

*14* 再为第2个纯色图层应用两个"百叶窗"效果。设置第1个"百叶窗"的方向为"0x+45°"，设置"百叶窗 2"的方向为"0x-45°"，过渡完成均为"20%"，如图14-13所示。

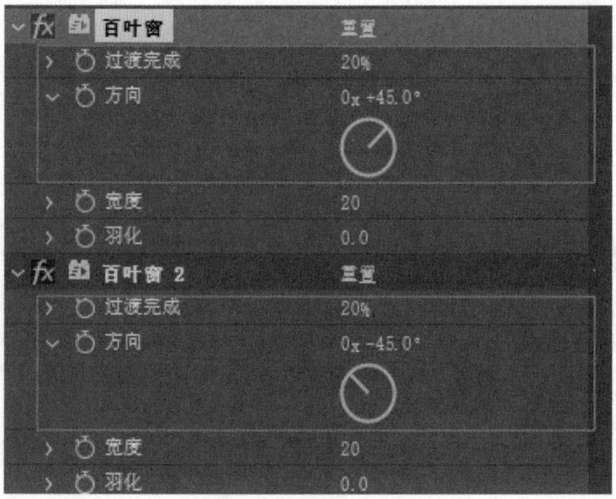

图14-13

*15* 制作第3层圆形动画。选中第2个图层，按【Ctrl+D】组合键复制，选中复制的图层，修改"圆形"效果中的颜色为"#7ECBF2"。按【U】键展开"时间轴"面板中的4个关键帧，选中这些关键帧并将它们往前移动1帧。

### 14.1.4 制作海岛主场景动画

下面制作海水漫起、海岛升起、美食升起的海岛主场景动画，其具体操作如下。

*1* 新建"黑白"合成，设置开始时间码为"0"，持续时间为"0:00:15:00"，帧速率为"30"，背景颜色为"#000000"。

*2* 在该合成中新建一个名为"1"的纯色图层，在"效果和预设"面板中找到"分形杂色"效果，将其拖曳到"1"纯色图层中。

*3* 在"时间轴"面板中展开该图层的"分形杂色"栏，设置对比度为"376.0"，亮度为"-72.0"。然后按住

【Alt】键，单击演化前的"时间变化秒表"按钮，在右侧的表达式文本框中输入"time*400"，如图14-14所示。

图14-14

*4* 选中该纯色图层，按【Ctrl+D】组合键复制，将图层名称改为"2"，设置"图层1"图层的轨道遮罩为"亮度遮罩'2'"，如图14-15所示。

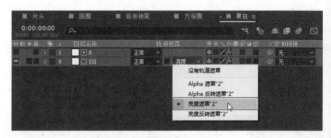

图14-15

*5* 新建"耀光"合成设置，持续时间为"0:00:15:00"。将"黑白"合成拖曳到该合成中，然后应用"填充"效果，设置填充颜色为"白色"。再应用"CC Vector Blur"效果，设置Amount为"19.0"。选中"黑白"合成的图层，按【Ctrl+D】组合键复制一层，让耀光更明显。

*6* 在"项目"面板中新建"水面"合成，在该合成中新建名称为"背景"、颜色为"#99C6ED"的纯色图层，将"耀光"合成拖曳到"水面"合成中，效果如图14-16所示。

*7* 新建"立体水面"合成，将"水面"合成拖曳到该合成中，然后将其转换为三维图层。

*8* 展开"水面"图层的"变换"栏，设置锚点为"640.0,0.0,0.0"，位置为"640.0,422.0,168.0"，缩放为"72.5,87.0,72.5%"，并设置X轴旋转为"0x-80.0°"，如图14-17所示。

*9* 将二维的水面变为立体的水立方效果。在"立体水面"合成中新建名为"蒙版"的形状图层，在该图层中绘制一个矩形。然后为该图层应用"波纹"效果，在"效

果控件"面板中设置相关参数，如图14-18所示。

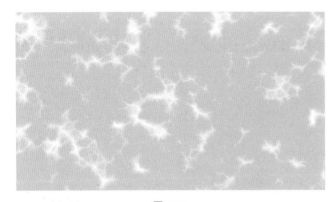

图14-16

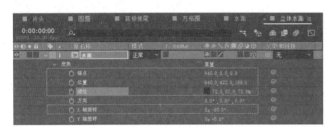

图14-17

图14-18

*10* 将水面图层的轨道遮罩设置为"Alpha反转遮罩'蒙版'"，如图14-19所示。

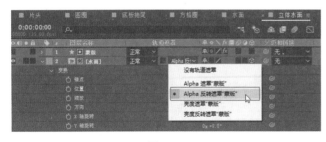

图14-19

*11* 选中蒙版图层，按【P】键显示位置属性，在第0帧添加关键帧，参数保持默认，然后在0:00:02:00处再添加关键帧，设置参数为"640.0,326.0"。

*12* 新建"水立方"合成，将"立体水面"合成拖曳到该合成中。按【P】键显示位置属性，在第0帧添加一个关键帧，参数为"640.0,384.0"，在0:00:02:00处设置参数为"640.0,326.0"。

*13* 将时间指示器移动到起始位置。在"立体水面"合成中复制"蒙版"图层，在"水立方"合成中粘贴"蒙版"图层，并显示该图层。

*14* 设置该蒙版的颜色为"#4882A8"。按【P】键显示位置属性，在0:00:02:00处添加关键帧，设置参数为"640.0,304.0"，按【S】键显示缩放属性，在第0帧设置参数为"106.3,90.0%"，在第0:00:02:00处设置参数为"92.8，90.0%"，如图14-20所示。

图14-20

*15* 新建"海岛"合成，各项数值保持默认。将"水立方"合成拖曳到"海岛"合成中。将"石头.aep""云.aep""小岛.aep"素材导入"项目"面板中，并将这3个合成拖曳到"海岛"合成中，调整合成排列顺序，如图14-21所示。

图14-21

*16* 设置"云"图层的入点为"0:00:00:20"，"小岛""石头"图层的入点为"0:00:01:00"，并调整素材位置，效果如图14-22所示。

*17* 新建一个形状图层，在其中绘制填充颜色为"#4882A8"的椭圆和矩形，在形状中输入文字，并将文本图层链接到形状图层上，调整形状的旋转和位置属性，效果如图14-23所示。

图14-22　　　　　　　　　　图14-23

*18* 将形状图层和文本图层预合成，设置预合成图层名称为"站牌"。设置"站牌"图层的入点为"0:00:03:22"，将时间指示器移至0:00:05:05位置，选中除"水立方"图层外的所有图层，按【Alt+]】组合键剪切掉"时间轴"面板中图层的后半部分。

*19* 将"海豚.aep"素材导入"项目"面板中，并将其中的"海豚"合成拖曳到"海岛"合成中，设置合成入点为"0:00:00:03"，再调整位置和缩放属性，如图14-24所示。

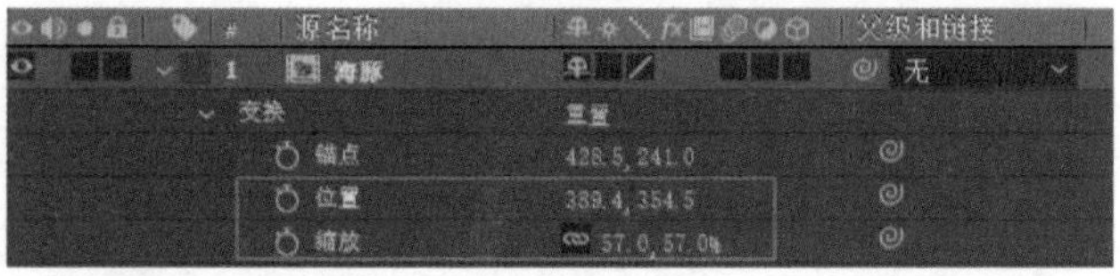

![图14-24 海豚图层属性]

图14-24

*20* 复制"海豚"合成，设置复制合成的入点为"0:00:01:27"，位置为"904.3，354.5"。

*21* 将"建筑.png"素材导入"项目"面板中，然后将其拖曳到"海岛"合成中，调整其入点为"0:00:05:05"，并调整大小和位置，如图14-25所示。

*22* 将"建筑.png"图层转换为三维图层，在当前位置激活"位置"和"方向"属性关键帧，设置位置为"640,390,0"，方向为"273,0,0"，将时间指示器移动到0:00:06:03处，设置位置为"652,234,0"，方向为"0,0,0"。

*23* 将"轮船.png"素材导入"项目"面板中，然后将其拖曳到"海岛"合成中，调整其入点为"0:00:05:18"。

*24* 将"效果和预设"面板的"动画预设"效果组中的"垂直翻转"效果应用到"轮船.png"图层中，调整轮船的大小和位置，如图14-26所示。

图14-25

图14-26

*25* 将"轮船.png"图层转换为三维图层，在当前位置激活"方向"属性关键帧，设置方向为"86,0,0"，将时间指示器移动到0:00:06:14位置，设置方向为"0,0,0"。

*26* 在当前位置激活"位置"属性关键帧，位置参数保持不变，将时间指示器移动到0:00:07:04位

置，设置方向为"1070,404,0"。

*27* 在"项目"面板中复制一个"站牌"合成，修改合成中的文字，然后将其拖曳到"海岛"合成中，调整海岛的位置，设置入点为"0:00:07:04"，如图14-27所示。

图14-27

*28* 将"美食.psd"素材以"合成"的形式导入"项目"面板中，然后将该合成中的素材图层全部拖曳到"海岛"合成中，设置入点为"0:00:07:04"，如图14-28所示。

图14-28

*29* 通过设置这些图层的"位置"属性关键帧制作出食物依次向下落的动画效果，如图14-29所示。制作时，最后一个食物落下的时间为0:00:09:16。

图14-29

*30* 将时间指示器移动到0:00:10:00位置，选择所有图层，按【Alt+]】组合键剪切掉"时间轴"面板中图层的后半部分。

## 14.1.5 制作纸飞机飞行动画

下面制作纸飞机飞行动画，其具体操作如下。

*1* 将"圆圈"合成拖曳到"片头"合成中，设置入点为"0:00:01:00"。

*2* 将"方格圈"合成拖曳到"片头"合成中，设置入点为"0:00:01:09"。

*3* 将"海岛"合成拖曳到"片头"合成中，设置入点为"0:00:02:10"。

*4* 将"纸飞机.aep"素材导入"项目"面板中，然后将"纸飞机"合成拖曳到"片头"合成中，设置入点为"0:00:08:16"，调整飞机的锚点，如图14-30所示。

*5* 新建一个纯色图层，使用"钢笔工具" 绘制飞机的飞行轨迹，如图14-31所示。

图14-30

图14-31

*6* 在"时间轴"面板中展开纯色图层的"蒙版"栏，按【Ctrl+C】组合键复制"蒙版路径"属性。选中"纸飞机"图层，展开"变换"栏，选中位置属性，将时间指示器移动到起始位置，按【Ctrl+V】组合键粘贴路径。

*7* 选择【图层】/【变换】/【自动定向】命令，打开"自动定向"对话框，选中"沿路径定向"单选项，单击 确定 按钮。

## 14.1.6 制作Logo出现动画

下面制作Logo出现动画，其具体操作如下。

*1* 将"片头Logo.psd"素材导入"项目"面板中，然后将该合成拖曳到"片头"合成中，设置缩放为"27%"，入点为"0:00:10:04"。

*2* 在"片头"合成中新建一个形状图层，重命名为"Logo蒙版"。使用"矩形工具" 在合成面板中绘制一个矩形，使矩形刚好遮住片头Logo。

*3* 选中"片头Logo"图层，按【P】键显示位置属性，在0:00:10:04处添加关键帧，设置参数为"640.0,660.0"，在0:00:11:19处添加关键帧，设置参数为"640.0,360.0"，制作Y轴上的移动动画。

*4* 设置"片头Logo"的轨道遮罩为"Alpha遮罩'Logo蒙版'"，如图14-32所示。

图14-32

## 14.1.7 添加音效并保存文件

添加音效能让片头动画更具识别性，同时更吸引观者的注意，加深观者对综艺节目的印象，其具体操作如下。

*1* 将"背景音乐.mp3"素材导入"项目"面板中，在"项目"面板中将该文件拖曳到面板底部的"新建合成"按钮 上新建合成文件。

*2* 在新建合成中选择音频图层，将时间指示器移动到0:00:14:29位置，按【Alt+]】组合键剪切，然后将"背景音乐"合成拖曳到"片头"合成中。

*3* 展开"背景音乐"合成图层的"音频"栏，激活"音频电平"属性关键帧，设置参数为"-25"，将时间指示器移动到0:00:07:27位置，设置参数为"0"，将时间指示器移动到0:00:13:01位置，设置参数为"-25"，制作出音频的渐入渐出效果。

*4* 按【Ctrl+S】组合键将文件保存为"美食综艺节目片头动画.aep"，完成本例的制作。

## 14.2 制作传统文化宣传栏目包装

传统文化宣传栏目是近几年关注度较高的节目类型，同时，这类节目也肩负着传播正向价值观和中华传统文化的责任。因此，这类节目的包装非常重要，要在凸显出节目特性的同时，跟上时代潮流和大众审美，以迅速抓住观者的眼球。

### 14.2.1 相关知识

在制作传统文化宣传栏目包装前，可以先了解一些栏目和栏目包装的相关知识，为后期的案例制作打下理论基础。

#### 1. 栏目类型

根据需求的不同，栏目大致分为服务类栏目、教育类栏目、文艺类栏目、体育类栏目、新闻类栏目5种类型。

（1）服务类栏目

服务类栏目包括衣食住行、卫生保健、就业、征婚、气象、交通旅游、购物烹饪、家庭工艺和房间布置等栏目，即为民众的日常生活提供信息和服务的栏目。

（2）教育类栏目

教育类栏目包括文化教育类、社会教育类等栏目，即知识性栏目，包括理论教育、学科教育，以及思想方面的教育等，如图14-33所示。

图14-33

（3）文艺类栏目

文艺类栏目包括晚会节目及各种艺术性、娱乐性栏目，如音乐、戏曲、舞蹈、杂技、电影和绘画等，如今它们不再是单纯的艺术形态，而是一种需要配合电视传播的新的艺术样式，如图14-34所示。

图14-34

（4）体育类栏目

体育类栏目包括体育比赛、体育新闻、体育知识、体育欣赏、健身健美等栏目。

（5）新闻类栏目

新闻类栏目包括口播新闻、录像新闻、专题新闻，以及访谈新闻、调查等栏目，是对正在或新近发生的事实的报道。这类栏目可通过不同的方式传播各类信息，满足大众了解国内外大小事的需求，如图14-35所示。

图14-35

### 2. 栏目包装要素

栏目包装要遵循栏目内容和调性，其要素主要包括形象标志、颜色和声音等。

● 形象标志：无论是电视频道还是视频平台中的栏目，一般都具有形象标志，这是栏目包装的基本要素之一。根据栏目属性的不同，形象标志也会有所不同，但这个形象标志一般都会贯穿栏目始终，如片头、片尾，以及中间插播广告等。好的形象标志能让观者印象深刻，对栏目产生好感。同时，好的形象标志能起到一定的推广和强化栏目的作用。因此，形象标志需要简洁明了、特点突出，并能体现栏目特色，如图14-36所示。

图14-36

● 颜色：颜色是栏目包装的基本要素之一，要与整个栏目的主色调相统一，符合栏目的风格。

● 声音：声音包括语言、音乐、音效等元素，在栏目包装中起着非常重要的作用。好的栏目包装的声音应该与栏目的形象标志、颜色配合，形成一个有机的整体，使观者听到该声音就能联想到该栏目。

### 3. 栏目包装制作流程

栏目包装制作与广告一样，也有一定的制作流程，遵循这些制作流程，可严格控制栏目包装的制作时间。

● 沟通了解需求，确定策划方案：组建制作组，针对栏目内容和具体需求进行协商，拟定主体和细节。制作组和创意人员做出初期创意脚本方案，方案得到认可后才进行会议沟通，制作出详细策划文案，经过不断沟通最终确认策划方案。

● 开始制作：根据策划方案正式开始制作栏目包装，制作过程中的每个环节都必须由各部门验收确认签字，方可进行下一阶段的制作，制作完成后再进行剪辑合成，完成后期编辑。

● 制作完成：在规定日期内将毛片提交初审，并根据修改意见修改，最终制作完成并确认，总结备案。

## 14.2.2　案例分析

近年来，各电视台对于中华传统文化的弘扬和发展越来越重视。例如，《中国诗词大会》《见字如面》《国家宝藏》等节目，让大家开始重新认识和走进中华中华传统文化。本例为某电视台制作传统文化宣传节目包装，下面对该案例进行分析。

> 传统文化是文明演化汇集成的一种反映民族特质和风貌的文化，是各民族历史上各种思想文化、观念形态的总体表现，世界各国、各民族都有自己的传统文化。我国的传统文化除了茶、围棋等外，还有古诗词、书法、国画、灯谜、歇后语、二十四节气、传统节日等，其形式多样、内容丰富，蕴含着深厚的历史与人文情怀。
>
> **设计素养**

### 1．案例背景

"文化传承者"是一档以"传统文化"为看点的文化体验类节目，该节目每一期都会邀请国家级非物质文化遗产代表性传承人来呼吁大家弘扬和保护优秀的传统文化。本季主要宣传茶叶和围棋，为此需要制作栏目包装，要求在包装中体现出中华传统文化的风格，利用传统文化元素来吸引大众，利用传统文化思想来打动大众，视频时长为15～20秒。

### 2．设计思路

本例提供的素材文件如图14-37所示，主要包括视频、图片、音频等素材，可从栏目包装片头、主视觉效果、最终合成和渲染输出4个部分展开设计。

（1）栏目包装片头

栏目包装片头奠定了整个栏目包装的风格和色彩基调，因此栏目包装片头的制作是重中之重。由于本栏目主要是宣传传统文化，因此设计风格可以古风、水墨风格为主。这里可在水墨背景的图片上添加卷轴素材，然后在卷轴上添加栏目的主题文字等，制作出卷轴慢慢放大、文字以水墨形式慢慢消失的效果。制作时，需注意卷轴上的水墨图像和背景上的水墨图像要有一定的层次感。

（2）主视觉效果

主视觉效果主要是介绍本期的主要内容——茶叶和围棋。制作时，尽量与片头的风格一致。例如，可制作主题

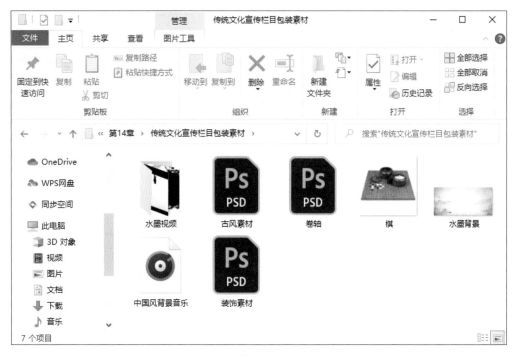

图14-37

文字随水墨出现的动画效果（利用文字的动画制作工具制作）；制作水墨背景跟随摄像机镜头移动的效果（利用摄像机图层制作）；制作梅花花瓣飘落的效果（利用 "CC Particle World" 效果制作）等。

（3）最终合成

制作完成后，可将前面制作的片头、主视觉效果等合成文件集合在一起，形成最终的合成文件，并添加中国风的背景音乐。需要注意的是：合成所有文件后需要预览，查看视频的节奏、时长、画面效果等是否符合预期，然后进行渲染与输出。

（4）渲染输出

最后渲染所有文件，并将其输出为AVI视频格式的文件，便于在不同平台上传播。

本例完成后的参考效果如图14-38所示。

图14-38

 知识要点 摄像机图层、蒙版、图层属性、动画制作工具、效果的应用

配套资源 素材文件\第14章\传统文化宣传栏目包装素材\
效果文件\第14章\传统文化宣传栏目包装.aep、传统文化宣传栏目包装.avi

 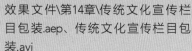 扫码看视频

## 14.2.3　制作栏目包装片头效果

下面制作栏目包装片头效果，展现栏目的主题、名称等，其具体操作如下。

*1* 新建项目文件，按【Ctrl+N】组合键打开"合成设置"对话框，设置宽度为"1920px"，高度为"1080px"，持续时间为"0:00:15:00"，然后单击 确定 按钮。

*2* 将"水墨背景""卷轴.psd"素材导入"项目"面板中，然后将其拖曳到"时间轴"面板中。

*3* 设置"水墨背景.jpg"图层的缩放为"121%"，然后调整其位置，效果如图14-39所示。

图14-39

*4* 选择"水墨背景.jpg"图层，按【Ctrl+D】组合键复制，然后调整其位置，效果如图14-40所示。

图14-40

*5* 选中复制的图层，使用"矩形工具" ▣ 在画面右侧绘制蒙版，如图14-41所示。

*6* 将两个"水墨背景.jpg"图层预合成，设置预合成名称为"背景"；将"卷轴.psd"图层预合成，设置预合成名称为"卷轴"。

*7* 将"项目"面板中的"水墨背景.jpg"图层拖曳到"时间轴"面板中，设置不透明度为"80%"，缩放为"66.5%"，将其置于卷轴上方，如图14-42所示。

图14-41　　　　　　　　　图14-42

*8* 选择"矩形工具" ▣，根据卷轴中的空白画面绘制蒙版，如图14-43所示。

9 将"效果和预设"面板中的"散布"和"画笔描边"效果应用到"背景"预合成图层中，在"效果控件"面板中调整参数，如图14-44所示。

图14-43　　　　　　图14-44

10 将"水墨背景.jpg"图层和"卷轴"预合成图层转换为三维图层。选择【图层】/【新建】/【摄像机】命令，打开"摄像机设置"对话框，在"预设"下拉列表中选择"自定义"选项，单击 确定 按钮，如图14-45所示。

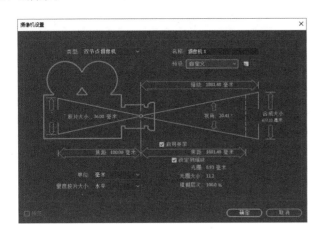

图14-45

11 选择"统一摄像机工具" ，按住【Shift】键，在"合成"面板中按住鼠标左键并向上推动摄像机，效果如图14-46所示。

图14-46

12 在"时间轴"面板中展开摄像机图层的"变换"栏，激活"位置"属性关键帧，将时间指示器移动到0:00:02:03位置，在"合成"面板中按住鼠标右键并向外推动摄像机，直至卷轴消失，只留下卷轴中间的空白画面。

13 选择"横排文字工具" ，在"字符"面板中设置字体为"汉仪行楷简"，大小为"178"，填充颜色为"#484545"，在画面中输入"文化传承者"文本。

14 在"字符"面板中设置字体为"汉仪书宋二简"，在画面中输入其他文字，效果如图14-47所示。

图14-47

15 将"水墨视频"素材文件夹导入"项目"面板中，将该文件夹中的"3.mp4"素材拖曳到"时间轴"面板中的文本图层上方，设置文本图层的轨道遮罩为"亮度遮罩'3.mp4'"。

16 将时间指示器移动到0:00:02:03位置，选择所有图层，按【Alt+]】组合键剪切。

## 14.2.4　制作栏目包装主视觉效果

下面制作栏目包装主视觉效果，展现栏目的主要内容，其具体操作如下。

1 新建一个合成文件，设置开始时间码为"0:00:02:04"。将"古风素材.psd"以合成形式导入"项目"面板中，将其中的背景素材拖曳到"合成2"的"时间轴"面板中。

2 设置"背景/古风素材.psd"图层的缩放为"181%"，然后调整图层位置，效果如图14-48所示。

3 在当前位置激活"背景/古风素材.psd"图层的"位置"属性关键帧，将时间指示器移动到0:00:14:29位置，设置位置参数为"184，540"，效果如图14-49所示。

4 在"背景/古风素材.psd"图层的位置属性上添加表达式：loopOut(type="continue")。

5 将"背景/古风素材.psd"图层转换为三维图层，新建一个预设为"自定义"的摄像机图层。

图14-48　　　　　　　图14-49

After Effects CC视频后期特效制作核心技能（本通（移动学习版）

6 将时间指示器移动到0:00:02:04位置，在"时间轴"面板中激活摄像机图层的"位置"和"目标点"属性关键帧，调整位置和目标点参数，如图14-50所示。

图14-50

7 将时间指示器移动到0:00:04:23位置，调整位置和目标点参数，如图14-51所示。

图14-51

8 将时间指示器移动到0:00:10:00位置，调整位置和目标点参数，如图14-52所示。

图14-52

9 将时间指示器移动到0:00:17:03位置，调整位置和目标点参数，如图14-53所示。

图14-53

10 将"水墨视频"素材文件夹中的"7.wmv"素材拖曳到"时间轴"面板中，然后设置该图层的缩放为"152%"，伸缩为"5%"。

11 为视频素材应用"线性颜色键"效果，在"效果控件"面板中设置主色为"#FCFDFF"（视频素材的背景颜色），然后调整匹配容差和匹配柔和度的数值，如图14-54所示。

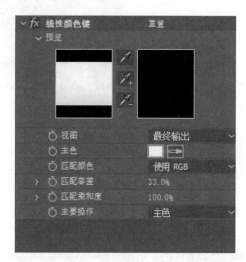

图14-54

12 选择"直排文字工具"，在"合成"面板中输入文字，其中"茶"文字的字体为"汉仪中隶书简"，其余文字的字体为"汉仪中宋简"，填充颜色为"#020101"，使文字与"合成"面板居中对齐，如图14-55所示。

13 将文本图层置于视频素材图层下方，设置图层的入点为"0:00:02:22"，调整视频素材的位置，使水墨出现时能够遮盖文字，如图14-56所示。

图14-55　　　　　　　图14-56

14 在文本图层中单击"动画"按钮，在打开的快捷菜单中选择"模糊"命令，设置模糊为"100"。展开"范围选择器1"栏，激活"起始"属性关键帧，将时间指示器移动到0:00:03:17位置，设置起始为"100%"，如图14-57所示。

15 将时间指示器移动到0:00:04:24位置，选择文本图层，按【Ctrl+Shift+D】组合键剪切复制图层。

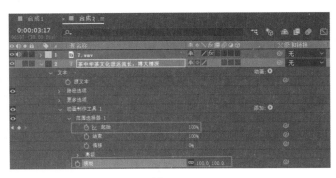

图14-57

16 选择复制的文本图层，按【P】键显示位置属性，创建一个位置关键帧，将时间指示器移动到0:00:06:02位置，按住【Shift】键将文本向左移动，如图14-58所示。

17 将"项目"面板的"古风素材"文件夹中的茶杯素材拖曳到"时间轴"面板中，调整缩放为"80%"，如图14-59所示。

图14-58　　　　　　　　图14-59

18 为茶杯制作一个不透明度的关键帧动画。选择茶杯素材所在图层，按【T】键显示不透明度属性，将时间指示器移动到视频开始位置，激活"不透明度"属性关键帧，设置参数为"0"；将时间指示器移动到0:00:04:24位置，创建不透明度关键帧；将时间指示器移动到0:00:06:02位置，设置参数为"100%"。

19 选择"横排文字工具" T ，在"合成"面板中绘制文本框，然后输入文本内容，并在"字符"面板中调整文本行距、间距等参数，如图14-60所示。

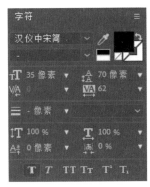

图14-60

20 在"效果和预设"面板中将"动画预设"效果组中的"打字机"效果应用到第3个文本图层中。

21 选择除背景图层和摄像机图层外的其他所有图层，将其预合成，设置预合成名称为"茶"。

22 选择"茶"预合成图层，将时间指示器移动到0:00:09:10位置，按【Alt+]】组合键剪切。

23 双击打开"茶"预合成，复制除第2个视频图层外的其余所有图层，在"合成2"合成中粘贴图层，保持图层的选择状态，调整入点为"0:00:09:11"，如图14-61所示。

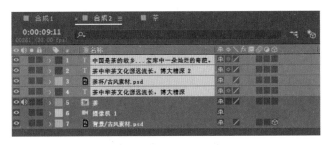

图14-61

24 将"棋.png"素材导入"项目"面板中，选择茶杯素材所在图层，按住【Alt】键将"棋.png"素材拖曳到茶杯素材所在图层中进行替换，调整图层缩放为"70%"，然后修改其中的文字内容，效果如图14-62所示。

图14-62

25 在画面中添加一些花瓣飘落的效果和其他装饰元素，丰富画面内容。将"装饰素材.psd"导入"项目"面板中。

26 将"装饰素材"文件夹中的"梅树"素材拖曳到画面中，调整位置、大小，设置不透明度为"80%"，效果如图14-63所示。

27 调整"梅树/装饰素材.psd"图层入点为"0:00:02:04"。在"项目"面板中选择"梅花/装饰素材.psd"，单击鼠标右键，在弹出的快捷菜单中选择"基于所选项新建合成"命令。

图14-63

*28* 新建"梅花飘落"合成，将"梅花/装饰素材"合成拖曳到该合成中，并隐藏该图层，然后新建一个黑色的纯色图层。

*29* 将"模拟"效果组中的"CC Particle World"效果应用到纯色图层中。在"效果控件"面板中展开"Particle"栏，在"Particle Type"下拉列表中选择第12个选项，继续在该栏中展开"Texture"栏，修改其中的参数，如图14-64所示。

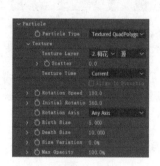

图14-64

*30* 继续调整"BirthRate""Longevity（sec）""Producer"栏的参数，如图14-65所示。

图14-65

*31* 返回"合成2"合成，将"梅花飘落"合成拖曳到"时间轴"面板中，调整入点为"0:00:02:04"，效果如图14-66所示。

图14-66

## 14.2.5 合成最终栏目包装效果

所有素材都制作完成后，接下来合成栏目包装效果，其具体操作如下。

*1* 返回"合成1"合成，将"合成2"拖曳到"合成1"合成的最底层，设置入点为"0:00:02:04"。

*2* 预览画面，发现图层时长过短，导致最后有部分文字没有显示出来，将"合成1"合成的持续时间调整为"0:00:17:00"。

*3* 将"中国风背景音乐.mp3"素材导入"项目"面板中，在"项目"面板中将该文件拖曳到"合成1"中，完成背景音乐的添加，按【Ctrl+S】组合键保存文件。

## 14.2.6 渲染输出

最终效果完成后，将其渲染输出，其具体操作如下。

*1* 按【Ctrl+M】组合键将"合成1"添加到渲染队列中，并打开"渲染队列"面板。

*2* 单击"渲染设置"右侧的 最佳设置 按钮，打开"渲染设置"对话框，在"分辨率""下拉列表"中选择"三分之一"选项，如图14-67所示。将输出文件缩小，然后单击 确定 按钮。

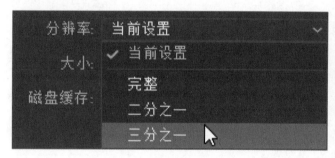

图14-67

*3* 单击"输出模块"右侧的 无损 按钮，打开"输出模块设置"对话框，在"格式""下拉列表"中选择"AVI"选项，然后单击 确定 按钮。

*4* 单击"输出到"右侧的 合成 1.avi 按钮，打开"将影片输出到"对话框，选择文件的输出位置，设置文件名为"传统文化宣传栏目包装"，单击 保存(S) 按钮。

*5* 单击"渲染队列"面板中的 渲染 按钮开始渲染，此时显示蓝色进度条。渲染结束后在设置的文件输出位置可查看输出视频的效果。

## 巩固练习

### 1. 制作新闻栏目包装效果

使用本练习提供的视频素材制作新闻栏目包装效果，要求最终效果醒目、简洁、特点突出。制作时，可先对视频素材进行调色处理，然后利用形状、文字制作出包装的主体效果，再通过关键帧、表达式制作出文字的动态效果，最后将其输出为AVI视频格式文件。参考效果如图14-68所示。

图14-68

**配套资源**　素材文件\第14章\新闻栏目包装素材\
　　　　　　效果文件\第14章\新闻栏目包装效果.avi

### 2. 制作娱乐节目包装

本练习要求制作一个娱乐节目包装，由于这类节目的风格比较年轻化因此，在动效上要充满活力，在色彩上要简洁明快，在音乐上要轻快，整体风格以时尚、个性鲜明为主。制作时，可利用AE的修剪路径和合成功能，制作出多个圆环不断层叠转圈的动画，最后展现出节目名称，要求各元素之间衔接顺畅、节奏感强。参考效果如图14-69所示。

**配套资源**　素材文件\第14章\娱乐节目包装素材\
　　　　　　效果文件\第14章\娱乐节目包装.aep

图14-69

## 技能提升

在AE中进行影视包装设计时，经常需要添加一些额外的音频效果来直接表达或传递视频信息，制造某种视频效果并营造某种氛围。如娱乐综艺节目后期常见的掌声、打字、笑声等音效；自然界的水声、风声、下雨声等；一些人物对白、人物说话声音等。可以通过以下4种方法来获取音频。

● 通过Windows 10的录音机录制：通过Windows 10的录音机录制前，需要先插入麦克风，然后才能进行录音。

● 通过数码录音笔录制：通过数码录音笔录制声音的操作十分简单。数码录音笔往往有录制、停止、播放、快进和快退等按键，在录音时通常只需按下"录音"键即可。

对于普通用户来说，录音笔是录制会议信息、采访信息、讲课实况的工具，但是由于要进行长时间录制，

因此录音笔不能使用传统的音频压缩格式储存音频文件。例如，录制的未压缩的音频文件每分钟要占用10MB的储存空间，即便是经过MEPG算法压缩而成的MP3格式，每分钟也要占用约1MB的储存空间。所以，各个品牌的录音笔通常都使用自己研发的特殊音频格式，这样的音频格式具有质量高、压缩大、文件小的特点。

● 通过手机、数码相机和摄像机拍摄获取：通过手机、数码相机和摄像机拍摄获取的音频文件，通常存储在手机、数码相机和摄像机的存储器中，可以通过数据连接线将手机、数码相机和摄像机与计算机相连，将其中的音频文件传输到计算机中。此外，使用手机自带的录音功能也可以获取音频。

● 通过音频素材网站下载：当需要给视频添加各种丰富的音效时，还可以通过音频素材网站下载。常用的音频素材网站有淘声网、耳聆网和爱给网等。

第14章

影视包装实战案例

291

# 第 15 章

# 广告动画实战案例

## 本章导读

广告动画是经营者或者服务者以赢利为目的制作的。根据主体的不同,广告动画可分为不同的类型,如企业宣传广告动画、产品宣传广告动画等。本章将综合运用前面所学知识制作广告动画。

## 知识目标

< 了解企业宣传广告动画的概念和制作流程
< 掌握制作企业宣传广告动画的方法
< 了解产品宣传广告动画的制作流程
< 掌握制作产品宣传广告动画的方法

## 能力目标

< 能够制作企业宣传广告动画
< 能够制作产品宣传广告动画

## 情感目标

< 培养广告动画设计思维
< 自觉抵制视频中的低俗、暴力等负面内容

## 15.1 制作企业宣传广告动画

企业宣传广告动画可以以动画的形式对企业的形象、文化和产品信息进行诠释,并向广大用户宣传企业,从而树立起企业或商品的良好口碑,提升品牌知名度,吸引更多人消费。

### 15.1.1 相关知识

在制作企业宣传广告动画前,需要先了解企业宣传广告动画相关知识,为后期的案例制作打下理论基础。

#### 1. 什么是企业宣传广告动画

企业宣传广告动画是宣传企业文化的方式之一,通过展示企业实力、企业规模、企业文化、企业发展、企业服务等方面,达到树立品牌意识、提升企业形象等目的。企业宣传广告动画常用于促销、项目洽谈、会展活动、竞标、招商、产品发布会等商业场景,应用领域较为广泛。

图15-1所示为"小米有品"企业宣传广告动画。该企业宣传广告动画有效地传达出企业对品质生活的追求,提升了企业形象。

图15-1

#### 2. 企业宣传广告动画的制作流程

要想制作出优秀的企业宣传广告动画,就需要根据一定的流程,有重点、有计划、有秩序地进行。

● 沟通需求:首先要了解企业需求,明确企业宣传广告动画的主题。明确的主题定位可以为企业宣传广告动画的风格奠定基调,保证企业宣传广告动画中的各种素材都围绕核心主题进

行，为核心主题服务。

● 确定脚本：开始制定企业宣传广告动画内容，分为哪些部分，每个部分的主题是什么。

● 确定风格：一般来说，企业宣传广告动画都有明确的宣传对象，而宣传对象往往会有一定的理念和风格，以此为突破口可以确定企业宣传广告动画的风格，使其与主题完美融合，让用户对该企业宣传广告动画产生深刻印象，达到良好的传播效果。

● 动效制作：确定好脚本和风格后，即可制作动效。在制作过程中，常使用的动效主要有位移、缩放、渐隐渐显等，但要让这些基础动效变得有趣，还需要仔细考量和打磨。

● 加入音效：制作完成动效后，可添加合适的音乐，让企业宣传广告动画更具感染力。

● 调整输出：加入音效后，还需要仔细调整动效，让动效与音乐的结合自然融洽，避免出现音画不同步的现象，调整完成后将其输出。

## 15.1.2 案例分析

企业宣传广告动画是企业用以宣传自身的一种广告形式，其中主要介绍企业的规模、业务、产品、文化等信息。某企业计划在成立20周年之际制作一个企业宣传广告动画，用于对企业进行阶段性的总结，下面对本例进行分析。

### 1. 案例背景

"SHAN"是一家专注电力设备开发的现代化企业，现已策划好企业宣传广告动画的具体内容，包括企业简介、行业内容、企业产品定位、企业文化等，要求以这些内容制作企业宣传广告动画，风格以MG动画为主，视频时长为15～20秒。制作时，注意对动画节奏的把控。

### 2. 设计思路

本例提供的素材文件如图15-2所示，分为5个部分，涵盖了企业宣传广告动画的重点内容，本例主要从这5个部分展开设计（素材文件中已经提供了图形和文字，可直接制作动效）。

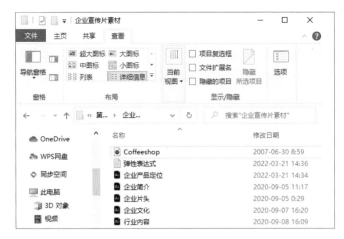

图15-2

（1）企业片头动画

企业片头动画一般包含的信息比较少，主要包括企业Logo和主题内容。因此，本例在制作片头动画的动效时，以简洁、平缓的动效为主。

（2）企业简介动画

一般来说，企业片头结束后，就可以对企业进行简单介绍。因此，在制作企业简介动画时，可以加入一些小的连接点，使其与企业片头有一定关联。比如在企业片头动画中间加入一个横条的动画，在企业简介动画中可继续使用该动画，使二者的衔接更为自然。

（3）行业内容动画

行业内容可以展现出企业的业务范围，使观者对企业有更深的了解。因此，在制作行业内容动画时，可以结合企业的行业特点来制作动效。如本例中的企业是专注电力设备开发的，在制作动效时，可以应用效果添加一些与电相关的元素，如闪电。

（4）企业产品定位动画

企业产品定位动画可以展现出企业产品的优势，因此这部分内容的时长相对于其他部分更长，动效设计可以更为平缓。如本例在制作时，可以修剪路径使画面中的圆圈慢慢出现，然后有节奏地依次展现出安全、绿色、环保等文字，以及与文字相关的图像。

（5）企业文化动画

企业文化动画是展现企业精神风貌的部分，这里可以将其作为企业宣传动画的结尾部分。为了增强画面的表现力，创造轻松愉快的氛围，可在其中增添一些烟花炸开的效果，最后将这些合成组合为一个完整的动画，并添加背景音乐，增强画面的氛围感。

本例完成后的参考效果如图15-3所示。

扫码看视频

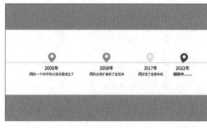

图15-3

知识要点　图层属性、关键帧动画、蒙版遮罩、效果、文字、表达式的应用

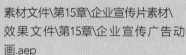
配套资源　素材文件\第15章\企业宣传片素材\效果文件\第15章\企业宣传广告动画.aep

扫码看视频

### 15.1.3　制作企业片头动画

下面制作企业片头动画，具体操作如下。

*1* 新建项目文件，在"项目"面板中双击鼠标左键，在打开的对话框中选择"企业片头.ai"素材，在"导入为"下拉列表中选择"合成-保持图层大小"选项，然后单击 导入 按钮，如图15-4所示。

*2* 在"项目"面板中双击"企业片头"合成，在"时间轴"面板中打开企业片头的内容。新建一个名称为"背景"、颜色为"白色"的纯色图层，然后将其拖曳到"时间轴"面板的最下方。

*3* 为Logo图层和文字图层添加蒙版。新建形状图层，选择"矩形工具" ▣，在Logo上绘制一个刚好遮住Logo的矩形，在"时间轴"面板中将该形状图层移到Logo图层的上方，然后设置Logo图层的轨道遮罩为"Alpha遮罩'形状图层1'"。

*4* 再次新建形状图层，选择"矩形工具" ▣，在文本图层上绘制一个刚好遮住文字的矩形。在"时间轴"面板中将该形状图层移到文字图层的上方，然后将文本图层的轨道遮罩设置为"Alpha遮罩'形状图层2'"，如图15-5所示。

图15-4

图15-5

*5* 选中Logo图层，按【P】键显示位置属性。在第0帧的位置属性上添加一个关键帧，参数为"960,117.4"；在0:00:01:00处添加一个关键帧，参数为"960,369.4"；在0:00:02:00处添加一个关键帧，参数不变；在0:00:03:00处添加一个关键帧，参数与第0帧时相同。

**技巧**

注意在实际操作过程中，不用特别在意步骤中数值的设置，应根据实际情况进行设置，如果界面尺寸有变化，那么数值也会有变化。

*6* 使用同样的方法制作出下方文本从下往上出现并停留1秒，然后又往下移出的效果，如图15-6所示。

*7* 按住【Shift】键，选中Logo图层和文本图层中刚创建的8个关键帧，按【F9】键将其转换为缓动帧。单击"时间轴"面板上方的"图表编辑器"按钮 ▣，进入图表编辑器，按住【Shift】键，分别框选0:00:00:00和0:00:03:00处的

锚点，再向左拖曳左侧的控制手柄，设置图表的波形，如图15-7所示。

图15-6

图15-7

8 再次单击"图表编辑器"按钮，关闭图表编辑器。选中"中间横条"图层，按【S】键显示缩放属性，单击缩放数值左侧的"约束比例"按钮，取消链接，然后在0:00:00:00、0:00:01:00、0:00:02:00和0:00:03:00处分别设置缩放为"0.0,100.0%""100.0，100.0%""100.0,100.0%""308.0，100.0%"，使其只在横向上缩放横条。

## 15.1.4　制作企业简介动画

下面制作企业简介动画，与企业片头动画衔接，其具体操作如下。

1 将"企业简介.ai"素材以"合成-保持图层大小"的方式导入"项目"面板中。双击打开"企业简介"合成文件，再新建一个白色的纯色图层作为背景。

2 选择"向后平移（锚点）工具"，依次将"蓝色""绿色""黄色""红色"图层中的锚点移动到图标下方居中的位置，如图15-8所示。

图15-8

3 选中4个图标图层，按【S】键显示缩放属性，依次在0:00:00:00、0:00:01:00、0:00:02:00和0:00:03:00处添加关键帧，分别设置缩放为"0.0,0.0%""100.0,100.0%"

"100.0,100.0%""0.0,0.0%"。

4 保持这4个图层的选中状态，按【R】键显示旋转属性，单独选中"蓝色"图层，按住【Alt】键，单击旋转属性左侧的"时间变化秒表"图标，在右边的输入框中输入表达式"time*12"，将该表达式复制粘贴到另外3个图形的旋转属性中。

5 新建"形状图层1"图层，选择"矩形工具"，在"文字"图层上绘制一个刚好遮住"文字"图层中所有文字的矩形，然后在"时间轴"面板中将该形状图层移到文字图层上方，设置"文字"图层的轨道遮罩为"Alpha遮罩'形状图层1'"，如图15-9所示。使用同样的方法，创建并设置"年份"图层的遮罩图层。

图15-9

6 选中"文字"图层，按【P】键显示位置属性，在0:00:00:00、0:00:01:00、0:00:02:00和0:00:03:00处分别添加关键帧，并设置位置分别为"985.0,721.3""985.0,644.3""985.0,644.3""985.0,721.3"。使用同样的方法制作出"年份"图层从上往下出现并停留1秒，然后又往上移出的效果，如图15-10所示。

图15-10

7 制作上下色块的位移动画。按【P】键显示"色块上"图层和"色块下"图层的位置属性，在0:00:00:00、0:00:01:00、0:00:02:00和0:00:03:00处分别加关键帧，设置"色块上"图层的位置分别为"960.0,-127.8""960.0,122.2""960.0,122.2""960.0,-133.8"，"色块下"图层的位置分别为"960.0,1217.8""960.0,957.8""960.0,957.8""960.0,1207.8"。

*8* 为"中间横条"图层添加横向的消失动画，在
0:00:02:00和0:00:03:00处添加缩放关键帧，参数分
别为"100.0,100.0%""0.0,100.0%"。

## 15.1.5　制作行业内容动画

下面制作行业内容动画，具体操作如下。

*1* 将"行业内容.ai"素材以"合成-保持图层大小"的方
式导入"项目"面板中，双击打开"行业内容"合成
文件，新建一个白色的纯色图层作为背景。

*2* 制作上下两个背景条的出入动画。分别在"背景条上"图层
和"背景条下"图层的0:00:00:00、0:00:01:00、0:00:02:00
和0:00:03:00处添加位置关键帧，设置"背景条上"图层
的位置分别为"960.0,-24.6""960.0,40.4""960.0,40.4"
"960.0,45.6"，"背景条下"图层的位置分别为"960.0,1164.4"
"960.0,931.4""960.0,931.4""960.0,1240.4"。

*3* 为"标签条"图层制作位移动画。在0:00:00:00、
0:00:01:00、0:00:02:00和0:00:03:00处添加位置关键帧，分
别设置位置为"960.0,-398.0""960.0,324.0""960.0,324.0"
"960.0,-387"。然后按住【Alt】键，单击位置属性左侧
的"时间变化秒表"图标，在打开的表达式输入栏中输
入素材文件夹中的"弹性表达式.txt"中的内容，如图15-11
所示。

图15-11

*4* 将"值得信赖""LOGO""网址""标签条虚线"图
层的"父级关联器"链接到"标签条"图层上，设
置这些图层的位置，如图15-12所示。

*5* 新建一个形状图层，并将其重命名为"闪电"。在"效
果和预设"面板中搜索"闪电"预设效果，将"闪
电-水平"动画预设效果应用到"闪电"图层中，如图15-13
所示。

*6* 在"效果控件"面板中激活"源点""方向""传导
率状态"属性关键帧，在0:00:00:19、0:00:01:00和
0:00:01:06处分别设置源点为"956.3,947.3""731.3,945.3""956.3,
945.3"；在0:00:00:19、0:00:01:00和0:00:01:06处分别设置方
向为"960.6,946.7""1200.6,946.7""960.6,946.7"；在0:00:00:19

和0:00:01:00处分别设置传导率状态为"0.0""10.0"，然后更
改发光颜色为"#189296"，如图15-14所示。

图15-12

图15-13

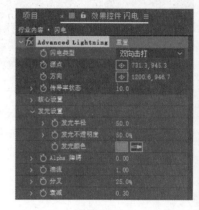

图15-14

## 15.1.6　制作企业产品定位动画

下面制作企业产品定位动画，具体操作如下。

*1* 将"企业产品定位.ai"素材以"合成-保持图层大小"
的方式导入"项目"面板中，双击打开"企业产品定
位"合成文件，新建一个白色的纯色图层作为背景图层。

*2* 在"安全绿底"图层上单击鼠标右键，在弹出的快捷
菜单中选择"创建-从矢量图层创建形状"命令，将该
图层转换为形状图层，"安全绿底"图层将被隐藏。

*3* 展开"'安全绿底'轮廓"图层的"内容"栏，选择"组
1"选项，单击"添加"按钮，在弹出的快捷菜单中
选择"修剪路径"命令，为"组1"添加修剪路径。

*4* 在0:00:01:00处为修剪路径的"结束"属性添加一个
关键帧，设置结束为"0.0%"；在0:00:01:12处再添加
一个结束关键帧，设置结束为"100.0%"，如图15-15所示。

*5* 使用同样的方法为"组3"添加修剪路径动画，在
0:00:01:12处设置结束为"0.0%"，在0:00:01:24处设置
结束为"100%"。

图15-15

6 制作"组2"（白色圆形）的缩放动画，在"变换：组2"栏中设置0:00:01:00处的比例为"0.0,0.0%"，0:00:01:12处的比例为"100.0,100.0%"，如图15-16所示。

图15-16

7 制作"组4"（绿色按钮）的缩放动画。在"变换：组4"栏中单击比例属性左侧的"约束比例"按钮 ∞，取消链接，设置0:00:01:00处的比例为"0.0,100.0%"，0:00:01:05处的比例为"100.0,100.0%"。

8 制作绿色椭圆上"安全"文本的出现动画。新建形状图层，在形状图层中绘制矩形遮住"安全"二字，然后将形状图层移动到"安全文本"图层上方，设置"安全文本"图层的轨道遮罩为"Alpha遮罩'形状图层1'"，利用位置关键帧制作出文字从下到上的位移动画，效果如图15-17所示。

图15-17

9 制作安全图标的缩放动画。缩放属性在0:00:00:00处为"0%"，在0:00:01:24处为"100%"。

10 使用同样的方法制作"绿色"和"环保"部分元素和文字的动画，然后将这3部分错开一定的时间，如图15-18所示。

图15-18

11 制作剩余元素的动画。为"底色"图层制作一个由下到上的位移动画；为"三角箭头"图层制作一个不透明度由0%变化到100%的动画，以及从左到右移动—停顿—移动的动画，分别对应下方3部分元素的出现，如图15-19所示。

图15-19

12 制作Logo和产品定位文字的蒙版动画。动画效果分别从左至右出现，如图15-20所示。

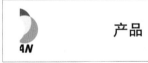

图15-20

### 15.1.7 制作企业文化动画

下面制作企业文化动画，具体操作如下。

1 将"企业文化.ai"素材以"合成-保持图层大小"的方式导入"项目"面板中，双击打开"企业文化"合成文件，新建一个白色的纯色图层作为背景图层。

2 删除"波纹"图层，新建一个形状图层，重命名为"波纹"，选择"矩形工具" ■，在"波纹"图层上绘制一个填充颜色为"#00A0E9"的矩形，然后将该图层转换为预合成图层，如图15-21所示。

**3** 双击进入"波纹"预合成，为波纹应用"波纹"效果，在"效果控件"面板中设置波纹的相关参数，如图15-22所示。

图15-21

图15-22

**4** 回到"企业文化"合成中，设置"波纹"预合成图层的缩放为"105"，然后制作波纹从下往上的位移动画。

**5** 选择"波纹"预合成图层，按两次【Ctrl+D】组合键，复制两次"波纹预合成"图层，在"合成"面板中将波纹错开放置，在"时间轴"面板中错开波纹出现时间，然后设置第2个预合成图层的不透明度为"60%"，第3个预合成图层的不透明度为"30%"，如图15-23所示。

图15-23

**6** 制作"圆"图层的缩放动画。在0:00:00:12处设置缩放为"0.0,0.0%"，在0:00:01:00处设置缩放为"100.0,100.0%"，并为该图层设置缓动效果。然后制作"内虚线"图层的缩放动画，与"圆"图层的缩放动画相同，但不设置缓动效果，如图15-24所示。

**7** 选择"内虚线"图层，按【R】键显示旋转属性，为其添加表达式，在表达式输入框中输入"time*12"，为内虚线制作出一个自动旋转动画。

**8** 在"外虚线"图层上单击鼠标右键，在弹出的快捷菜单中选择"创建-从矢量图层创建形状"命令，将该图层转换为形状图层。

图15-24

**9** 选择"'外虚线'轮廓"图层，在0:00:00:20处设置缩放为"76.0,76.0%"，不透明度为"0.0%"，在0:00:01:00处设置缩放为"100.0,100.0%"，不透明度为"100%"。

**10** 展开"描边1"栏，在"虚线"栏的"偏移"属性中输入表达式"time*12"，让虚线一直转动，如图15-25所示。

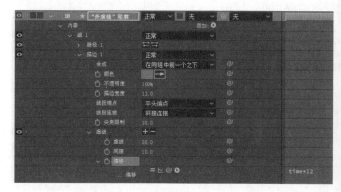

图15-25

**11** 制作圆形内部元素的动画。在"两条线"图层上单击鼠标右键，选择"创建-从矢量图层创建形状"命令。

**12** 展开该图层的"内容"栏，在"组1"栏中设置文字上方线条的位置动画。0:00:01:20处的位置为"-342.2,114.5"，0:00:02:00处的位置为"224.8,235"；在"组2"栏中设置位置动画，0:00:01:20处的位置为"777.8,125.4"，0:00:02:00处的位置为"224.8,170.4"，如图15-26所示。

图15-26

**13** 在"'两条线'轮廓"图层上新建一个形状图层，在形状图层中绘制一个圆形，将形状图层作为"'两条线'轮廓"图层的蒙版图层，让两条线的运动只在这个圆形中显示，如图15-27所示。

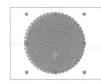

图15-27

图15-29

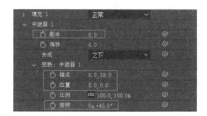

图15-30

*14* 分别制作"四角""文字""人群""按钮上文字""按钮"这5个图层的显示动画。这里统一使用从"0.0,0.0%"到"100.0,100.0%"的缩放动画。其中,"四角"图层的动画时间点在0:00:02:00和0:00:02:08,"文字"图层的动画时间点在0:00:01:20和0:00:02:05,"人群"图层的动画时间点在0:00:01:10和0:00:02:00,"按钮上文字"图层的动画时间点在0:00:01:05和0:00:01:15,"按钮"图层的动画时间点在0:00:01:00和0:00:01:05,如图15-28所示。

图15-28

*15* 新建一个形状图层,重命名为"烟花",按【Ctrl+Shift+C】组合键转换为预合成图层,双击进入"烟花"预合成中。

*16* 使用"矩形工具" ▣ 绘制一个大小为"12.0,48.0"、圆度为"80.0"的圆角矩形,如图15-29所示。在"对齐"面板中单击"水平对齐"按钮▣和"垂直对齐"按钮▣,对齐到合成中心。

*17* 在形状图层中单击"添加"按钮 ◎,在弹出的快捷菜单中选择"中继器"命令,在"中继器1"栏中设置副本为"8.0",位置为"0.0,0.0",锚点为"0.0,39.0",旋转为"0x+45.0°",如图15-30所示。

*18* 在0:00:02:00处设置烟花的不透明度为"0%";在0:00:02:02处设置烟花的不透明度为"100%";在0:00:03:00处设置烟花的不透明度为"0%"。

*19* 制作烟花炸开的动画。这里需要在"矩形路径1"栏的位置属性中设置,0:00:02:00处的位置为"0.0,51.0",0:00:03:00处的位置为"0.0,346.0"。

*20* 回到"企业文化"合成中,将烟花复制两层,错开排列"烟花"预合成图层的入点,并且调整烟花在"合成"面板中的位置。

*21* 为"烟花"合成添加"更改为颜色"效果,然后在"效果控件"面板中通过更改"至"属性的颜色值更改烟花颜色,从而制作出颜色丰富的烟花炸开效果,如图15-31所示。

图15-31

### 15.1.8 合成最终效果

下面将之前5部分的内容合成到一起,具体操作如下。

*1* 新建一个名为"企业宣传片"、持续时间为"0:00:30:00"的合成,将其他几部分的合成都放到该合成中,按照播放顺序调整位置,如图15-32所示。

图15-32

2　将"Coffeeshop.wav"素材导入"项目"面板中，然后将其拖曳到"时间轴"面板中。

3　选择所有图层，将时间指示器移动到0:00:18:09处，按【Alt+】】组合键剪切，然后将其保存为"企业宣传广告动画"项目文件。

# 15.2　制作产品宣传广告动画

产品宣传广告动画是企业针对营销产品常用的推广方式之一。设计时，为了让推广的产品更具特色，可采用动画的形式，将产品、产品功能、促销内容等依次展现出来。

## 15.2.1　相关知识

制作产品宣传广告动画前，需要先对产品宣传广告动画的相关知识进行了解。

### 1. 产品宣传广告动画的制作流程

掌握产品宣传广告动画的制作流程可以让产品宣传广告动画的制作更顺畅，一般有以下5个步骤。

● 沟通需求：当甲方有广告动画的制作需求时，会去找合适的乙方进行洽谈，沟通意向。达成合作意向之后，甲、乙双方各自成立项目组，以对接该广告动画项目，并沟通具体的事宜。

● 设计方案：乙方的项目组将根据甲方提供的资料和相关要求制作广告动画方案，包括前期策划、风格、内容、时长，以及后期制作、投放等，也包括周期的估算和价格。一般乙方会给出2~3个方案供甲方选择。

● 开始制作：乙方根据最终确定的方案和合同，分期和分阶段制作广告动画内容，并分阶段将制作好的内容拿去与甲方沟通，双方确定阶段性制作成果，并给出相关调整意见，直至广告动画最终制作完成。

● 广告动画投放：广告动画制作完成，并给甲方和相关部门验收合格之后，乙方将广告动画投放到电视和网络等平台上。

● 分析反馈：根据广告动画投放后收集回来的各类数据，分析广告动画投放效果，进行迭代更新，或根据反馈策划新一轮的广告动画。

### 2. 产品宣传广告动画要规避的问题

在制作产品宣传广告动画时，还需要注意以下两个问题。

● 知识产权：广告动画中的文字、图片、音乐等内容，要有确切的版权来源，并明确版权授权，不能剽窃或盗用他人的内容进行商业性质的创作，否则会造成侵权问题，

给各方带来名誉和金钱上的损失。

● 符合法律法规：广告动画中不能有侮辱或贬低性质的内容存在，不能出现导向不正确的内容，也不能出现"最""第一""顶尖"等极限用语，总之要符合相关法律法规中的规定。

## 15.2.2　案例分析

年度大促即将到来，各大商家都开始积极准备营销方案，某化妆品公司准备为今年新出的一款口红推出促销活动，现需制作产品宣传广告动画，下面对本例进行分析。

### 1. 案例背景

"口红"是日常生活中比较常见的一种化妆品，本例提供了使用Photoshop制作的口红宣传海报作为素材，要求将其制作为用于产品宣传的动态广告页面。制作时，可为图中的元素创建动画，使广告画面更具动感，更加符合产品宣传的需求。要求在展现产品的同时，突出产品卖点以及促销力度，且画面整洁美观，能够吸引消费者点击浏览，页面宽度为"640px"、高度为"1240px"。

### 2. 设计思路

本例提供的素材文件如图15-33所示，主要包括3个页面的素材，制作时可从这3个部分展开设计（本例已经提供了完成后的静态画面，这里可直接制作动效）。

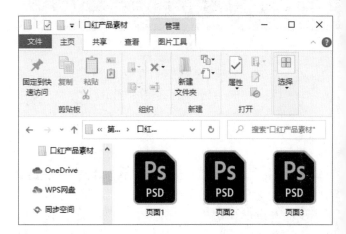

图15-33

（1）"页面1"动画制作

"页面1"作为产品宣传广告动画的第一页，是整个广告动画能否在第一时间吸引消费者、促使消费者购买该产品的重点。因此在制作"页面1"时，可通过文本动画来增强画面的吸引力，其他元素的动画效果则可以使用关键帧属性来完成，如图片的上下移动、不透明度变换等。

（2）"页面2"动画制作

"页面2"展现了产品的名称、卖点以及使用后的效果。

为了体现出口红的色号齐全，可制作模特嘴唇上的口红多色变换的效果（利用"更改为颜色"效果进行制作）；为了使消费者注意到口红产品，可制作口红产品弹跳的效果（利用表达式进行制作）；为了使广告动画更吸引消费者，可为文字添加动态效果（利用"Text"动画预设组中的效果进行制作）等。

（3）"页面3"动画制作

"页面3"主要展现了本次活动的促销力度——低至三折，因此可以为这部分文字添加一些快速闪烁的动画效果，营造出急迫的氛围，促使消费者马上购买产品。制作时需要注意的是：画面中急速闪烁的元素最好不要过多，否则会让消费者抓不住重点，同时还容易造成视觉疲劳，从而对产品失去兴趣。因此，可为其他视觉元素添加较为平缓的动效。所有页面制作完成后，再将其组合为一个完整的动画，并输出为AVI视频格式的文件。

本例完成后的参考效果如图15-34所示。

扫码看效果

图15-34

知识要点 图层属性、动画制作工具、蒙版遮罩、效果、关键帧、表达式的应用

配套资源 素材文件\第15章\口红产品素材\效果文件\第15章\产品宣传广告动画.aep

扫码看视频

## 15.2.3 制作"页面1"广告动画效果

下面制作"页面1"广告动画效果，具体操作如下。

1 新建项目文件，将"页面1"素材以"合成-保持图层大小"的方式导入"项目"面板中，如图15-35所示。

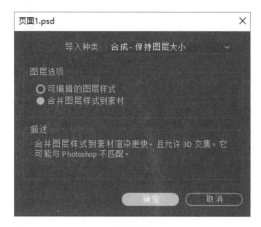

图15-35

2 双击打开"页面1"合成文件，选择"背景"图层，按【P】键显示位置属性，在当前位置创建一个位置关键帧，设置参数为"320，1871"。将时间指示器移动到0:00:01:00处，恢复默认的位置属性参数。

3 为"形状1"图层在相同时间点制作从上往下出现的位移动画。

4 选择"当红不让"图层，单击鼠标右键，在弹出的快捷菜单中选择【创建】/【转换为可编辑文字】命令，然后将"效果和预设"面板中的"运输车"动画预设效果应用到该图层中，效果如图15-36所示。

图15-36

5 使用同样的方法将其余的文字图层全部转换为可编辑的文字图层，并对这些图层全部应用"子弹头列车"动画预设效果，同时调整不同的关键帧位置，如图15-37所示。

6 将时间指示器移动到视频开始位置，激活"形状2"图层的不透明度属性，设置参数为"0"，将时间指示器移动到0:00:05:08处，设置参数为"100%"。

After Effects CC视频后期特效制作核心技能一本通（移动学习版）

图15-37

**7** 使用同样的方法为"标签""口红"图层制作渐显
动画，并将这两个图层错位摆放，如图15-38所示。

图15-38

## 15.2.4 制作"页面2"广告动画效果

下面制作"页面2"广告动画效果，具体操作如下。

**1** 将"页面2"素材以"合成-保持图层大小"的方式导
入"项目"面板中。

**2** 双击打开"页面2"合成文件，将"更改为颜色"效
果应用到"嘴唇"图层中。

**3** 在"效果控件"面板中单击"自"属性后的"吸
管工具" ，吸取人物嘴唇颜色，调整柔和度为
"100%"，并激活"至"属性关键帧。

**4** 将时间指示器移动到0:00:00:20处，在"至"属性后
的色块中设置颜色为"#FF0776"，如图15-39所示。

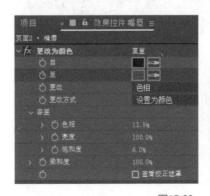

图15-39

**5** 将时间指示器移动到0:00:01:08处，设置"至"属性的
颜色为"#AA4001"；将时间指示器移动到0:00:01:27
处，设置"至"属性的颜色为"#8A0B95"；将时间指示器
移动到0:00:02:18处，设置"至"属性的颜色为"#FF1111"。

**6** 将第1个和第3个图层都转换为可编辑的文本图层，然后
对这两个文本图层应用"按单词模糊"动画预设效果。

**7** 将时间指示器移动到视频开始位置，选择"形状1"图
层，按【S】键显示缩放属性，激活"缩放"属性关键
帧，并取消约束比例，设置缩放为"0,100%"，如图15-40所示。

图15-40

**8** 将时间指示器移动到0:00:01:23处，设置缩放为
"100,100%"。

**9** 将另外两个有文字的图层都转换为可编辑的文本图
层。将时间指示器移动到视频开始位置，然后对第5
个图层应用"多雾"动画预设效果，将时间指示器移动到
0:00:02:04处，对第4个图层应用"多雾"动画预设效果。

**10** 选择"口红"图层，按住【Alt】键不放，单击
缩放属性左侧的"时间变化秒表"图标 ，在右
边的表达式输入框中输入图15-41所示表达式。

图15-41

## 15.2.5 制作"页面3"广告动画效果

下面制作"页面3"广告动画效果，具体操作如下。

**1** 将"页面3"素材以"合成-保持图层大小"的方式导
入"项目"面板中，双击打开"页面3"合成文件。

2 新建一个颜色为"#CDCDCD"的纯色图层，并将其拖曳到"背景"图层上方。将"网格"效果应用到"纯色"图层中。

3 在"效果控件"面板中设置"边角"为"339.0,640.0"，颜色为"#F1EDED"，如图15-42所示。

4 将"低至三折"图层转换为可编辑的文本图层，然后对其应用"活跃"动画预设效果。

5 新建形状图层，选择"矩形工具"▣，在文本图层上绘制一个刚好遮住"新品上新"的矩形。在"时间轴"面板中将该形状图层移到"新品上新"图层上方，然后设置"新品上新"图层的轨道遮罩为"Alpha遮罩'形状图层1'"，如图15-43所示。

图15-42

图15-43

6 选中"新品上新"图层，按【P】键显示位置属性。在当前位置的位置属性上添加一个关键帧，参数为"324,62"；在0:00:01:00处设置位置为"324,165"；在0:00:02:00处添加一个关键帧，参数不变；在0:00:03:00处设置位置为"324,286"；在0:00:04:00处设置位置为"324,165"。

7 使用同样的方法为"低至三折"图层下方的文本图层制作从下往上出现，停顿1秒后，继续从下往上消失，然后从上往下出现的动画，如图15-44所示。

8 选择第2个图层，按住【Alt】键不放，单击缩放属性左侧的"时间变化秒表"图标⏱，在右边的表达式输入框中输入图15-45所示表达式。

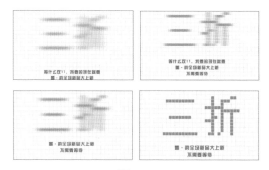

图15-44

图15-45

## 15.2.6 合成并渲染输出最终效果

下面将制作好的3个页面合成到一起，并渲染输出产品宣传广告动画，具体操作如下。

1 新建一个名为"产品宣传广告动画"、宽度为"640px"、高度为"1240px"、持续时间为"0:00:30:00"的合成，将"页面1""页面2""页面3"合成都拖曳到该合成中，按照播放顺序调整位置及各图层的入点，如图15-46所示。

图15-46

2 按【Ctrl+M】组合键将"合成1"添加到渲染队列中，并打开"渲染队列"面板。

3 单击"输出模块"右侧的 无损 按钮，打开"输出模块设置"对话框，在"格式""下拉列表"中选择"AVI"选项，然后单击 确定 按钮。

4 单击"输出到"右侧的 合成 1.avi 按钮，打开"将影片输出到"对话框，选择文件的输出位置，设置文件名为"产品宣传广告动画"，单击 保存(S) 按钮。

5 单击"渲染队列"面板中的 渲染 按钮开始渲染，此时显示蓝色进度条。渲染结束后，在设置的文件输出位置可查看输出视频的效果。

### 1. 制作快消品企业宣传广告动画

本练习将制作快消品企业宣传广告动画，要求宣传广告动画中各场景之间衔接自然，动画节奏流畅，内容主次分明。该宣传广告动画的动效过程为：先展示企业Logo和名称，然后展示企业历史和业务成就，最后展望企业未来。制作时，需要注意各场景间的切换、场景中各元素的出现和消失动画，以及节奏的把控等方面。参考效果如图15-47所示。

> 配套资源　素材文件\第15章\餐饮广告动画素材\
> 效果文件\第15章\餐饮广告动画.aep

### 2. 制作餐饮广告动画

本练习要求制作一个餐饮广告动画，在动效上要自然流畅，在色彩搭配上要简洁明快。制作时，可通过"湍流置换""CC Bend It"等效果制作图形的细节；通过位置、缩放、不透明度等属性制作图形出现的动效；通过调整图层和表达式控制图层的运动规律。参考效果如图15-48所示。

> 配套资源　素材文件\第15章\快消品企业宣传素材\
> 效果文件\第15章\快消品企业宣传广告动画.aep

图15-47

图15-48

在制作广告动画的过程中，运用一定的制作技巧，可以快速提高制作效率，也能使广告动画的质量得到大幅度提高。

● 预先绘制草图：如果逐帧动画中对象的动作变化较多，且动作变化幅度较大（如人物奔跑等），为了确保动作的流畅和连贯，通常应在正式制作之前绘制各关键帧动作的草图，在草图中大致确定各关键帧中图形的形状、位置、大小及各关键帧之间因为动作变化而需要产生变化的部分，在修改并最终确认草图内容后，再参照草图制作逐帧动画。

● 注意对动画节奏的把控：很多动画的节奏较快，如果一直快速切换画面，则会让用户一直处于神经紧绷的状态，产生视觉疲劳。因此在制作广告动画时，需要注意对动画节奏的把控，要张弛有度，比如有背景音乐的话，可根据音乐节奏来调整动画的闪现时间。

● 音画同步：如果广告动画中有背景音乐，就需要注意让动画元素出现的节点与声音的关键节奏保持一致，即音画同步，这样会让画面的切换更自然。

# 第 **16** 章

# 短视频制作实战案例

## 16.1 制作公益短视频

公益是公共利益事业的简称，是指有关社会公众的福祉和利益。公益短视频不以营利为目的，而是为社会提供免费服务，如防火防盗、食品安全、敬老爱幼、节约用水等均属于公益。

### 16.1.1 相关知识

在制作公益短视频前，需要先了解一些相关知识，为后期的案例制作打下理论基础。

#### 1. 什么是公益短视频

公益短视频以公共利益为出发点，以优质、有正面导向的内容为审核标准，在兼具传统短视频短、平、快特点的同时，还能够传递正能量，在社会公众的道德和思想教育方面发挥着重要作用。

图16-1所示为《善在身边》公益短视频的部分画面，其采用了场景化表达拍摄，更贴近大众的生活，再搭配以简洁的文案，使短视频具有较强的代入感，使观者身临其境。

你认为，什么是善？

图16-1

**2. 公益短视频的特点**

公益短视频除了具有一般短视频时长较短、节奏快、互动性强、内容丰富等特点外，还具有以下4个特点。

● 情感性：公益短视频需要引起公众某种内心深处的情感体验，从而产生情感上的共鸣。这就要求公益短视频必须以情感人，让故事情节或视频画面富有感染力和表现力。

● 思想性：公益短视频首先需要有效传达公益的思想观念、价值取向和人文精神，然后才能唤起公众的公民意识，从而对公众进行教育引导，以达到提高公众素质，规范公众行为的目的。

● 公益性：公益短视频与商业短视频最大的不同在于它的公益性，它不是为了推销商品而存在的，主要是表现出真善美，促进人与人之间，人与社会、自然之间的和谐发展。

● 倡导性：公益短视频也是一种具有警醒性、说服力的视频宣传，其内容应倡导正确的价值观、道德观。

环保公益短视频是短视频的一种，其目的是号召人们保护环境，呼吁人们树立保护环境的意识，具有教育性、警示性、宣传性、社会性和公益性等特征。绿水青山就是金山银山，短视频的受众范围越来越广，要重视环保公益短视频的社会导向作用，通过环保公益短视频引导公众形成正确的价值观，提升全民综合素质，进而让我们的祖国天更蓝、山更绿、水更清。

**设计素养**

**学习笔记**

- - - - - - - - - - - - - - - - - - - - - - - - - - - - - - - - - - -

- - - - - - - - - - - - - - - - - - - - - - - - - - - - - - - - - - -

- - - - - - - - - - - - - - - - - - - - - - - - - - - - - - - - - - -

## 16.1.2 案例分析

某公益组织准备制作一个与"城市保护"有关的公益短视频，下面对该案例进行分析。

**1. 案例背景**

随着科学技术水平的发展和人民生活水平的提高，城市环境污染问题也成为世界各国的共同研究课题之一，因此城市保护刻不容缓。本例的公益短视频不仅要体现出社会中常见的环境问题，还要展现出面对这些问题时，人们能采取的措施，呼吁大家从日常生活中的小事入手保护环境，更贴合大家的生活实际情况。尺寸大小要求为1920px×1080px，视频时长为30秒左右。

**2. 设计思路**

本例提供的素材文件如图16-2所示，主要包括音频、图片和视频等多个素材。通过分析这些素材，可以将本例的内容分为片头和片中两个部分。

图16-2

（1）制作片头效果

本例需要制作的是以"城市保护"为主题的公益短视频，因此在制作片头时可将该主题作为片头文字内容。制作时，可使用跟踪摄像机功能制作出跟随镜头移动的三维文字效果，给人以视觉上的冲击，使画面更具震撼力，更容易吸引人们的关注，同时也可利用该功能展示出环境污染的主要种类，如垃圾污染、空气污染、水污染等。

（2）制作片中效果

片中是整个短视频内容的集中呈现。本例的公益短视频的片中主要分为两个部分。

● 环境污染部分：该部分内容以视频画面为主，在为视频内容添加文案时，文案内容不宜过多，最好能够一针见血地指出目前环境污染的严峻形势，可突出显示文案中的部分文字，使文字在视频画面中更加显眼，起到引人重视的作用。另外，由于视频整体节奏较慢，可为文案制作渐入渐出的动效，使其符合画面氛围。

● 环境保护部分：该部分提供的素材都是图片形式，单一的图片展现会让画面单调、不美观，因此可为这些图片制作逐渐消散的过渡效果。制作时，可通过"渐变擦除"视频过渡效果和关键帧完成。

（3）合成最终效果

为视频添加合适的背景音乐，最后将制作的文件合成为一个完整的视频文件，便于查看最终效果和导出。

本例完成后的参考效果如图16-3所示。

扫码看效果

图16-3

## 16.1.3 制作公益短视频片头效果

下面制作公益短视频片头效果,具体操作如下。

*1* 新建项目文件,在"项目"面板中双击鼠标左键,在打开的对话框中选择"城市.mp4"素材,单击 导入 按钮。

*2* 将"城市.mp4"素材拖曳到"时间轴"面板中,将时间指示器移动到0:00:03:14处,按【Ctrl+Shift+D】组合键剪切视频素材,将其分为两段。

*3* 删除第1段的视频素材,设置第2段视频素材的入点时间为"0:00:00:00",再设置第2段视频素材的伸缩

为"30%"。

*4* 打开"跟踪器"面板,单击 跟踪摄像机 按钮,此时"合成"面板中出现在后台进行分析的文字,如图16-4所示。

图16-4

*5* 分析结束后,画面中出现跟踪点。将鼠标指针移动到画面左侧,当出现红色的圆圈目标时单击鼠标左键,选择3个跟踪点,如图16-5所示。

图16-5

*6* 在红色的圆圈目标中单击鼠标右键,在弹出的快捷菜单中选择"创建文本和摄像机"命令。

*7* 双击"时间轴"面板中的文本图层,然后输入文本"空气污染",在"字符"面板中调整文本参数,在"合成"面板中调整文本位置,如图16-6所示。

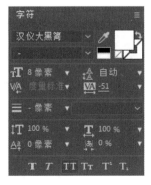

图16-6

*8* 在"时间轴"面板中展开文本图层的"变换"栏，设置*X*轴旋转为"0x+90°"，设置*Y*轴旋转为"0x−64°"，如图16-7所示。

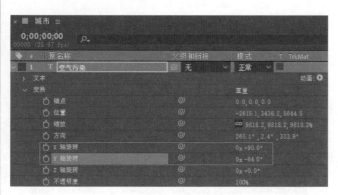

图16-7

*9* 选择视频图层，在"效果控件"面板中选择"3D 摄像机跟踪器"效果。将鼠标指针移动到画面右侧，当出现红色的圆圈目标时单击鼠标左键，选择3个跟踪点，然后单击鼠标右键，在弹出的快捷菜单中选择"创建文本"命令，在画面中创建文本，如图16-8所示。

图16-8

*10* 修改上一步创建的文本图层内容为"公益短视频"。展开该图层的"变换"栏，设置缩放、*X*轴旋转、*Y*轴旋转、*Z*轴旋转的参数如图16-9所示。

图16-9

*11* 使用相同的方法制作其他立体文字，效果如图16-10所示。

图16-10

*12* 将"梯度渐变"效果应用到"城市保护"文本图层中，在"效果控件"面板中调整参数，如图16-11所示。

图16-11

## 16.1.4 制作公益短视频片中效果

下面制作公益短视频片中效果，具体操作如下。

*1* 将"空气污染.mov"素材导入"项目"面板中，然后在该素材上单击鼠标右键，在弹出的快捷菜单中选择"基于所选项新建合成"命令。

*2* 在新建合成中选择"横排文字工具" T，在"字符"面板中设置字体为"汉仪中黑简"，然后在"合成"面板

中输入文字，并设置不同的大小和颜色，效果如图16-12所示。

图16-12

3 新建形状图层，选择"矩形工具"■，在文本图层上绘制一个刚好遮住文字的矩形，然后设置文本图层的轨道遮罩为"Alpha遮罩'形状图层1'"，如图16-13所示。

图16-13

4 选择文本图层，按【P】键显示位置属性。在当前位置添加一个关键帧，参数为"164,2083"；在0:00:01:00处添加一个关键帧，参数为"164,1569"；在0:00:02:00处添加一个关键帧，参数不变；在0:00:03:00处添加一个关键帧，参数为"164,1096"。

5 将"水污染.mp4"素材导入"项目"面板中，然后在该素材上单击鼠标右键，在弹出的快捷菜单中选择"基于所选项新建合成"命令。

6 由于该视频素材太过灰暗，因此先对其进行调色处理。将"自动颜色""照片滤镜"效果应用到"水污染.mp4"图层中，然后在"效果控件"面板中调整参数，如图16-14所示。

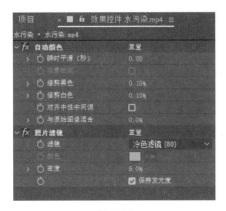

图16-14

7 在"合成"面板中查看调色前后的对比效果，如图16-15所示。

图16-15

8 选择"横排文字工具"■，在"字符"面板中设置字体为"汉仪中黑简"，然后在"合成"面板中输入文字，并设置不同的大小和颜色，效果如图16-16所示。

图16-16

9 使用制作"空气污染"合成中文字的方法制作"水污染"合成文字的渐入渐出效果，如图16-17所示。

图16-17

10 将"垃圾污染.mp4"素材导入"项目"面板中，并基于该素材新建合成。

**11** 在"垃圾污染"合成中按【Ctrl+K】组合键打开"合成设置"对话框，设置开始时间为"0:00:00:00"，单击 确定 按钮。

**12** 选择"垃圾污染.mp4"图层，将时间指示器移动到0:00:08:23位置，按【Alt+[】组合键剪切，然后调整该图层的入点为"0:00:00:00"。

**13** 使用"横排文字工具" T 在"合成"面板中输入文字，并设置不同的大小和颜色，效果如图16-18所示。

图16-18

**14** 利用蒙版遮罩和位置属性关键帧制作"垃圾污染"合成中文字的渐入渐出效果。

**15** 新建一个黑色的纯色图层，在其中输入文字，如图16-19所示。然后将"打字机"效果预设应用到文字图层中。

**16** 选择文本图层，在0:00:08:13位置按【Alt+]】组合键剪切。复制该文本图层，然后修改文本，如图16-20所示。将复制的文本图层的入点时间设置为0:00:08:13，出点时间设置为0:00:11:06，持续时间设置为0:00:02:19。

图16-19

图16-20

**17** 将纯色图层和第一个文本图层的入点时间设置为0:00:06:00，并设置第一个文本图层的持续时间为0:00:02:14。

**18** 将所有图片素材导入"项目"面板中，选择这些图片，单击鼠标右键，在弹出的快捷菜单中选择"基于所选项新建合成"命令，打开"基于所选项新建合成"对话框，保持默认设置，单击 确定 按钮。

**19** 修改新建的合成文件名称为"图片"，然后将该合成中的图片调整为合适大小，如图16-21所示。

图16-21

**20** 将"渐变擦除"效果应用到第1个图层中，在"效果控件"面板中设置"过渡柔和"为"20%"，激活"过渡完成"属性关键帧。

**21** 将时间指示器移动到0:00:01:00位置，添加"过渡完成"关键帧，参数不变。将时间指示器移动到0:00:02:00位置，设置"过渡完成"为"100%"。

**22** 继续对第2～5个图层应用"渐变擦除"效果，并通过设置"过渡完成"关键帧制作依次过渡到下一张图片的效果，每次间隔时间为1秒。

**23** 选择"横排文字工具" T ，在"字符"面板中设置字体为"汉仪综艺体简"，字体大小为"180像素"，字体描边为"3像素"，在"合成"面板中输入文字，并调整文字大小，如图16-22所示。

图16-22

**24** 在"时间轴"面板中激活文本图层的"源文本"属性关键帧，将时间指示器移动到0:00:02:00位置，修改文本内容，如图16-23所示。

图16-23

*25* 使用相同的方法依次在0:00:04:00、0:00:06:00、0:00:08:00、0:00:09:24处修改相应的文字。

## 16.1.5　合成并渲染输出最终效果

下面合成最终效果，具体操作如下。

*1* 新建一个宽度为"1920px"、高度为"1080px"、持续时间为"0:00:30:00"、帧速率为"30"的合成，将其他几部分合成依次放到该合成中，调整为合适大小，并按照播放顺序调整位置，如图16-24所示。

图16-24

*2* 将"背景音乐.mp3"素材导入"项目"面板中，然后将其拖曳到"时间轴"面板中。

*3* 将其保存为"'城市保护'公益短视频"项目文件，并将其渲染输出为AVI格式的文件。

## 16.2　制作商品短视频

随着时代的发展，短视频营销已经引起大多数企业的重视，很多平台和商家都会借助短视频来进行商品营销，通过短视频不断传播，有效扩大商品的营销范围。

## 16.2.1　相关知识

为了制作出优秀的商品短视频，需要先对商品短视频的相关知识进行了解。

### 1. 商品短视频制作要点

商品短视频的质量是决定该视频的引流能力和转化率的重要因素，因此需要先了解商品短视频的制作要点。

（1）明确短视频的内容需求

在制作商品短视频时，需要先明确短视频的内容需求，才能围绕清晰的目标进行制作。目前较为常见的商品短视频内容分为直接展示和间接展示两类，不同内容短视频的制作要点有所不同。例如，制作直接展示类商品短视频时，需要直接切入商品的外观和卖点，呈现商品的优势，如直接展示使用场景、步骤和使用前后的对比效果，此时更需要注意短视频画面的美感和文案的精练，通过商品的外观和卖点来快速吸引消费者，如图16-25所示。

图16-25

制作间接展示类商品短视频时，应从目标用户的需求出发，尽量不要过于强调商品，可以制作一个以剧情为重点的短视频，并将商品融入剧情，作为剧情的一部分在短视频中呈现，推动剧情发展，将商品卖点非常流畅、形象地传达给消费者，需要注意剧情要尽量真实、有代入感。

（2）商品信息简明扼要、清晰

一般来说，商品短视频的时长较短，因此需要在有限的时间内将商品的卖点明确地传达出去，让消费者能在短时间内准确掌握有效信息，从而激发消费者的购买欲望。

（3）合适的背景音乐

合适的背景音乐可以为商品短视频的宣传效果锦上添花，从而让消费者产生继续观看的欲望。因此在制作商品短视频时，可以根据短视频风格或商品特点选择合适的背景音乐，如节奏感比较强的电子音乐可以营造出科技感十足的氛围，适用于电子产品类短视频；而欢快、活泼的背景音乐可以营造出温暖、有趣的氛围，适用于儿童产品类短视频。

（4）画面分辨率高、清晰美观

高质量的画面效果能够提高消费者的观看兴趣，给消费者带来更好的观看体验。因此，在拍摄或收集商品短视频素材时，要保证视频画面具有较高的清晰度。

（5）画面切换流畅自然

流畅自然的画面切换会提升消费者对整个商品短视频的观感，提高对短视频中商品的好感度，从而做出购买行为。

（6）创意新颖独特

创意是商品短视频能否吸引人的关键，能够加深消费者对商品的印象。创意新颖独特的商品短视频不但可以提高商品的商业价值，增强短视频的视觉效果，也可以给消费者带来视觉上的享受与精神上的满足。在制作商品短视频时，可以以大胆创新的独特视角来突出表现商品的主题与内容，使之具有与众不同的广告效果。

### 2. 商品短视频的应用

制作完成商品短视频后，可以将其应用到不同场合，如电商平台（淘宝、天猫、拼多多、京东）、社交平台（微博、微信、小红书）、短视频平台（抖音、快手、美拍）等。

（1）电商平台

应用到电商平台的短视频主要是在各大网店中用于商品主图展示或详情展示，不同用途的短视频需符合相应的上传要求。下面以淘宝电商平台为例讲解上传短视频的具体要求。

● 短视频的大小和长度：淘宝主图短视频的时长≤60秒，以9~30秒为最佳，且节奏明快的短视频有助于提升转化率。淘宝主图短视频尺寸建议为1∶1（800像素×800像素），或3∶4（750像素×1000像素：详情页短视频尺寸建议为16∶9（1920像素×1080像素），时长不超过2分钟，如图16-26所示。

图16-26

● 短视频的内容：上传的短视频不能有违反主流文化、反动政治题材和色情暴力的内容，不能有侵害他人合法权益和侵犯版权的短视频片段；内容可以以品牌理念、制作工艺、商品展示为主。

● 短视频的格式：上传的短视频大小需在200MB以内，可上传WMV、AVI、MOV、MP4、MKV等视频格式的文件。

（2）社交平台

近年来，社交平台的用户急剧增加，对于广告主来说，这意味着更大的流量转化和更好的营销效果。因此，依托于社交平台的商品短视频被赋予了更强的信任感。

（3）短视频平台

随着短视频的不断增多，其拍摄平台也在不断增多。下面主要介绍短视频拍摄的主流平台。

● 抖音短视频：抖音短视频的一大特色是以音乐为主题展现内容，其个性化的音乐比较受年轻消费群体的喜欢，消费者可以选择个性化的音乐，再配以短视频制作出自己的作品。此外，抖音短视频中还有很多自带的技术特效。

● 快手短视频：快手短视频中的视频内容大都通过真实、质朴的内容引起用户的共鸣，因此用户忠诚度高、社交互动性强。

## 16.2.2 案例分析

商品短视频侧重于展示商品，如商品的使用场景、试用过程、使用后的效果等，常见的时长为9~30秒。某商家准备为该店的主推商品——枸杞制作商品短视频，下面对该案例进行分析。

### 1. 案例背景

枸杞是日常生活中比较常见的食材，本例提供了一段没有经过任何处理的实拍枸杞视频素材，要求将其制作为一个效果美观、卖点突出的商品短视频，时长为20秒左右。

### 2. 设计思路

本例提供了一个视频素材、图片素材和音频素材，从案例背景来看，整个设计思路主要是调色、剪辑和拼接，添加视频特效，制作文字动画3个方面。

（1）调色、剪辑和拼接

在调色视频时，考虑到整个短视频的色调需要保持一致，可在剪辑前进行调色，以保证将调色效果应用到所有视频片段中。由于视频时长被限制，因此需要考虑视频内容的取舍。这里可以通过剪辑视频、调整视频播放速度（伸缩）等方式来调整整个视频的时长，剪辑完成后，再通过拼接使其成为一个完整的视频。

（2）添加视频特效

一般来说，商品短视频的第一个画面需要很好地凸显商品品质，吸引消费者的眼球。因此，这里可为第1个视频片段添加能够提升画面效果的视频特效（其他视频片段可根据自身需求添加）。

（3）制作文字动画

为了促进消费者的购买欲，可将简明扼要的商品卖点以动态的形式展示，最后将所有素

扫码看效果

材合成为一个完整作品并添加背景音乐。

本例完成后的参考效果如图16-27所示。

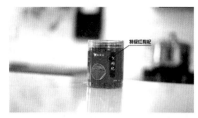

图16-27

 知识要点　视频剪辑、动画制作工具、效果、关键帧、图层属性、文字、跟踪运动的应用

 配套资源　素材文件\第16章\商品短视频素材\
效果文件\第16章\"枸杞"商品短视频.aep、"枸杞"商品短视频.avi

扫码看视频

## 16.2.3　调色和剪辑商品短视频

下面先对短视频进行调色处理，具体操作如下。

1 新建项目文件，将"枸杞.mp4"素材导入"项目"面板中，然后将其拖曳到"时间轴"面板中。

2 将"自动颜色""自动对比度"效果应用到图层中，并在"效果控件"面板中调整参数，如图16-28所示。

3 将时间指示器移动到0:00:06:15位置，按【Ctrl+Shift+D】组合键剪切。选择剪切后的后一段视频素材，调整伸缩为"50%"。

4 保持视频素材的选中状态，将时间指示器移动到0:00:16:15位置，按【Alt+[】组合键剪切；将时间指示器移动到0:00:25:18位置，按【Ctrl+Shift+D】组合键剪

切；选择剪切后的后一段视频素材，将时间指示器移动到0:00:48:03位置，按【Alt+[】组合键剪切。

图16-28

5 保持视频素材的选中状态，将时间指示器移动到0:00:51:23位置，按【Ctrl+Shift+D】组合键剪切；选择剪切后的后一段视频素材，将时间指示器移动到0:01:09:07位置，按【Alt+[】组合键剪切。

6 保持视频素材的选中状态，将时间指示器移动到0:01:12:17位置，按【Ctrl+Shift+D】组合键剪切；选择剪切后的后一段视频素材，将时间指示器移动到0:01:46:10位置，按【Alt+[】组合键剪切。

7 保持视频素材的选中状态，将时间指示器移动到0:01:52:14位置，按【Ctrl+Shift+D】组合键剪切；选择剪切后的后一段视频素材，将时间指示器移动到0:02:00:15位置，按【Alt+[】组合键剪切。

8 保持视频素材的选中状态，将时间指示器移到0:02:04:06位置，按【Ctrl+Shift+D】组合键剪切；选择剪切后的后一段视频素材，将时间指示器移动到0:02:17:06位置，按【Alt+[】组合键剪切；将时间指示器移动到0:02:21:07位置，按【Alt+]】组合键剪切。

9 此时，"时间轴"面板中的视频素材已经剪辑完成，调整第3段素材的伸缩为"30%"，第6段素材的伸缩为"20%"。

10 调整素材的入点，使所有素材连接在一起，将每一段视频素材根据视频内容重命名，并关闭视频中的原始音频，如图16-29所示。

图16-29

*11* 按【Ctrl+K】组合键，在打开的"合成设置"对话框中调整该合成的持续时间为"0:00:24:21"。

## 16.2.4　添加视频特效

下面为短视频添加视频特效，具体操作如下。

*1* 选择"封面"图层，打开"跟踪器"面板，单击 变形稳定器 按钮，等待画面分析，如图16-30所示。

图16-30

*2* 待画面分析结束后，将"镜头光晕"效果应用到"封面"图层中，调整光晕中心点，如图16-31所示。

图16-31

*3* 选择"展示枸杞.mp4"图层，在"效果和预设"面板中双击应用"球面化"效果。将时间指示器移动到0:00:14:01位置，在"效果控件"面板中激活"半径"属性关键帧，将时间指示器移动到0:00:17:18位置，设置半径为"1276"，如图16-32所示。

图16-32

*4* 将"快速方框模糊"效果应用到"结尾.mp4"图层中，将时间指示器移动到0:00:21:05位置，在"效果控件"面板中激活"模糊半径"属性关键帧。

*5* 将时间指示器移动到0:00:23:08位置，设置模糊半径为"30"，勾选"重复边缘像素"复选框。

## 16.2.5　制作文字动画

下面为短视频添加一些文字动画效果，具体操作如下。

*1* 新建一个名为"文字动画"的合成文件，持续时间为"0:00:10:00"，其他参数保持不变。

*2* 在"合成"面板中绘制一个大小为"38,38"的白色实心圆。展开"形状图层1"图层中的"内容"栏，选择"椭圆1"选项，按【Ctrl+D】组合键复制粘贴。

*3* 选择"椭圆2"选项，展开"椭圆路径"栏，设置大小为"68,68"。在工具属性栏中取消填充，设置描边宽度为"3像素"，描边颜色为"白色"。

*4* 新建一个形状图层，绘制两个白色矩形作为装饰线条，如图16-33所示。

*5* 选择"形状图层1"图层，依次展开"椭圆1""填充1"栏，激活"不透明度"属性关键帧，设置参数为"0"，将时间指示器移动到0:00:00:10位置，设置参数为"100"。

*6* 选择"椭圆2"选项，单击"添加"按钮 ，在弹出的快捷菜单中选择"修剪路径"命令。展开"修剪路径1"栏，在当前位置激活"结束"属性关键帧，设置参数为"0%"，在0:00:00:20处设置参数为"100%"，如图16-34所示。

*7* 使用相同的方法为"形状图层2"图层中的两条线段制作从无到有的路径修剪动画。

图16-33　　　　　　　　　　图16-34

*8* 选择"横排文字工具" ，在"字符"面板中设置字体为"汉仪综艺体简"，在"合成"面板中的横线上输入文字，并在0:00:01:10位置对文字应用"打字机"效果，如图16-35所示。

*9* 选择文本图层，按【U】键显示所有关键帧，将第2个关键帧移动到0:00:02:22位置，如图16-36所示。

图16-35　　　　　　　　　　图16-36

*10* 返回"枸杞"合成，将"文字动画"合成拖曳到"枸杞"合成中，选择"封面.mp4"图层，打开

"跟踪器"面板，单击 跟踪运动 按钮。在"图层"面板中调整跟踪点的大小和位置，如图16-37所示。

图16-37

*11* 在"跟踪器"面板中单击"向前分析"按钮 ▶，等待视频分析结束后，画面中出现跟踪点的位移路径，如图16-38所示。

图16-38

*12* 在"跟踪器"面板中单击 编辑目标… 按钮，打开"运动目标"对话框，保持默认设置，单击 确定 按钮，如图16-39所示。

*13* 在"跟踪器"面板中单击 应用 按钮，打开"动态跟踪器应用选项"对话框，保持默认设置，单击 确定 按钮，如图16-40所示。

*14* 返回"合成"面板，对"文字动画"合成应用"填充"效果，在"效果控件"面板中设置"填充"效果的颜色为黑色。将"文字动画"合成的出点移动到0:00:03:07位置。

图16-39

图16-40

*15* 在"项目"面板中复制"文字动画"合成，双击进入"文字动画2"合成，修改文字内容，并调整矩形大小，如图16-41所示。

*16* 返回"枸杞"合成，将"文字动画2"合成拖曳到该合成中，调整该合成在画面中的位置和时

长，如图16-42所示。

图16-41

图16-42

*17* 使用相同的方法依次为除了"结尾"外的其他视频片段添加文字动画。

*18* 在画面中绘制一个白色的矩形框，并在其中输入文字，调整形状图层和文字图层的入点为"0:00:21:09"，如图16-43所示。

图16-43

*19* 为矩形框制作从无到有的路径修剪动画，为文字应用"运输车"动画预设效果。

### 16.2.6 合成并渲染输出最终效果

下面合并所有合成文件，然后为其添加背景音乐并渲染输出，具体操作如下。

*1* 新建一个合成文件，参数保持默认（默认的上一个"枸杞"合成中的参数），设置合成名称为"商品短视频"。将"枸杞"合成拖曳到"商品短视频"合成中。

*2* 将"背景音乐.mp3"导入"项目"面板中，然后将其拖曳到"枸杞"合成中。

*3* 将其保存为"'枸杞'商品短视频"项目文件，并将其渲染输出为AVI格式的视频文件。

## 巩固练习

### 1. 制作"把爱带回家"公益短视频

本练习要求制作一个公益短视频，主题为"把爱带回家"，要求文案简明易懂，具有较强的说服力和艺术感染力，整个公益广告的基调以温馨、自然为主。制作时，可先对提供的视频素材进行调色处理，如增加画面的亮度、高光、曝光度等，还可以进行风格化调色处理，然后利用关键帧制作出文字渐显的关键帧动画，最后将其输出为AVI视频格式的文件。参考效果如图16-44所示。

> **配套资源**　素材文件\第16章\"把爱带回家"公益短视频\
> 效果文件\第16章\"把爱带回家"公益短视频.avi

图16-44

### 2. 制作水果短视频

本练习将制作一个水果类商品短视频，要求为该视频素材添加合适的背景音乐、字幕和图形。制作时，为了丰富画面效果，可对字幕和图形应用一些简单的动效，最后将其输出为AVI格式的视频文件。参考效果如图16-45所示。

> **配套资源**　素材文件\第16章\水果商品短视频\
> 效果文件\第16章\水果短视频.avi

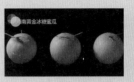

图16-45

## 技能提升

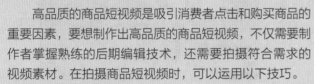

高品质的商品短视频是吸引消费者点击和购买商品的重要因素，要想制作出高品质的商品短视频，不仅需要制作者掌握熟练的后期编辑技术，还需要拍摄符合需求的视频素材。在拍摄商品短视频时，可以运用以下技巧。

### 1. 保持画面稳定

画面稳定是短视频拍摄的核心，因此拍摄时要尽量使用三脚架，避免因变焦出现画面模糊不清的情况。若没有三脚架，则可右手正常持机，左手扶住摄像机使其稳定，若胳膊肘能够顶住身体找到第三个支点，则摄像机将会更加稳定。另外还可双手紧握摄像机，将摄像机的重心放在腕部，同时保持身体平衡，也可以找依靠物来稳定重心，如墙壁、柱子、树干等。若需要进行移动拍摄，则应尽量保证双手紧握摄像机，将摄像机重心放在腕部，两肘夹紧肋部，双腿跨立，稳住身体重心。

### 2. 合理掌控拍摄镜头和时间

拍摄短视频时，需要通过不同的镜头展示不一样的效果。同一个动作或同一个场景如果通过几段甚至十几段不同镜头的视频进行展现，则效果会生动许多。因此，可分镜头拍摄多段短视频，然后将视频片段剪辑成

一个完整的短视频。拍摄短视频时，还需控制拍摄时间，以方便后期制作。

### 3. 合理运用拍摄视角

在拍摄短视频时，若采用一镜到底的方式，则可能会显得乏味。因此，可以不同的拍摄视角进行拍摄，展示拍摄主体的不同角度。镜头由下至上拍摄主体，可以使主体的形象变得高大；镜头由上至下拍摄主体，可以使主体的形象变得渺小，并产生戏剧性的效果；镜头由远及近拍摄主体，可以使主体的形象由小变大，不仅能够突出拍摄主体的整体形象，还能够突出主体的局部细节；镜头由近及远拍摄主体，可以使主体的形象由大变小，从而与整体画面形成对比、反衬等效果。注意在拍摄过程中，镜头的移动速度要均匀，除特殊情况外，尽量不要出现时快时慢的现象。

### 4. 保持画面平衡

保持摄像机处于水平状态，尽量让画面在取景器内保持平衡，这样拍摄出来的画面才不会倾斜。因此，在拍摄过程中，应确保取景的水平线（如地平线）和垂直线（如电线杆或大楼）平行于取景器或液晶屏的边框。